中國近代建築史料匯編（第一輯）

第十二册

中國近代建築史料匯編 編委會 編

第十二册目録

中國近代建築史料匯編（第一輯）

中國建築

第三卷 第一期

THE CHINESE ARCHITECT

中國建築

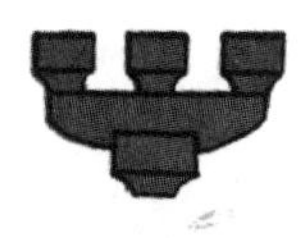

內政部登記證警字第二九五五號
中華郵政特准掛號認爲新聞紙類

民國二十四年一月份
中華建築師學會出版

第三卷第一期

建業營造廠

分廠
南京 西安 廣州
電報掛號二一四四

JAY EASE & CO.
GENERAL BIULDING CONTRACTORS

總事務所
上海九江路一一三號
電話一四八八四
電報掛號二一四四

本廠承造工程之一斑

工程	地點
英工部局西人監牢A/B	上海華德路
英工部局西人監牢R/D	上海華德路
招商局鋼骨水泥貨棧一號二號三號	廣州
宋漢章先生住宅	上海金神父路
中央大學農學院	南京
新住宅區蘭園合作社第一部工程	南京
張治中先生住宅	南京
中國銀行經理住宅	南京
藏經樓	南京
西北農林專科學校大樓	陝西武功
中國旅行社西安招待所	陝西西安

本廠最近承造工程之一

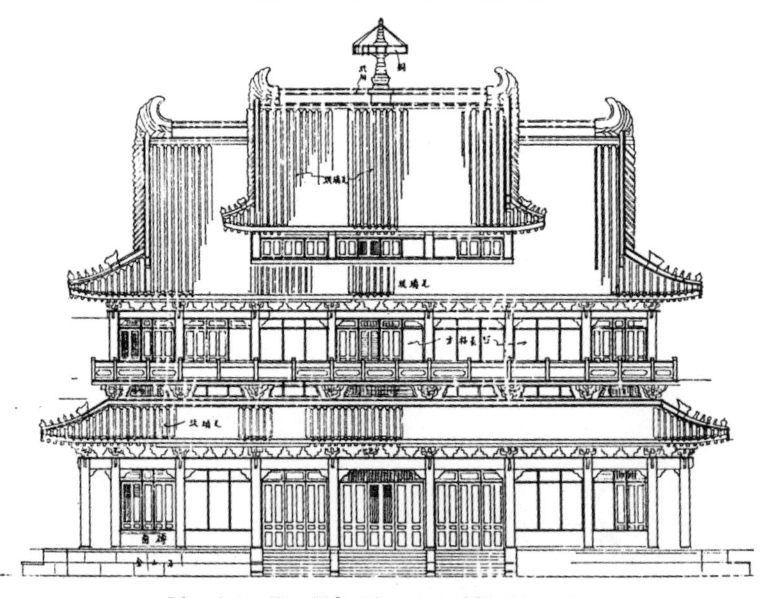

南京總理陵園藏經樓

欲求街道整潔美觀惟有用

開灤路磚

價廉物美，經久耐用，平滑乾燥

A Modern City needs

K. M. A. Paving Brick

Rigidity & Flexibility

Dense, Tough, Durable, low maintenance

The Kailan Mining Administration

12 the Bund　　Tel. 11070 / 11078 / 11079

Direct telephone to Sales Dept. Tel. 17776

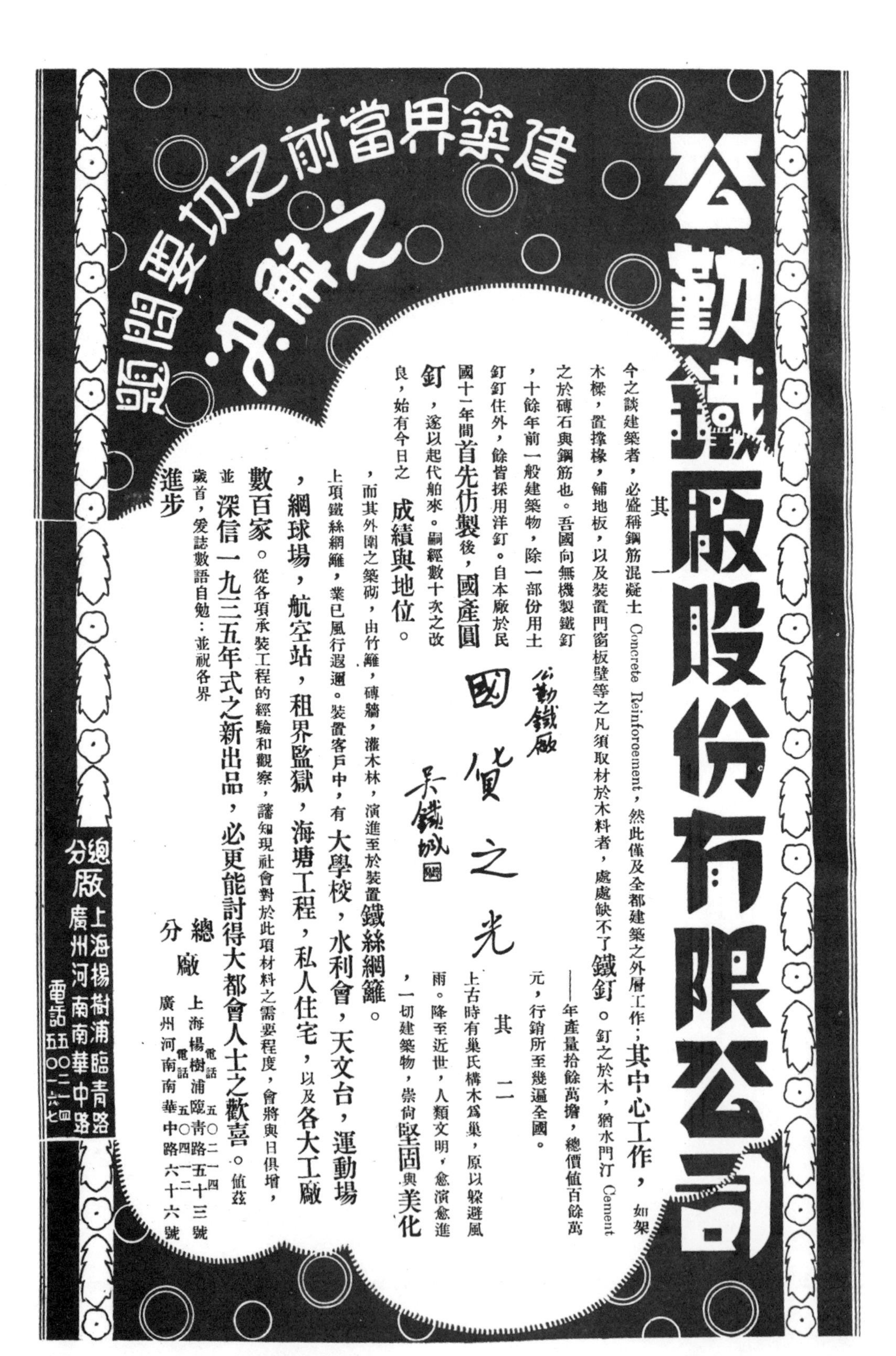
公勤鐵廠股份有限公司
建築界當前之切要問題
之解決
其一
今之談建築者，必盛稱鋼筋混凝土 Concrete Reinforcement，然此僅及全都建築之外層工作；其中心工作，如架木樑，置撐椽，鋪地板，以及裝置門窗板壁等之凡須取材於木料者，處處缺不了鐵釘。釘之於木，猶水門汀 Cement 之於磚石與鋼筋也。吾國向無機製鐵釘，十餘年前一般建築物，除一部份用土釘釘住外，餘皆採用洋釘。自本廠於民國十一年間首先仿製後，國產圓釘，遂以起代舶來。嗣經數十次之改良，始有今日之成績與地位。
——年產量拾餘萬擔，總價值百餘萬元，行銷所至幾遍全國。
公勤鐵廠
國貨之光
吳鐵城
其二
上古時有巢氏構木爲巢，原以躲避風雨。降至近世，人類文明，愈演愈進，一切建築物，崇尚堅固與美化，而其外圍之築砌，由竹籬，磚牆，灌木林，演進至於裝置鐵絲網籬。
上項鐵絲網籬，業已風行遐邇。裝置客戶中，有大學校，水利會，天文台，運動場，網球場，航空站，租界監獄，海塘工程，私人住宅，以及各大工廠數百家。從各項承裝工程的經驗和觀察，譜知現社會對於此項材料之需要程度，會將與日俱增，並深信一九三五年式之新出品，必更能討得大都會人士之歡喜。值茲歲首，爰誌數語自勉：並祝各界進步
總廠 上海楊樹浦臨青路五十三號 電話五〇二一四
分廠 廣州河南南華中路六十六號 電話五〇四一二
總廠 上海楊樹浦臨青路
分廠 廣州河南南華中路
電話 五〇二一四 五〇一六七

中 國 建 築

第三卷　　第一期

民國二十四年一月出版

目　次

著　述

插　圖

中國建築

民國廿四年一月　　第三卷第一期

國立上海商學院辦公廳透視圖

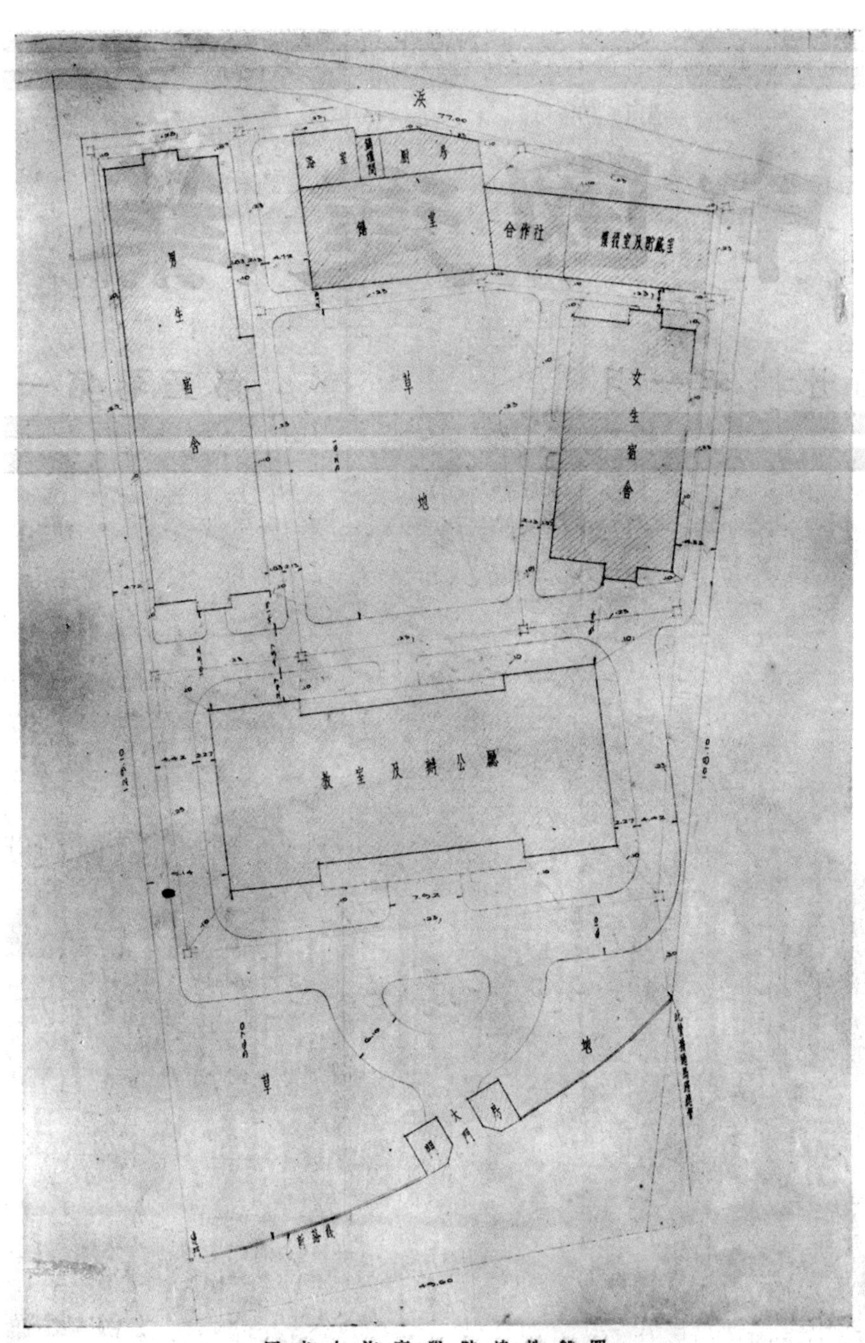

國立上海商學院總地盤圖

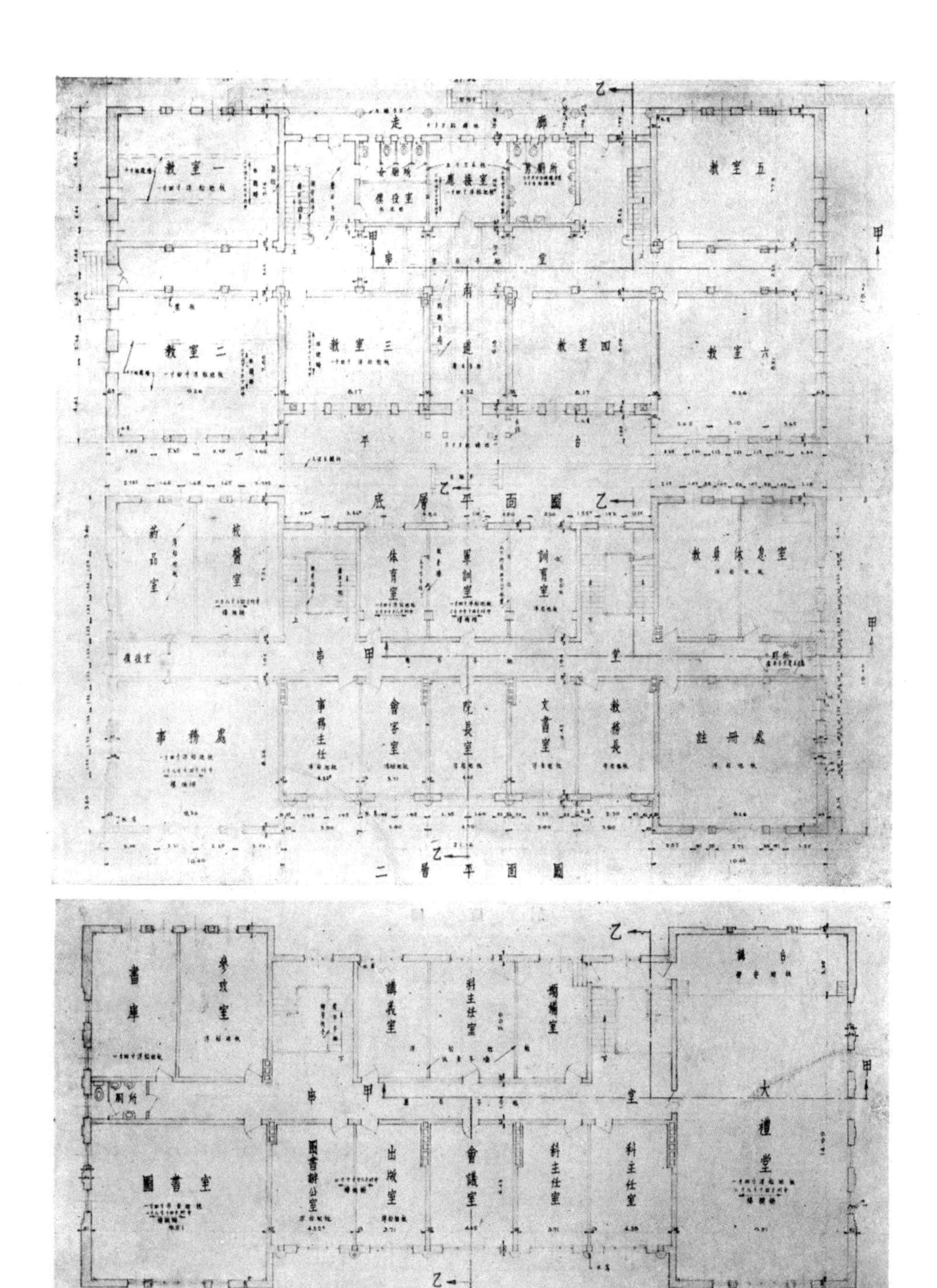
教室一
教室二
教室三
教室四
教室五
教室六
走廊
底層平面圖
藥品室
校醫室
體育室
軍訓室
訓育室
教員休息室
事務處
事務主任
會客室
院長室
文書室
教務長
註冊處
二層平面圖
書庫
參考室
講義室
科主任室
圖書室
圖書辦公室
出版室
會議室
大禮堂
講台
三層平面圖

辦公廳及教室平面圖

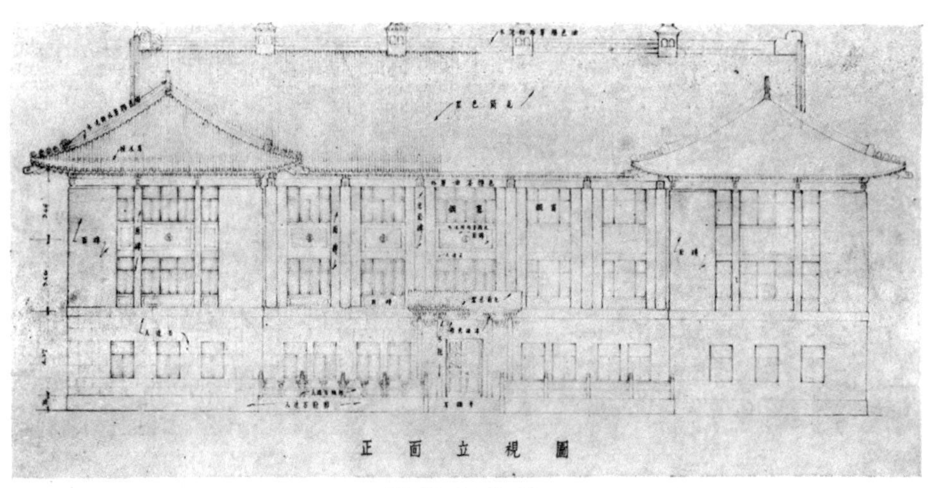

正面立視圖

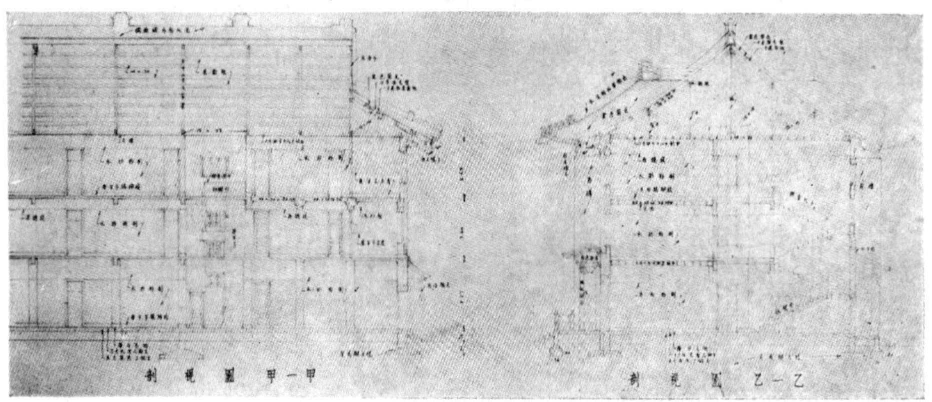

剖面圖

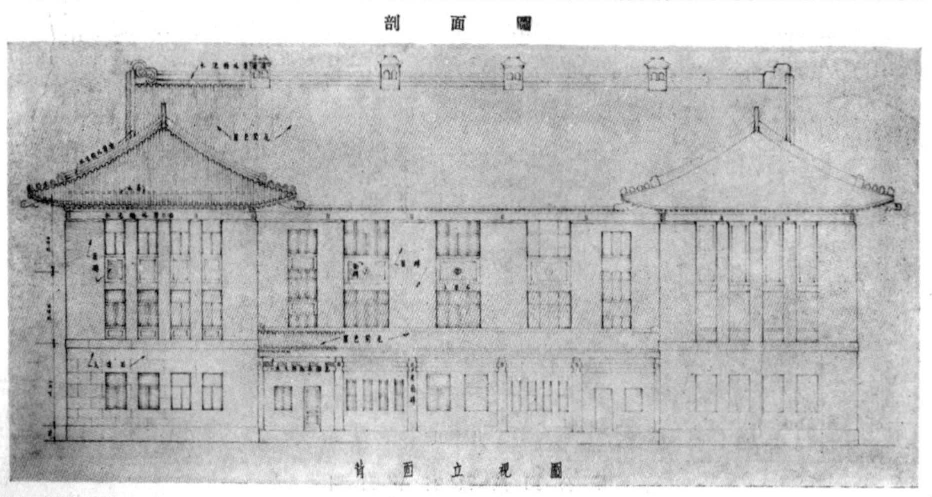

背面立視圖

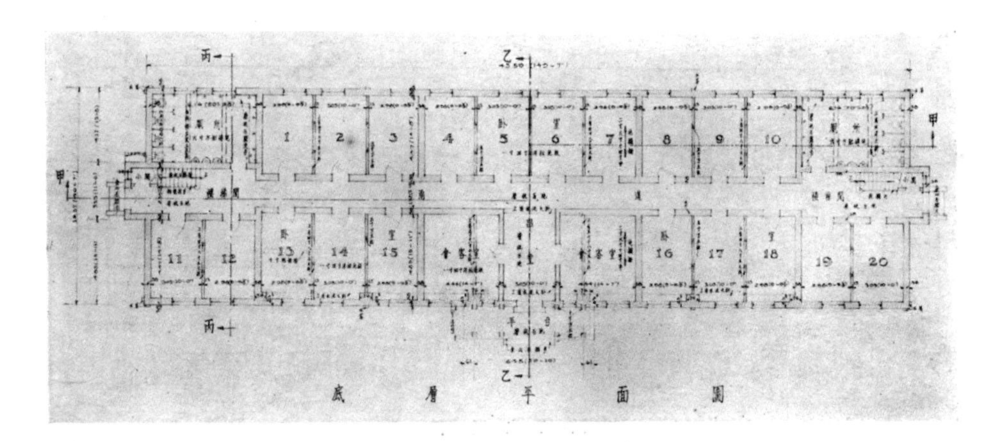

底層平面圖

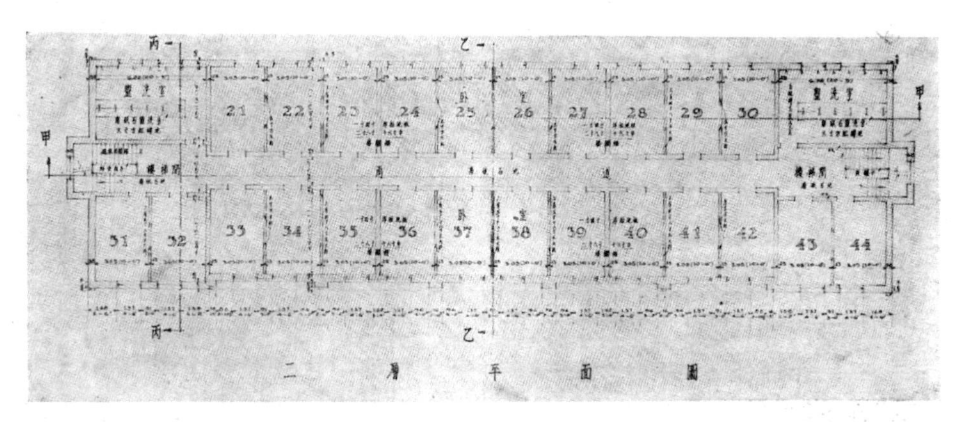

二層平面圖

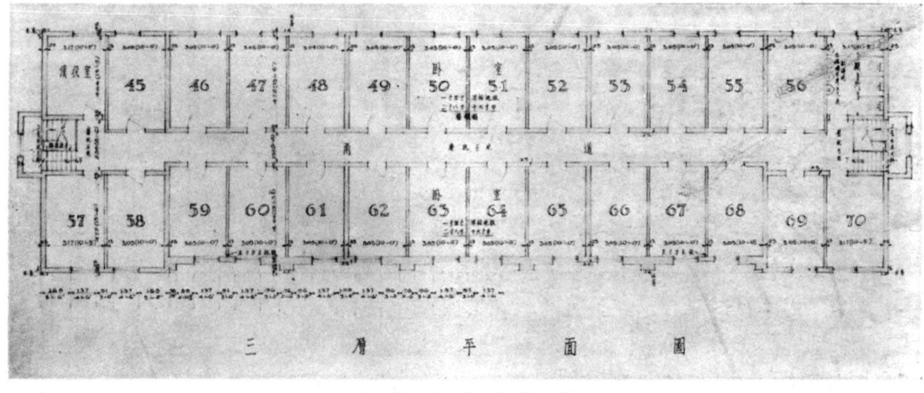

三層平面圖

男生宿舍平面圖

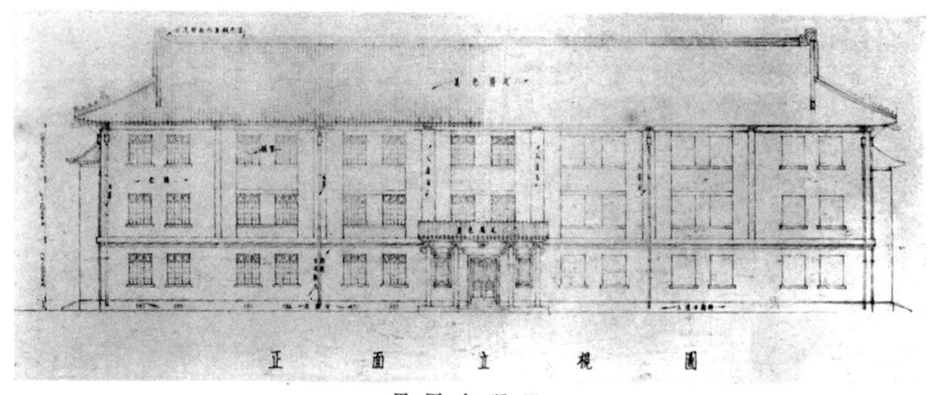

正面立視圖

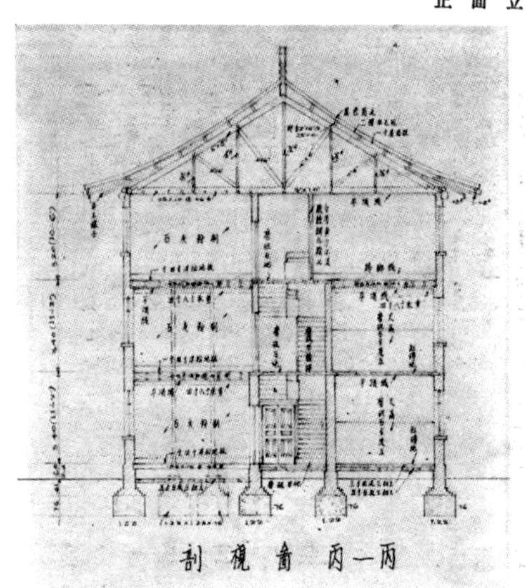

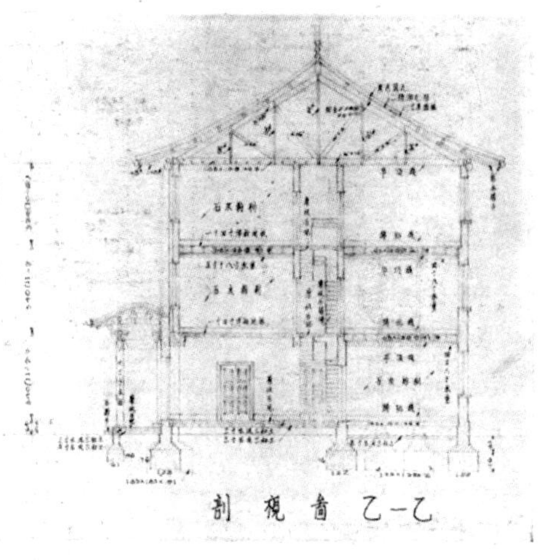

剖面圖

後面立視圖

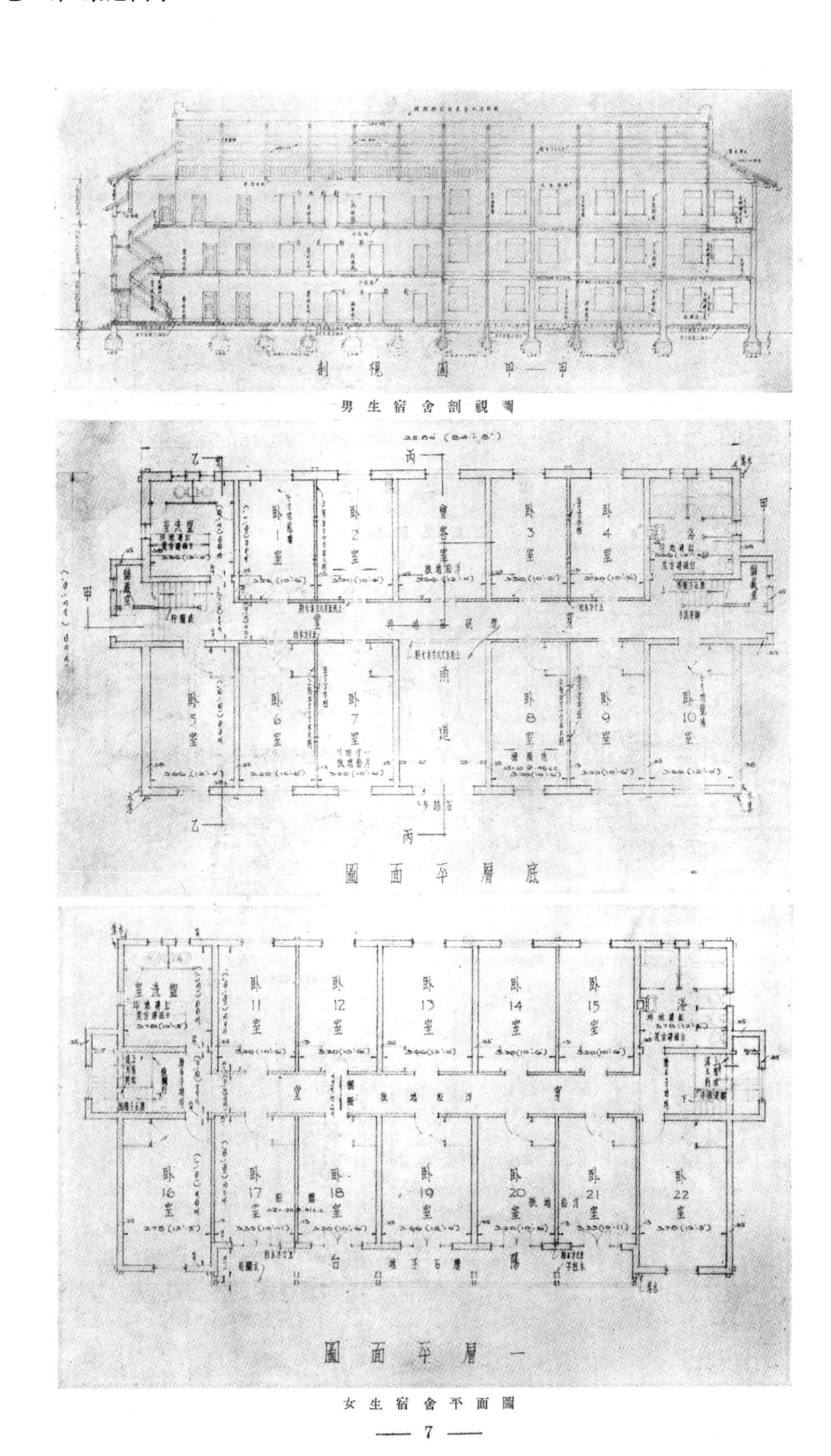
剖視圖甲—甲
男生宿舍剖視圖
臥1室
臥2室
會客室
臥3室
臥4室
盥洗室
浴
穿堂
臥5室
臥6室
臥7室
甬道
臥8室
臥9室
臥10室
底層平面圖
盥洗室
臥11室
臥12室
臥13室
臥14室
臥15室
浴
穿堂
臥16室
臥17室
臥18室
臥19室
臥20室
臥21室
臥22室
陽台
一層平面圖

女生宿舍平面圖

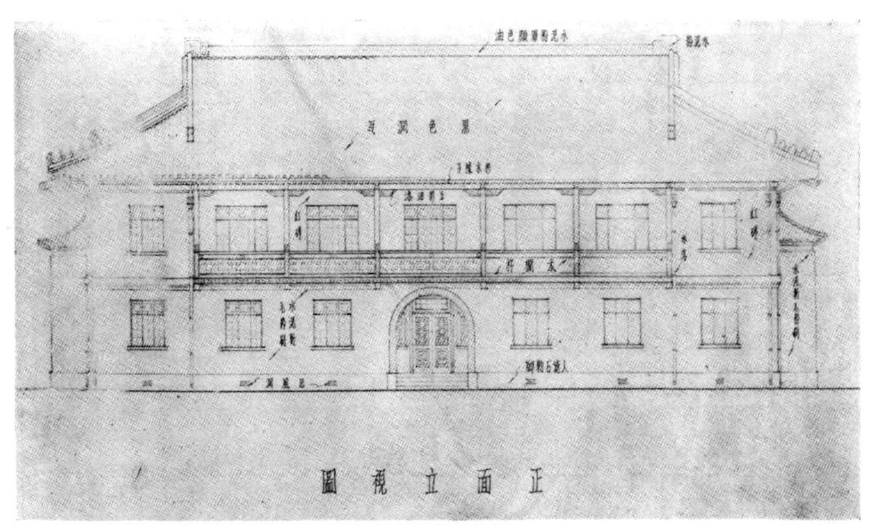

正面立視圖

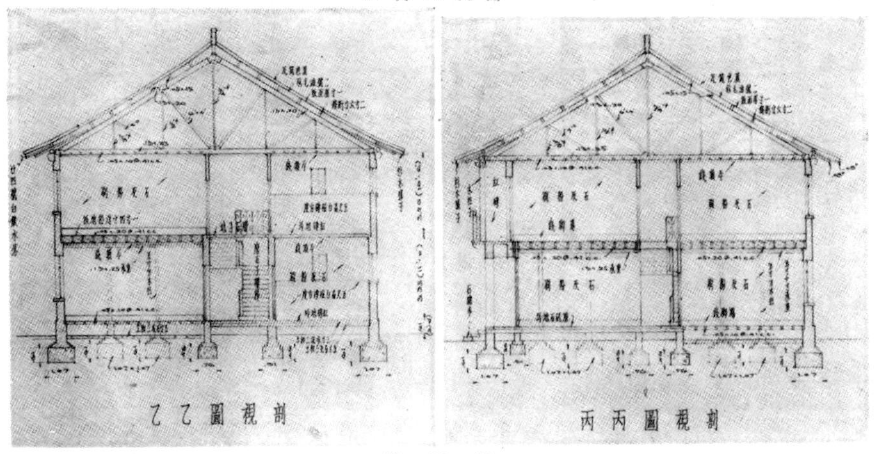

剖面圖

剖視圖甲甲

剖視圖

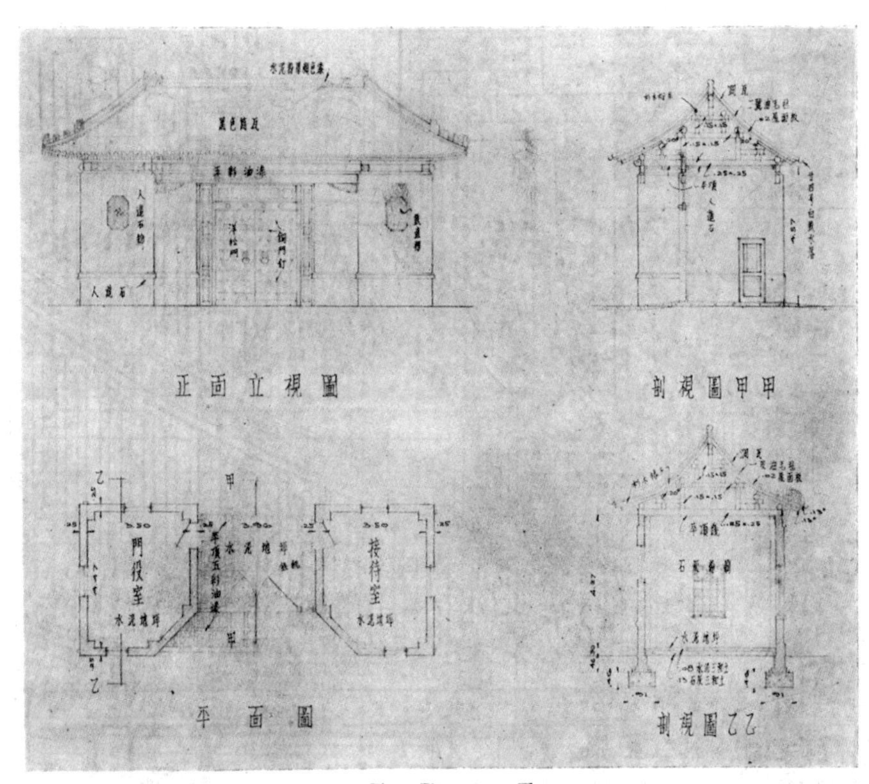

正門全圖

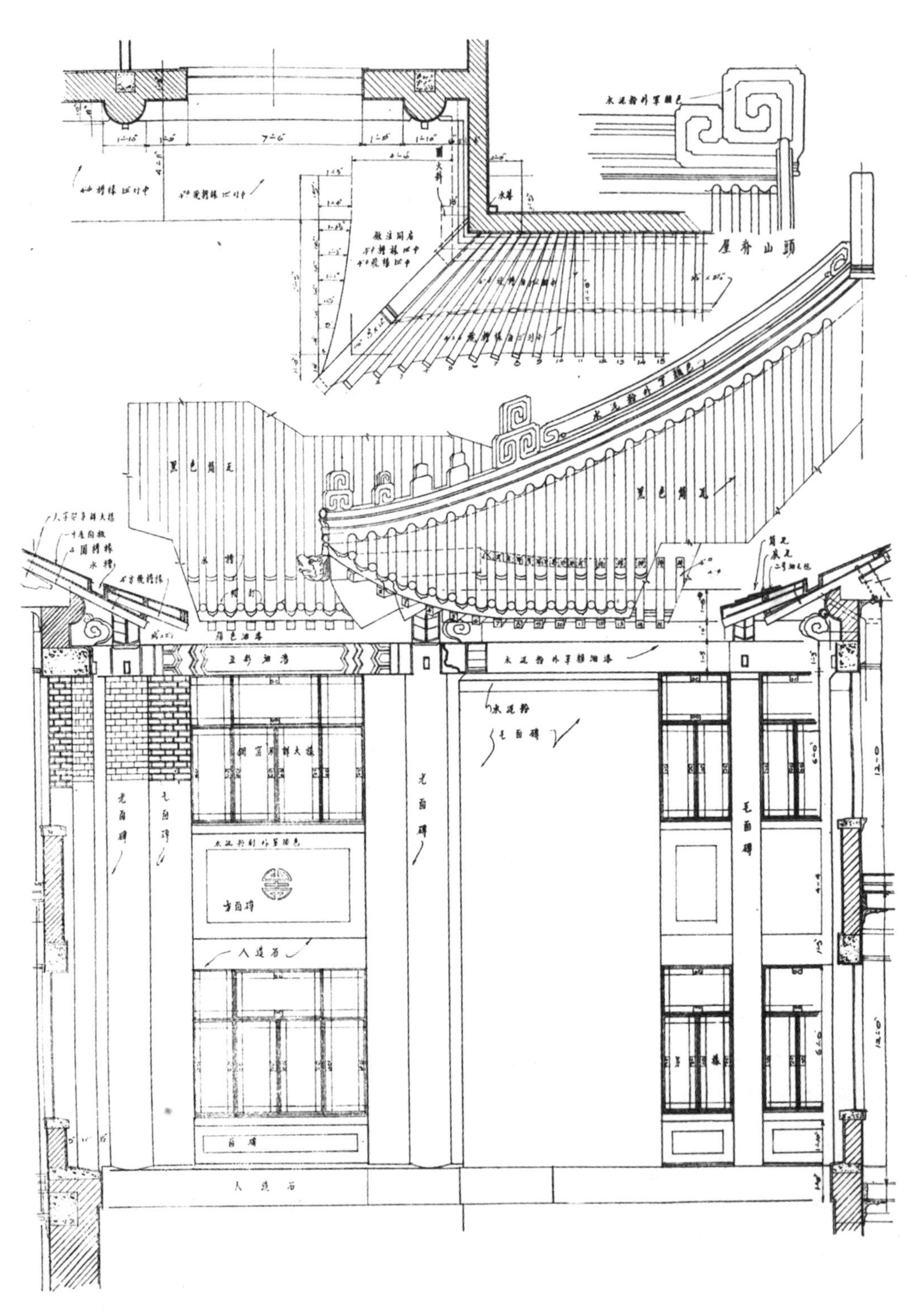

辦公廳標準大樓

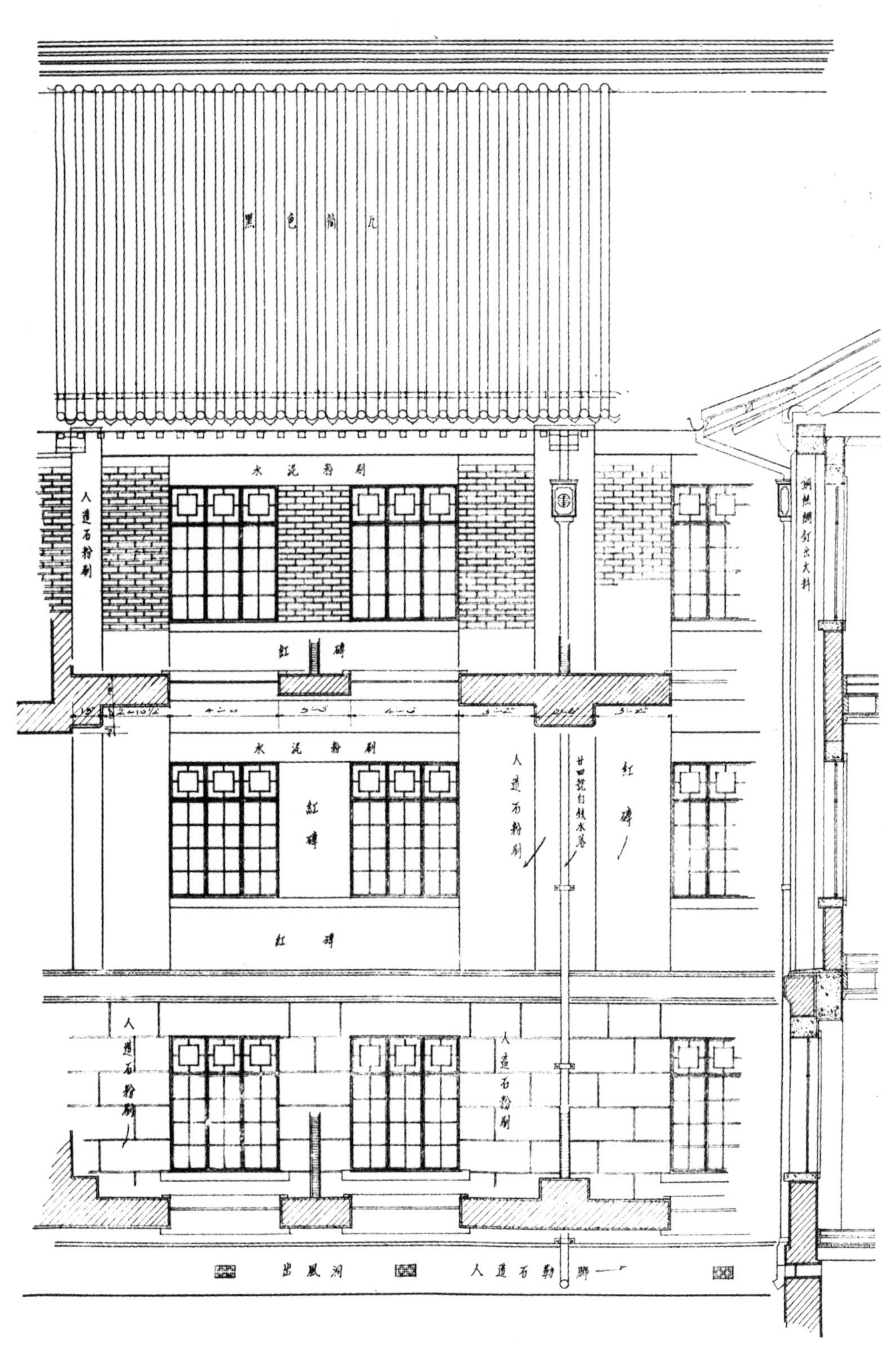
黑色筒瓦
水泥粉刷
人造石粉刷
紅磚
水泥粉刷
紅磚
人造石粉刷
廿四號白鐵水落
紅磚
鋼絲網釘出大料
紅磚
人造石粉刷
人造石粉刷
出風洞
人造石勒腳

男生宿舍標準大樣一

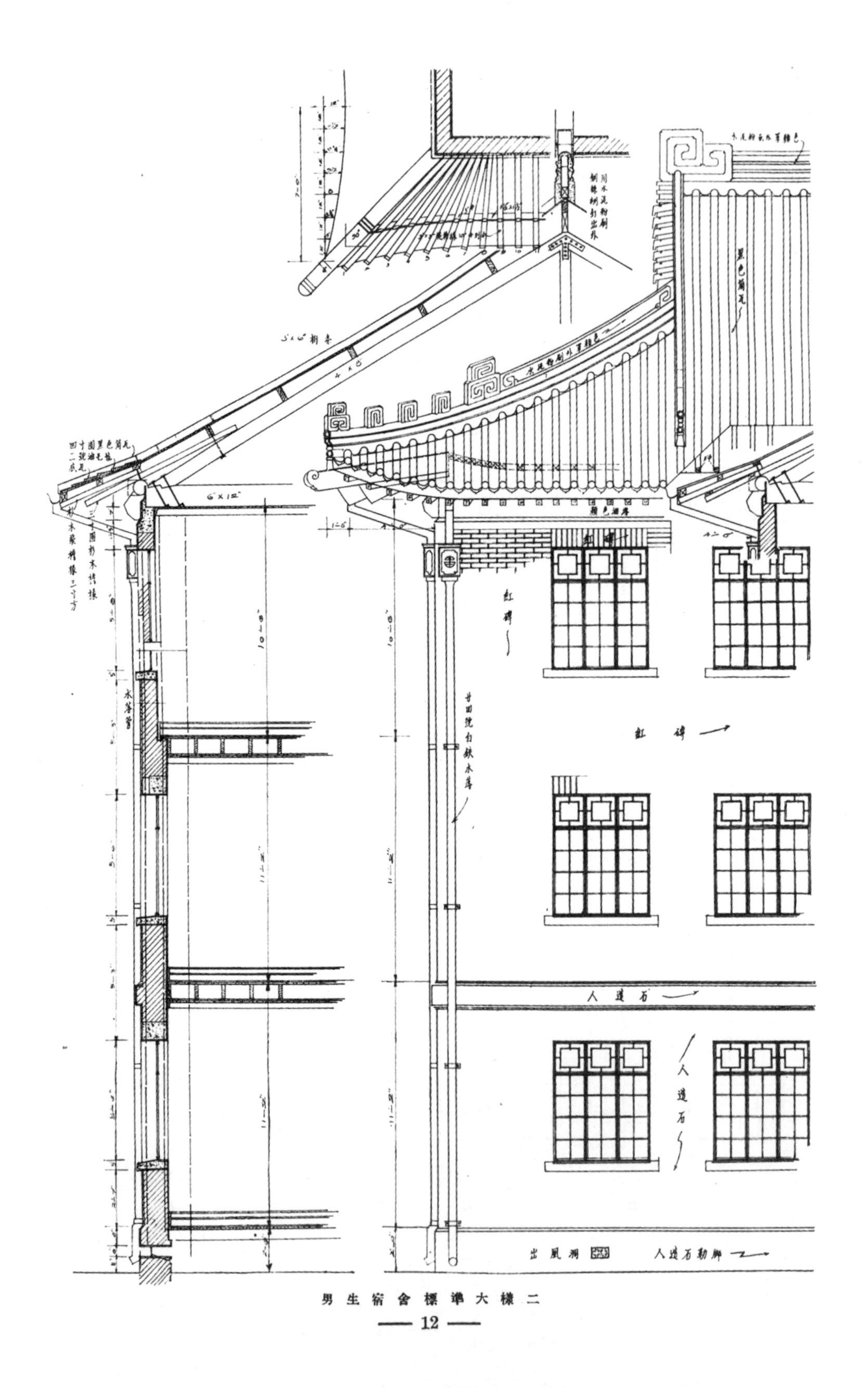

男生宿舍標準大樣二

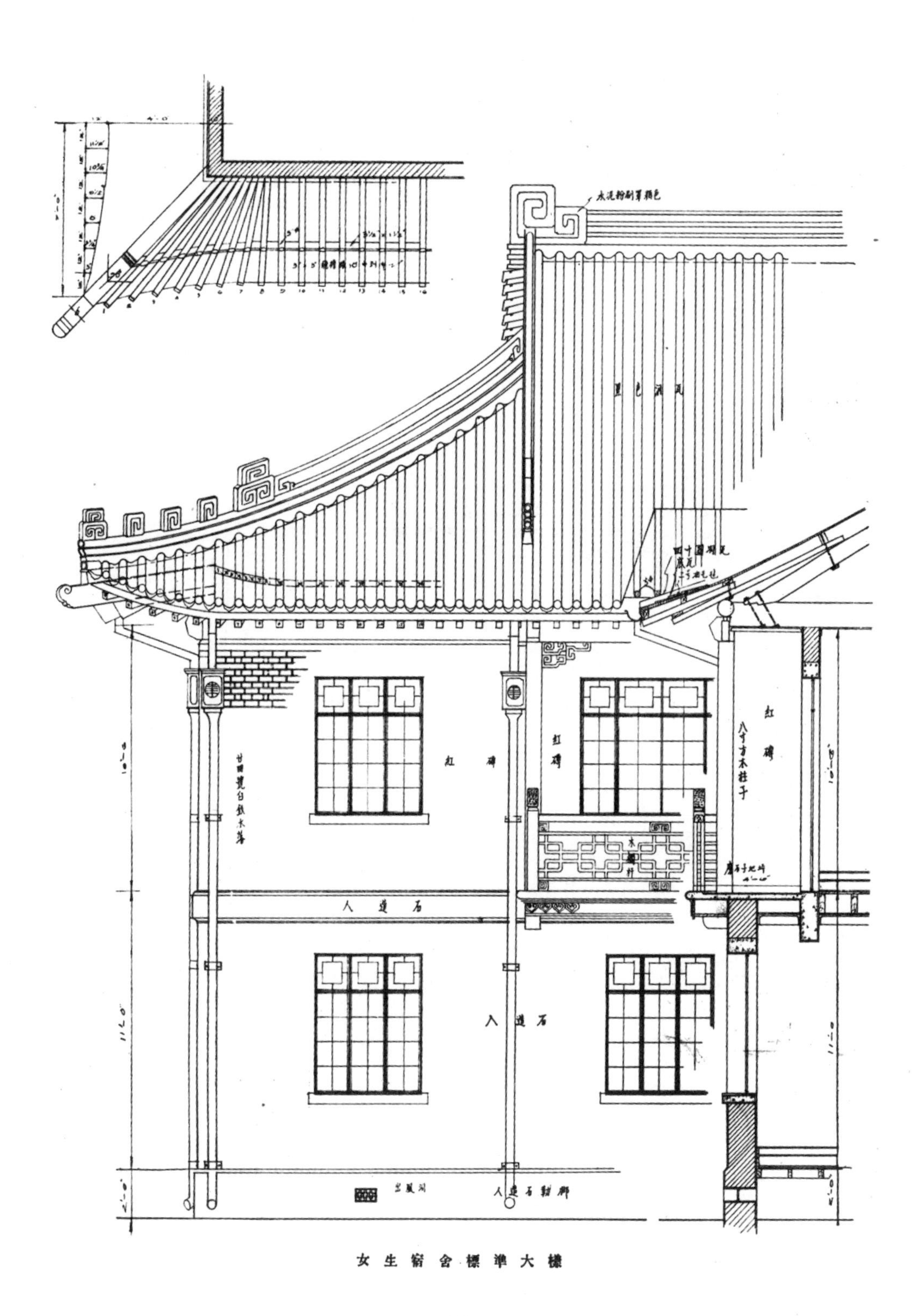

女生宿舍標準大樓

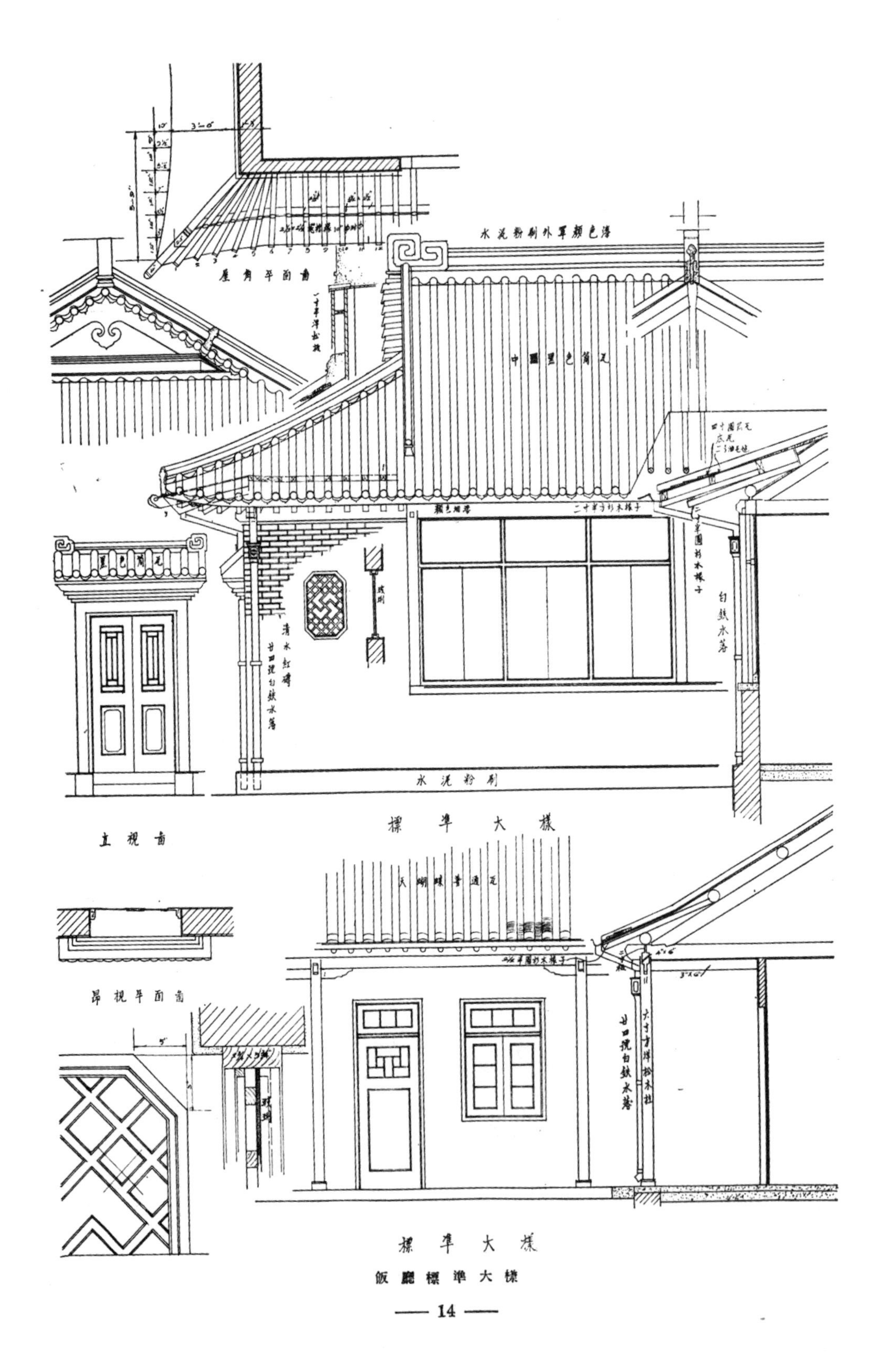
水泥粉刷外罩顏色漆
屋角平面
中國黑色筒瓦
清水紅磚
廿四號白鐵水落
白鐵水落
水泥粉刷
立視面
標準大樣
廿四號白鐵水落
標準大樣

飯廳標準大樣

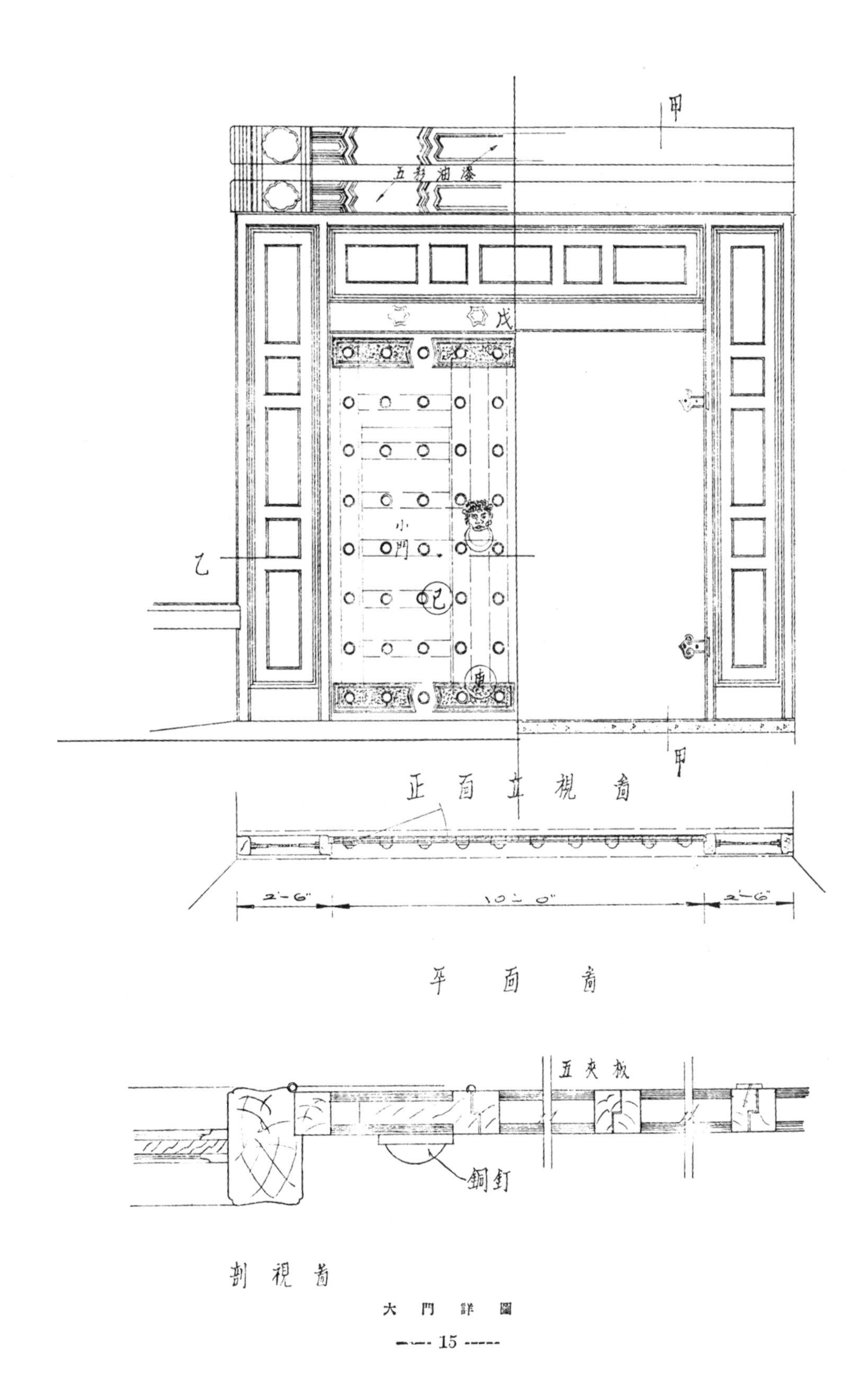

大門詳圖

給熱工程溫度測驗概論

鄒汀若

給熱設備（Heating Installation）為近代建築房屋重要工程之一。該項工程雖屬其他專門範圍之內，但因測驗時常易發生無謂之糾紛，故卽建築師，甚至業主本身，對於室內與室外溫度之關係，亦應有相當之注意也。

據一般人之見解，以為合同中若訂明室外溫度華氏30^0時室内為70^0，則測驗時室外若為50^0，室内必須得90^0才為合格。此種見解，姑無論經驗上不能達此目的，卽理論上亦無根據可言。試申述之：

設 s ＝放熱器（Radiator）之面積

w ＝房屋失熱面積——包括牆 窗戶等等

t_s ＝放熱器之溫度

t ＝室内溫度

t_0 ＝室外溫度

a ＝放熱器之傳熱率 } 同樣單位

b ＝房屋失熱面之平均傳熱率 } 同樣單位

根據熱量均衡理論，

$$as(t_s-t)=bw(t-t_0) \cdots\cdots\cdots\cdots 甲$$

設合同中訂明t＝華氏70^0，t_0＝華氏35^0，

則 $$as(t_s-70)=bw(70=30) \cdots\cdots 乙$$

將甲乙兩式合併，得

$$\frac{t-t_0}{t_s-t}=\frac{70-30}{t_s-70} \quad 或 \quad t=\frac{t_s(40+t_0)-70t_0}{t_s-30}\cdots\cdots(1)$$

此卽甚為著名之理論公式也。

又設 t_s ＝華氏170^0，則可得下列室内外溫度之關係：——

室外溫度t_0	室內溫度t	相差
30	70	40
35	73·6	38·6
40	77·1	37·1
45	80·7	35·7
50	84·3	34·3

參閱上表，室外溫度愈高，其相差數愈小。 故在測驗時室外溫度設為 50^0 而室內若得 $84·3^0$（假定該理論適合實際情形），卽知若室溫度外降至 30^0 時，室內卽可得 70^0也。 然室外在 30^0 以上之任何溫度時而亦欲使室內得 40^0 之相差數，則實際上之不可能甚為明顯。

不但如此，事實上如室外溫度為 50^0，室內溫度卽欲 $84·3^0$ 亦不可得。 蓋上述理論尙欠週密，實不足以應付甚為複雜之問題也。 請再參閱公式(1)之構成。 該公式旣假定 a 在室內溫度升降時不變，又忽視風力之增減。 但前者影響於結果尙微，後者亦可設法彌補。 其最重要而未及注意者，實為房屋之蓄熱性是也。 大都物質具有相當蓄熱能力此稍知物理學者類能知之。 當物質傳導熱量時必先使自身溫度適合正負方面溫度之情形而升降，於是卽發生蓄熱或將以前所蓄之熱放散之現象。 建造房屋所用之材料旣夥，平均比熱又不甚低弱，故蓄熱能力頗大；而開始傳導穩定熱量以前，亦須經過相當時間也。

因室外溫度常易變動，而牆壁等調節至適當傳熱率時又需相當時間，故房屋之蓄熱作用竟切斷室內外溫度之直接關係而使公式 (1)之價值幾等於零。 圖一為繼續八十八小時實測室內外溫度之變化。 第一天自上午八時起室外溫度大增，但室內溫度增加極微。 自下午五時起室外溫度大降，而室內溫度則仍繼續增加。 故卽使室外溫度確在合同中所訂之溫度時（簡稱合同溫度），室內是否亦能達到合同溫度，還須研究過去室內外溫度變化之歷史，而不能遽以當場觀察所得之溫度為斷也。

雖然，為便利計，室內外溫度假定其有直接關係之理論，仍被給熱工程界所樂用。 惟公式(1)旣不切實用於是所謂經驗式者遂起而代之。 最為著名者有二：——

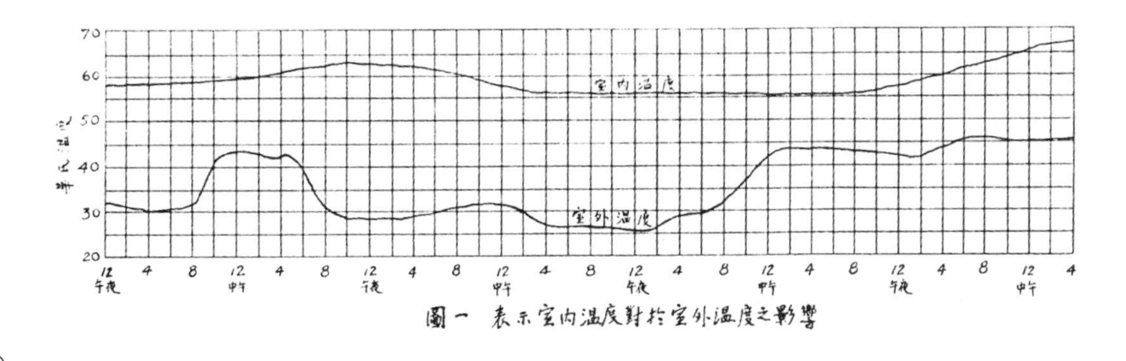

圖一 表示室內溫度對於室外溫度之影響

(1) 見 "Barker on Heating" 307頁，J. F. PHILLIPS & SON 出版

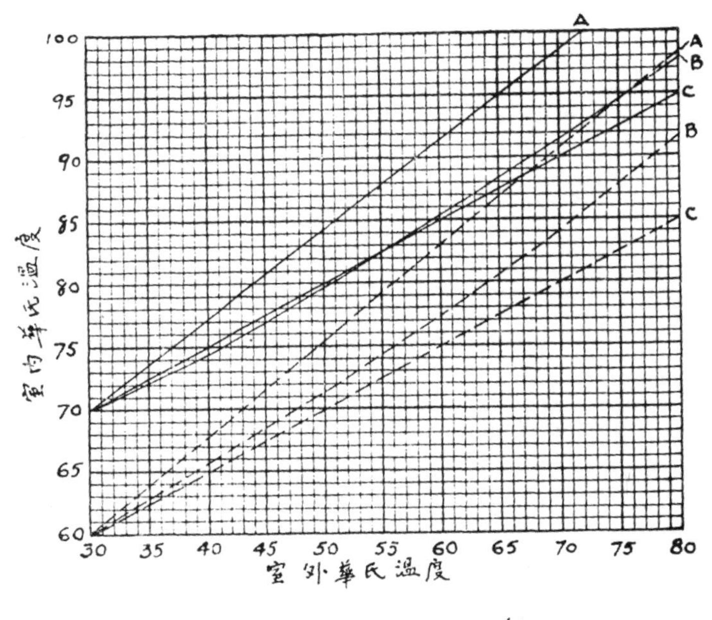

圖二 各公式之比較

A.公式(1)；B.公式(2)；C 公式(3)

直線式：$t' = t + c(t'_0 - t)$……(2)

內中 t ＝室內合同溫度

t_0 ＝室外合同溫度

t'_0＝室外測驗時之溫度

t' ＝室內測驗時之溫度

$c = 0.5$當$t'_0 > t_0$

$= 0.6$當$t'_0 < t_0$

曲線式：$t_4 = [t_1^{12} - t_2^{12} + t_3^{12}]^{\frac{1}{12}}$(3)

內中t_1 ＝室內合同溫度（絕對）

t_2 ＝室外合同溫度（絕對）

t_3 ＝室外測驗溫度（絕對）

t_4 ＝室內測驗溫度（絕對）

以上兩式，因試驗時（研究公式之試驗）各有不同之環境，故所得結果並不一致，其應用範圍，因亦有限。據著者意見，室內外合同溫度相差在四十度以上時用公式(3)爲宜。在四十度以下時則用公式(2)。圖二表示各公式之比較。

用經驗公式測驗溫度，其所得之便利，卽不需要久長時間以觀察室內外溫度之變化。若牆壁等並不過分厚重，屋之各部均極乾燥（新建築物甚爲潮濕，必須充分乾後才可測驗），則熱至八九小時後已可測驗。但讀者務請特別注意經驗公式之眞正價值，僅爲便利而已，非因其準確而採用也。故當室外氣候頗爲穩定時用經驗公式推算合同溫度，作爲檢驗工程之一部份參考材料，尙可應用。若用爲判別給熱能力是否充足之惟一標準，則冀望誠過奢矣。

附觀察溫度之地點

甲．室內地點

所謂室內溫度者，非指室內任何一部溫度之意。賴自然對流作用之給熱法，一室上下溫度相差頗多。近地處較低，近天花板處較高。其參差度數，各室亦不一致。多半依放熱器之位置，裝法及房屋之形式等等而異。今吾人所謂室內溫度者，卽以室之中央離地面五尺處之溫度爲標準。但事實上可將溫度計Thermometer掛在內面暖牆上觀察。手續旣易，所得結果亦頗正確。

乙．室外地點

屋之週圍因陽光照射不同，其附近溫度，亦未必能十分一致。大概屋之北面，恆較其他方向不易受陽光之影響，所以測得之空氣溫度亦較易正確。故觀測室外溫度應在屋之北面爲佳。此外所當注意者，溫度計不可貼接牆上，免受室內熱度之影響。至少應有四五寸之距離。

建築投影畫法

（續）

顧亞秋

第三節　立體的截斷

18. 照上述的幾種投影圖，祇能表示物體的外觀，而要明瞭物體的內容如何，非將物體截去一部分不可，例如第二十圖是個屋架的剖面圖，表示房屋內部的構造。

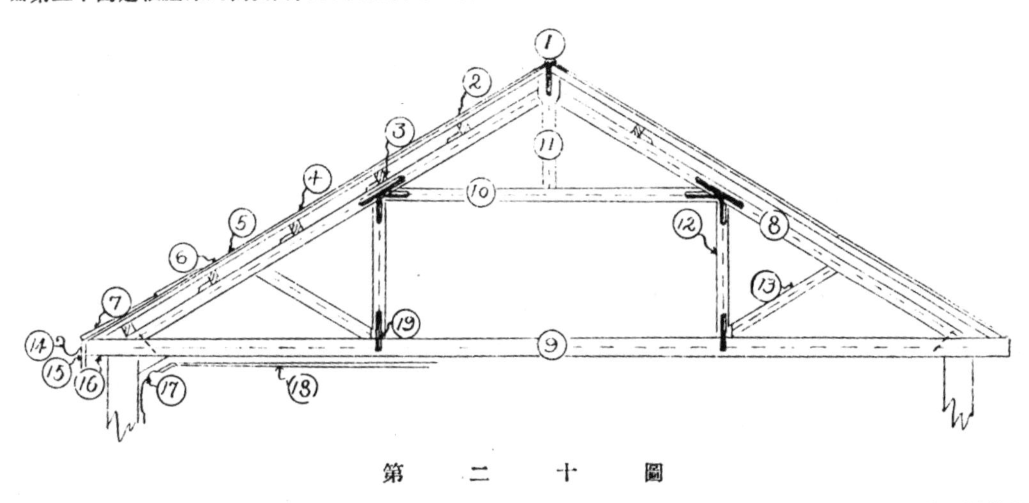

第　二　十　圖

普通物體被截的面，叫做截口，而用以截斷物體的平面，叫做截斷平面，截口所表顯於平面圖上的，叫截斷平面圖，表顯於立面圖上的叫截斷立面圖，如第二十一圖所示。　gh是截口，ab是截斷平面，(b)是截斷平面圖。(a)和(c)是截斷立面圖，亦叫剖面圖。

19. 第二十一圖是個八角柱的截面圖；先作平面圖八角形(b)八角形外切圓的直徑爲$2\frac{1}{4}''$。　再作正面圖(a)和側面圖(c)各高$3\frac{3}{4}''$，立於XY線上，然後作截斷平面 ab，截柱的兩邊成45^{0}角，如圖(a)。

這截斷平面過(a)圖所截柱的各稜如g, k, l, m, h, 從這幾點作 XY 的平行線和(c)圖的各稜相接，在(a)圖上所示的ef 也就是(c)圖上所示的e'f'。　在(c)圖上的g'爲截斷平面和柱的上交切點，h'爲下交切點。　聯接 g', k', l', m', h', m', l', k', 各點，就是表明截斷的側面圖。　在這裏(c)圖上所示的八角形恰是正八角形，因爲ab傾斜45^{0}的緣故，否則就不能成正八角形了。

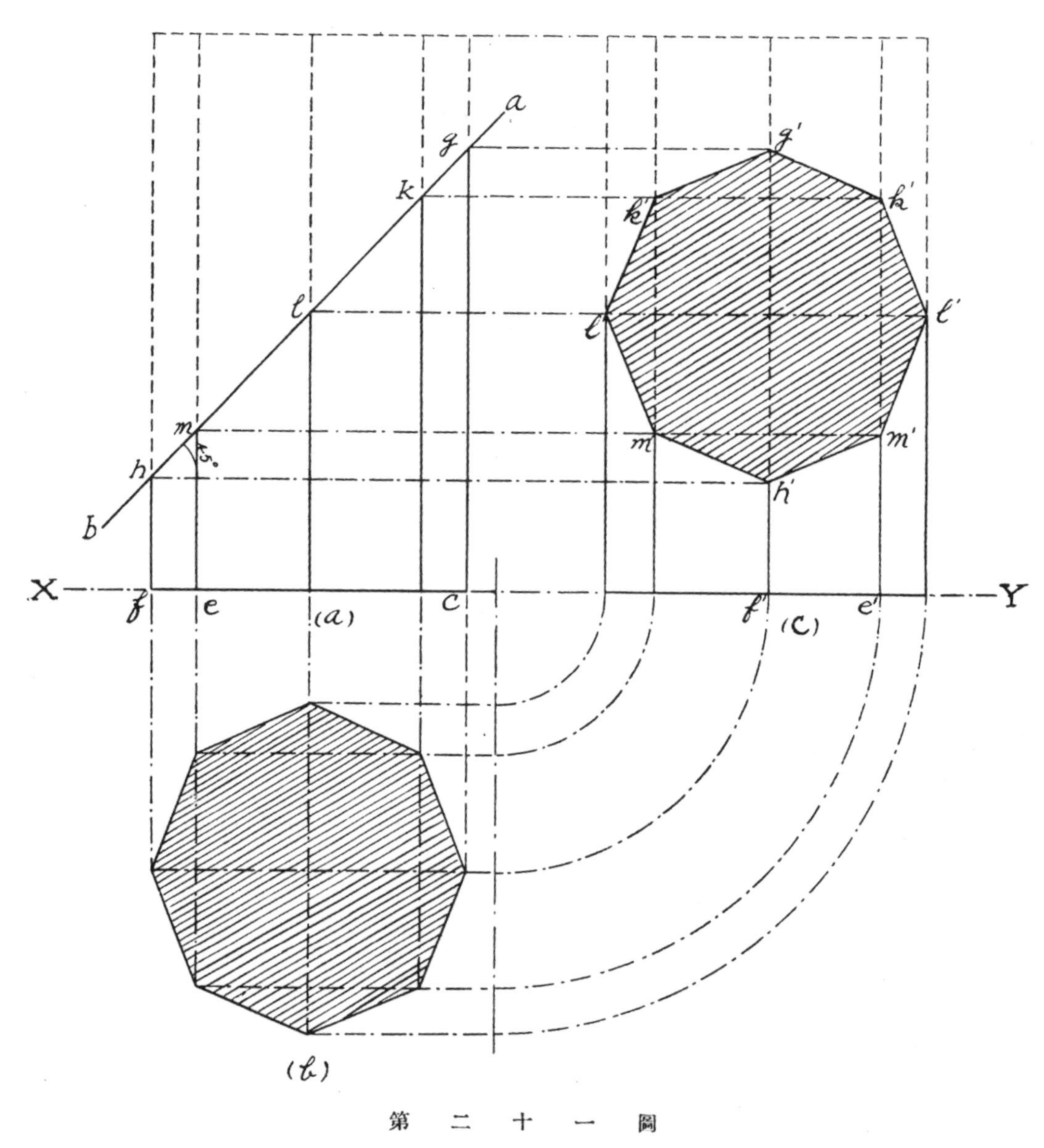

第　二　十　一　圖

20. 第二十二圖是個八角錐；先作平面圖(b)正面圖(a)和側面圖(c)，底面和錐高和上面相同，就是$2\frac{1}{4}''$和$3\frac{3}{4}''$。作截斷平面ab和錐軸ck成45^{0}，而和錐稜dc，gc，kc等相交於l，m，n等點，pl就是(a)圖上的截口，從l，m，n等各點作垂直線和應對各稜的平面圖相交於l'，m'，n'等點，聯接各點，就是截口l_2p_2的平面圖；因爲ck，xk同是XY的正交線，所以不能相交於一點，因此n'點的求法，就是截取xn'等於nw。最後從l，m，n，o，p各點，作XY的平行線和應對各稜相交於r，s，t，u等點，就成截斷的側面圖。

圖內所示的l_2p_2，就是這八角錐截口的眞形。作法先將l，m，n，o，p各點，作ab的垂直線，如ll_2，mm_2，nn_2等直線。 l_2p_2線和ab平行,但距離的長短可任意酌定。 於是將l_2p_2爲中心線,兩邊截取相當的闊度,如m_2和l_2p_2線所隔的距離,使等於m'和d'e'線所隔的距離,仿此,得n_2, o_2等點,聯接各點,就成截口的眞形。

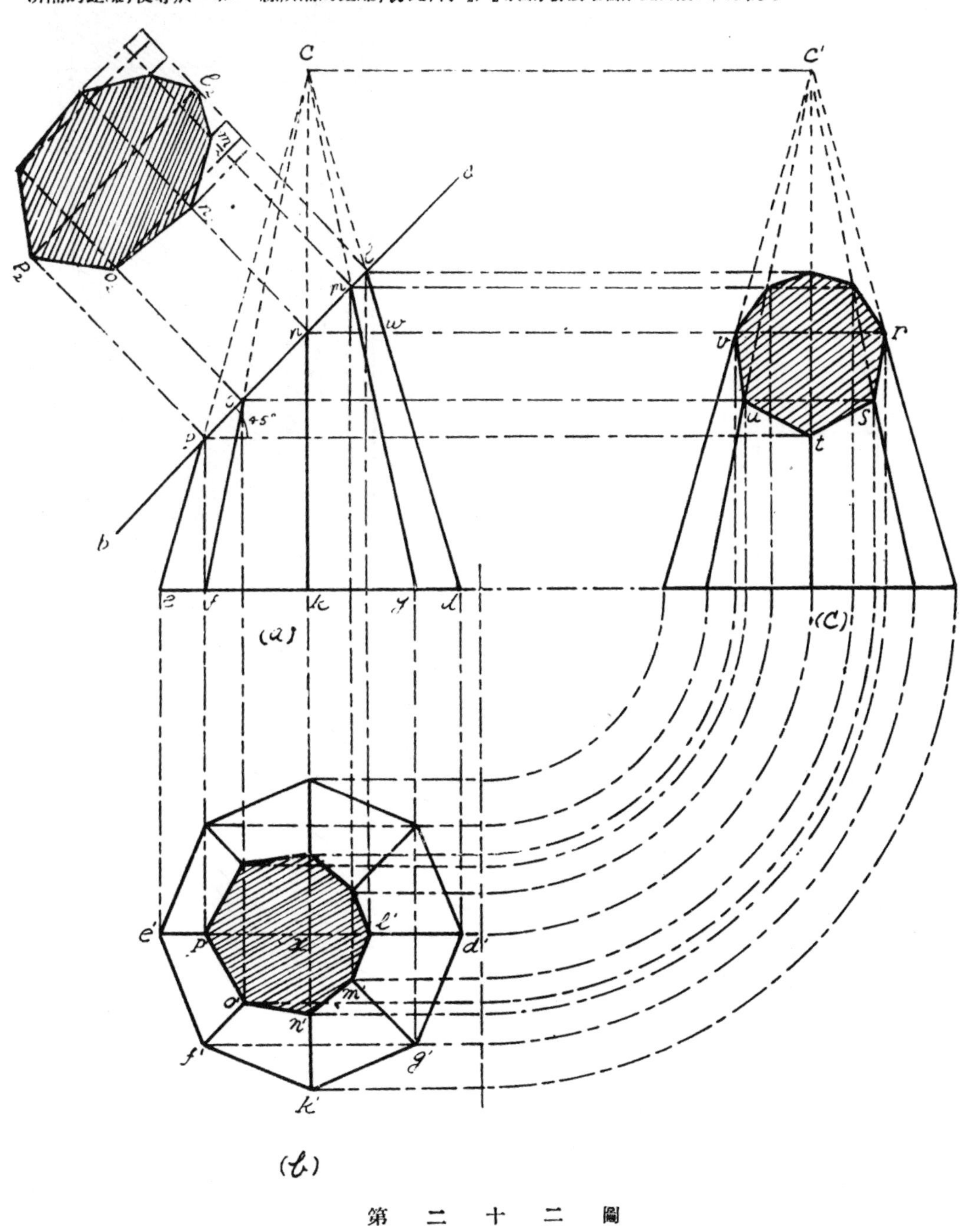

第 二 十 二 圖

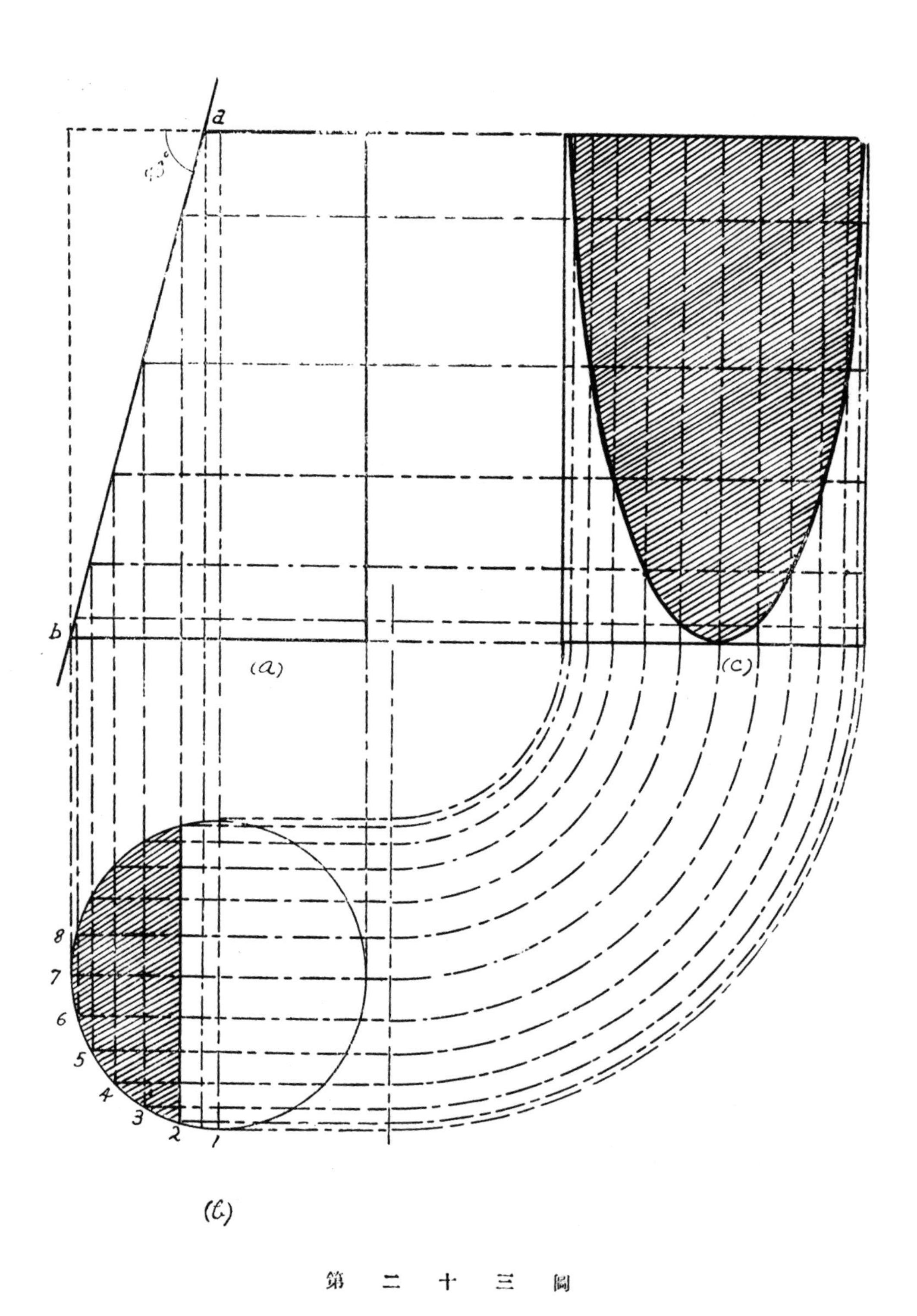

第二十三圖

第二十三圖是個圓柱體的剖面圖，柱的直徑長 $2\frac{1}{4}''$，高 $3\frac{3}{4}''$；先作平面，正面，側面三圖，再作截斷平面 ab 和 XY成75°，（如圖），將平面圖的圓周上分成幾個相等的部分代表稜。 爲便利計，假設二十四分；從1，2，3，4等點，作投影線通過正面，側面兩圖，在正面圖上和ab相接，從相接的幾點作平行線和(c)圖上的各投影線相交，通過各交點作曲線就是代表這圓表體的截斷側面圖。

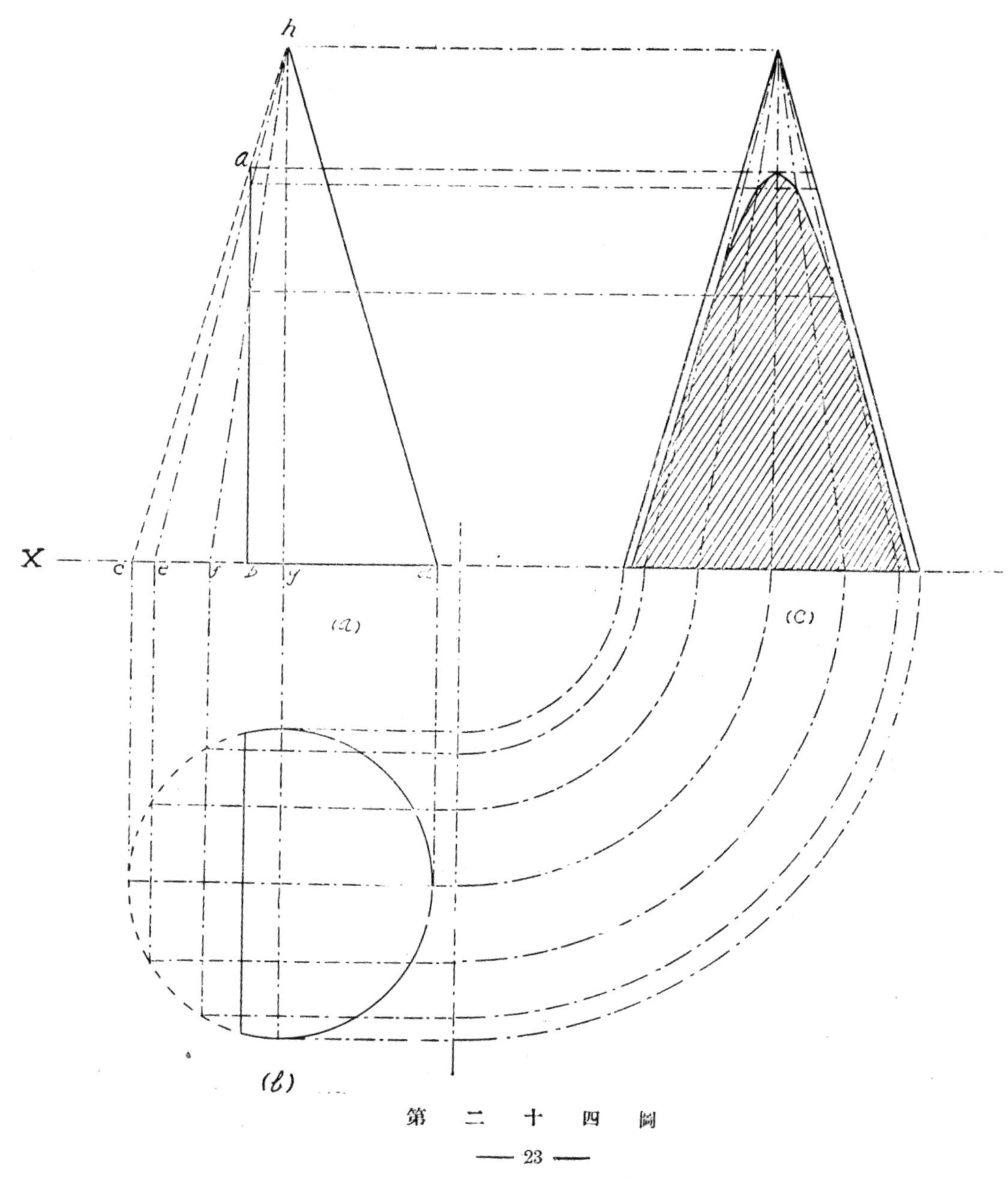

第二十四圖

22. 第二十四圖是個圓錐體，底面直徑長$2\frac{1}{4}''$，高$3\frac{3}{4}''$，截斷平面和水平投影面正交。作平面，正面等圖，將平面圖上的圓周分成十二分，從分點射出的投影線和正面圖上圓錐的底邊相接於c，e，f等點，聯接he，hf等線和截斷平面相接，依上圖畫法，就得(c)圖上的曲線，表示截斷側面圖。這截斷面是截口的眞形，因爲ab是垂直於水平投影面上的線故。但以上幾個側面圖的截口，都不是眞形。

第四節　立體表面的展開

23. 將整個立體的表面，完全表顯在一個平面上叫做展開。如第二十五圖是Redcliffe圖書館的圓屋頂內部裝飾的展開圖。

展開圖在建築設計上，往往用以應付實際工作的。例如各種裝飾，無論在曲面，球面或其他建築物的角上，需要各部分表面上的設計，以示適合調和否。所設計的展開面的大小，等於實際上物體面積的總和。

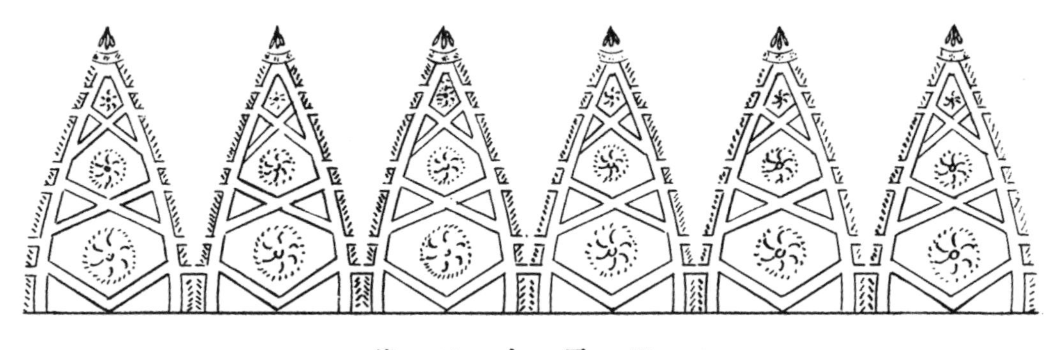

第　二　十　五　圖

24. 第二十六圖是個六角柱的展開圖；先作柱的平面圖(a)，立面圖六角(b)，六角形外切圓的直徑長2″，柱高$2\frac{1}{2}''$。取六角形上任一邊ef，截lm六等分等於ef，代表柱的各稜，例如1，2，3等，過1，2，3等點作垂直線，使成六個長方形，表示柱的各面。用5，6兩點做圓心，ef做半徑，作短弧相交於o。o點就是六角柱的中心，依次作六角形表示柱的底面，同樣作柱的頂面，就成這六角柱的展開圖。

25. 第二十七圖是個圓柱的展開圖；先作柱的平面圖(a)，和立面圖(b)，柱的直徑長2″，柱高$2\frac{1}{2}''$，分圓面爲任意幾等分（設十二等分），例如d，f，g，h等。作兩平行線jk和lm，使jl等於柱高hg，用圓規量平面圖上十二分之一分，如df，用df的長截lm十二分如1，2，3等。聯接jl，km，就成柱身的展開面；從第2，10兩點作垂線，一向上，一向下，用x做圓心，1″做半徑，作兩圓和柱身展開面相切，表示柱頂面和底面的展開。

26. 第二十八圖是表示一個圓錐的展開圖，原理和角錐無異，用2″做直徑，作圓周表示錐的底面，錐高$2\frac{1}{2}''$；照第二十七圖的作法，分圓面爲十二等分，如d，e，f等，在任意適當的地位上，作kl線等於ac，用k做圓心，kl做半徑，作lmn弧，在弧上截十二分，如1，2，3等，每分的長等於平面上de的長，在第十二分點上，作kn線。再作在這扇形上，任一點的外切圓mop，用x做圓心，1″做半徑，lmn就是代表圓錐側面的展開圖，而mop代表底面的展開圖。

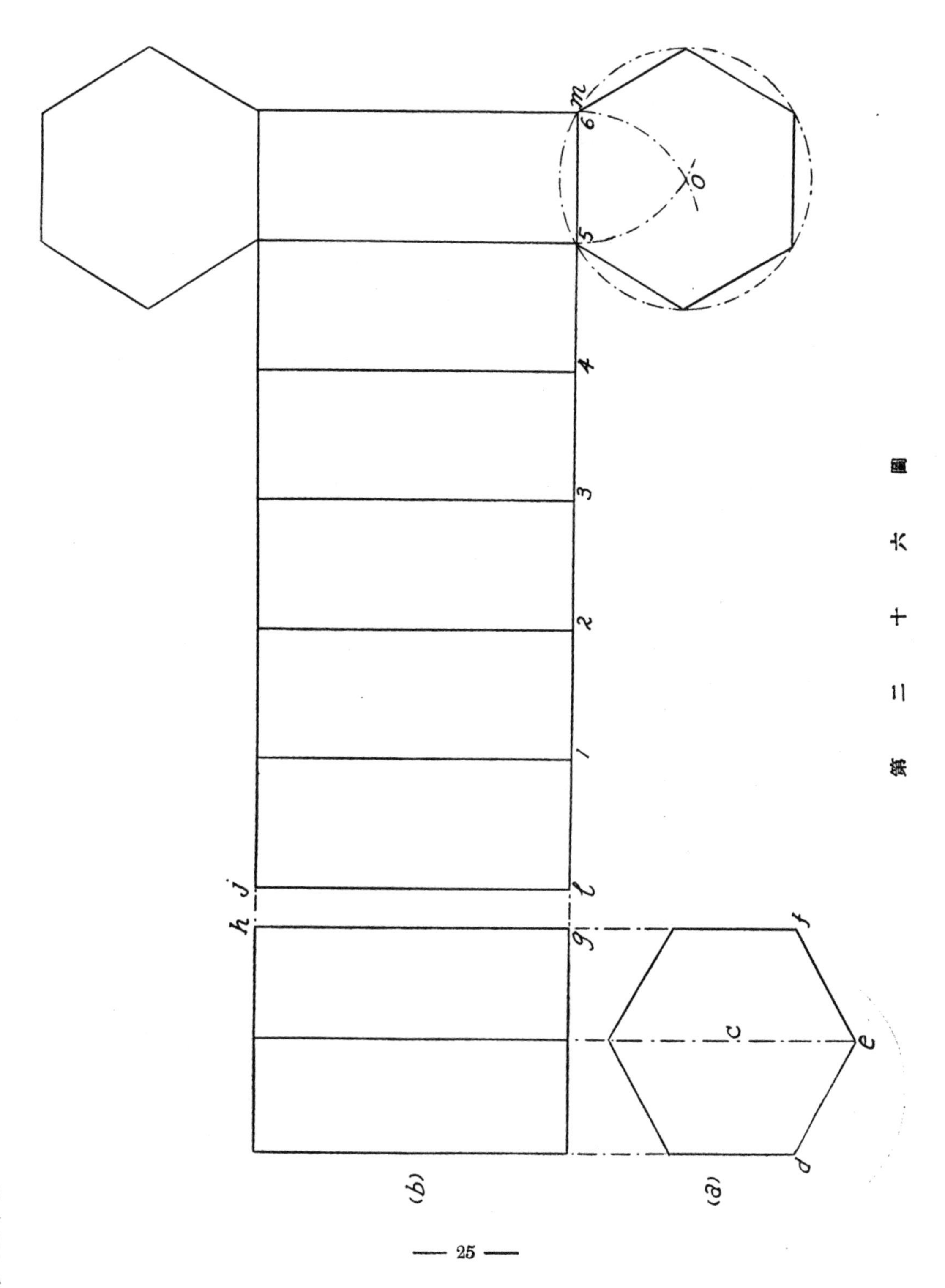

第二十六圖

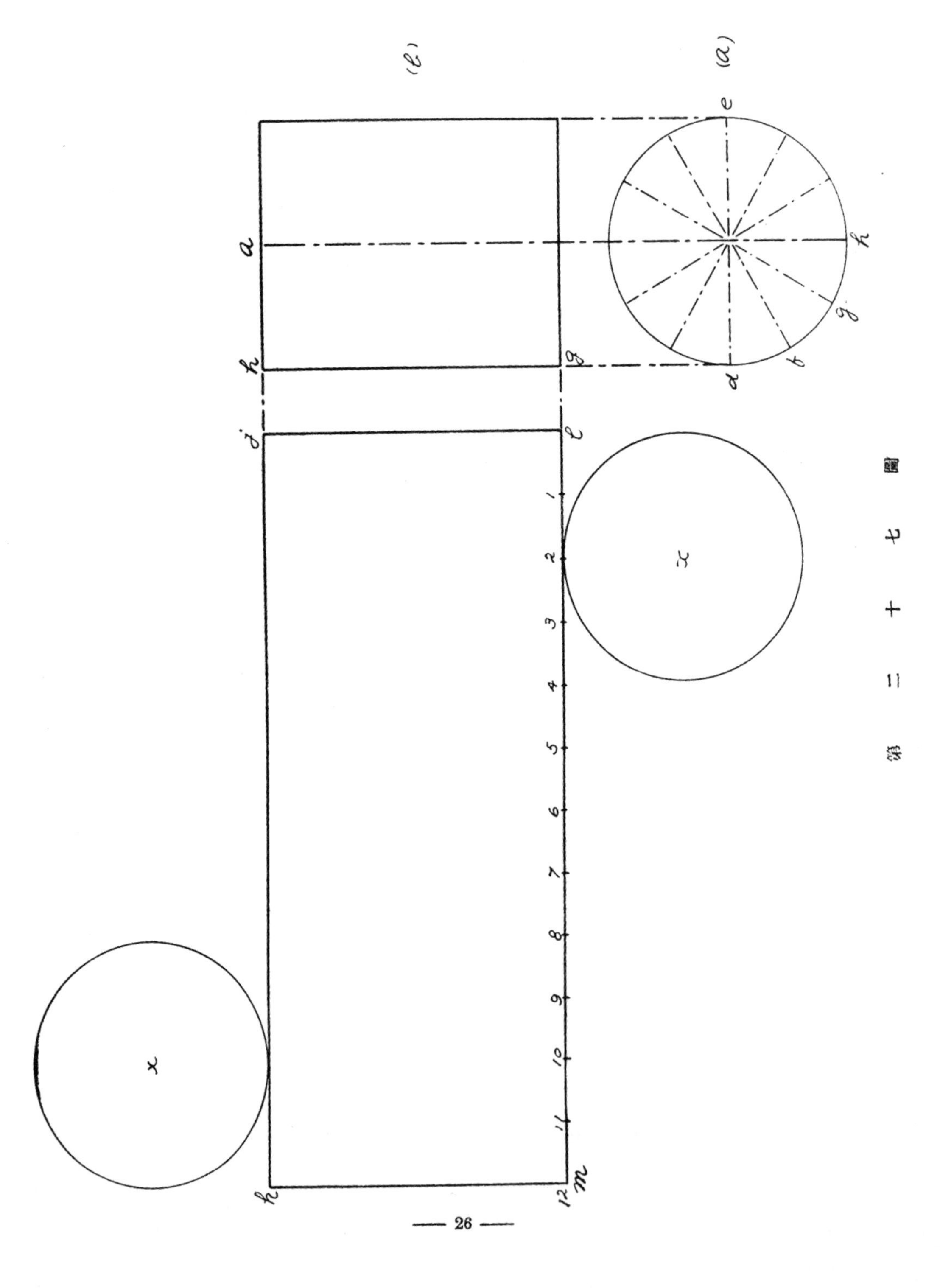

第二十七圖

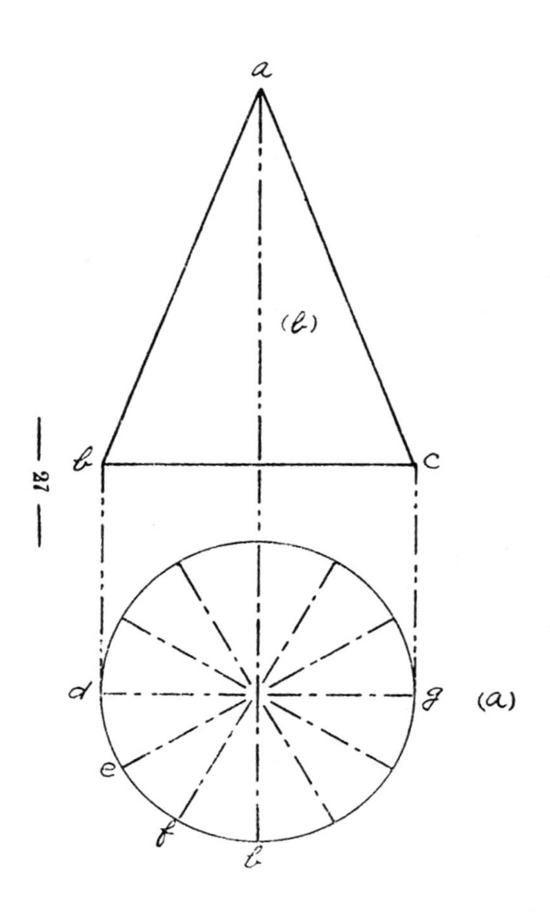

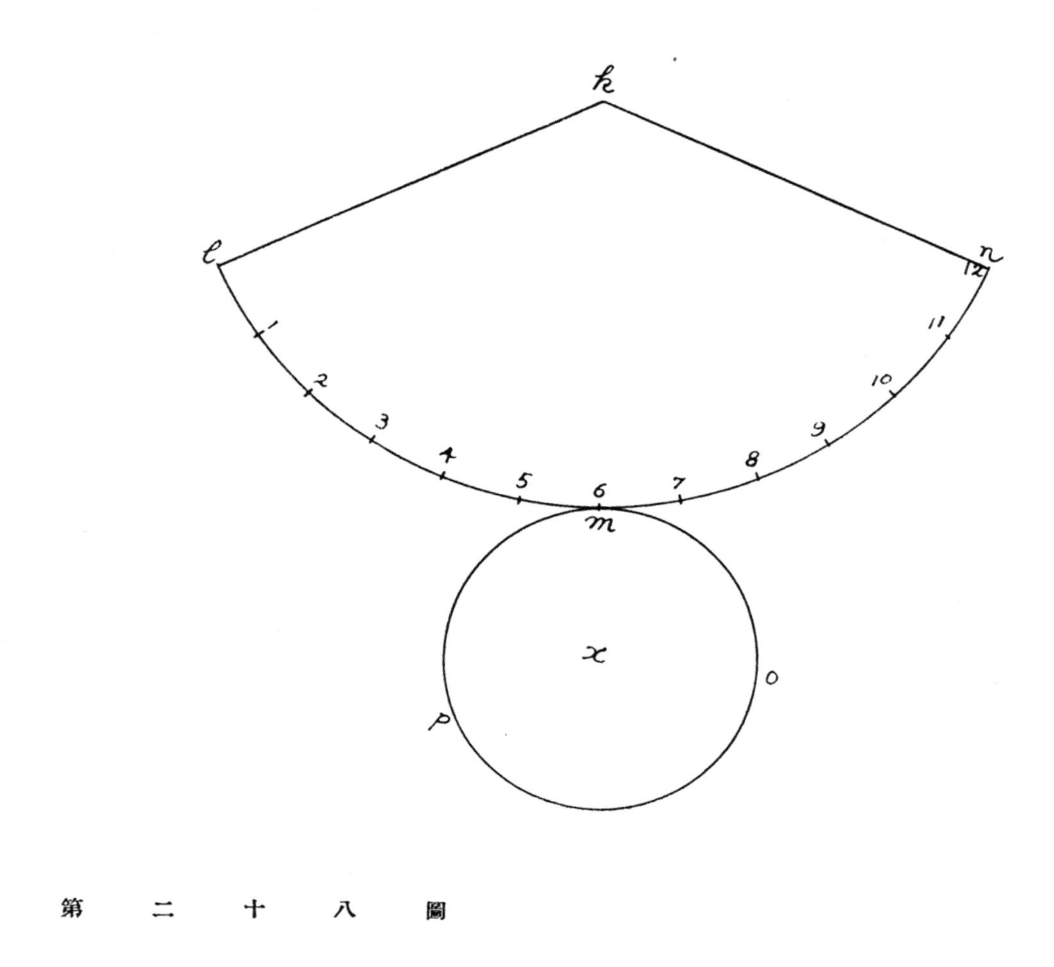

第二十八圖

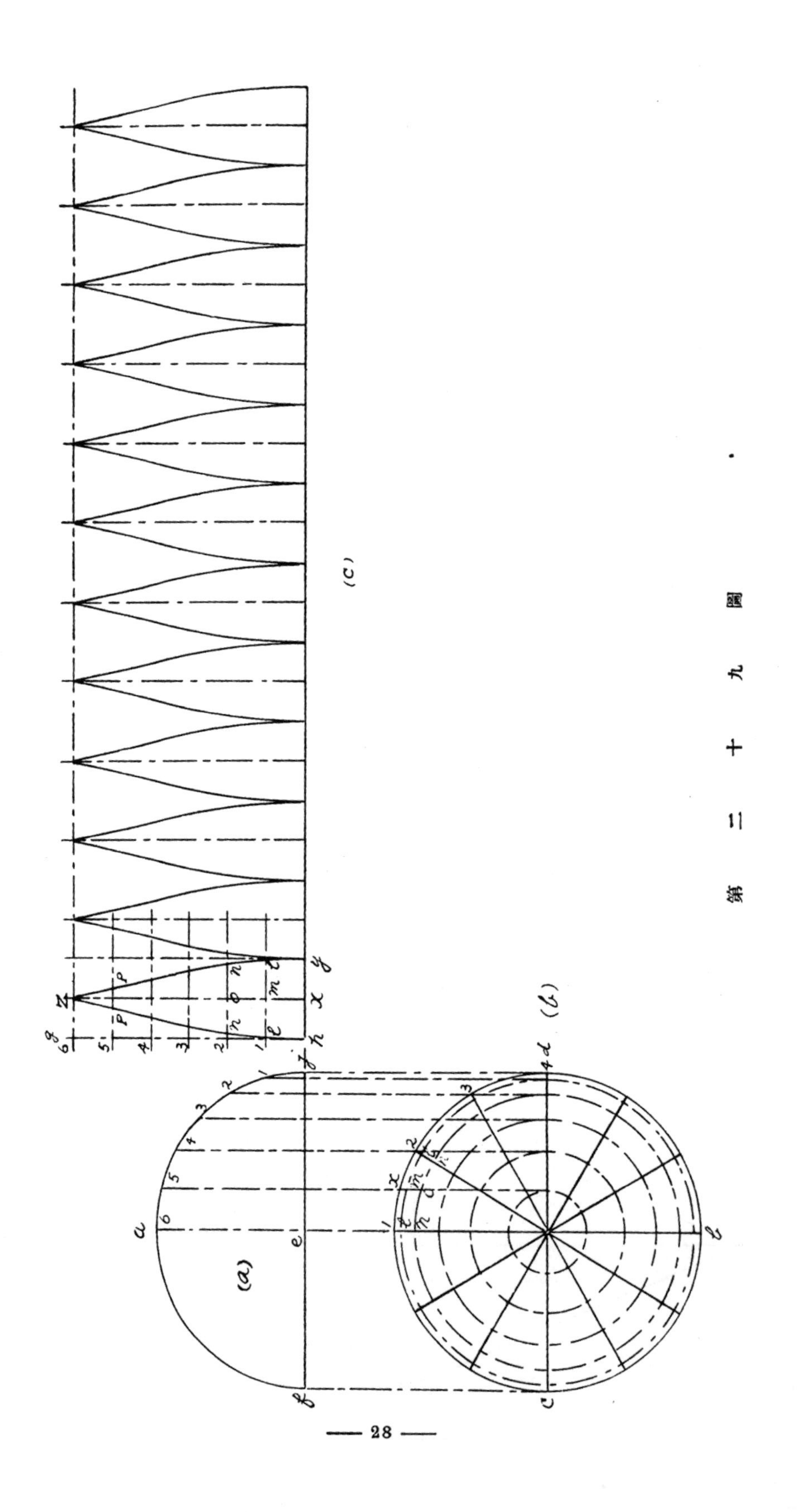

第二十九圖

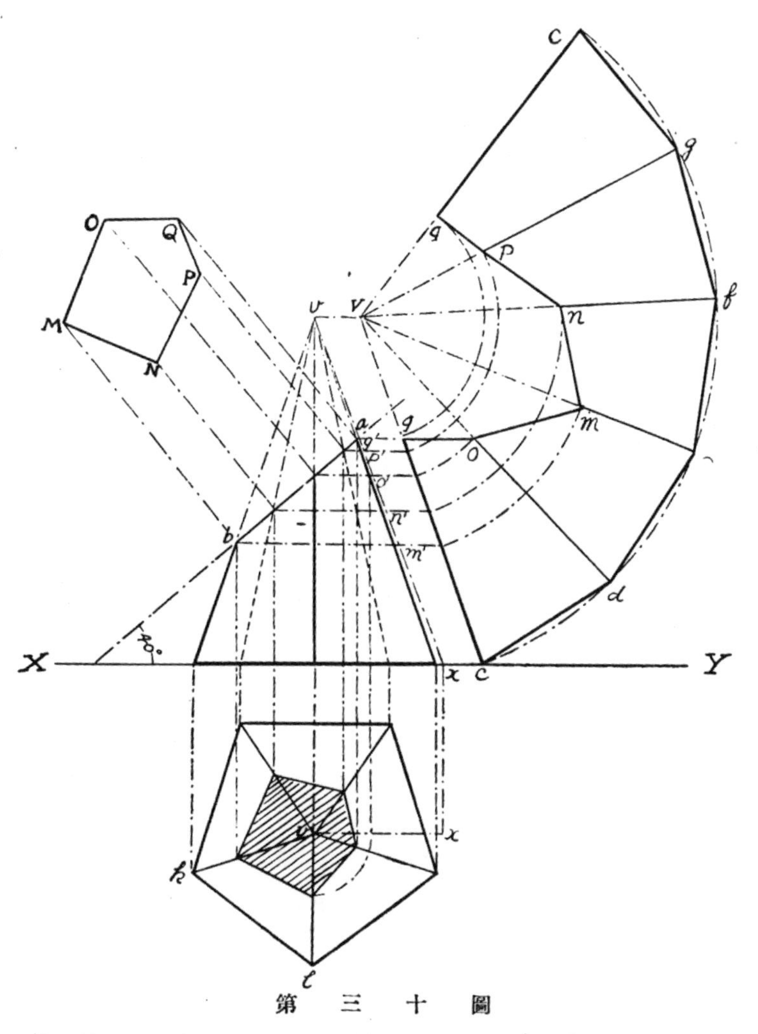

第　三　十　圖

27. 第二十九圖是個展開的半球形，這圖比較上面幾圖複雜一點，不過如果能明瞭原理，則不難解決。

用$1\frac{1}{4}''$長的半徑，作圓周cbd，代表半圓球的平面圖，再作半圓周faj，代表立面圖。這立體的表面，不把它分裂開來，是不能展開的。所以先將立面圖 aj 分作六個相等部分，如1,2,3等。作gh線，在gh線上截h1,h2,h3，等相等的距離等於(a)圖上的j1。於是將(b)圖上的圓面。分作十二分如 1,2,3,4等，再分1——2在x點。用圓規在(c)圖上從h點起，截hx,xy等於(b)圖上的1x和x2，從x點作垂線xZ。在(a)圖上的1,2,3,4等點，作投影線和平面圖上的直徑cd相交，過各交點作同心圓，每圓周代表半圓球上的水平截面，就是在(a)圖上用1,2,3等點表示的，在(b)圖上的1x,x2，已經在(c)圖上用hx,xy表示了；同時將(b)圖上第一個同心圓上的lm和第二個同心圓上的no等，都在展開面(c)上表示，每一個的闊度，作兩曲線，一過h,l,n,p,z各點，一過y,l,n,p,z各點，這曲面三角形hzy就是表示那半球形上的十二分之一的展開面，照樣作十二個，就成完全的展開面。

普通展開球面，圓柱面，圓錐面時，所分的等分是弧長，求弧的眞長須乘 π，否則祇爲弧的弦，較眞長爲短，所以不十分正確。

28. 第三十圖是個正五角錐的截面展開圖。這問題就是要觀察立體被截後，展開它所圍的各側面。照第一圖的作法，作平面圖每邊長1″，再作立面圖高$1\frac{3}{4}''$，從軸頂下$\frac{3}{4}''$處爲截斷平面ab所截，這截斷平面和XY成

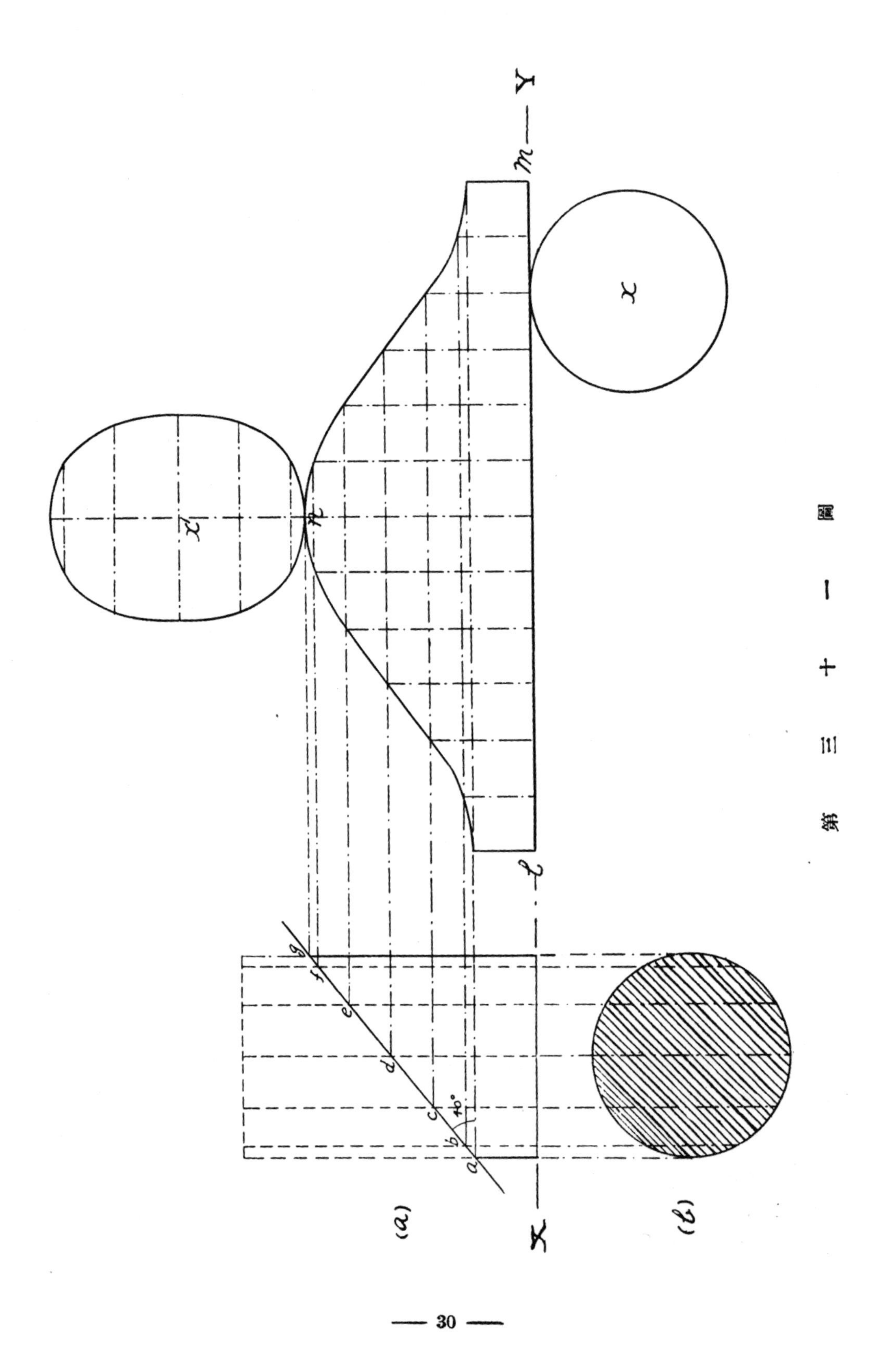

第三十一圖

40°，用V做圓心，錐稜的眞長如Vx做半徑，作cdefgc弧，由弧線上c點起截取五弦，如cd，de等，使各等於底面的一邊kl，聯接Vc，Vd等線，在立面圖上，從截斷平面和錐稜的各交點，作XY的平行線，和Ux交於m′，n′，o′等點；在這裏就可以看出m′x就是me的眞長，n′x就是nf的眞長，o′x就是od的眞長，p′x就是p′g的眞長，qx就是qc的眞長，所以取me等於m′x，nf等於n′x，od等於o′x，pg等於p′x，qc等於q′x；聯接q，o，m，n等點，就成這五角柱側面的展開圖，MNPQO是截口的眞形。

29. 第三十一圖的目的，是要知道怎樣作截斷圓柱的展開圖。 先作圓柱體的平面圖(b)和立面(a)，柱高3″，柱的直徑長2″。 設截斷平面和水平投影面成40°。 在XY的延長線上，取lm使等於圓柱體的圓周，照樣將lm分作十二等分，從各分點作垂線，再從a，b，c，d，e，f，g各點，作水平線，聯接縱橫線相應的各交點，就成lmn，是圓柱體側面的展開圖。 x是柱的底面，x′是截口。

實用簡要 城市計劃學

（續）

盧毓駿

第二章　都市演進之研究

第一節　城市演進之要素

欲明一都一市之機能，不可不知其歷史與演進。都市計劃家而從事於改良舊都市，尤不可不深切研知也。——欲達此目的，于從事都市計劃之基本調查時，即須效歷史家態度，搜覽史乘，參觀古蹟。吾國省有省誌，府有府誌，縣誌亦偶有之，極有價值。且一縣一市中必有宿儒，可以就教，對于城市計劃家實多利益。

城市計劃家研究一都市之歷史。如該城市各時代之居民生活狀況，或過去所受之外患內訌。與夫癘疫繁興時之痛苦。不特知一般歷史而已足，更須知一區一街之歷史，推知某小街何以變爲廣衢，某街何以歷久不變。諸如此類，非有歷史之研討不足以言演進之研究。

城市演進之要素有二：

（1） 成因要素

（2） 進步要素

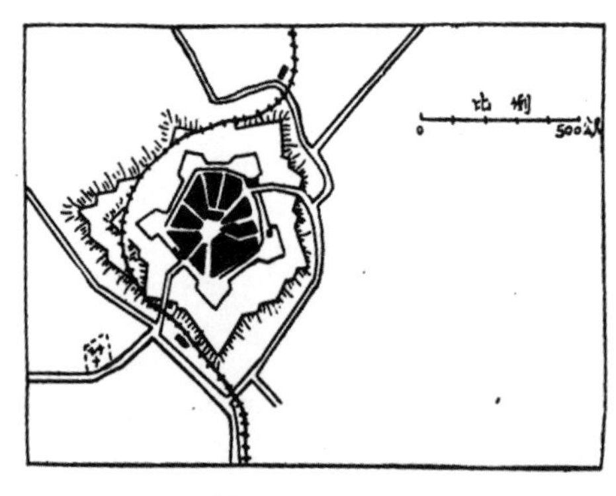

第　三　圖

研究城市之成因，須檢閱該城市之舊地圖，即可明該城市有否堡壘之遺跡。設有之，則其最初之城市核心，必圍于一環帶。例如（圖三）

要塞或其墟址歷歷在目——吾國大小城市均有城垣，如北平蘇州其他城市之成因，有以水陸交通均便而成市者，如上海漢口因水陸要衝而成市，此爲城市成因之最普通者。例如（圖四）

歐洲中世紀新興之城市，其始也矮屋散建于已有人烟之外圍，吾人可由其頗合規則之棋盤式道路，並有中心廣場

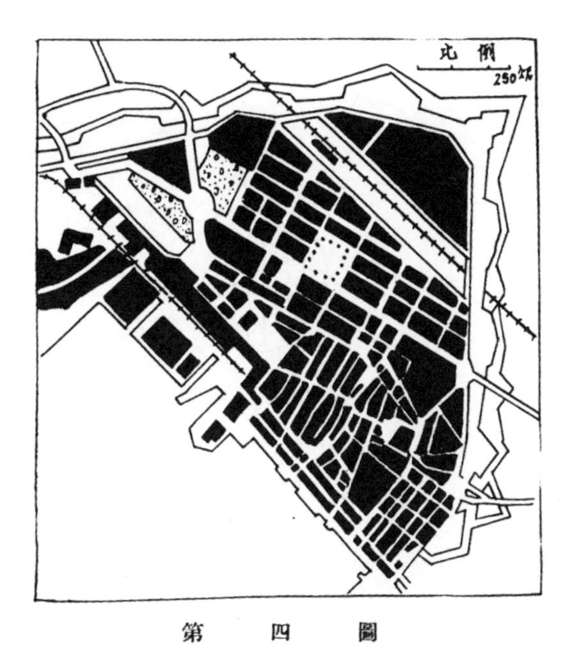

第　四　圖

可尋之遺跡,而知爲城市雛形,例如(Castefranc)在法國西南方此種矮屋至今猶有存者,中心廣場常圍有旋穹(Arcades)有市政府與教堂之存在。

海港或江埠亦常爲城市之成因,如 (Thulon) 沿港岸之許多小街道,使人極明晰沿港所成之舊城市中心。

尙有其他許多之城市成因如工業區,如礦業區,如礦泉,如市場,如海濱,如鐵路站,如溫泉,如宗教瞻拜地,(例如青海之塔爾寺附近之村)等。

城市之成因要素,不可不知,然比較尙屬易知。至于進步要素則研究較難。 例如工業發達之初期現象,鐵道新興,或海浴習慣之養成等影響。

上述二要素爲研究城市演進者所不可疎忽也。

第二節　都市演進之定律

初民卜居以得生命保障爲要,故人口均集居于城垣之中心。 而城外則人烟甚稀,此爲向心集現象(Phénomème de concentration centsipéte)(圖五)

嗣以人口增加,須有更大之耕地,以求足食。 在城內不易耕種,因而于城外之平原另謀發展。嗣于其耕地附近卜奠新居;而爲安全計並築小城垣。 此爲第一次之離心集居現象(Premier phénoméme de Concentration centrifuge)(圖六)

此種移居城外耕地而成之小市廛,祇有簡陋之防禦工具不免疊罹刼掠。 若輩因求援于王侯而聚居王宮或

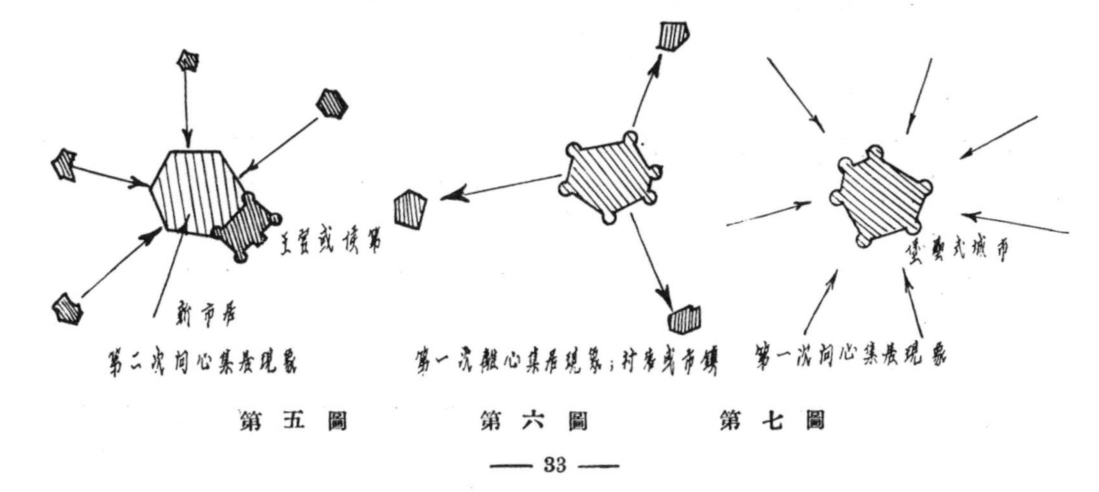

第五圖　第六圖　第七圖

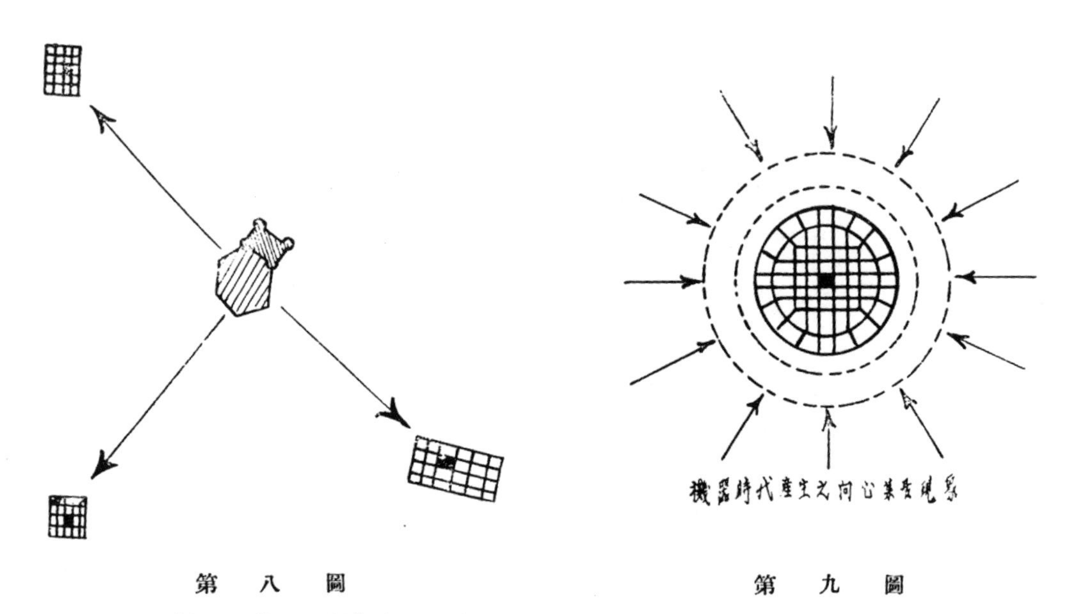

第　八　圖　　　　第　九　圖

侯第附近，因王宮侯門有炮壘，以抵禦匪類之刼掠。　此又爲再次之向心集居現象（圖七）而新城市遂奠于王宮之附郭，城雉因而擴大焉。

迨後王勢擴大，濫用權威，視民如犬馬，遂相率逃避。　離心集居之現象復生。　相率各建小城市于稍遠處由是介于宮垣與民垣之間之大道上，漸有居民而城市生焉。（圖八）

年復一年，各城市人口漸入平衡狀態，並無大進步。　——迨至機器時代，工業盛興，城市繁華物質之享受較優，人皆棄鄉村而入城市。（圖九）而向心集居現象極形顯著。　城中人口激增交通繁重舊式城市完全不適應于現時代，良以舊城市之形成，並未預計容納此偌大人口，故無預留擴大餘地，而現代大城市之市民遂大受人口集中之苦。　——因此過量充塞之都市，空氣日光旣感不足且有住荒之感，而生一新離心運動焉。（圖十）

居民漸圖遠去城中以居住。　但因其工作當在都市而不能遠遷，只有移居于花園市，或衞星市，要不外大城市之附郭。　城中過剩人口逐漸遷于新區，而沿舊市與新市之大道亦有市廛焉。

顧促成此離心運動之要素，厥爲汽車之產生。　有汽車而住民可遠居于城市而不受時間之重大損失。

目前吾人値逢此種城市演變之時代。

明日之城市，將何若。　倘以城市演變之定律爲向心離心之循環，則吾身或吾子孫將有向心運動之重見歟?

實際上現代城市之擴大，實有定限。　城市計劃家已立有數學公式，　以證明城市發達臻于某限度時，市民不得經濟居住。

尋見城中居民不肯消耗其寶貴時光于自其住宅旅行，至工作場所之時間——意者城市演變之定律將捲土重來。　而居民又相率離郊居而永集于市中歟?

迄今之大都市建築已久閱世紀，不能適應現代生活與現代交通卽就道路狀況而言，更難容納此自城市囘來之人潮。　——執政者恐因徇時代之要求，以應付困難問題，勢必趨于建築竪向之城市。（向空發展之城市），

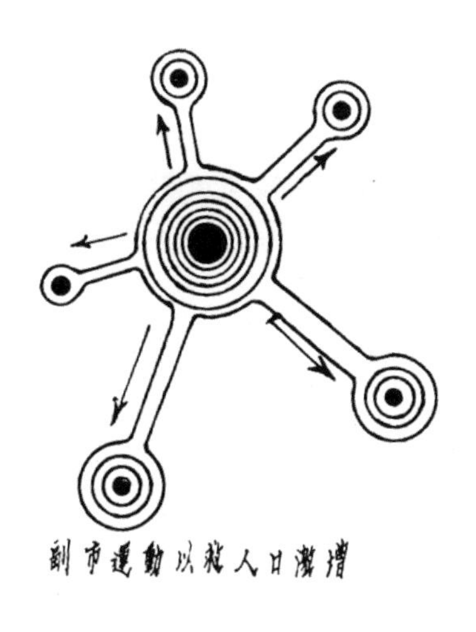

副市運動以殺人口潮增

第　十　圖

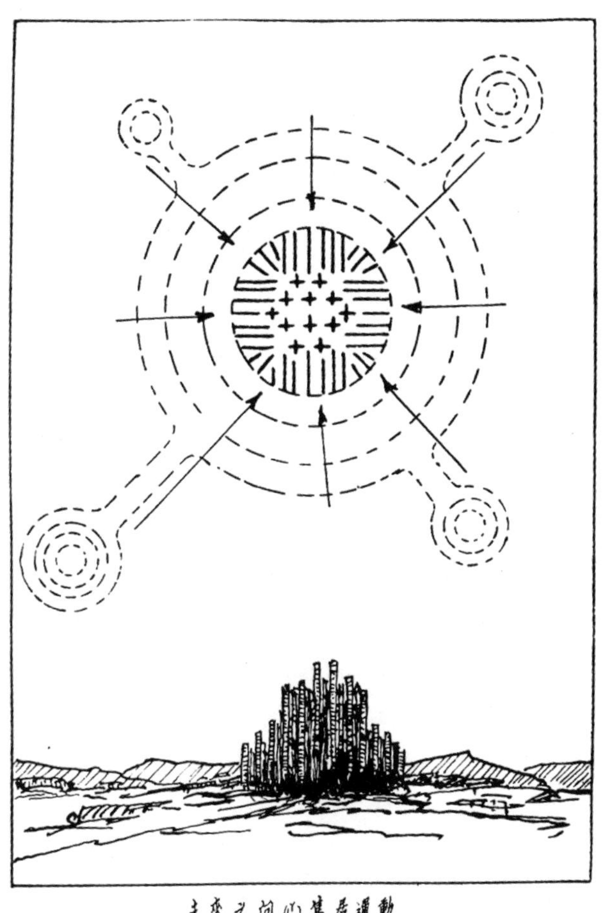

未來之向心集居運動

第　十　一　圖

所有不衛生之區將代以冲霄廈。 此新市中心將較現市中心可容四倍五倍乃至十倍住民之多，（圖十一）

吾覺大都市向心之現象將來臨不遠。現代之城市計劃家不可不審。

在他章吾將再論此將來之都市。

于此暫作一結論，

『大城市受循環的之人口向心與離心運動』。

第　三　章

城市衛生—向陽位—水之關係衛生—植樹—市聲

第一節　城市衛生

公共衛生事業，在市政上最爲重要。 城市計劃學之發達與公共衛生學之發達，息息相關。 公共衛生不講，則市民不得安一日之生。 關係之大，不在一人，而在社會全體。 設一家注意衛生，而鄰家不注意，其危害如故也。 二十世紀初葉，衛生家提倡都市衛生甚力，大見成效。 公共衛生運動愈講，即城市計劃學之範圍亦愈擴大。 故謂現代都市計劃學係自衛生運動而產生之科學亦無不可。

人類賴空氣以生存，而使空氣汚濁者亦人類。 吾人曾計算每人每日吸入肺部之空氣，爲十至十二立方公尺。 若空氣中含有1/1000之炭酸氣，則變汚濁。 成人每日造成五百立方公尺之濁氣。 惜夫都市中不只人類汚濁空氣，倘有燃燒與腐爛等現象，放出有害之氣，均足以汚濁空氣。——在温和之氣候，此汚濁空氣之新因，等於由人類呼出濁氣之半。——在普通都市汚濁空氣每日每人可估計爲750立方公尺，而由汽車所發之臭氣尙未計入。

欲明一市每日濁氣之產生量，可計算一例。 設某城市爲100000居民市面積爲300公頃（3000000平方公尺）即人口密度每公頃爲333。——若平均市民汚濁空氣爲750立方公尺，則全市所汚濁之空氣爲750×100000＝75000000立方公尺。 若吾人分配此濁氣量於3000000平方公尺之地面，則濁氣之高達二十五公尺，豈非整個城市沒於濁氣之中。

上述證明當然完全理論。 實際上，空氣隨時新鮮，並不若是汚濁，吾人欲表示城市濁氣產量之大耳。

城市計劃家之責，要能規劃充分新鮮空氣之城市。

現代都市規劃在衞生上並不完善。 合理之改造，實屬必要，以求得合于衞生之城市。

在行星因各層温度之不同而生垂直向之空氣流動；在都市當亦如是。 但此種流動，不足以使空氣完全更新。 故須助以橫向流動。 街道卽爲空氣流動之道。 但現在道路之狀況不足供空氣之流動。 欲求空氣之充分流動與更新須有空曠地面而無房屋之阻礙。 花園與公園卽此新鮮空氣之儲蓄池。

都市計劃家須造花園與公園於各區各處。 若能有官荒尤善。 市政府萬不可因市財政之困難，而售官荒。此種空地應保留爲公園或嬰孩遊憩地，市民幸福實利賴之。 若將市府有利益之地面變賣，實爲失策之尤，然則若干地面，應予保留，此不可不加討論：

有主張二百居民中應保留一公頃之公園或花園者，卽每人須占五十平方公尺。

復有主張在新城市之初步計劃，須有占全市面積12/100乃至13/100之空地。

著名之城市計劃家（Forestier），謂百萬人口之城市，所應保留之地面如下：

田野保留地與郭外公園	2000公頃
城市大公園　100至　100公頃	1500
區　公　園　20至　150公頃	1000
遊　憩　地　1至　10公頃	300
小兒公園1000平方公尺至一公頃	200
總　數	5000公頃

卽郊外須有2000公頃之空地與城內須有3000公頃空地。

3000公頃地面上每居戶有三十平方公尺之公園。 或云一公頃之公園供333之人口。

就今日之城市卽橫向發展之城市造法云空地面與綠地面之良好比例如下表及（圖十二）

綠　面　積	25%
空　地　面　積	25%

建築面積	50%
	總數 100%

若城市計劃條例變更。 卽云,若城市爲縱向造法,則問題完全不同,面須新立辦法焉。

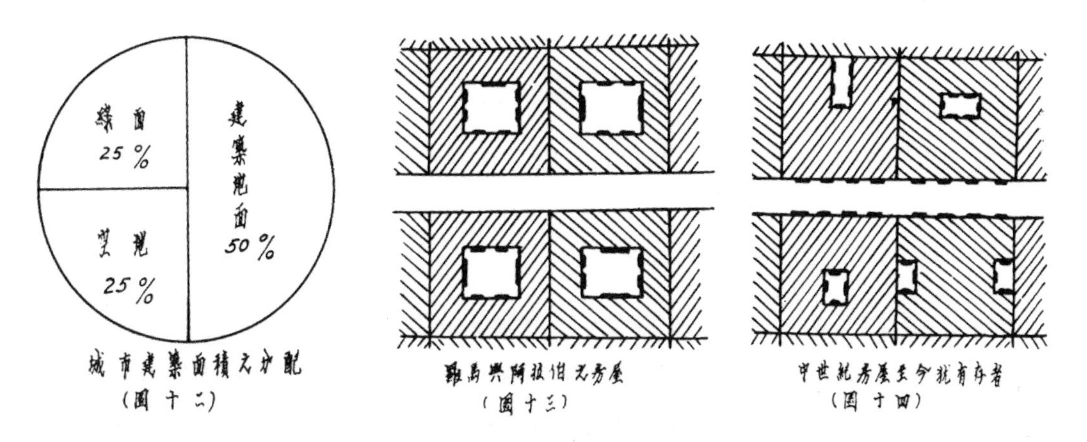

城市建築面積之分配（圖十二）　羅馬與阿拉伯之房屋（圖十三）　中世紀房屋至今猶有存者（圖十四）

公園小公園與運動場之開闢所以增市民心身之健康因此空地每年保護多數嬰孩之生命。 美人常估計每小孩之生命可說爲50000佛郎之資金依此數字可明遊憩場,大公園,小公園等之設備,其利益之大。 此前面所以謂市府因財政計劃而變賣此等地面,實失策之尤也。

空地之保留須有方針。 其方針維何?須能爲清潔空氣之保留以使周圍市居之獲益。 又須能聯絡幹道,使全市（如人體然）空氣流暢。 再則市政計劃家,尙須留綠地面,非特爲便利交通,並以供空氣之流動。

實際上沿路毗連建築之房屋所形成之街道,實阻城市空氣之流通。——尤以街道狹窄兩旁市房儼成一種高走廊,空氣流通不易,而濁氣則停滯難去,且許多窗戶尙向此濁走道而啓閉,可笑孰甚。

歐洲自中世紀房屋始向街取光。 前此則取光於內大天井。 羅馬（　　　　）房屋建築法卽中世紀以前之建築法,闢窗於內天井。 （如圖十三）此種通氣雖不得謂善,然較諸中世紀實勝一籌（圖十四）此種利用街道取氣而將整個地面築完,祇有極小之內天井,以便小量之空氣與光線浸入,實至不衛生。

我國住宅建築多爲四合式,均有大天井,若爲邸第更有花園故舊式建築雖多劣,然而此點則實暗合衛生,不無足道也。 （未完）

英國倫敦市鋼骨混凝土新章述評

陳 宏 鐸

鋼骨混凝土之理論與實用，與時更變而日趨進步。 英國倫敦市當局，鑒於原有之鋼骨混凝土章程之過於陳舊，不足以應時代之需求，爰有委員會之組織，從事修改，製成新章，已於去年頒布。 沿用至今，再加補充，已漸臻完善。 新舊相較，逈異之點殊多。凡舊有條例，足以限制鋼骨混凝土之應用範圍者，悉被刪除。 前此礙於定章，不得應用之各種建築式樣，而已爲他國所採用者，亦皆可見諸實施。 此種改變，使工程師得充分利用過去鋼骨混凝土材料之改善，及設計方面之進境，以從事於各種建築工程，誠爲吾人所樂聞。 爰將其重要之點，略予述評，藉資參考。

（一）載重——設計鋼骨混凝土之經濟的結構，以支持某種載重，須具兩種基本要素：(1)應用適當之活載（Superimposed Load）；(2)減輕建築物之本重至最低限度，但以不礙建築物之安全爲準。 過去建築條例，皆傾向於較大之活載，無乃妄費。 新章對此點，加以改善，將活載縮減。 例如住宅之起居室，旅館臥室及醫院病室等之樓面活載，自每方呎70磅，減爲40磅，（隔牆載重除外）。 商店樓面活載，自每方呎112磅，減爲80磅等。茲將樓面活載之規定，列於第一表。

第 一 表

種類號數	房 屋 類 別	板之載重每方呎磅數	梁，柱，礅，牆及基礎之載重每方呎磅數
1	住宅起居室，旅館臥室及醫院病房。	40	40
2	辦公室樓面，在出入樓面（Entrance Floor）以上者。	70	50
3	辦公室出入樓面，及出入樓面以下者。	70	70
4	教堂，學校，閱書室美術陳列室及類似者。	80	70
5	零售貨店及車房而車之本重不逾兩噸者。	80	80

6	集會廳，會操廳，跳舞廳，運動室，輕工工場，旅館及醫院之公共場所，扶梯及平台，劇場，影戲院，飲食店及大看台。	100	100
7	貨棧，藏書庫，文具儲藏室及類似者，汽車房，而汽車之本重逾兩噸者。	200	200
8	平屋面及屋面坡度之在二十度以下者。	30	30

附註：—— 1.屋面坡度在二十度以上者風載如下：

在上風向每方呎15磅，向內與屋面垂直。

在下風向每方尺10磅，向外與屋面垂直。

2.隔牆載重按其實在載量計算。

爲預備梁及板有時受集中載重起見，另規定樓面無荷載時，須能負荷第二表所列之載重，以與第一表所列之活載相比較。但此種載重視爲最小之數，爲梁及板之必須勝任者。

第 二 表

樓 面 類 別	比 較 的 最 小 活 載	
	板	梁
第一類之樓面。	半噸，視爲均佈於二呎半方之面積。	一噸均佈。
第二類至第七類之樓面，第七類之汽車房地板除外。	3/8噸，視爲均佈於寬一呎長與跨度等之面積。	二噸均佈。
第七類之汽車房地板。	1·5×最大輪載（Wheel load），但不得小於一噸，視爲均佈於二呎半方之面積。	

附註：—— 1.雙向板之跨度，以較短跨度爲準。

2.計算柱礅牆或基礎之載重時，

上列載重所生之反力，不必計及。

（二）混凝土等級及應力——在鋼骨混凝土建築物，本重佔重要部份；對於建築物之經濟與否，有密切之關係，此固無待贅言。新章將混凝土應力提高，卽本上節所述之第二原則，減輕混凝土之本重。混凝土計分三級。第一級爲普通級（Ordinary Grade），係對尋常之混凝土而言。在最薄之混合（卽1:2:4比例），安全彎曲應力，得用每方吋750磅。混合厚者(如1:1·5:3，及1:1:2等比例)照加。第二爲高級（High Grade），安全彎曲應力，較普通級約增加百分之二十五。在1:2:4之混合爲每方吋950磅。混凝土須先加初步試驗，以定其強度爲何。材料善爲選擇，調製尤宜合法，使混凝土臻爲上乘。混凝土灌注後，須就地進行試驗，以確證其強度，與初步試驗之結果相符。第三爲特級（Special Grade）。工料更當上等，試驗之次數，亦較頻繁。安全應力，亦以初步試驗之結果爲依據；較高級所用之數，增加以不過百分之二十五爲準。各級混凝土，各有數種混合比例。每種各有其彈率比數（Modular Ratio）。彈率比數之值，以下列公式求之：

$$m=\frac{40,000}{3x}。$$

式中m爲彈率比數，x爲安全彎曲應力；3x之值卽係混凝土立方塊，經二十八日後之強度。

應用高級及特級混凝土使，安全應力提高，除減輕建築物之本重外，尙有其他便利之處。例如在房屋之某部份，淨高（Headroom）未足，勢須應用長跨度之框構（Rigid Frame），以增加地位時，則感覺高應力之需要。但因下列原因，難免有所限制：（一）求得安全應力之延緩。因須待混凝土經二十八日後，再加試驗，始有確實之結果。再就地試驗，與初步試驗之結果，能否相符，亦是問題。雖云混凝土用上等工料時，試驗結果，可與所預期者無別。則勢須應用特種材料，若非就地取供，殊不經濟。（二）計算繁雜。因特級混凝土之建築物，須按連續結構（Continnous Monolithic Frame）設計之。各構材之彎曲，俱當計及。此種規定，若不稍加變通，則計算時，因載重之不對稱，再加橫力（Lateral Forces）及溫度應力等，將甚繁雜。在多跨度多層數之結構，費時過多。勢之所趨，恐僅簡單之結構，有實用之可能。

舊章所規定之安全剪力，在1：2：4混合之混凝土爲每方吋60磅，似嫌過小；現提高爲每方吋75磅。故當鋼骨混凝土梁，以剪力爲準則時，有效深度，得以減少。在特級混凝土，安全剪力，可至每方吋150磅。剪力大於每方吋75磅時，混凝土之剪力，須略而不計，全部剪力，由鋼條擔任之。

（三）鋼條應力——鋼條與標準規範書第十五條之規定相符者，安全引力爲每方吋18,000磅。此種鋼條，若其屈撓點（Yield point）在每方吋40,000磅以上者，安全引力，得增至每方吋20,000磅。

鋼條除必須冷彎外，在某種熱度之下（不過1550^0 F.），得以熱彎。此種規定，因有損於鋼條之強度，顯不妥善。

（四）梁及板之設計——

（一）用單向鋼條之梁及板——連續梁及板之灣羃，以兩種不同之根據求之。第一種卽係應用普通所用之灣羃係數，如第一圖所示：

$$甲 +\frac{wl}{10} -\frac{wl}{10} +\frac{wl}{12} -\frac{wl}{12} +\frac{wl}{12} -\frac{wl}{12}$$

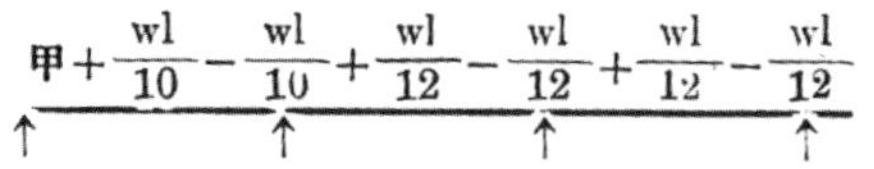

第一圖

圖中w爲總載重（卽梁或板之本重及其荷載之和），l爲梁或板之有效跨度。此法僅許應用於梁及板之跨度相等或約略相等，而受均佈載重者。若梁或板之末端，如第一圖之甲處，係簡單擱置牆上，或其他支持，則亦宜予以相當負灣羃，其值以$-\frac{wl}{24}$之數爲妥。

第二種係計算各斷面之最大正負灣羃（Bending moment），按下列之載重情形求之（一）鄰跨度受載重，其他跨度無載重。（二）隔一跨度受載重，其他跨度無載重。以圖表之如下：

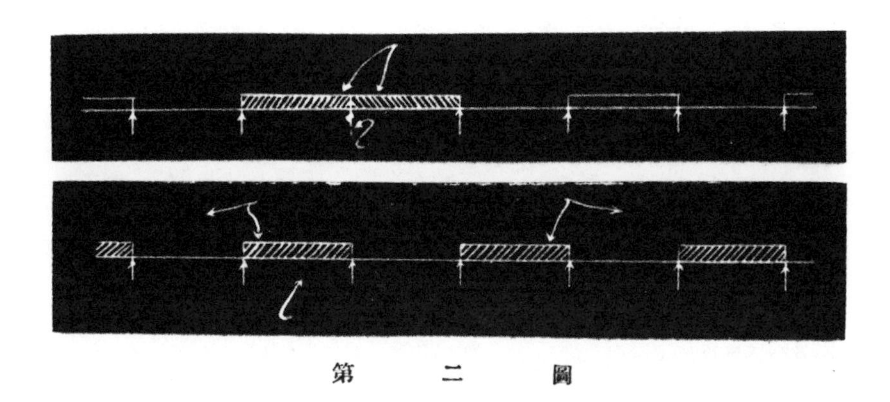

第　二　圖

上述第一種載重情形，不能得最大之理論的支持處負灣冪。 宜另加載重，如第二圖虛線所示。 但所差之數無多；例如在四跨度之梁，受均佈載重者，相差僅百分之五。

第二圖所示之載重情形，可得跨度之最大正灣冪，但其值較支持處之負灣冪爲小。 因此規定兩鄰跨度之正灣冪，得增加百分之十五，而支持處之負灣冪，減少同一之數，然後將灣冪圖按此改正之。 此種辦法，使支持處之鋼條減少，無擁擠之虞，殊爲妥妙。

以上兩種計算法，係應用於梁及板之用單向鋼條者。 但設計者亦可視梁與內外柱，聯成一體，爲整個之結構。 計算最大灣冪時，須計及柱之抵抗彎曲能力。 此種計算法，甚爲繁雜，前已述及。 用特級混凝土時，必須遵此設計。

（二）用雙向鋼條之板——

（甲）普通假設——混凝土板用雙向鋼條成直角者，假設爲一完全彈性之薄板，橫縮係數(Poissen's Ratio)假設爲零。

（乙）板在四邊簡單擱置者——凡幾成正方之板，受均佈載重者當其四角被壓住以抵抗扭力（Torsion）時，其中央灣冪，可假設由第三表第一種情形及第三圖第一弧線所示之數得之。 若板之四角未被壓住，則用第三表第二種情形及第三圖第二弧線所示之數。

（丙）板在四邊固定或連續者——板在四邊固定或連續時，第三表第一種情形及第三圖第一弧線所示之數，可減少百分之二十，但須支持處之負灣冪，等於第一種情形內所示而不加減少之數。

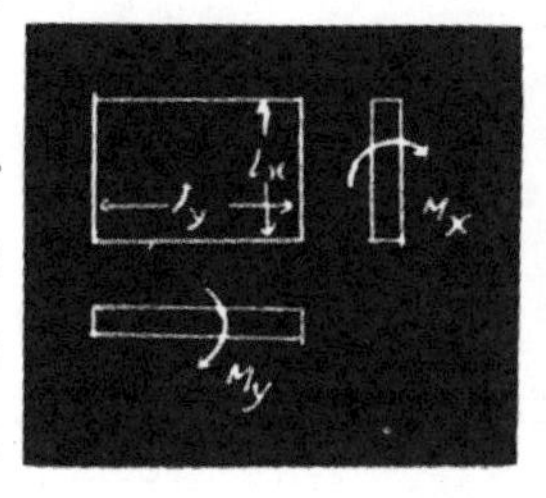

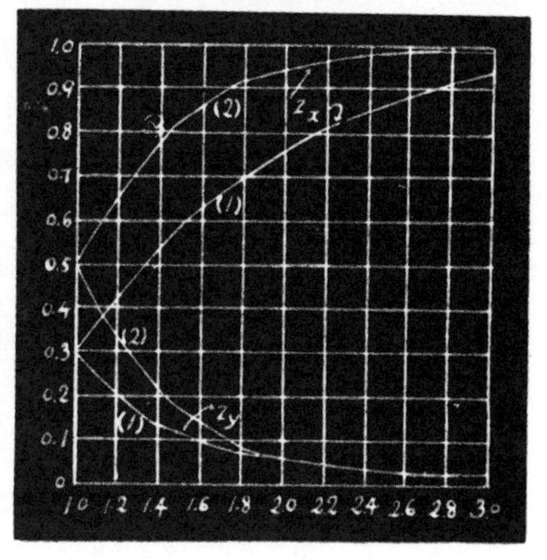

第　三　圖

第三表　雙向混凝土板之灣冪係數

$$Mx = Zx\frac{wl^2x}{8};\ My = Zy\frac{wl^2y}{8}。$$

Mx 爲單位寬度之窄條在跨度 lx時之灣冪。

My 爲單位寬度之窄條在跨度 ly時之灣冪。

w 爲單位面積之載重。

Zx及Zy爲係數。

第一種　情　形

ly/lx	1·0	1·1	1·2	1·3	1·4	1·5	1·75	2·0	2·5	3·0
Zx	0·295	0·358	0·419	0·477	0·532	0·581	0·681	0·757	0·869	0·940
Zy	0·295	0·237	0·191	0·154	0·127	0·107	0·071	0·051	0·032	0·022

第二種　情　形

ly/lx	1·0	1·1	1·2	1·3	1·4	1·5	1·75	2·0	2·5	3·0
Zx	0·500	0·594	0·675	0·741	0·794	0·835	0·904	0·941	0·975	0·988
Cy	0·500	0·406	0·325	0·259	0·206	0·165	0·096	0·059	0·032	0·022

以上規定，係採用德國馬卡斯氏（Dr Marcus）之方法。按此板之雙向，皆可得較小之灣冪。此外對於幾成正方之板受集中載重時，未有規定；板之四角如何被壓以抵抗扭力，亦無說明。對此各問題，馬卡斯氏曾爲論及，其法爲德國混凝土建築條例所採用。若能將其歸入，則補助甚大。

（五）柱之設計——考究最近之試驗，混凝土緊縮（Shrinkage）及蠕動（Creep）時，對於鋼條所生之影響，知前此柱之鋼條應力，按彈率比數求之之法爲不當。故新章所規定柱之設計，根本與舊法不同。柱內垂直鋼條之支承能力，改爲鋼條斷面乘每方吋13,500磅或15,000磅所得之積，使彈率比數之值，與柱之強度，不生影響。故在附加說明內，曾言"柱用平鋼環（Lateral Tie）受軸載者，其破壞載重，按鋼條之屈撓點，及混凝土之極限荷載能力決定之。故鋼條應力，予以確定之數，其值視鋼條之屈撓點而定，不以彈率比數爲根據。"本此意義，得一簡單公式如下：

$$P = C\ Ac + tA$$

式中P爲柱之安全軸載，c爲混凝土之安全單位壓力，Ac爲混凝土之全面積，t爲垂直鋼條之安全單位壓力，A爲垂直鋼條之斷面。在普通級1:2:4比例之混凝土，鋼條之屈撓點應力，不少於每方吋44,000磅時，上列公式，

變爲

$$P=600\ Ac+15,000\ A。$$

上列公式，具兩個不同之安全率（Factor of Safety）：即以混凝土之極力計爲3·75，以鋼條之屈撓點計爲2·95。此種情形，可以下列之根據解釋之：當鋼條至屈撓點應力時，再加載重，則鋼條之應力不變，增加之載重，由混凝土抵禦之。

以上係就用平鋼環之柱而言。在用螺旋鋼環（Spiral Reinforcement）之柱，支承強度之計算亦類同。但鋼環成螺旋時，其能力視爲兩倍於垂直鋼條之能力。鋼條外側之混凝土，摒棄不計。故柱之安全軸載，爲鋼條內混凝土，及垂直鋼條並螺旋鋼環三部份所支承之載重之總數，卽

$$P=C\ Ak+tA+2tb\ Ab。$$

式中Ak爲鋼環內混凝土之斷面，tb爲螺旋鋼環之安全引力，其值與安全壓力相等，Ab爲螺旋鋼條在柱單位長度內之體積。

設計外柱，須計其灣冪，已成通例。故新章步歐陸各國之後塵，將計算外柱灣冪之公式列入。按此公式所得之數雖係約數，而在實用方面，已甚準確。灣冪公式，如下表所列：

	一開間之結構	兩開間或兩開間以上之結構
上柱底之灣冪	$Me\times\dfrac{Ku}{Kl+Ku+\dfrac{Kb}{2}}$	$Me\times\dfrac{Ku}{Kt+Ku+Kb}$
下柱頂之灣冪	$Me\times\dfrac{Kt}{Kt+Ku+\dfrac{Kb}{2}}$	$Me\times\dfrac{Kt}{Kt+Ku+Kd}$

上列公式中Me爲梁端聯入外柱處之灣冪，假設梁之兩端固定；Kb爲梁之硬度（Stiffness），卽長度除複冪（Moment of Inertia）所得之值；Kl爲下柱（Lower Column）之硬度，Ku爲上柱（Upper Column）之硬度。

若無上柱，如屋面梁聯入柱頂時，則Ku爲零，公式改變如下：

	一開間之結構	兩開間或兩開間以上之結構
下柱頂之灣冪	$Me\times\dfrac{Kl}{Kl+\dfrac{Kb}{2}}$	$Me\times\dfrac{Kl}{Kl+Kb}$

至於內柱，若其所支承之各梁，成對稱或近似對稱時，灣冪可略而不計。就實用言，梁之佈置，或可對稱，而載重則未必如是。連續梁之設計，前已規定，須按下列之載重情形：卽間一跨度受載重，其他跨度無載重。若此種載重爲可能，則柱亦必受灣冪無疑。故當梁之佈置或其載重，不能成對稱時，宜計及相當之灣冪。

受軸載之長柱，其安全載，重不得超過用短柱公式計算所得之數乘彎折係數（Buckling Coefficient）之積。彎折係數如下表所列：

第四表　長柱彎折係數

柱之有效長度與最小寬度之比	柱之有效長度與最小環動半徑之比	彎　折　係　數
15	50	1·0
18	60	0·9
21	70	0·8
24	80	0·7
27	90	0·6
30	100	0·5
33	110	0·4
36	120	0·3
39	130	0·2
42	140	0·1
45	150	0

附註：用螺旋形鋼環之柱，其最小寬及環動半徑，須按柱之內心（Core）求之。

表中所列之數，係根據美國混凝土協會，在1928年所頒行規範書內之螺旋鋼環柱之公式

$$Cr = Cr\ 1{\cdot}5 - \frac{l}{30d} \text{ 及 } Cr = 1{\cdot}5 - \frac{l}{100k}$$

而定。式中Cr爲彎折係數，l爲有效長度，d爲柱之最小寬度，k爲柱之環動半徑（Radius of gyration）。計算環動半徑之法，未曾提及，但可假設按混凝土之全面積，或全面積另加鋼條用適宜之彈率比數計算之。

綜觀柱之規條，進步特著。結果使較小之柱，得以應用。故在樓面面積十分貴重之時，鋼骨混凝土佔據過大地位之缺點，因以免除。

（六）平板（Flat Slab）之設計——平板之實用，在各國已甚通行，尤以用於貨棧等建築物爲最多。故建築條例內，此種規章，實不可少。新章已將此列入，乃係根據美國之平板條例而作。但美國最新之平板設計，在用四向鋼條（Four-Way System）之分格內，正負灣冪之和，等於 $0{\cdot}125\ Wl\left(1-\frac{2}{3}\ \frac{C}{l}\right)^2$。此點未被列入，殊欠圓滿。

（七）附言——綜上所述，對於新章特點，已知梗概。讀者欲窺全豹，可參閱 Scott 及 Granville 二氏合著之 Explanatory Handbok of New Code of Practice for Reinfoorced Concrete（英國 Concrete Publications Limited 出版）。此書將新章全文列入，並加詳細解釋，另附圖表。二氏皆曾參加起草新章，所論甚具價值也。

都市計劃之概念

劉大本

一　都市計劃之語義

都市計劃名詞之由來，乃係英語 Town Planing 及 City Planing 之意譯者也。 自文字上觀察之，似乎包括都市之有形無形一切之計劃，故往往與都市經營，都市政策相混同。 但普通都市計劃云者，乃關于都市有形的施設之構築，而計劃之意味，故都市計劃之名詞，係都市構築計劃之略語。 詳言之，卽使都市人達最健全之地步，遂行其多能率的生活，按此種需要，關于都市之交通，衞生，保安，經濟等，與以重要施設之計劃也。

最近大都市計劃，及地方計劃之語調，高唱入雲。 蓋近代都市之急激的膨脹與發達，並非例外之現象；故充將來市街地之郊外，預爲之計劃，確立其方針，乃都市計劃當然之使命。 凡事豫則立，不豫則廢，誠理有固然也。

謀都市人之生活向上，都市構築計劃，勢所必要；圖鄉村人之生活安愉，村落開發，亦在所必行。 但都市與環繞之村落，所有施設，多有互相連繫，密接不可分之關係在焉；設苟自各爲政，樹單獨之計劃，而其間毫無統一之連絡，則殊減損施設之效果，並妨礙將來之發展。 故非以某都市作中心，爲集團之生活，其交通經濟等之各方面，視爲一體，其區域內之小都市村落，亦劃歸內範圍內，爲大規模之計劃不可，此大都市計劃之要旨也。 更進而言之，由經濟交通其他各般之關係上，形成一地方之區域，全部大小都市及村落，括爲一體，樹立統一之計劃，此地方計劃之主張也。 卽地方計劃，自形式上觀之，都市計劃及村落計劃，全被其包括者也。

二　都市計劃之區分

都市計劃，因場所狀態之不同，大別可分爲兩種： 第一，新都市之創設；如美國之華盛頓，坎拿大之歐達窪，澳洲之坎倍拉等之政治的首都，或近時勃興之田園都市，工業都市等是。 此種都市計劃，全係自由設計，不受旣存施設之拘束與限制也， 第二，卽都市之一部或全部旣已存在時之計劃。 此種又分爲對于旣成部分之改良計劃，與對於未成部分之開發計劃二者。 前者卽就旣存設施之現狀不合理處匡正之，所謂謬誤之訂正是。 故因經濟上及因襲上，常受有多大之拘束；如法拿破崙三世之巴黎大改造，乃其顯著事實也。 後者因向未開發

〇一五一七

狀態之郊外擴充，故計劃之制限較少；惟與既成市之街地部分，爲保持其統一連絡，直接間接，拘束亦在所不免，近來各都市之最致力，最考慮處，惟在此點耳。

此外都市各有其存立之特徵，故計劃之內容，亦須順應其特徵而變化之，乃爲當然。 惟近代都市，呈急激的膨脹，實產業發達，爲之基因。 所謂政治，軍事，遊覽等之特殊都市，僅單獨依其特徵，而爲大都市之發展，實屬稀見之事實也。

三　都市構成之分子

都市計劃，係都市構築之計劃，故都市者，乃都市生活遂行機關之各種有形的設施之集合體也。 但都市由如何之施設而構成歟，茲檢討之如次：

都市生活，至爲複雜而分歧，因之設施種類，亦不一而足。 依德國斯台尤濱氏之名著"都市構築"中云：都市之住民，市民之營業，遠近之交通，及都市公共的施設，係都市計劃觀念之中，含所有事項之出發點或歸著點。此言簡約中肯，不愧爲都市計劃之權威。 後之斯道中人，亦多本同樣見地，將現代都市構成分子之各種施設，按其主要機能，可分爲次列四大項：

（一）居住施設　如住宅，宿舍等，專供居住用之施設。

（二）營業施設　如工場，倉庫，事務所，商店等，專供各般營業用之施設。

（三）通運施設　如道路，軌道，運河，築港，自來水，污水道等，專供人與物交通輸送用之施設。

（四）公共施設　如公園，墓地，教會堂，學校等，專供公共用務或用途之施設。

茲就此四大分類中之各施設，再爲細分例示如次：

（一）居住施設

a. 住宅　獨立住宅，共棟住宅，及其他各種住宅類。

b. 宿舍　寄宿舍，公寓，合宿所之類。

（二）營業施設

a. 工場　製造所，釀造所，作業所，屠獸場之類。

b. 倉庫　倉庫業用倉庫，營業用倉庫之類。

c. 事務所　銀行，事務所用房舍之類。

d. 販賣所　批發店，零賣店，市場之類。

e. 其他之營業用建築物。

1. 旅館，飯店，浴池，理髮店之類。

2. 醫院，療養所之類。

3. 劇院，影院，俱樂部，遊戲部之類。

4. 摩拖車庫，置車場等之類。

5. 其他雜種營業用之建築物。

（三）通運施設

a. 陸上通運施設　道路，軌道，車站，飛行場之類。

b. 水上通運施設　港灣，河川，運河之類。

c. 其他之輸送施設

1. 貯水池，淨水池，自來水，汚水道，汚水處理場之類。

2. 電線管，發電所，變電所，瓦斯管，瓦斯貯藏所之類。

（四）公共施設

a. 公共的建築施設

1. 公會堂，教堂會，官公署，兵營，監獄，學校，圖書館，陳列所之類。

2. 公立醫院，療養所，劇場，娛樂場，浴池，屠獸場，市場，墓地之類。

b. 自由地施設　公園，動植物園，室外運動場，練兵場之類。

「附註」兩種施設，有時合併爲一；如工場之一部，充職工之宿舍，又住宅之一部，充爲商舖是。

以上居住，營業，通運，或公共之用途等施設，以能各完全發揮其固有之機會而計劃之，乃屬必要之事實；惟若僅顧慮各個自身之周密，並不得云爲完善。 蓋集合體之都市，以能於最適當狀態下，遂行全都市人之綜合的生活爲佳；換言之，卽一有機體都市之機能，須有最完全發揮之計劃不可。 例如工場之設計然，關於各種之原動機與機械類，各選擇其能率最大者；但更進而關於此等諸設備配合之方法，按其工業規模，與順應其工程，保持其適當的連絡與統一，乃爲當務之急圖。 所謂合理的都市計劃，其理亦不外此。

四　計劃檢察之抽象的要件

都市計劃之企圖，要之，卽使都市人達於健全地步，以遂行其多能率的生活。 若爲具體的觀察，係以居住，營業，通運，及公共施設之合理的構成爲目的。 若更爲抽象的觀察，則不論計劃如何之事項，常宜共同遵守，不許稍有背馳之諸條件在。 其主要條件：卽保安，衞生，便利，快適，經濟等是；一般都市計劃實施時之直接的效果，多所期待焉。

英國都市計劃法，以開發郊外住宅地爲主眼；但該法之都市計劃總括的目的，又在適當的衞生狀態，生活之快適及便利等。 美國都市計劃之權威，曾多年充紐約市之技師長曾以斯氏有言曰：都市計劃須拂以特別考慮之要件，除衞生，便利，快適以外，更附以商工業之發達一項。 又日本之都市計劃法，則爲維持永久公共之安寧，增加福利起見，而與以交通，衞生，保安，經濟等之重要的施設。 査是等諸要件，對于都市計劃之遂行上，大爲期待，而可發生直接之效果，間接對于精神上與道德上，亦受有甚深影響焉。

是等諸要件，就都市計劃箇箇事項言之，其間期待程度，固有輕重大小之差，但亦不得稍有背馳，或視爲閑却。 故對於計劃之所有事項與過程，欲判定其計劃之合理與否，確爲極洽好之目標也。

五　都市計劃之領域

都市計劃，係都市構築之計劃；故以廣義解釋，則含有都市構成分子各箇施設之造成計劃，與糾合是等分子以組成都市計劃之二種意義。但後者爲都市計劃本來之領域，乃一般所承認而無疑意者。

所謂都市構築者，係造成都市生活遂行之機關也，故涉及科學與藝術之所有方面，乃爲必經之途徑。但都市構築當面之技術，若自前述都市構成分子之四種施設內容檢討之，不外土木工術，建築術，及造園術三者。例道路，軌道，運河，自來水，污水道等之修造，係屬於土木，工術；住宅，商店，工場，公館等之建造，係屬於建築術；至公園，遊園等之造成，又屬於造園術。是等各種之施設，糾合安排，以構成都市有機的機關，則爲都市計劃固有之領域也。然就各般具體的事例觀察之，能爲如是之確然區分頗難。如開發郊外之一塊土地，充爲住宅地域，其計劃時，卽先規定道路之幅員與配置，區劃之大小及形狀，更分割各建築之用地，規定配置於各處之小公園位置與形狀等事項，此係都市計劃本來之範圍內事，當無論矣。但進而爲步道車道之區分，路面舖裝種類之選定，街路樹，街燈之配置，又各住宅地內建築物與前庭之位置選定，外觀調和之考慮，或小公園內泉水築設，運動場配置等，似由都市計劃本來之範圍，涉及各個施設造成計劃之領域內，而立於中間地帶；故視其情形，設認爲有直接影響於住宅地開發之範圍內時，卽按都市計劃，以管理之。此外更進爲道路之築造，電線之埋沒，街燈之安裝等，純然屬諸土木工術範圍內；建築物之大小，構造之意匠設計等，係建築術範圍內；公園之植物，噴水之裝置等，又係造園術之範圍也。

要之，都市計劃之技術分科，卽土木工科，建築術，造園術等爲基礎，是等綜合統一，係獨立之技術。至促其計劃實現，其必要的經費籌措之方策，與適切的法規之制定，固爲相伴之要件，但計劃係計劃，並不能與計劃之實現，管理，經營等相混同也。

六　都市構成分子之集合樣式

都市構成分子之各種施設，依其固有機能，大別分爲四種，已如上述。但是等分子相結合，以構成都市，自其狀態上考察之，其集合樣式，可分爲全然相異之二種系統。卽如通運施設，係人及物體之流通機關，故其機能之性質上，自成脈絡。互相連繫，羅布於都市之各部，故名之爲脈絡組織。其他居住，營業，及公共施設三種，係聚團的集合，以充填於脈絡組織之網目間，名之謂聚合組織。故都市構成之計劃，形式的考究，則卽分爲此二大系統，

近代都市構築之樣式上，頗引人注目之現象，卽此二組織，其集合形式，共呈顯著之立體的發達。蓋近代都市生活密集的傾向，加以各般構築工術之發達，有以致之。如高層建築物之增加，架空及地下軌道之普及等，係都市立體化最顯著的表現也。

都市構成分子，可分爲脈絡組織，與聚團組織之二大系統，已述之如前。玆更就聚團組織所屬三種施設之內容考察之、則又可分出二種相異之形態：卽一係以建築物爲其施設之主體，名曰建築施設；一爲公共施設中之公園遊園等，名曰自由地施設。前者原具有立體的性質，且土地節約的利用上，逐次趨於立體的發達之傾向；後者專利用土地表面物，係其本來之機能，故除特殊情形外，僅止於平面的狀態而已。

約言之，卽都市構成之式樣，按系統的分析，則分爲脈絡與聚團之二種組織；若自形態上考察之，則別爲通

運，建築、自由地之三種施設。並前二者，具有立體的發達之傾向；後者其性質一般，係平面的形態。茲列表明示如次：

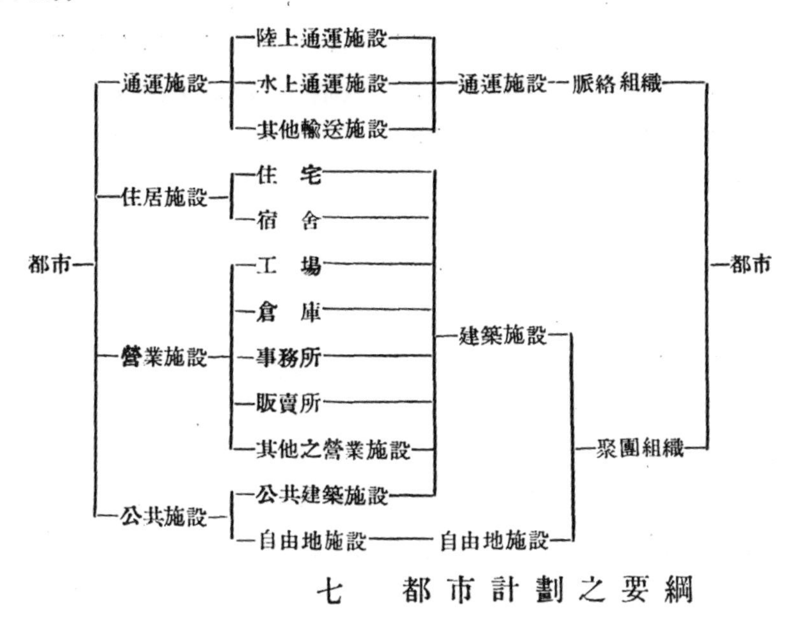

七　都市計劃之要綱

現代之都市計劃，究先由如何之基點着手，經過如何之階程，頗屬切要之問題。茲依其順序，列記其主要項目如次，爲概括之說明：

（一）準備調查

在計劃前，第一着手之事，卽必要的資料之作成是；故關於目的場所，天然的並人爲的各般事項，非行以周密之調查不爲功。

天然的狀態之調查，主要者卽關于氣象，及地理之事項；如溫度，雨量，風速，風向，土地之高低，河川之狀態，以及地質，水脈，水質等是。如係創設新都市時，行此天然的狀態之調查卽可。但改良或擴充旣存之都市時，更須蒐集其都市之一切人爲的狀態之資料。

關于人爲的狀態之調查，大體分爲一般的事項，與分科的事項。一般的事項者：卽關於人口之分關密度，職業別，死亡疾病之統劃，生產並消費之狀態，及附近地方物資補給之關係，土地之權利，與地價等事是。分科的事項者：卽關于通運，居住，營業，及公共的施設等，於一一分科之下，而屬於專門的調查。總之是等各般的調查，不僅限於現況已也，卽過去之沿革，與將來之推定。亦須加以切實的考究焉。

（二）都市計劃規模之豫定

觀夫現代都市，皆呈急激的發展，而與發展相對應之設施中，所謂人的施設（如行政機關），或物的施設中之可動性者（如電車之車體，摩拖車，消防設備等），隨發展之程度，變更與擴充，尙屬易舉可行。惟都市計劃之對象，構築的施設，係具有固定性質，一經設置後，而再欲變更之，或擴充之，則技術上，經濟上，皆屬困難之問題。但置諸不問，一任其自然，又受目前要求之壓迫，因之各施設隨意措施與擴張，在所不免，結果其間缺連絡之統制，不僅阻害都市全體之有機的機能，即各施設自身，亦互相扞格，而陷於停滯，時期已遲，挽救無從，歷來都市，概罹此種病症。故按以往之經驗，圖未來之改善，即當最初都市計劃時，務以合理的推定與判斷，豫定都市發展之程度，而以適應其規模爲目標，關於經濟上，技術上，樹立最適切，且有彈力性之計劃，是乃必要也。

都市規摹之豫定，若具體的言之，即先選定都市構築之場所。其都市性質，與居住者人數確定時，則其必要的施設之種類及數量，與包容此等施設必要的地積，勢須爲之預定，但其豫定之地積，非選定適當的位置不可；所選定之區域，即名謂都市計劃區域。

（三）各種施設之基本計劃

都市規摹，既豫定矣，其第二步行程，則爲充實區域內各種施設之集合方法；換言之，即平面的並立體的都市構成方法之基本計劃也。

脈絡及聚團二種組織之施設，依其機能與形式，係都市構成之二大系統；綜合之，則全都市內容，於以辦實，故此二大組織之基本計劃，即爲都市計劃之骨子也。玆分述於后，以示其梗概：

a. 脈絡組織施設之基本計劃

一般都市，陸上通運施設之主體，即街路與軌道是，脈絡組織之特徵，乃由幹線而支線，順次分歧，遍布於全都市，故此組織之基本計劃，即幹線之配置計劃而已。此種計劃，乃自都市全體通運機能之大勢爲主眼，不受他種施設計劃之支配，而自主的決定其配置。如該都市之樞要地點，與他都市或地方相連絡之主要街路及鐵路，又如貫通計劃區域之主要街路，高速度軌道，皆爲幹線計劃之中心。

次由幹線順次所分歧之第二次第三次路線，勢須與他種施設，爲相對的考慮，而計劃之方可。

近時都市區域內，以大量高速通運爲任務之軌道，逐次趨於架空或地下之佈設，即街路亦時生此種傾向，是等網脈，於車站廣場等之結束處，上下相連絡，以編成立體之通運網。

自來水，污水道，瓦斯，電氣等之配給線脈，因其輸送物體之內容，與一般通運施設者相異，故其配置計劃，亦各按自身情形，各有其獨立之立脚地。但此等配給線脈之實體，較街路軌道等，至爲纖細，即其幹線，亦多寄留佈設於街路軌道等之構築體內部，或其上下之空間，與地下而已，故其編網計劃之決定，多係從屬於他種通運施設之計劃。不過此等輸送施設之基本計劃，如發電所，變電所，瓦斯發生所，貯水池，淨水池，污水處理所等之輸送始終點，或中間滯留點之配置，係自主的決定耳。

水上通運施設之主體，港灣及河川是也。此等計劃，完全支配於都市之地理的狀態下，固不限如陸上通運施設之普遍全都市，成網脈狀態。但如築港，運河，係大量貨物集散之中樞，通運之幹線，故陸上通運施設之基本計劃，亦須與之爲相對之考慮方可。

b. 聚團組織施設之基本計劃

聚團組織之施設，更分爲建築施設，與自由地施設二種。玆分述如次：

第一 建築施設之基本計劃

建築施設，係包括居住施設，營業施設之全部．及公共施設之大半；亦即對應都市生活大部分之行爲，而加以無數施設也。糾合是等無數施設，填充於全都市之通運網脈間，其計劃之先決問題，即此多數施設，須於如何的方針之下而配置之。 查是等施設，各爲應其固有之用途，以發揮其固有之技能計，故對其存在場所之天然的並人爲的狀態，各具有其相異之要求，由其要求滿跡與否，卽可決定都市生活能率之良否。 故應此種情，勢全都市之建築施設，各獲得其適當的地域，乃最重要之基本事項也。

建築施設，係立體的，故其配置計劃，須爲立體的集合之計劃，姑置勿論。 查都市規模之豫定，係以各種施設爲平面的或立體的，以適當密度，充實於區域內爲前提，而設定都市計劃區域也。 故就建築施設言之，則計劃區域內全建築施設之數量，無過與不及之情勢爲要；同時區域內各部分，其立體的充實之程度，須順應該部分之特徵，爲最適當的分布方可。 蓋建築物之密度，卽生活動作密度之表示，設對各部分性質，以不適合的密度相結合時，則自衞生，保安，快適諸點觀之，不僅建築施設自身機能，暴露莫大之缺陷，卽與通運施設，或自由地施設之諧調，亦於以失去，而發生諸多滯礙。 職是之故，於計劃區域內之各部分，建築施設之密度，爲合理的調整，亦建築施設基本計劃中之重要事項也。

第二 自由地施設之基本計劃

自由地施設，係與建築施設，共塡充於脈絡組織之間，惟其集合狀態，乃直接的利用地表面，而具有平面的施設之性質。 故其計劃之基本，須應合施設之種類，與完全發揮其機能之條件下，而分配以適當的位置與面積，卽所謂平面配置計劃是也。

自由地施設代表的種類，如公園是。爲謀全都市空氣之新鮮，溫度之調節，對于周圍建築施設採光通氣之潤澤等計，公園設立，確屬必要。 卽以相當之樹木花草，爲普遍均等的配布於全都市，所謂綠地配置計劃是也。

c. 各部計劃

都市構成分子之諸施設所分屬二大組織之基本計劃決定後，次卽關於都市計劃之階程，則準據此等基本計劃，而將各種類施設之平面的，或立體的，糾合按排，以充實都市計劃區域內之各部分，此種計劃，謂之各部計劃。

都市各部分，依其領有主要施設之種類，可分爲若干之特色地域，因之，其組成計劃，亦生有獨異之特徵。大體依建築施設之用途地域制，可分爲住居地域，商業地域，工業地域。 更爲之細分別類，則有獨立住宅地域，與共棟住宅地域，重工業地域，與輕工業地域等。 此外官公署或其他公共的建築施設集團之中樞公館地，通運施設基幹線集中之臨港地帶，中央車站附近之通運中樞地等，亦列於都市之部分種類中也。

是等部分，係都市一般具有最顯著的特徵。 其各部計劃，須準據脈絡組織，與集團組織所示之基本計劃，並於地理，天象，及其他天然的狀態之相當考慮下，順應各部分特有之要求，乃計劃之要領也。

d 各箇施設之造成計劃

經過前述計劃的順序，則所有施設之平面的或立體的，一一占有合理的位置，以配佈於都市之各部分，此後問題，卽各箇施設自身之造成計劃也。 如街路，運河，住宅，事務所，工場，公園，墓地等，皆依其固有之使命，於其機能完全發揮狀態下，而計劃之，於是都市構築計劃，卽歸完結。 然觀前述之都市計劃領域內，斯等各箇施設之造成劃計，乃屬於各專門技術之分科，而在都市計劃領域之外，故都市計劃固有之工作，卽以前各部都市計劃，爲其終結也。

是等各箇施設造成之計劃，須遵奉都市計劃之基本計劃，及各部計劃之成立精神，而不許其稍有背馳也。

二十四年三月份第四科業務簡單報告

上海市工務局

二十四年三月份執照件數漸增，計核發營造執照一百七十九件，（尚有碼頭二件未計入上數之內）比上月增多三十七件，卽約增七分之二，與一月份相仿，比上年同月約減五分之一，各區中以滬南爲最多，閘北次之，法華又次之，滬南區約佔總數四分之一，閘北區約佔五分之一，法華區約佔九分之一，駁斥不准者三十九件，新屋中仍以住宅爲最多，約合總數三分之二，市房次之，但僅及總數九分之一。

三月份核發修理執照二百二十三件，雜項執照一百二十五件，拆卸執照二十七件，比上月份修理增一倍有奇雜項亦幾增一倍，拆卸相仿，比上年同月修理約增七分之二，雜項約減四分之三，拆卸則增四分之三，分區比較，修理拆卸均以滬南爲最多，約各及總數三分之二，閘北次之，雜項以閘北爲最多，約合總數三分之一引翔與滬南次之

三月份全市營造就上述之，一百七十九件執照統計（未設有發照處各鄉區所造簡單平房概未計入）約共佔地面積四萬三千平方公尺，約共估價一百七十萬元，（碼頭二件僅估價七百元未計入上數之內）比上月份面積增一萬平方公尺，幾增三分之一，估價約增五十九萬元，卽約增二分之一有奇，比上年同月面積估價均略增。

營造分區比較面積，以滬南爲最大，閘北略次，估價以閘北爲最多，滬南次之，可見閘北多樓房，而滬南則多平房，此種情形，竟與歷來相反，足見閘北已逐漸發達矣，法華與上月相仿，面積估價均居第三位。

三月份拆卸面積，又增約計六千平方公尺，比上月份約增三分之一，與上年同月相仿，拆卸房屋中以滬南爲最多，計有平房二十六間，樓房六十三幢。

三月份較大工程估價在五萬元以上者，計六件，（內有估價十萬元以上者一件，二十五萬元者一件），滬南三件，閘北一件，法華二件，玆分誌於左：

（一）某姓在儀鳳弄曹家街口造假三層樓住房二十四幢，約共佔地一千平方公尺，約共估價五萬元。

（二）浙紹公所永錫堂在滬閔南柘路製造局路造二層樓市房二十五幢，住宅四十九幢，約共佔地三千平方公尺，約共估價十三萬元。

（三）裕記在瞿眞人路造二層樓市房及住宅五十八幢，約共佔地面積一千六百平方公尺，約共估價六萬元，（以上三件滬南區）

（四）日本上海居留民團，在歐陽路造四層樓女子中學校舍，約佔地一千三百平方公尺，約估價二十五萬元，

（以上一件閘北區）

（五）某姓在順甯路造二層及三層樓住宅，約佔地面積七百平方公尺，約估價六萬元。

（六）光華大學附屬中學，在大西路造二層樓科學館一座，約佔地五百平方公尺，約估價五萬元，（以上二件法華區）

上述工程六件估價總數計約六十萬元，佔全市統計總數三分之二以上。

三月份審查營造圖樣二百二十件，修理查勘單二百四十九件，雜項查勘單一百八十二件，拆卸查勘單二十七件，共六百七十八件，比上月份約增十分之一，比上年同月增多三分之一以上，營造圖樣經退改者一百十八件，較上月約減三分之一，計核發之執照中經退改者，約居總數三分之二，改圖計一百二十六次，平均每三件執照約須改圖二次，修理雜項查勘單經查詢者五十九件，計六十七次，亦均較上月減少，附錄一覽表於左：

三月份改圖及查詢件數次數一覽表

執照 件數 次數	市區	閘北	滬南	洋涇	引翔	法華	其他	總計
營造	件	三一	三八	七	六	二七	九	一一八
	次	三三	三八	七	六	三一	一一	一二六
修理	件	六	一一	一	〇	〇	二	二〇
	次	九	一一	一	〇	〇	二	二三
雜項	件	一一	九	〇	五	四	一〇	三九
	次	一二	一一	〇	七	四	一〇	四四

此外尚有與公用局會查法華區營造十二件，閘北區引翔區營造各一件，與衛生局會查法華區閘北區滬南區營造各一件，與土地局會查閘北區營造一件，與社會局會查閘北區營造五件，滬南區營造二件，吳淞區法華區引翔區營造各一件。

三月份取締事項計一百十八件，比上月約增七分之一，比上年同月約減五分之一，其中仍以「工程不合」為最多約佔總數三分之二，承包此種工程之營造廠經予以撤銷登記證處分者計十六家，其中註銷六個月及永久註銷者各一家，處分營造廠數目查近數月來逐漸增多，本月份始又減少僅約及上月二分之一，與上年同月相同。

市有建築三月內新開工者，有龍華飛行港房屋及市中心廣播電台機器房二件，其餘工程均在繼續進行中，茲分誌大要於次：

（一）體育館　配置人造石，整平地面及粉刷內部屋架已做好，正在裝配鋼窗，亦已開始裝置。

（二）游泳池　四週及內部磚牆已將砌全，現正整理及粉刷內部，水電設備亦正加工裝置。

（三）運動場　東半圈地面內部粉刷板牆及門窗已將完竣，衛生及水電設備亦將裝置完竣，西半圈現正整理地面各部亦均加工趕做。

（四）圖書館　（五）博物館　水泥鋼骨部份除屋面外，已全部澆好，牆脚三和土已做好，現正砌牆及配置人造石，圖書館書庫水泥鋼骨柱子及屋面正在澆做。

（六）市立醫院　第一層鋼骨已扎好，一俟電氣管裝好後，即可澆灌水泥，衛生試驗所第一層水泥鋼骨樓板及醫院附屬房屋第一層鋼骨水泥樓板，均已澆好，衛生試驗所附屬房屋正在粉刷內牆及平頂。

（七）寶源路菜場　屋面已蓋好，現正做地面。

（八）草塘小學　一層樓板已做好，現正砌牆至屋頂。

新開工者有（一）龍華飛行港房屋底脚已做好，監工亦由查勘員兼任。（二）市中心廣播電台機房牆已砌就，鋼骨水泥屋頂亦澆好。

二十四年三月份各區請領執照件數統計表

分類／准否／件數／市區	營造		修理		雜項		拆卸		總計	
	准	否	准	否	准	否	准	否	准	否
閘北	三八	一〇	五六	二二	三七	三九	四		一三五	七一
滬南	四四	一一	一四二	三	二五	八	二〇		二三一	二二
洋涇	一五		六	二二					四三	
吳淞	一一		一		一	一			一三	一
引翔	一二	七	五		二六	四			四三	一一
江灣	一七		二			三			一九	三
塘橋										
蒲淞	一〇								一〇	
法華	二一	四	一一	一	一四	二	三		四九	七
漕涇	二								二	
殷行										
彭浦										
眞如	一								一	
楊思										
陸行										
高行										
高橋	八	七							八	七
碼頭	二								二	
總計	一八一	三九	二二三	二六	一二五	五七	二七		五五六	一二二

二十四年三月份新屋用途分類一覽表

房屋用途 執照件數 市區	住宅	市房	工廠	棧房	辦公室	會所	學校	醫院	教堂	戲院	浴室	其他	總計
閘北	二三	五	四		一		一					四	三八
滬南	二八	一一	二		一							二	四四
洋涇	一三	一										一	一五
吳淞	五	三		二			一						一一
引翔	一〇		二										一二
江灣	一三	一					一				一	一	一七
塘橋													
蒲淞	八											二	一〇
法華	一一	一	三				二					四	二一
漕涇												二	二
殷行													
彭浦													
真如	一												一
楊思													
陸行													
高行													
高橋	六		一									一	八
總計	一一八	二二	一二	二	二		五				一	一七	一七九

二十四年三月份營造面積估價統計表

房屋 面積 估價 市區	平房		樓房		廠房		其他		總計	
	面積	估價	面積	估價	面積	估價	面積	估價	面積	估價
閘北	5310	76710	6580	490060	860	27410	800	26140	13550	620320
滬南	2750	76330	10250	444670	730	11600	260	3330	13990	535930
洋涇	870	13300	780	26270				5000	1650	44570
吳淞	620	8380	40	1620	470	5440			1130	15440
引翔	1780	26230	700	18200	140	3150			2620	47580
江灣	1140	16440	730	32950				8800	1870	58190
塘橋										
蒲淞	1020	12560						1780	1020	14340
法華	850	15790	3190	204840	1640	53100	240	11600	5820	285420
漕涇							230	18550	230	18550
殷行										
彭浦										
眞如	130	1290							130	1290
楊思										
陸行										
高行										
高橋	850	9170	140	5400	70	1750		4000	1060	20320
總計	15320	256200	22410	1224010	3910	102.50	1430	79200	43070	1661860

註　面積以平方公尺計算估價以國幣計算

（定閱雜誌）

茲定閱貴會出版之中國建築自第………卷第………期起至第………卷第………期止計大洋………元………角………分按數匯上請將

貴雜誌按期寄下爲荷此致

中國建築雜誌發行部

………………………………啓………年………月………日

地址………………………………………………………………

（更改地址）

逕啓者前於………年………月………日在

貴社訂閱中國建築一份執有………字第………號定單原寄………………

………………………………………收現因地址遷移請即改寄………………

………………………………………收爲荷此致

中國建築雜誌發行部

………………………………啓………年………月………日

（查詢雜誌）

逕啓者前於………年………月………日在

貴社訂閱中國建築一份執有………字第………號定單寄………………

………………………………………收查第………卷第………期尙未收到祈即

查復爲荷此致

中國建築雜誌發行部

………………………………啓………年………月………日

中國建築

THE CHINESE ARCHITECT

OFFICE:

ROOM NO. 405, THE SHANGHAI BANK BUILDING,
NINGPO ROAD, SHANGHAI.

廣告價目表

底外面全頁	每期一百元
封面裏頁	每期八十元
卷首全頁	每期八十元
底裏面全頁	每期六十元
普通全頁	每期四十五元
普通半頁	每期二十五元
普通四分之一頁	每期十五元

製版費另加　　彩色價目面議
連登多期　　價目從廉

Advertising Rates Per Issue

Back cover	$100.00
Inside front cover	$ 80.00
Page before contents	$ 80.00
Inside back cover	$ 60.00
Ordinary full page	$ 45.00
Ordinary half page	$ 25.00
Ordinary quarter page	$ 15.00

All blocks, cuts, etc., to be supplied by advertisers and any special color printing will be charged for extra.

中國建築第三卷第一期

出版	中國建築師學會
編輯	中國建築雜誌社
發行人	楊錫鏐
地址	上海寗波路上海銀行大樓四百零五號
印刷者	美華書館 上海愛而近路二七八號 電話四二七二六號

中華民國二十四年一月出版

中國建築定價

零售	每冊大洋七角	
預定	半年	六冊大洋四元
	全年	十二冊大洋七元
郵費	國外每冊加一角六分 國內預定者不加郵費	

廣告索引

南京譚故院長祠堂

申泰興記營造廠

本廠專門承造一切大小建築鋼骨水泥工程工場廠房以及碼頭橋梁涵洞等迅速經濟堅固如蒙　委託無任歡迎

上海　仁記路一一〇號
電話　一二三〇二
上海天津青島電報　七一一二三
天津　日租界秋山街泰源里二號
北平　清華園
濟南　經二路緯一號
青島　膠東路四四號

SLOANE·BLABON

司隆百拉彭

印花油毛氈毯

此爲美國名廠之出品。今歸秀登第公司獨家行銷。中國經理則爲敝行。特設一部。專門爲客計劃估價及鋪設。備有大宗現貨。花樣顏色。種類甚多。尺寸大小不一。

司隆百拉彭印花油毛氈毯。質細堅久。終年光潔。既省費。又美觀。室內鋪用。遠勝毛織地毯。

美商 美和洋行

上海江西路二六一號

本廠專製建築五金鋼鐵出
品堅固耐久且價格低廉
交貨迅速素
爲各大建
築公司
營造
廠

所讚
許推家
鋼鐵界上
乘如蒙
賜顧竭誠歡迎

桂正昌鋼鐵廠爲

註冊商標

廠址 盧家灣南魯班路中

電話 南市電話二三〇六三

MEI HUA PRESS, LIMITED

278, ELGIN ROAD, SHANGHAI

42726, TELEPHONE

美華書館

印刷股份有限公司

◀此雜誌由本館承印▶

本館精印中西書報圖畫雜誌證劵單據各種文件銀行簿册五彩石印中西名片精鑄銅模鉛字銅版鋅版鉛版花邊及鉛字器具等印刷精美出品迅速定期不誤有口皆碑蓋本館由來迄今已有八十餘年之久設備新穎經驗豐富允爲專家洵非自誇如蒙賜顧竭誠歡迎

地址 愛而近路二七八號

電話 四二七二六號

衛生設備可增進人身康健
煖汽裝置能調劑室內氣候

本公司專門承裝設計打樣聘有專家經驗宏富承辦歐美最新式衛生磁器冷熱水管泗汀煖爐冷汽消防自來水及鑿井等一切機械工程十餘年於茲備承各界之贊許倘蒙委託無不竭誠歡迎

潔麗工程公司

上海四川路一一〇號
電話一四四三四

褚掄記營造廠

廠址 上海臨平路二一號

本廠專門承造一切大小建築鋼骨水泥工程工場廠房以及碼頭橋樑等迅速經濟堅固如蒙委託無任歡迎

THU LUAN KEE
CONTRACTOR
21 LINGPING ROAD.

滬江水電材料行

包裝大廈水電工程

專辦各廠電機馬達

地址 上海法租界辣斐德路甘世東路口十至二十號

電話 七〇三〇八號

自運各國衛生磁器

統辦環球電氣材料

中華國產廠商聯合會
上海國貨工廠聯合會 會員中華實業工廠出品

建築——消防——必備中華滅火機

輕巧靈捷 用法簡易
藥力強大 滅火迅速

標準式

榮譽一斑

于右任題……智創巧述
孫科題……工良品雋
孔祥熙題……救焚利器
居正題……天工人其代之
褚民誼題……救災利器
何應欽題……挽回利權
陳公博題……實業良模
韓復榘題……利用厚生
石青陽題……挽回利權
魯滌平題……功効卓著

尚有題獎不及備載

上海市閘北區救火聯合會證明射力高遠滅火迅速超乎舶來又上海市國貨陳列館審查合格給予證書及歷屆國貨展覽會給予獎狀獎憑以及各界證明謝函等件纍積盈案成績可以顯見

各界採備者

軍政部鞏縣兵工分廠
上海市國貨陳列館
上海市民衆教育館
南昌市民衆教育館
上海市閘北區一段救火會
國立上海商學院
國營招商局
農民銀行
章華毛織廠
滬太滬閔兩長途汽車公司

客戶衆多恕不盡述

發行所 上海浙江路六六六號
電話 九三〇一九
製造廠 上海閘北國慶路

備有樣本 函索即寄
外埠經理 詳章函洽

TUNG NAN BRICK & TILE CO
396 KIANGSE RD.,
TELEPHONE 13760

We manufacture:——
Facing Bricks
Paving Bricks
Fire Bricks
Step Tiles
Roofing Tiles

東南磚瓦公司 出品

牆面磚
地紅磚
踏步磚
耐火磚
青紅平瓦

顏色鮮艷尺寸整齊毫不灣曲
花樣繁多貼於牆面華麗雄壯
性質堅硬毫不吸水平面光滑
不染污垢花紋種類聽憑選擇
品質優良式樣美麗
面有條紋不易滑跌
泥料細膩火力勻透
耐用經久永不滲漏
原料上等製造精
窰能耐極高熟度

事務所 江西路三百八十六號
電話 一三七六〇

馥記營造廠

本埠工程

儉德儲蓄會……福生路
寶隆醫院……白克路
公共宿舍……聖母院路
劉公館……亞爾培路
上海牛皮廠……白利南路
四式住宅市房……梅白格路
七層公寓……國富門路
七層公寓……海格路
義泰興碼頭……浦東董家渡
中華碼頭……浦東周家路
交通大學工程館……徐家匯
公和祥碼頭民棧房……浦東
公和祥碼頭……兆豐路
四行念二層大樓……跑馬廳路
劉公館……國富門路
大新公司……南京路

外埠工程

總理陵墓第三部工程……南京
中山紀念堂……廣州
陣亡將士公墓全部……南京
美領事署……廈門
財政部辦公處……南京
宋部長官邸……南京
中國銀行……南京
新村合作社……南京
稅警團營房……海州
孫院長住宅……南京
海軍船塢……青島
鞏縣兵工分廠廠房……鞏縣孝義鎮
浙大農學院……杭州太平門外
四川美豐銀行……重慶
勵志社……南昌
中正橋……南昌
貴溪橋……貴溪
航空學校及倉庫……京溫鎮

總事務所
上海四川路三三號　電話一二三〇五
電報掛號　一五二七

本埠分廠
跑馬廳四行念二層大廈
國富門路劉公館

第一廠　閘北廣林街
第二廠　浦東慶寧寺

外埠分廠
重慶新街口　鎮江東荷花塘　邵伯淮陰劉澗
青島小港　鞏縣孝義鎮　南昌勵志分社
南京中山門外陶園新村　杭州太平門外華家池

VOH KEE CONSTRUCTION CO.

炳耀工程司

南京　中山路新街口
上海　白利南路三十號
天津　法租界基泰大樓

承裝
南京中央衛生實施試驗處
全部煖汽衛生工程

◁各大商埠煖汽衛生冷風等工程列下▷

上海
市中心區辦公大樓
市中心區工務局
市中心區社會局
市中心區衛生局
市中心區教育局
市中心區土地局

南京
歷史言語研究院
中央大學圖書館
中央醫院水塔及自來水
中國銀行
中央醫院
國府行政院
中央農業處
全國運動場
中央軍校游泳池
外交大樓
汪院長公館
宋部長公館
陳部長公館
孫部長公館
中央醫院化糞池
全國運動場游泳池

北平
北平清華大學圖書館
北平居仁堂
鹽務署

天津
基泰大樓
中國銀行貨棧
信中公司
光明社大戲院
勸業商場
中原公司
南開大學圖書館

遼甯
瀋陽電影院冷熱風工程
遼寧總站
長官府辦公大樓
張長官公館
長官府衛生室
同澤女子中學辦公大樓及宿舍
東北大學文法科圖書館寄宿舍
東北大學運動場
東北大學水塔

長城機製磚瓦
股份有限公司
註冊 商標
TRADE MARK
貨價比普通磚廉
貨品較任何機器磚高
總公司 騰越路一四四號 電話五一一七九
製造廠
事務所 牛莊路七四一號 電話九〇九八〇
證明
壓力、吸水量、耐久性
均經上海工部局
詳細化驗負責証明
成績超越一切磚瓦
出品
堅韌硬磚
輕硬空心磚
瀉水瓦片
如蒙垂詢價格及索閱價目請電話通知即當送奉
合作五金
股份有限公司
出品
優點
精確 美觀 堅固 價廉
出品
門鎖 抽屜鎖 拉手 文具 鉸鏈
TRADE MARK
MARCH

WOLVERINE

ART PATTERN FITTINGS

Modern Finish

Durability

Low Cost

Trouble free feature tested & Guaranteed

Manufacturer's Undivided Responsibility
Assumed by its Sole Agent in China

ANDERSEN, MEYER & CO., LTD.

Shanghai & Outports

大中機製磚瓦股份有限公司

製造廠 浦東南匯縣下沙鎮

本司公因鑒於建築事業日新月異材料選擇尤關重要特聘專門技師購置德國最新式機器精製各種青紅磚瓦及空心磚等品質堅韌色澤鮮明自應銷以來已蒙各界推爲上乘樂予採購茲略舉一二以資參攷其他惠顧諸君因限於篇幅不克一一備載諸希鑒諒是幸

大中磚瓦公司 附啟

曾經購用 敝公司 出品各戶台銜列后

本埠

國立上海商學院	陸根記承造	西體育會路
博德運絨線廠	創新承造	定海路
海港驗疫所	陶記承造	吳淞
正廣和汽水廠	方瑞記承造	培開爾路
工部局巡捕房	新蓀記承造	平涼路
國立中央實驗館	和興公司承造	兆豐花園
四行儲蓄會	陶馥記承造	英大馬路
聚業銀行	趙新泰承造	北京路
南京飯店	新金記祥號承造	山西路
開成造酸公司	王鏡記承造	軍工路
景雲大廈	惠記興承造	北京路
麵粉交易所	元和長記承造	民國路
業廣公司	陳馨記承造	歐嘉路
法教堂	吳仁記承造	勞神父路
七層公寓	吳仁記承造	霞飛路
百老匯大廈	新仁記承造	百老匯路
錦興大廈	新森泰承造	河南路
雷斯德工藝學院	久泰錦記承造	熙華德路
揚子飯店	潘榮記承造	雲南路
申新第九廠	協盛承造	東京路
南成都路工部局	新蓀記承造	南成都路

外埠

中央政治學校	大昌公司	南京
中央飯店	新金記承造	南京
金陵大學	利源建築公司承造	南京
航空學校	新金記康號承造	杭州
太古堆棧	嗬蘭治港公司	廈門
中國銀行	錦生記承造	青島

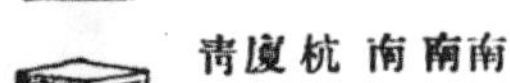

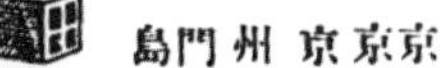

所出各品儲有大批現貨以備各界採用如蒙定製各色異樣磚瓦亦可照辦備有樣品如蒙索閱卽當送奉

駐滬批發所

英租界牛莊路德興里四號　電話九〇三一一

DAH CHUNG TILE & BRICK MAN'F WORKS.

Sales Dept. 4 Tuh Shing Lee, Newchwang Road, Shanghai.

TELEPHONE 90311

本廠承造之上海市立醫院

陸根記營造廠

最近承造工程一覽

中國銀行行員宿舍
建築地址 上海極司非而路
業主 中國銀行
建築師 陸謙受君

百樂門大飯店及舞廳
建築地址 上海愚園路角
業主 顧聯承君
建築師 楊錫鏐君

大同公寓
建築地址 上海西摩路大同里
業主 李伯勤君
建築師 周春壽君

中南銀行行員宿舍
建築地址 上海愚園路鎮寧路角
業主 中南銀行
建築師 李英年君

上海市立醫院及衛生試驗所
建築地址 上海市中心區
業主 上海市工務局
建築師 上海市中心區建設委員會辦事處

國立上海商學院
建築地址 上海江灣西體育會路
業主 上海商學院
建築師 楊錫鏐君

南京蠶桑改良試驗所
建築地址 南京中華門小行鎮
業主 全國經濟委員會
建築師 經委會工程處

南昌省立醫院
建築地址 南昌民德東路
業主 全國經濟委員會
建築師 基泰工程司

南昌勵志社游泳池
建築地址 南昌
業主 江西省政府
建築師 基泰工程司

事務所 上海江西路三五三號 廣東銀行大樓
電話 一三七五六號
分廠 南京 杭州 南昌

中華民國廿四年十月十四日收到

中國近代建築史料匯編（第一輯）

中國建築

第三卷　第二期

HE CHINESE ARCHITECT

中國建築

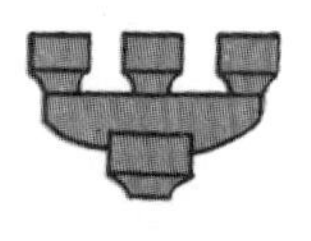

內政部登記證警字第二九五五號
中華郵政特准掛號認為新聞紙類

民國二十四年二月份
中華建築師學會出版

第三卷 第二期

成泰營造廠

CHEN TAI & CO.

GENERAL BUILDING CONTRACTOR

本廠最近承造工程之一

上海市運動場

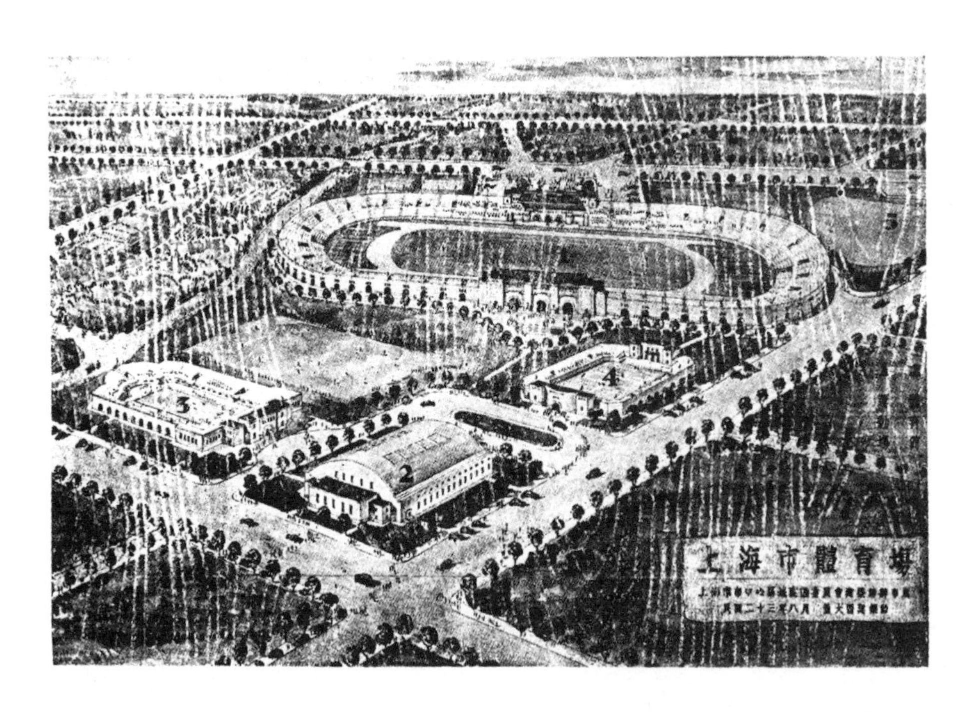

總事務所
上海南京路
大陸商場四一〇號
電話九五四三一

GENERAL OFFICE
Room 410 Continental Emporium,
Nanking Road, Shanghai,
Tel. 95431

開灤礦務局

地址上海外灘十二號　　電話一一〇七〇號

開灤硬磚

◘此種硬磚歷久不壞◘

載重底基,船塢,橋樑,及各種建築工程,採用此種硬磚,最為相宜。

K. M. A. CLINKERS.

A BRICK THAT WILL LAST FOR CENTURIES

SUITABLE FOR HEAVY FOUNDATION WORKS, DOCK BUILDING, BRIDGES, BUILDINGS & FLOORING.

RECENT TESTS

COMPRESSION STRENGTH

7715 lbs per square inch.

ABSORPTION 1.54%

THE KAILAN MINING ADMINISTRATION

12 THE BUND　　TELEPHONE 11070 / 11078 / 11079

DIRECT TELEPHONE TO SALES DEPT. TEL. 17776

元豐公司專製上等油漆以應一切建設上之需要凡採辦上等油漆材料以及咨詢裝璜設計者請與元豐公司接洽

發行所 上海愛多亞路一一七號

電話 八〇一二七

電報 八〇六七

元豐牌油漆

註冊 商標

防銹屋頂漆
防銹鋼窗漆
防銹設備漆
耐洗平光牆漆
上等地板漆
上等磁漆
調合漆 木器漆
凡宜水 厚漆
光油 精煉油
快燥魚油

中國銅鐵工廠出品

精美 **國貨鋼窗** 相得益彰

南京中央衛生署

本廠創辦于民國十四年爲國貨鋼窗界之最先製造者歷年出品成績優良爲各界所樂用茲刊左圖以資證明

總辦事處

上海甯波路四十號

電話一四三九一號

電報掛號一〇一三號

中 國 建 築

第三卷　　第二期

民國二十四年二月出版

目　次

著　述

插　圖

卷頭弁語

本刊各項圖樣，自本期起由建築師學會各會員分別供給，其程序表已於上期發表，各建築師因個性之不同，自有各別之作風，讀者按期比擬，當能知其梗槪，擇尤採仿，收效自宏，諒亦讀者之所歡迎者。

本期卽爲名建築師董大酉君所供給，盡係精構傑作，亦卽新上海市中心區重要建築之一部，各項建築均採取最新穎之結構，對於光線風向等均予以適宜之配置，而於外觀仍保持吾中華固有建築之雄偉之作風，確爲最適宜於目下之環境而堪爲吾國復興建築時代之代表作品，方今全國各大都市，均有熱烈建設之期望，則是項公共建築，頗有足供觀摩與參照者。

除本期所發表者外，尙有「無名英雄墓」一章，因限於篇幅，將延至下期發表，對於作者及讀者均深致歉意。

本期論文中有研究吾國古代建築之文字，有統論世界各國建築之文字，均頗饒興趣，讀後可明瞭各國建築之趨勢而產生相當之影象，蓋建築事業，對於人類進化，關係非淺，凡民族性之不同及各時代政治經濟等之變遷，均於各種建築物中，有充分之表示，予學者以有力之協助，本篇所述，雖不能周詳備至，但亦足以爲相當之啓示與引導，對於有志讀者頗有裨益也。　　　　廿四年二月編者謹識

中國建築

民國廿四年二月　　第三卷第二期

民國廿四年四月　中國航空協會會所及陳列舘　董大酉建築師

中國航空協會陳列館及會所工程略述

中國航空協會爲應事業上之需要，在市中心區籌建陳列館及會所各一。地點在府前左路及府南左路之間。右旁臨虬江，左側爲市博物館，其地位在行政區各公共建築環境中，故外觀設計，需以適應互相配襯而同時又須孕蓄航空意義爲原則。故外面所用材料與隣近之市立博物館相同而式樣則爲一飛機型，面西尾東，以首部以及兩翼爲陳列館，由府前左路出入，尾部爲會所，由府南左路出入，中間機身部份爲辦公室上層爲大禮堂。其鳥瞰圖酷似虬江旁停留之飛機，（參閱圖一）玆將其設計概略，述之如次。

（一）陳列館

陳列館由機型之頭部出入，其門廳爲一混圓形，半徑長五・九四公尺（19呎半）左右兩翼爲陳列室，各深八・八四公尺，（29呎）闊一七・一五公尺（56呎3吋），入口處旋轉門兩旁設管理室二，門廳內有扶梯四，沿圓周線均分設置，前者二座爲達第二層兩翼之陳列室之用；後者二座爲達大禮堂之用，俾出入各不相侵。而免擁擠之弊。由門廳直入機身部份，中貫通過兩旁爲辦公室四。每間深約六公尺左右，闊約三・六六公尺（12呎）。靠尾部會所處爲男廁及鍋爐間。

第二層首部除下層之門廳平頂外四週的迴廊，左右兩翼仍爲陳列室，其尺寸與第一層相同機身部份，爲一足容三百人之大禮堂，計深一五・二四公尺（50呎）寬九・六〇公尺（31呎半）。第三層機首部爲紀念堂，設碑刊名，凡贊助或熱心於航空事業者，得留名碑上，以垂久遠，頂層另有小機型一具。機身部爲二層，下層爲辦公室上層爲大禮堂，其屋頂成拱圓式。

（二）會所

會所房屋爲二層，即機型之尾部，大門由府南左路出入，門廳入口處兩旁，有問訊及公役室，兩翼爲小公室，門廳直貫機型中部，以連繫陳列館。

第二層爲辦公，儲藏公役室各一。

（三）結構

全部係鋼骨水泥構造，外牆用人造芝蔴石，內牆用水沙粉刷，各室地面除陳列室及各辦公室用樹膠塊外，其餘問訊公役室用水泥粉光，門廳等各室用磨光石嵌銅條。全部用國貨鋼窗

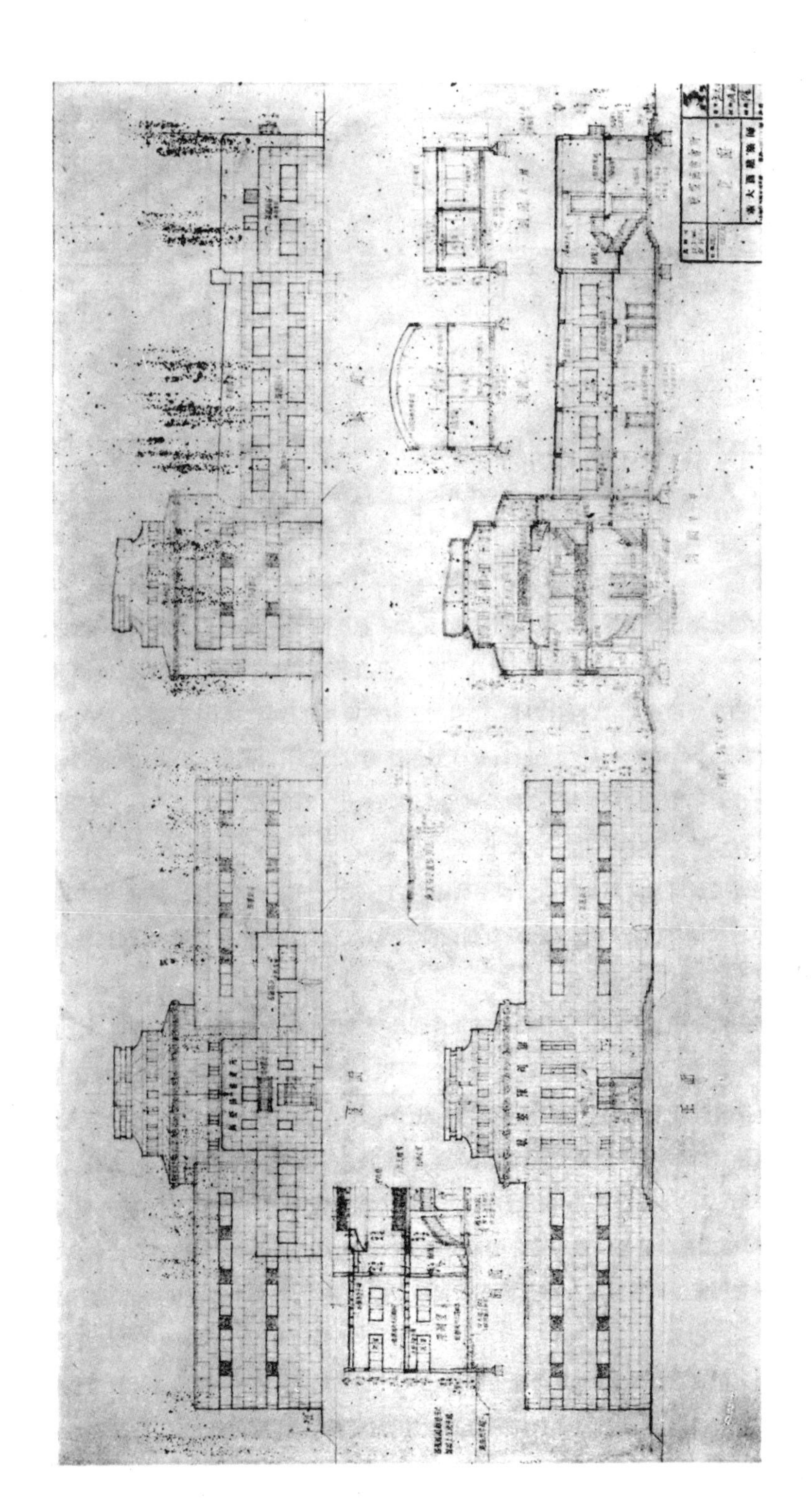

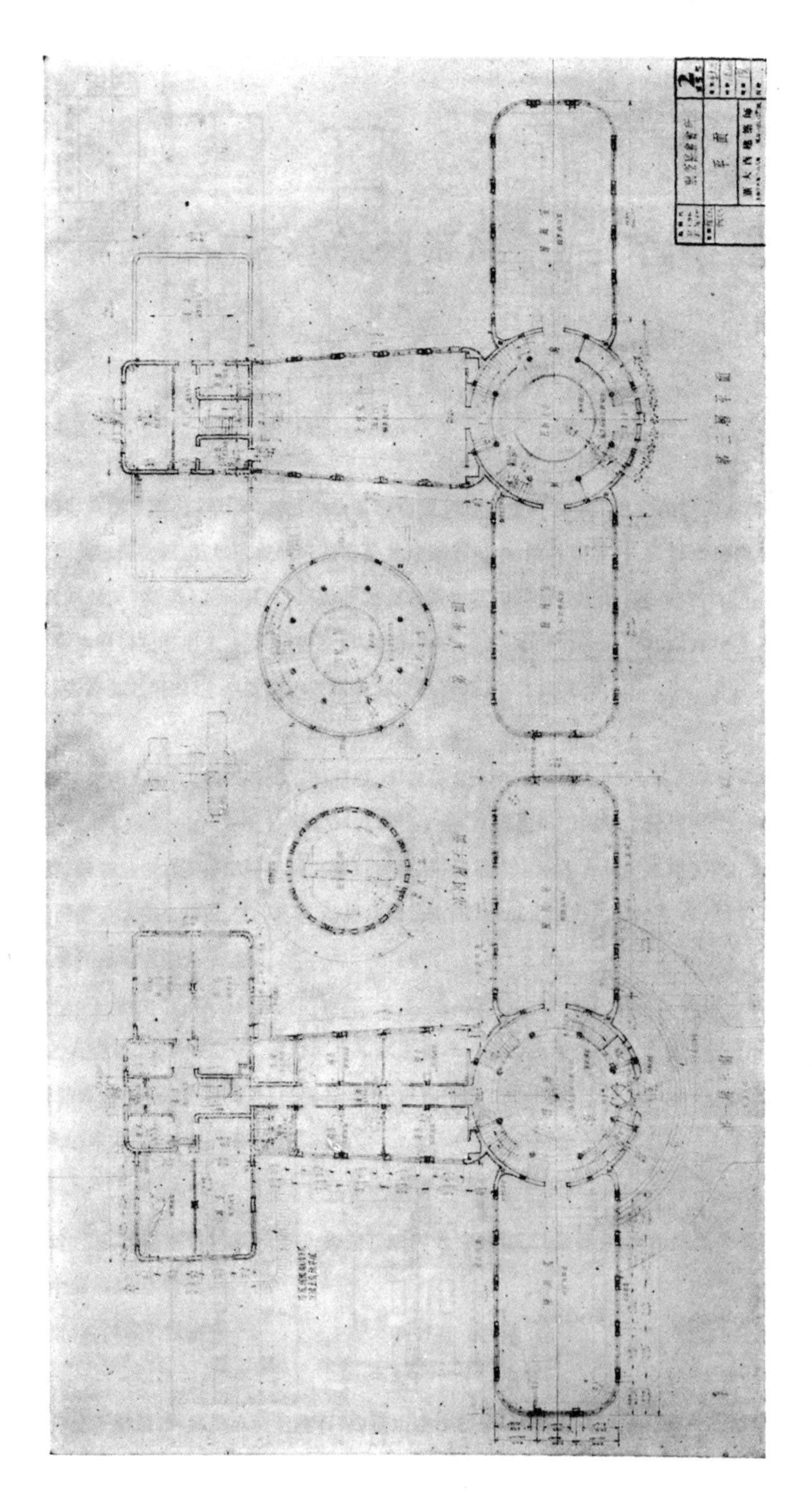

上海市圖書館博物館工程概述

文化與人生不可須臾離，都市爲人口集中之地，文化建設，尤屬當務之亟。 上海市政府爰於中心區域之行政區中市政府房屋南面部份劃爲文化區，先建圖書館博物館各一所。 兩館已於廿三年九月開工，預計本年九月落成，玆將其設計工程概述如次：

（一） 圖 書 館

此項公共建築在經費不充餘之時，勢不能不逐步建造，故設計之最要問題，卽將來如何可以逐漸擴充而不致應嚮已成部份，而初期建造部份又必須呈完整之象。

圖書館位於市中心區域行政區之府前右路與府南右路之間，府西外路之南，坐西朝東，與博物館相對。 平面作「I」字形，而於前部兩端橫展向前後突出，成廂屋狀（參閱圖）。 南北兩端最大距離約六十六公尺，東西兩端最大距離約五十一公尺，建築面積約一千六百二十平方公尺，各層面積約三千四百七十平方公尺，容積約一萬六千立方公尺。

館屋之大部爲二層建築，外牆平均高約十二公尺，惟正面中央設門樓其屋脊高出地面約二十五公尺，（參閱圖）。 將來擴充，毋需將現有館屋加高，僅須就後面旁面餘地添建層數相同之房屋，卽可增加容量至二倍以上。

館屋之外觀（參閱圖）取現代建築與中國建築之混合式樣，因純採中國式樣，建築費過昂，且不盡合實用也，門樓則用黃色琉璃瓦覆蓋，附以華麗之簷飾。 四周之平台圍以石欄杆，充分顯示中國建築色彩。 全部建築物係鋼筋混凝土防火構造，外牆則用人造石砌築，大門前設大平台種植花木，平台前兩邊各豎旗杆，以壯觀瞻。關於內部地面層之佈置，（參閱圖）中央入門處爲大廳，寬約十二公尺，深約十三公尺，旁兩翼之過道及登樓大梯，大廳後爲雜誌報紙閱覽廳，寬約十七公尺，深約十四公尺，再後爲書庫，寬約三十公尺，深約十一公尺，直通後門，此項書庫，爲特高之一層式，（外牆約高十三公尺半）以便裝置五層二公尺餘高之鋼製書架，其書籍排列之總長約一萬五千公尺，容書約四十萬卷。 左翼之下層爲各項辦公室右翼之下爲兒童圖書室，繕本書庫，演講廳（寬約十公尺，長約十八公尺）。

第二層中央分兩部，前面爲展覽室，寬約二十二公尺，長約十三公尺半，後面爲借書室又目錄室，寬約十七公尺，長與上同，左右翼爲過道，研究室，特別閱覽室，其兩端橫展部分各爲閱覽室，寬約二十六公尺，長約十公尺，可各容一百五十座位。

第二層中央前部上，有夾層爲儲藏室，由此達後面平屋面，藉露天梯級以登門樓，此項門樓可用作陳列廳，其四週平台，則備登臨遠眺之用，雜誌報紙閱覽廳下面，開挖一部份，建地下室，爲裝置鍋爐之用。

大廳借書室陳列廳內部用純粹中國式富麗裝飾，設硃紅色之柱，樓梯及過道地面鋪磨光石，閱覽室樓面鋪軟木塊，其餘部份之地面樓面用花鋪檀木及樹膠塊。

（二）博物館

博物館在市中心區行政區府前左路與府南左路之間，府東外路之南，坐東向西，與圖書館相對。平面形與圖書館相仿，惟前翼兩端僅向前突出耳。（參閱圖）南北兩端最大距離約六十八公尺，東西兩端最大距離約五十八公尺，建築面積約一千九百平方公尺，各層面積合計約三千四百三十平方公尺，容積約一萬九千立方公尺。

館屋之中部及前面兩翼，爲二層建築外牆高十公尺有半，另有門樓，屋脊約高二十四公尺，其前面兩翼之突出部份及後面兩翼，則爲單層建築，其外牆高六公尺半許（參閱圖）將來擴充計劃，亦以就餘地加建爲目標擴充後之建築面積可增加二倍。

館屋之外觀，大致與圖書館相同。惟門樓樑柱外露，並於左右翼凸出部分之前，各設噴水池，以資點綴，全部建築物亦爲鋼筋混凝土防火構造，外牆用人造石砌築。

就內部佈置而言（參閱圖）地面層中央入口處爲門廳，寬約十七公尺半，長約十四公尺，登樓之梯級及衣帽售品等室附焉。由此向內爲大廳寬約十一公尺半，長約十八公尺，主要樓梯在焉，大廳兩旁爲過道通前部左右兩翼之辦公，研究，庫藏等室，左翼突出處爲圖書室，寬約十公尺，長約十五公尺，約容座位一百，右翼突出處爲演講室，長寬與圖書館同，約容座三百。

第二層佈置，中央分三部，爲陳列廳及雕刻陳列廳，其中以在前面者爲最大，計寬約十七公尺，長約十四公尺，兩翼爲書畫陳列室，各寬約十一公尺半，長約二十五公尺，上蓋玻璃頂棚。

中央二層前面陳列廳之上有夾層，地面與後部平屋頂齊平，由此循露天梯級以達第四層之門樓，門樓四周亦設平台，以便遠眺，門廳之下有地室，爲設置鍋爐等之用。

內部裝飾以形成陳列物之適當背景爲目標，門廳及主要陳列廳飾以紅柱及宮殿式之彩畫樑棚平頂，大部分地面，用磨光石。重要陳列廳地面用花鋪檀木，過道鋪磨光石。各陳列室之採光，以多數光線投射於陳列品，而無反光入觀衆眼目爲鵠的。懸掛繪畫作品之處，由上方側面納光，使斜射牆面，俾觀衆於陰影中面對亮畫，更覺明晰。燈光設備，採間接式，其旨趣與上同。因上層各陳列廳不設窗牖，而藉玻璃天棚採光，故須用人工方法更換空氣。館屋內置換氣設備，隨時序之遞遭，分別放送冷暖空氣。

工程經過

兩館工程經費預算共六十萬元，設備費在外，全部工程，由市中心區建設委員會築師辦事處董大酉君主持設計圖樣，由王華彬，莊允昌，劉慧忠，劉鴻典君襄助辦理。鋼骨水泥部份由工務局第四科裘科長俞技正等主持。全部工程由張裕泰營造廠承造，監工員爲范能力宋學勤兩君業經動工，預計本年九月可全部完工。

完成後之圖書館

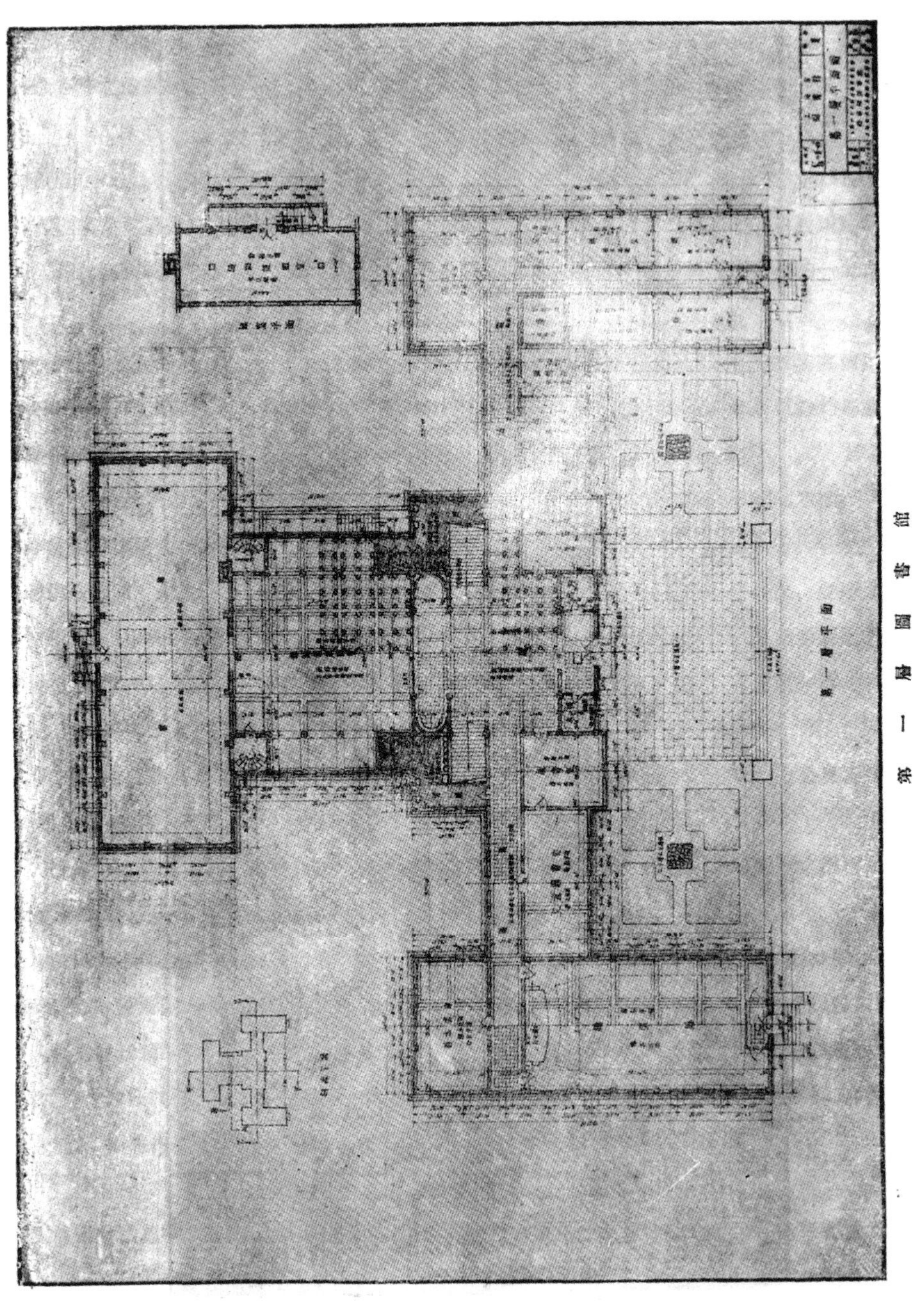

第一層圖書館

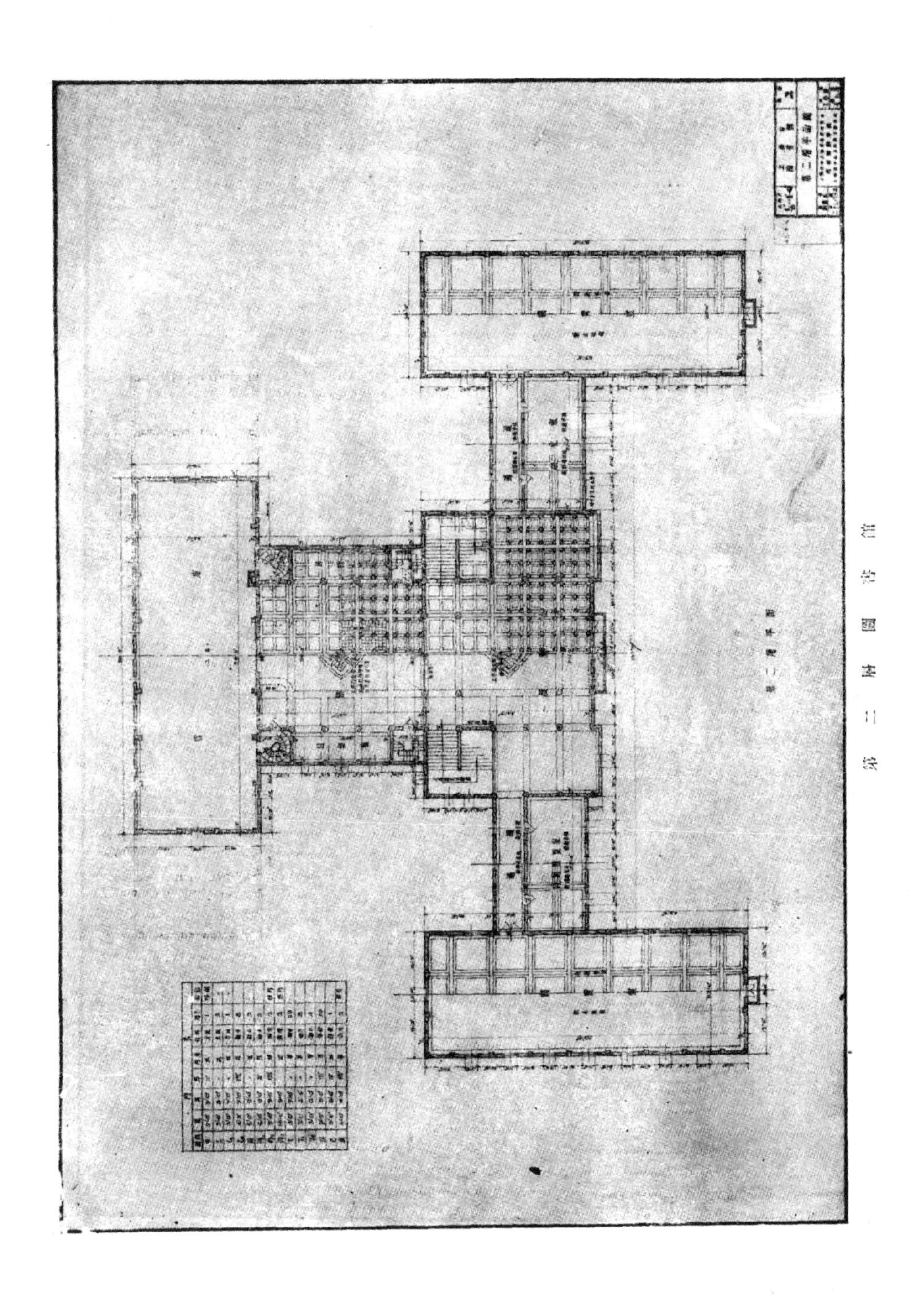

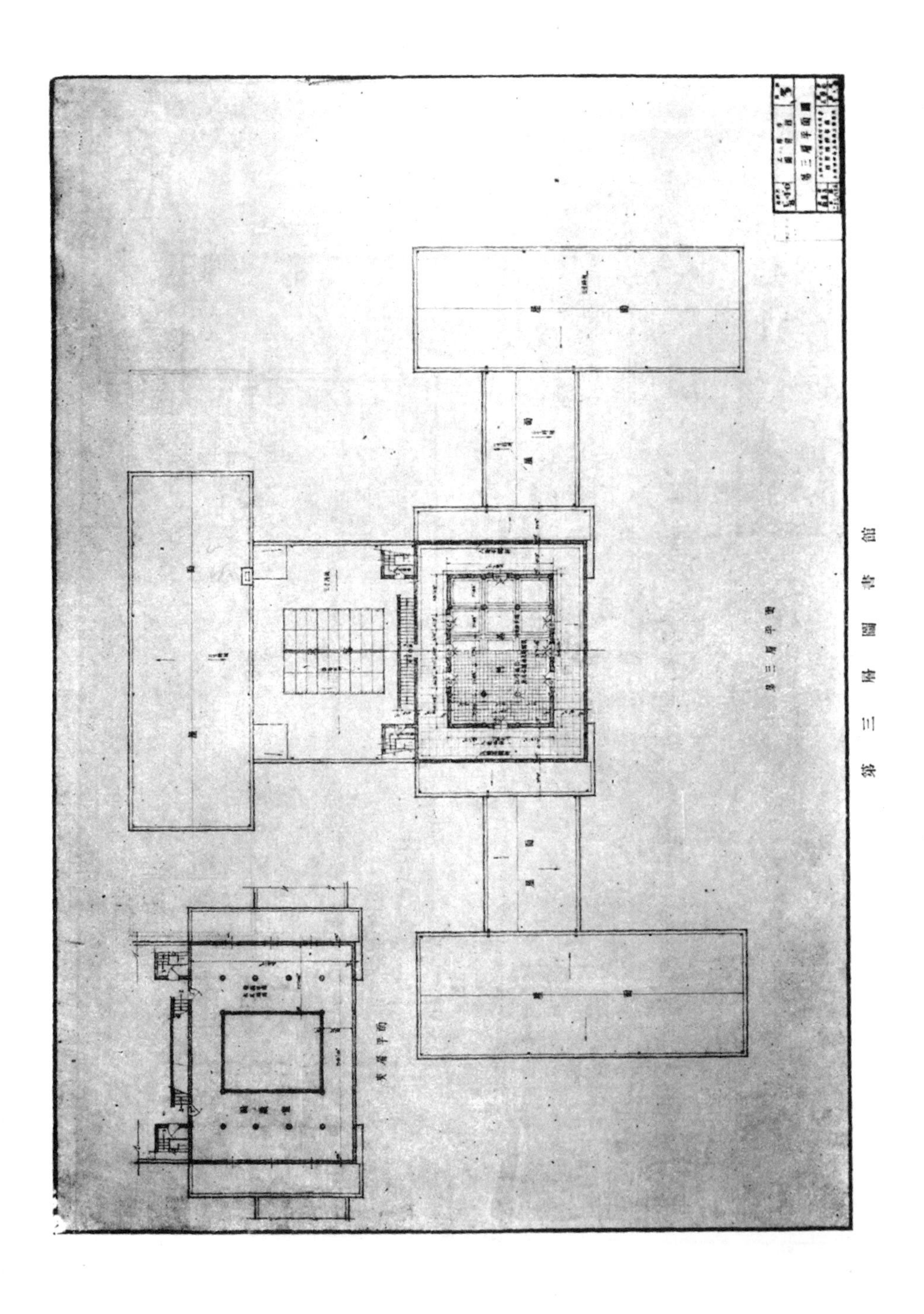

第三附圖書館

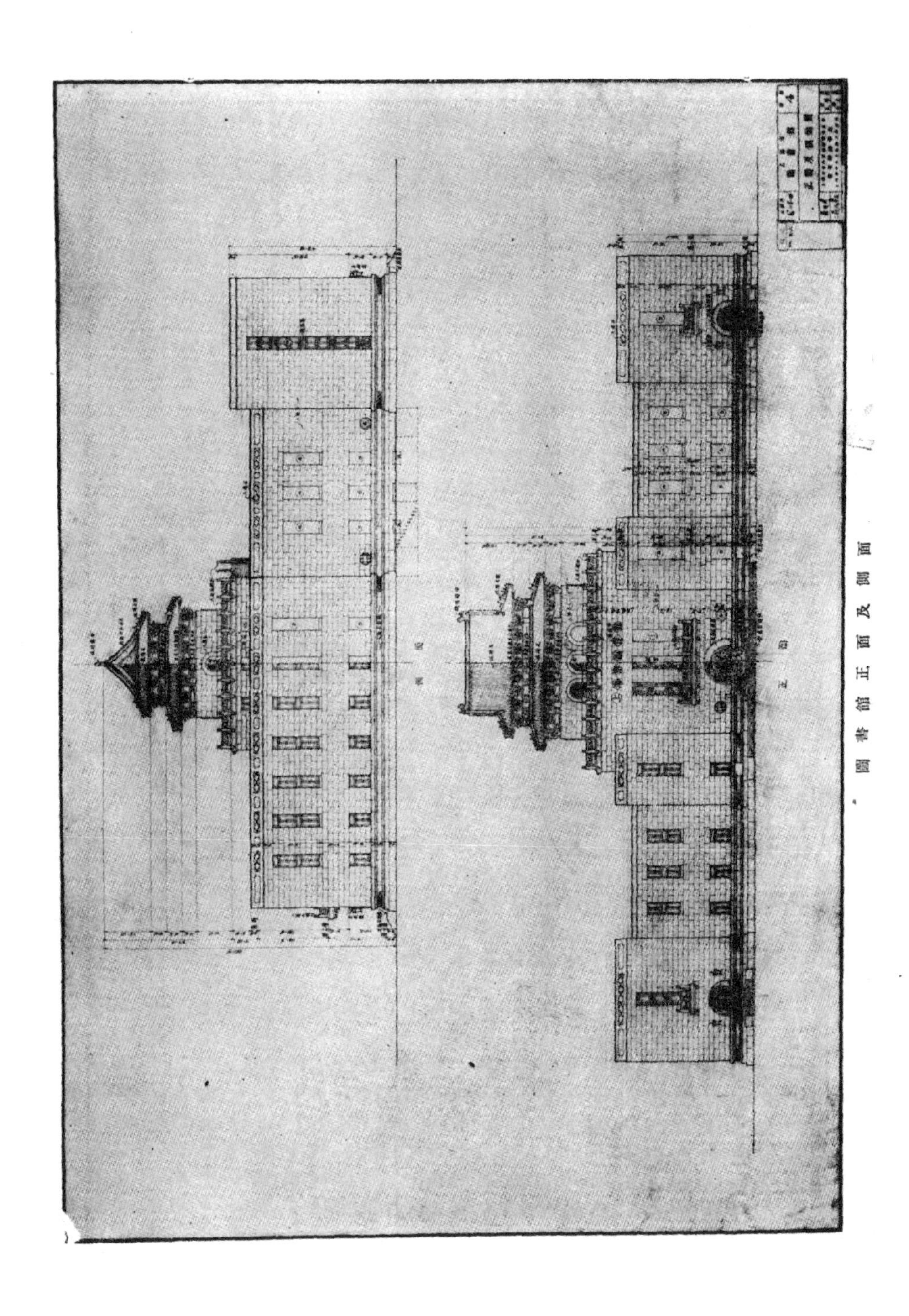

圖書館正面及側面

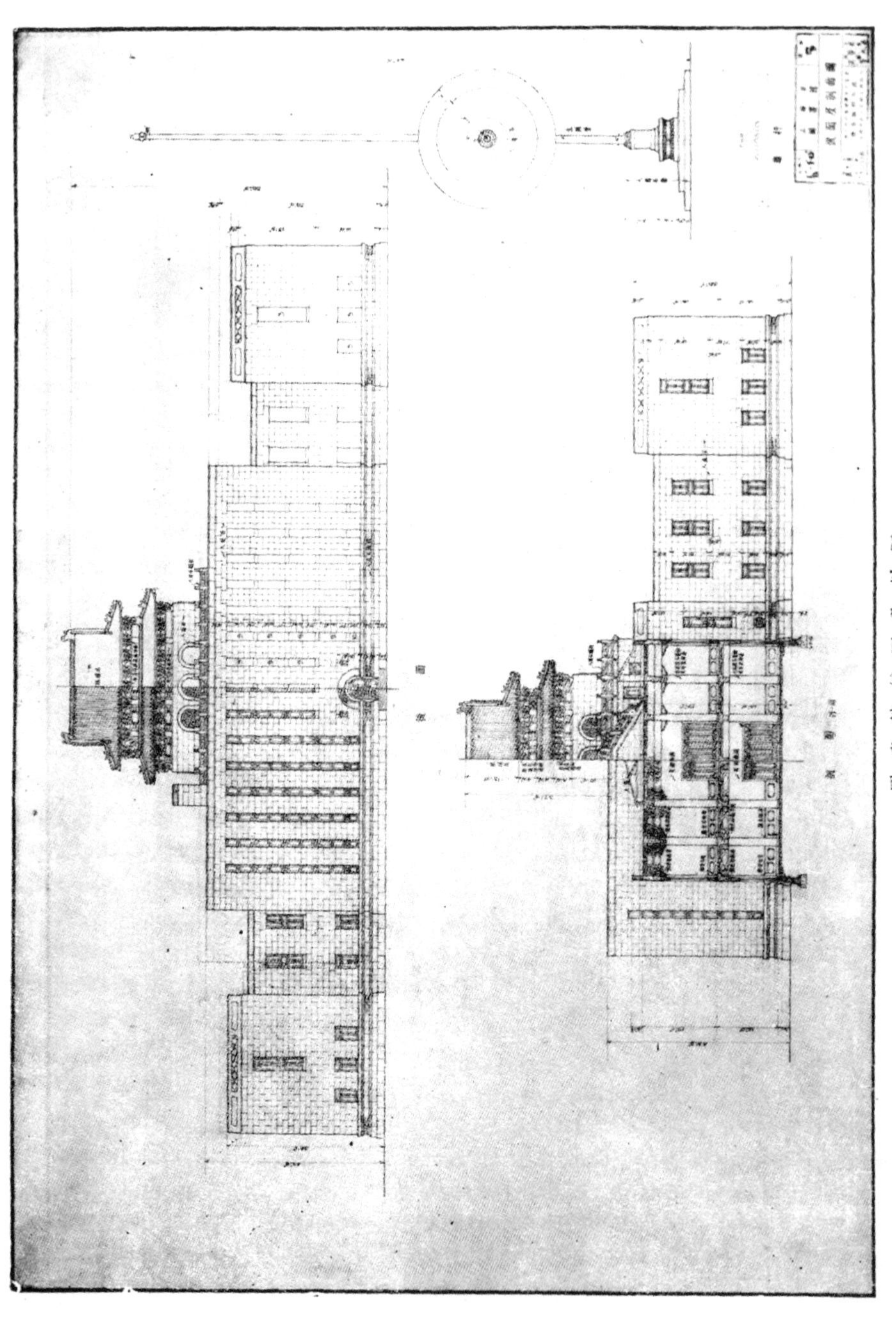

圖書館後面及剖面

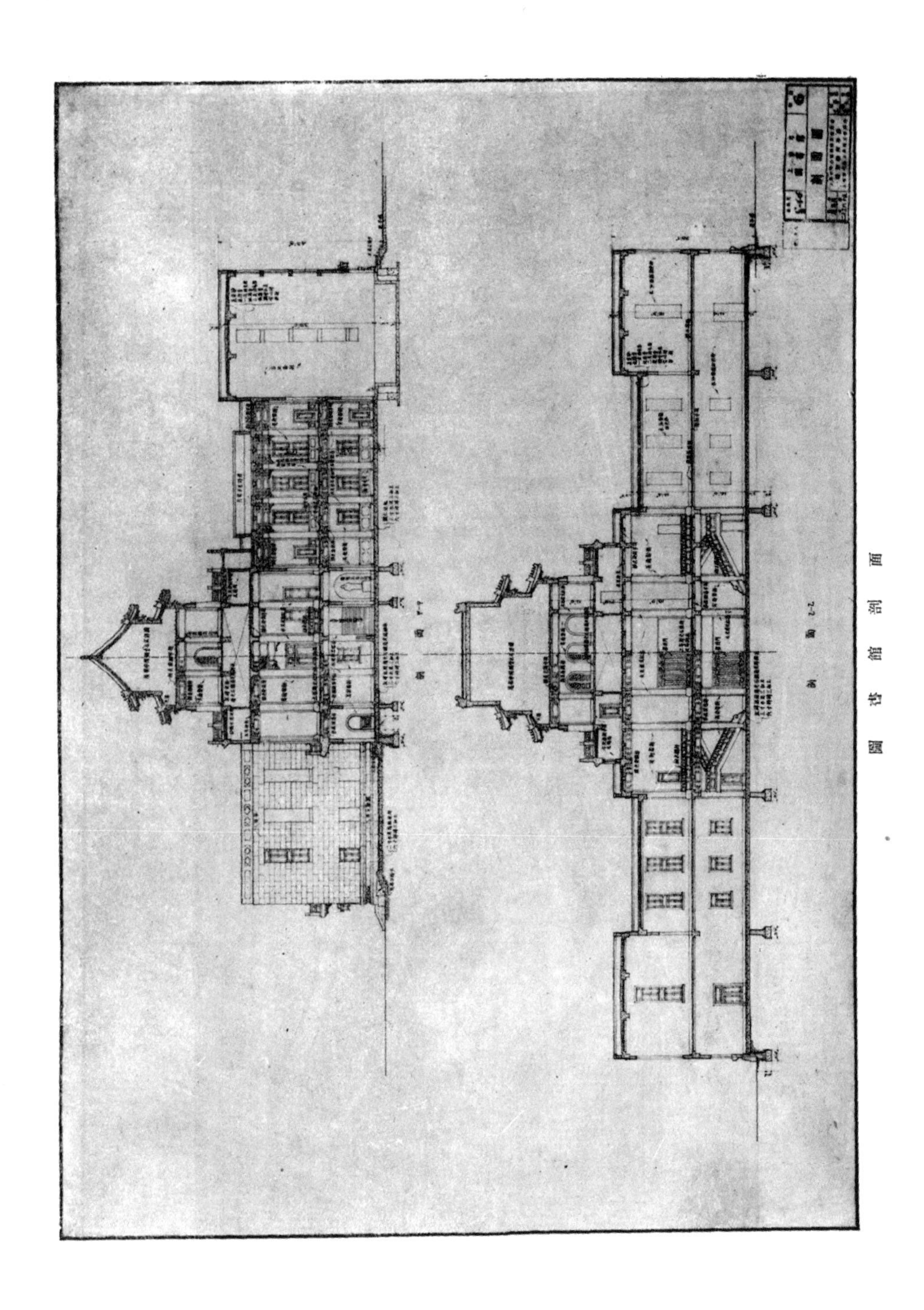

圖書館剖面

完成後之博物館

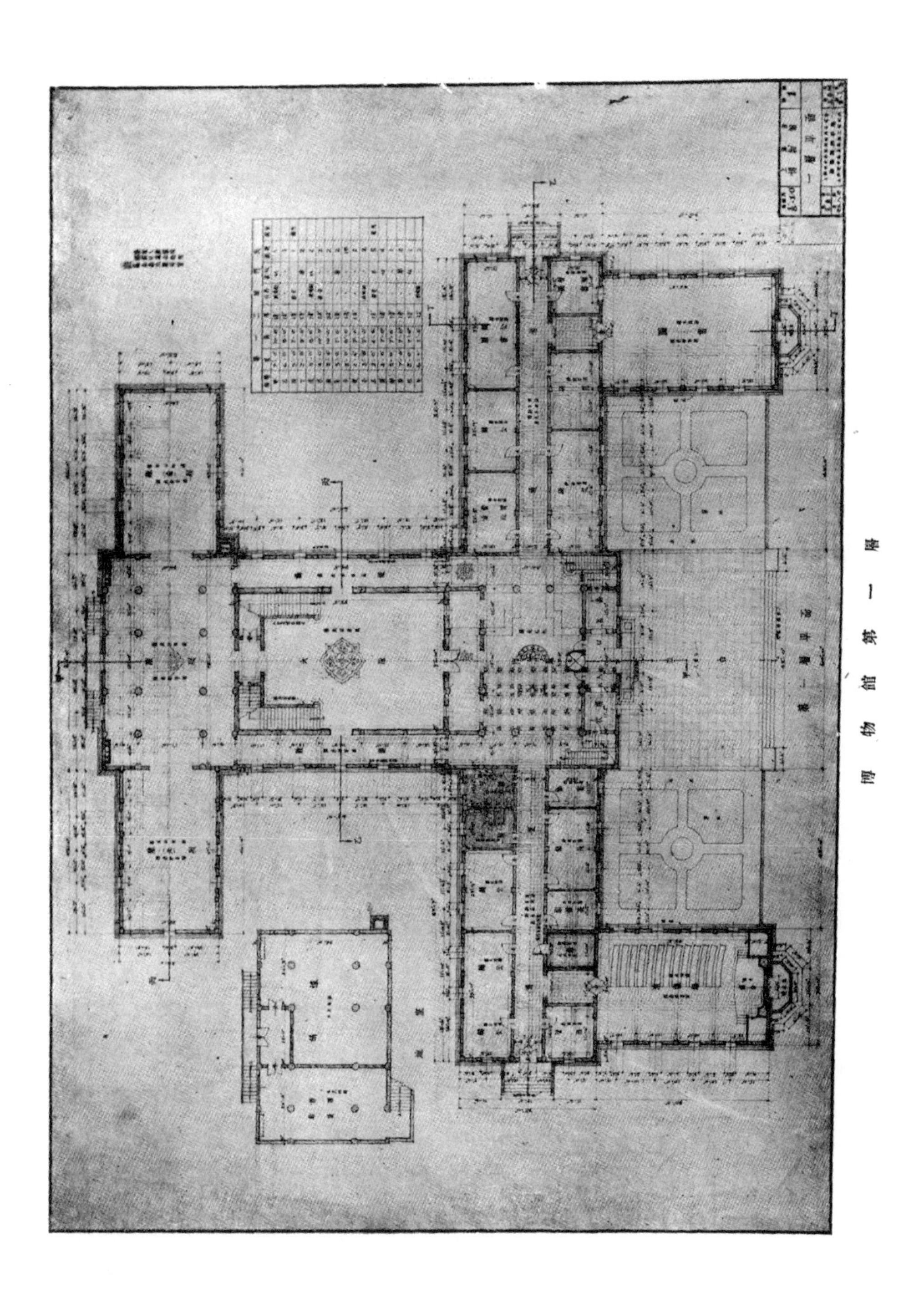
博物館第一層

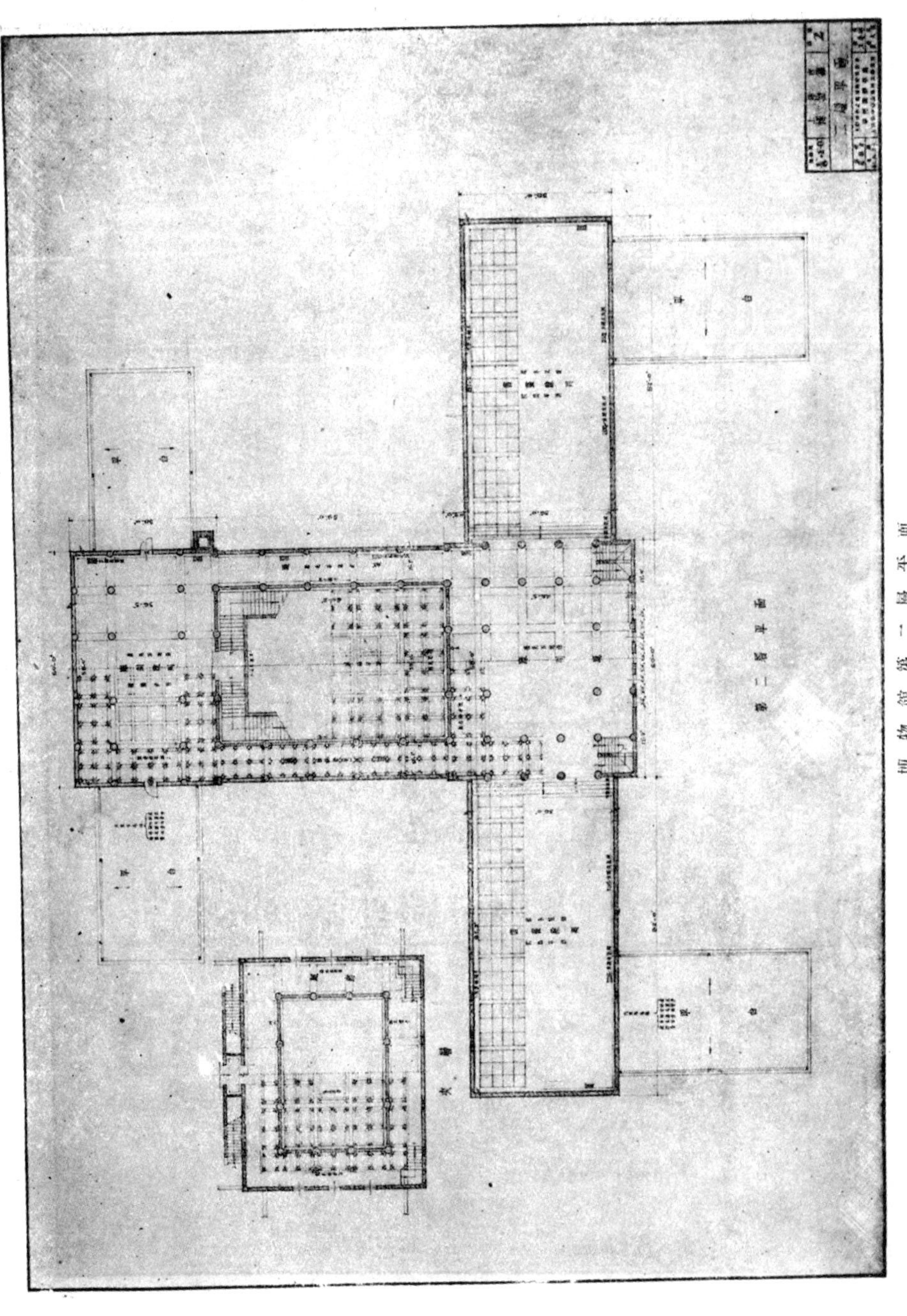

博物館第二層平面

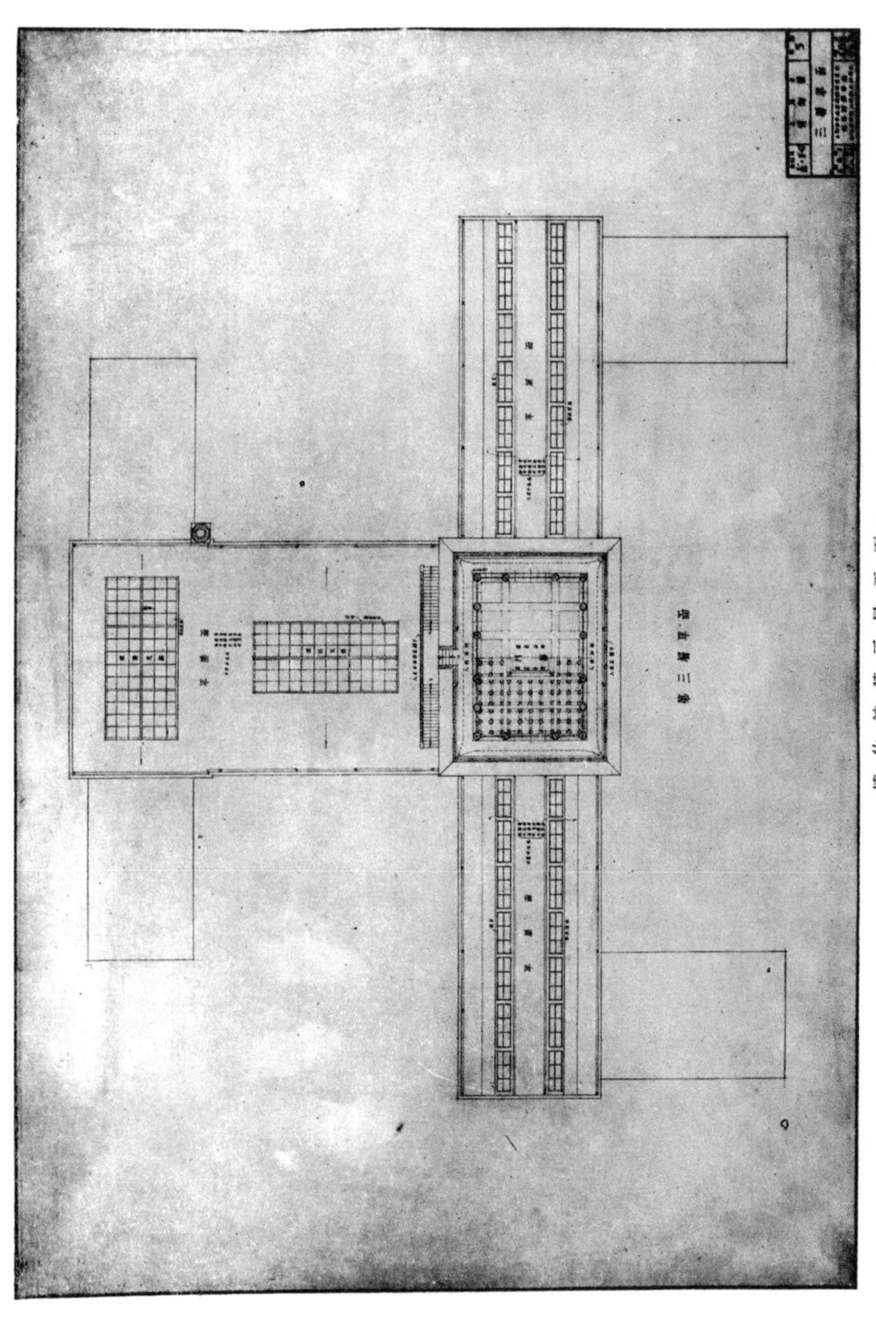

博物館三樓平面

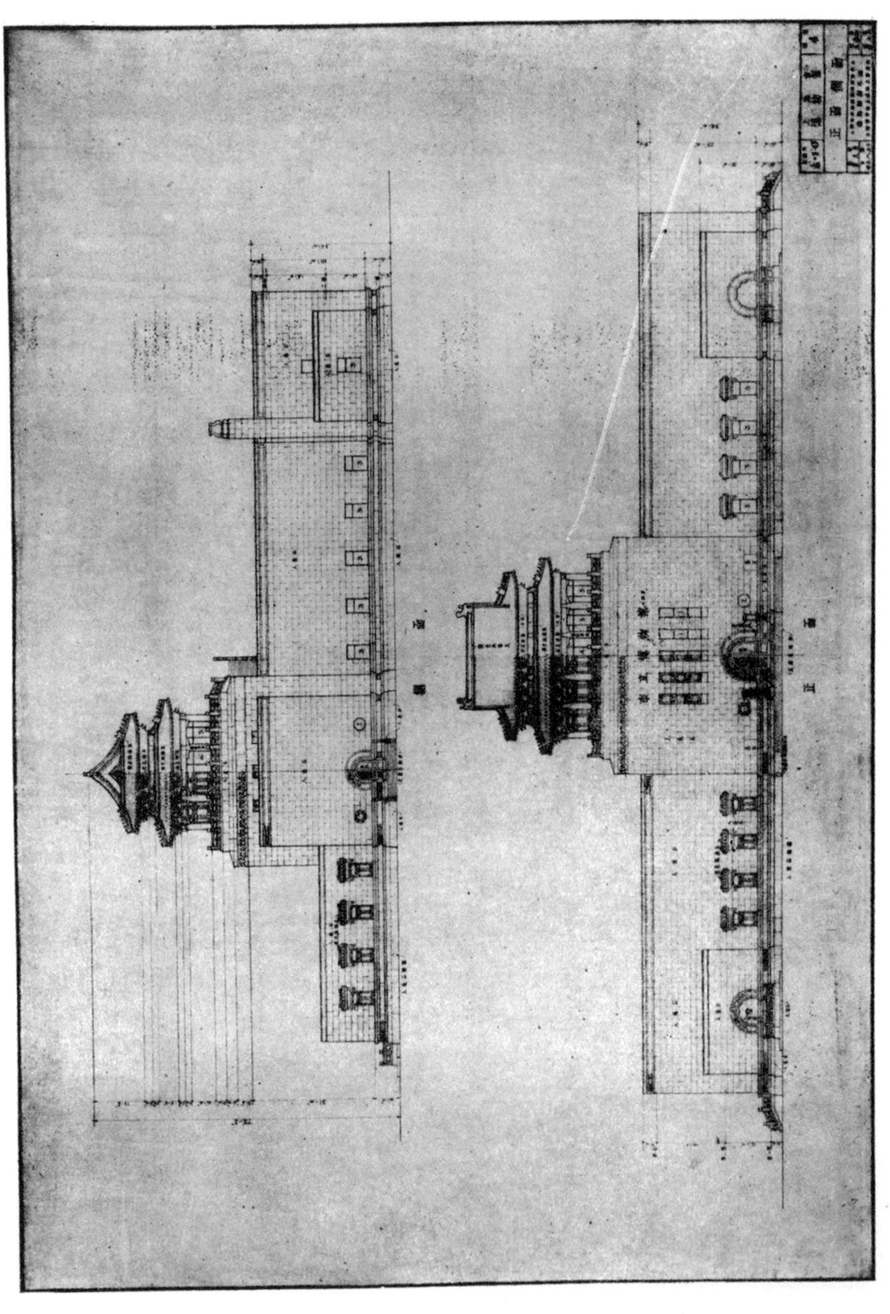

博物館正面側面圖

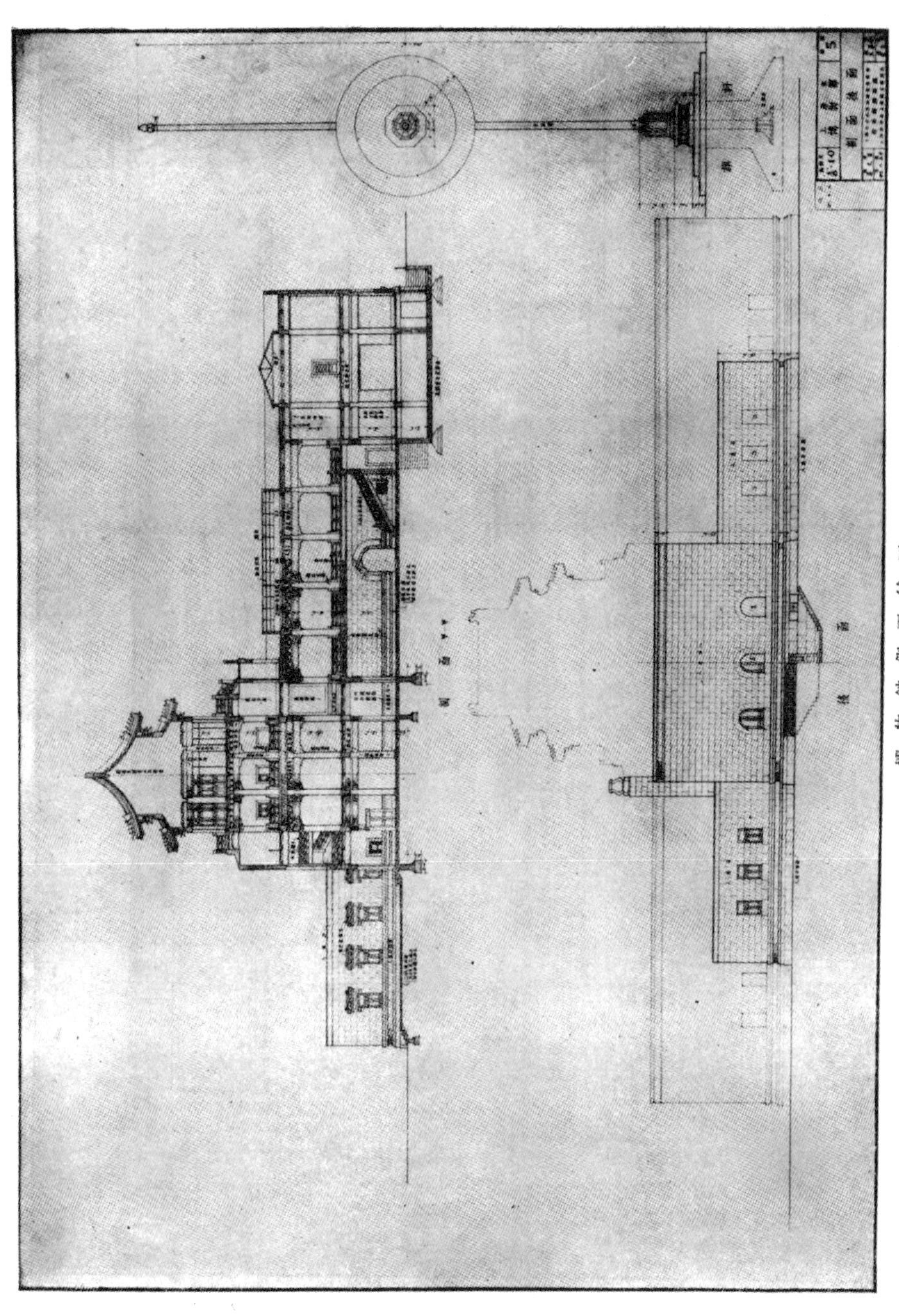

博物館側面後面

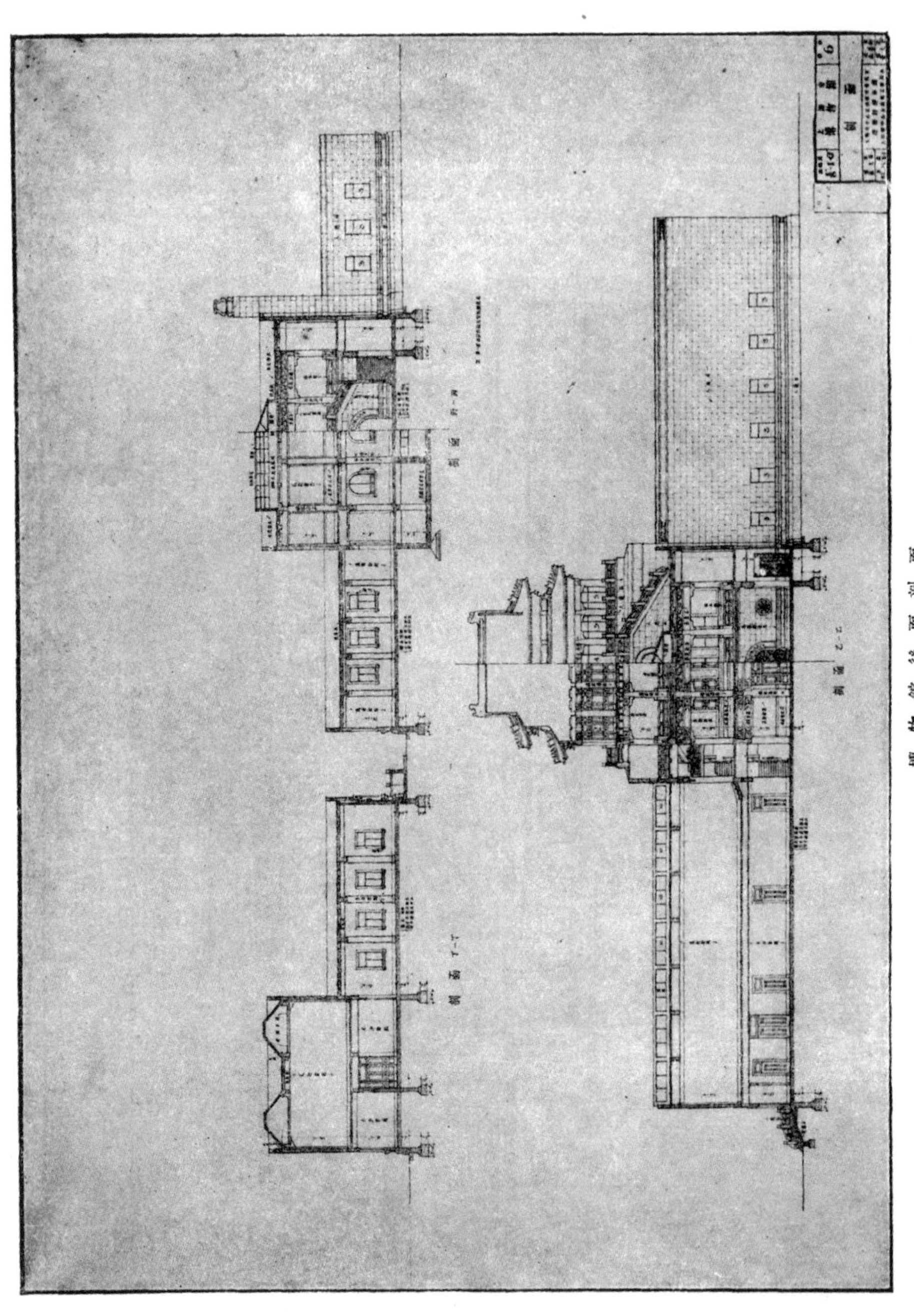

博物館後面剖面

中國工程師學會工業材料試驗所工程概述

中國工程師學會鑒於學術研究以及材料實驗上缺乏相當處所，爰於市中心區市京路民北路東南向轉角基地上，建築工業材料試驗所一，全部工程已告完成。　在茲建設時期，工程材料之有賴於是所研究試驗者正殷，則是所之成，將裨益於吾工程界，寧淺鮮哉。 茲將其外觀，用料以及內部佈置概述如次：

材料試驗所位於市京路民壯路角，基地面積約二千八百三十餘方公尺，建築面積約四百二十六方公尺。

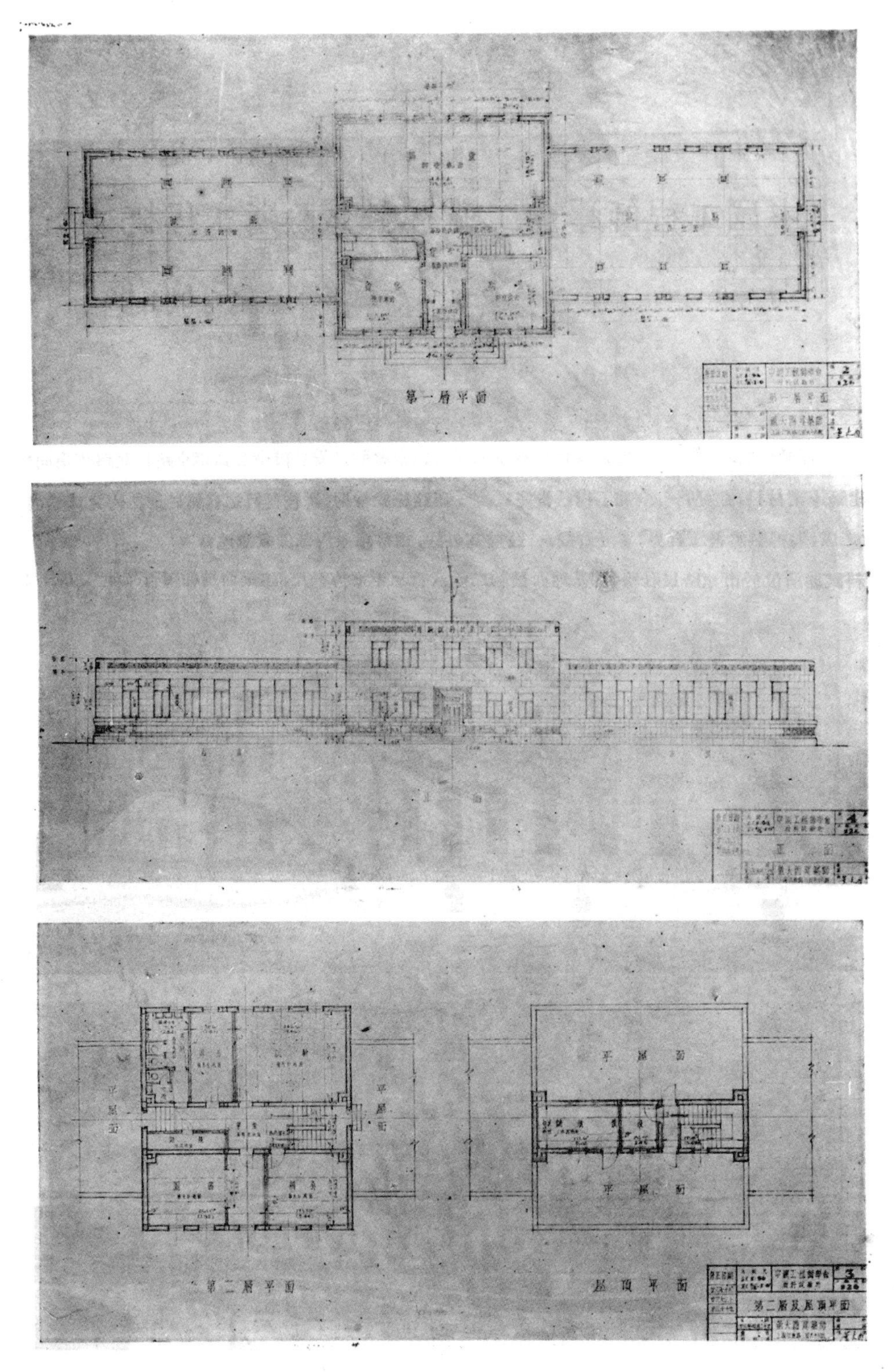
第一層平面
第二層平面
平屋面
屋頂平面
第二層及屋頂平面

各層總面積約六百五十八公尺，係一具有中樞及兩翼之長方形建築除中樞部爲三層外，兩翼均爲一層。 外觀純潔正確壯嚴牢固，勒脚及壓頂以及大門加中國花飾雕刻，樸素中仍具美化，充份表示工程師精神（參閱圖）

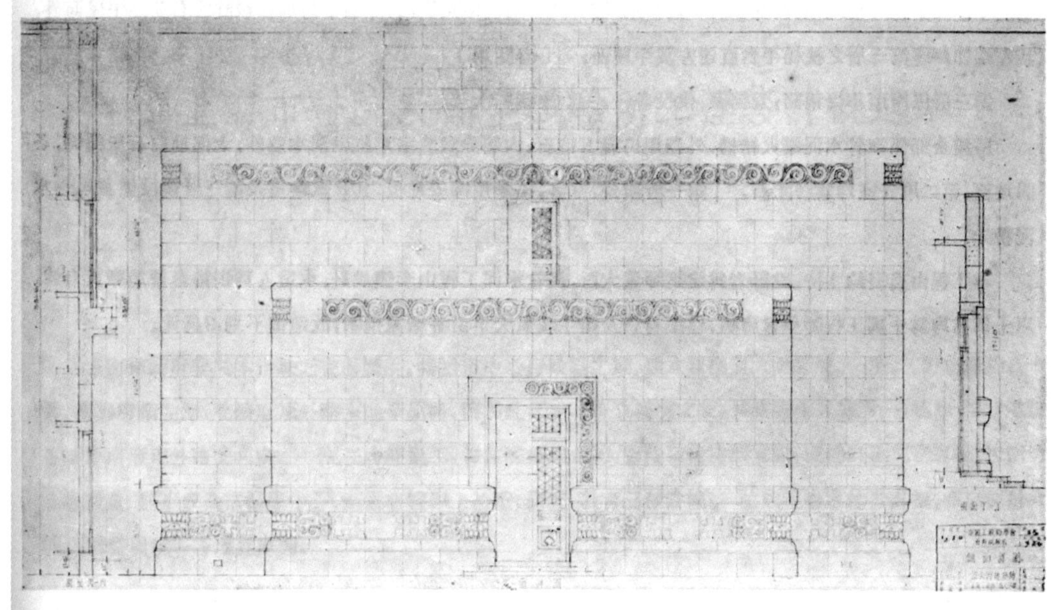

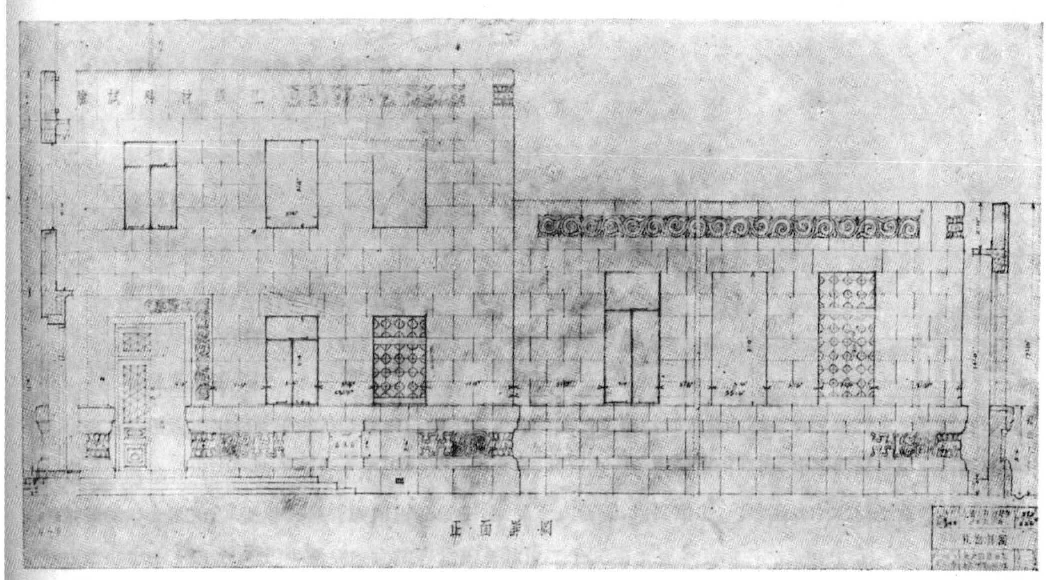

現在建造部份不過將來完成後之一半。 完成後之建築中樞爲三層兩翼二層現因經費限止不得不謀逐漸擴充。

內部佈置，第一層門廳左右爲會客及辦公室各一，門廳由穿堂直貫後部之講堂，其間橫過通道，即左右翼部試驗室之出入道，試驗室各寬五十五呎半（十六公尺九一）深卅二呎（九公尺七五）（參閱圖）。

另有較小之試驗室一，計寬二十四呎半，（七公尺四六）深十八呎十寸（五公尺七四），與辦公及廁所橫列於中樞部第二層後部，其前部爲另一辦公室及圖書室，通道橫川其間，除右端另加梯級直達右翼之平屋面外，其左端卽藉達第三層之扶梯平台直達左翼平屋面。（參閱圖）

第三層係屋頂小屋兩間，爲儲藏，僕役各一。（參閱圖）

房屋全部係鋼骨水泥避火結構，外牆用搗擺人造石，內牆除試驗室用紅磅清水牆外，大部加白石灰粉刷，各間地面，第二層各室均爲磨光石。 第一層辦公，會客，講堂用柳安地板，其餘試驗室及第三層僕役儲藏均用水泥粉光。

本工程由裘燮鈞主持，設計者爲建築師董大酉，鋼骨水泥工程由李鏗設計，承造人爲張裕泰營造廠黃自強，以上四君均爲中國工程師學會會員，建築材料及衛生煖氣大半由各廠家捐贈，故造價不到四萬元。

上海市醫院及衞生試驗所工程設計概述

上海市政府鑒於本市缺乏完善醫院，特於市中心行政區之東，建立規模偉大之醫院，一所。 計佔地約八十畝，西界府南左路，北接府東外路東臨華原路，南對虬江。 市立醫院之東，又建衞生試驗所一，佔地十畝，地位在華原路府東外路交角處。 現在均經動工，惟醫院續建部份，當待日後陸續完成，使總計劃完全實現後，兩者毗連設置 將形成全市醫學中心，而兼有醫學上治療，研究，教育三種設備。 故建築物之佈置計劃，亦以便於此兩部聯絡與統一管理爲原則。

（一）．市　立　醫　院

市立醫院之主要建築物計，分下列九所。 （參閱圖）

內科病院	2所
外科病院	2所
產科及婦科病院	1所
小兒科病院	1所
門診部及耳鼻喉眼病院	1所
護士學校及宿舍	1所
管理處及醫學校	1所

以上各項建築物以管理處及醫學校居中正面對向府東外路門診部及耳鼻喉眼病院與護士學校宿舍分立於兩旁。 其他各病院則按「扇骨」形排列於三者之南，其長邊大致對向東西兩面，此種佈置使房屋四面在一部份時間能得太陽光，又使各部與管理處聯絡便利，歐美新式醫院，均採用之。 建築物中之梯形空地，設置園庭，以便痊復期中之病人遊息。 諸病院之總容量約有牀位二千。

除上述主要建築物外，有住宅區（職員住宅，男女職員宿舍，廚房。夫役室，車間等）及服役區（廚房，夫役室，車間等）服役區置於基地之西南角，府南左路與虬江之旁，以資隔離，而保持各病院等之清靜。 又滬上之風常從東北，西北，東南三方來，如此佈置，使煙囪等位在病院之南各病院等可免受烟塵之侵擾。 住宅區位在基地之東南角，華原路與虬江之旁，亦與主要建築物隔離。 醫院向北住宅區向東服役區向西各出大路交通便利。

以市立醫院規模之宏大，建築經費自籌措爲難，勢須分期興工，以紓財力。 第一期工程以適應目前診療上之需要爲限。 現在建築中之主要房屋卽總計劃中之管理處及醫學校，完成後將暫供醫院用途。 該屋長約八十公尺，深約十六公尺，建築面積約一千另六十平方公尺，各層面積合計約四千五百平方公尺，中部連地室爲六層，兩翼則四層。

外觀取直線表現之簡單現代化式樣，加以中國式裝飾俾與市中心區域行政區內各公共建築物仍相配襯。所以不採用琉璃屋頂彩畫樑柱之故則因造價過昂，且面積之利用難期經濟，故未整部採用，然外牆裝飾方面，則取爲規範，俾於趨從現代矜式之中，仍寓有本國文化之精神。

全部構造係用鋼筋混凝土堅固而避火，外牆用人造芝蔴石，內部過道之隔牆，用空心磚砌築內部之分間牆大都以木條構造，以便將來易於移拆改造。 各病室之地面鋪樹膠塊，廳堂手術室及各工作室等之地面，則鋪磨光石。

至於各層之佈置如下（參閱圖）地室在中部地面層之下，爲裝設鍋爐電表機器等之處。

第一層（地面層）中央爲門廳。 東翼爲辦公室，X光部及特等診察部。 西翼爲門診部。 門廳之中央爲問訊處，四周爲會客室及電梯扶梯間二，售藥，診察，急救等室亦相距不遠。

第二層爲外科病院及手術部。 外科病院又分男女兩部。 男病房在東翼，有甲種特等乙種特等與普通之別。 女病房及手術部在西翼。 各普通病房可容床位五個至十個。 手術室凡二，均面北，取光線之平均其牆壁砌淡綠色之磁磚，地面亦鋪同色之磨光石，凡此均經審愼考慮，參酌醫師意見，而後決定者。 中部過道之北，電梯附近，有教室及小化驗所，其南則爲病人休息室，附有寬大陽台。 各種附屬房間，有小廚房，衣著儲藏室，護士室，浴室廁所等。 以上兩點第三四兩層亦同。

第三層東翼爲小兒科病院。 西翼爲產科之部。 小兒科病院有重病房及採用玻璃小間際之普通病房等。產科部之助產室及待產室，裝修與第一層樓上之手術室略同，此外尙有嬰兒室，早產嬰兒室等。

第四層之佈置與第一層相似，惟係男女內科病院，故以特等病房，代替第一層之手術室等。

第五層僅佔全屋之中央部份，廚房，食堂，配膳室，冷藏室等在焉。 有升降機壹具直達地室，以運取物料等，又有送膳機二具，輸送膳食至各層之小廚房。

建築之設計雖力求經濟，然其內容儘足敷目前用途，計各部共容牀位一百五十，必要時可增加至二百。

初期工程內包括之附屬建築物爲二層樓房一所，卽總計劃中所列附屬建築物之一，在府南左路旁者（圖中稱夫役室者是）。 該屋地面層爲殯殮室，洗衣室，車間等，樓上爲臥室等。

煖氣設備電氣設備 醫院用煖氣係用最新 Differential Vacuum System 式有標準溫度表四只屋內溫度概藉以調度旣合衞生而又省煤此種裝置在美國固已通行而在中國則爲開端也。 至於電氣設備則更應有盡有卽如每只病牀叫人電鈴裝置均爲普通醫院所無。

(二) 衛生試驗所

衛生試驗所房屋,正面對向府東外路,西面爲華原路,東面建附屬房屋四所,爲工役室,動物飼養室,痘苗製造室等餘地設置庭園。(參閱圖)

現今建築者爲衛生試驗所房屋及附屬平房三所,卽工役室,動物飼養室,及痘苗製造室,公役廁所一處。

衛生試驗所房屋之式樣與醫院相同除闢地下室一間爲鍋爐室外,中部凡四層,兩翼爲三層,總長約四十公尺,深約十五公尺,各層地面面積合計約一千八百六十平方公尺,總容積約六千二百三十平方公尺,其外觀與構造大致與市立醫院房屋相同。各層佈置如下:(參閱圖)

第一層(地面層)中央爲門廳,以過道通兩翼,以梯級通上面各層。門廳之四周爲問訊室,待候室,更衣室,冰箱室等左翼爲材料採集室,蒸氣及乾燥消毒室,洗滌室,培養基製造室。右翼爲會客室,圖書室,辦公室及所長室。

第二層中部梯級之兩旁爲男女廁所,其對面爲包裝室。左翼爲冰箱沉澱室,細菌檢驗室(凡兩間),解剖室及血清室。右翼爲疫苗製造室,疫苗稀釋室,痘苗試驗室,痘苗研磨分裝室,及狂犬病疫苗室。第三層中部爲藥物室,暗室及僕役室。左翼爲陳列室,與病理室各兩間及講堂一大間。右翼爲天秤室,水化驗室,藥物室,窒素分析室,及化學室兩間。

第四層居中部,高出兩翼之處,設儲藏室大小三間。

關於應用氣體以及電流之設備,如煤氣,壓榨空氣,眞空機,交流直流兩種電氣,高壓電流,高壓蒸氣,電氣冰箱等,均依最新方法裝置。

以上建築物均由建築師與上海衛生局共同設計疊經修改以期完善,襄助設計者有王華彬,莊允昌,劉慧忠,張光庭諸君鋼骨水泥設計由工務局技正俞楚白主持。

房屋工程——陸根記

電　氣——中國聯合工程師

衛　生——新申衛生工程行

電　梯——怡和洋行

廿三年十二月開工預定廿四年十一月完工

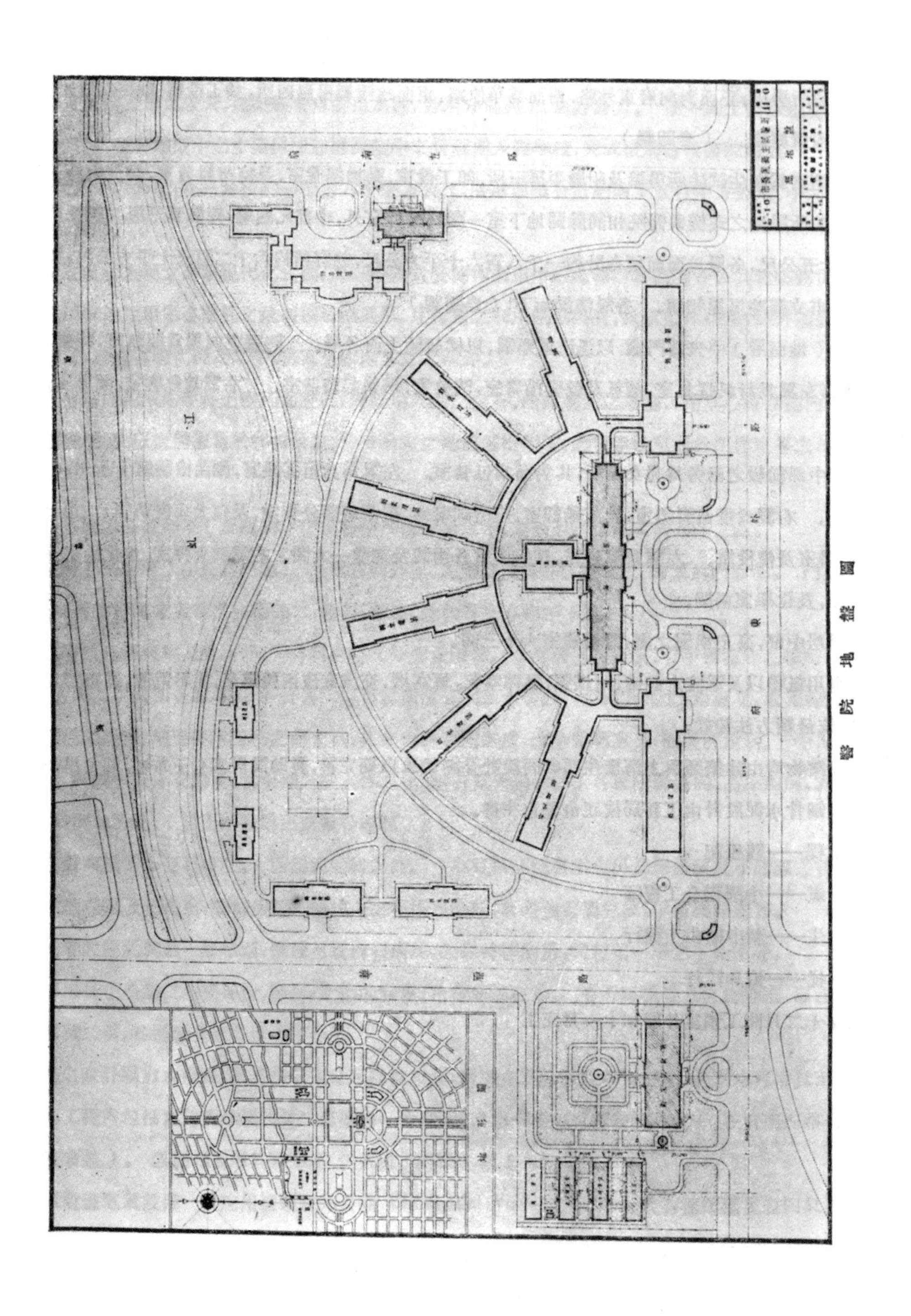

醫院地盤圖

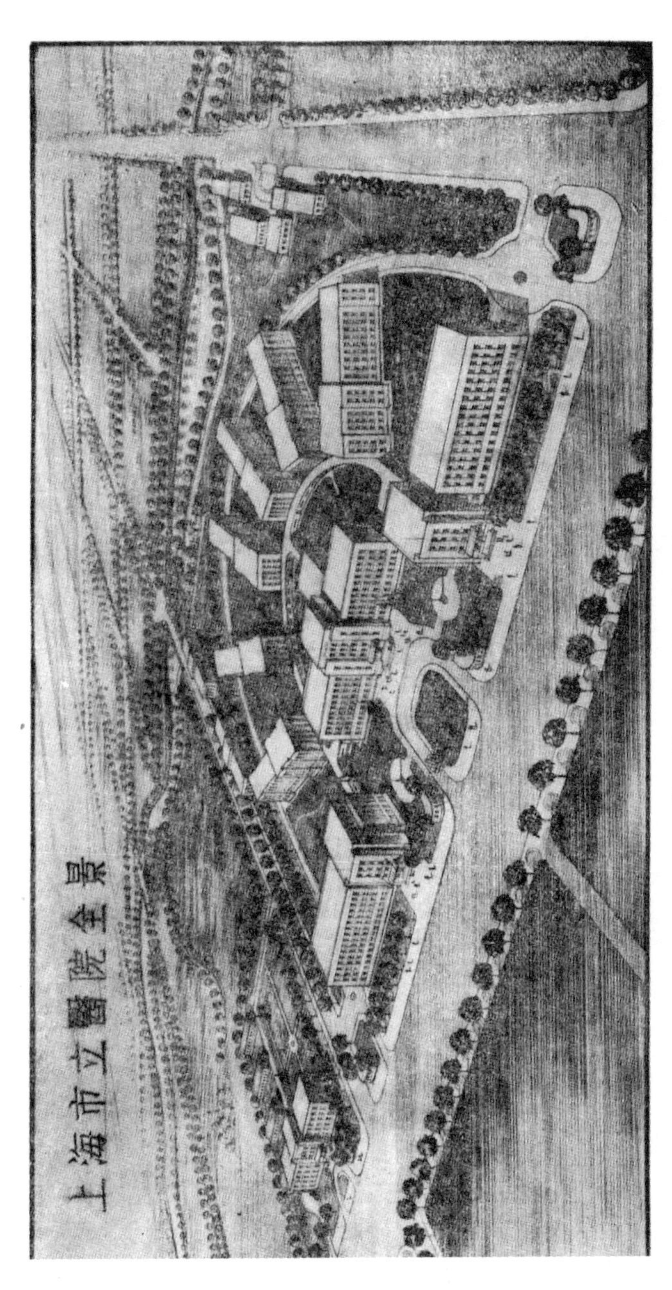

醫院全部鳥瞰

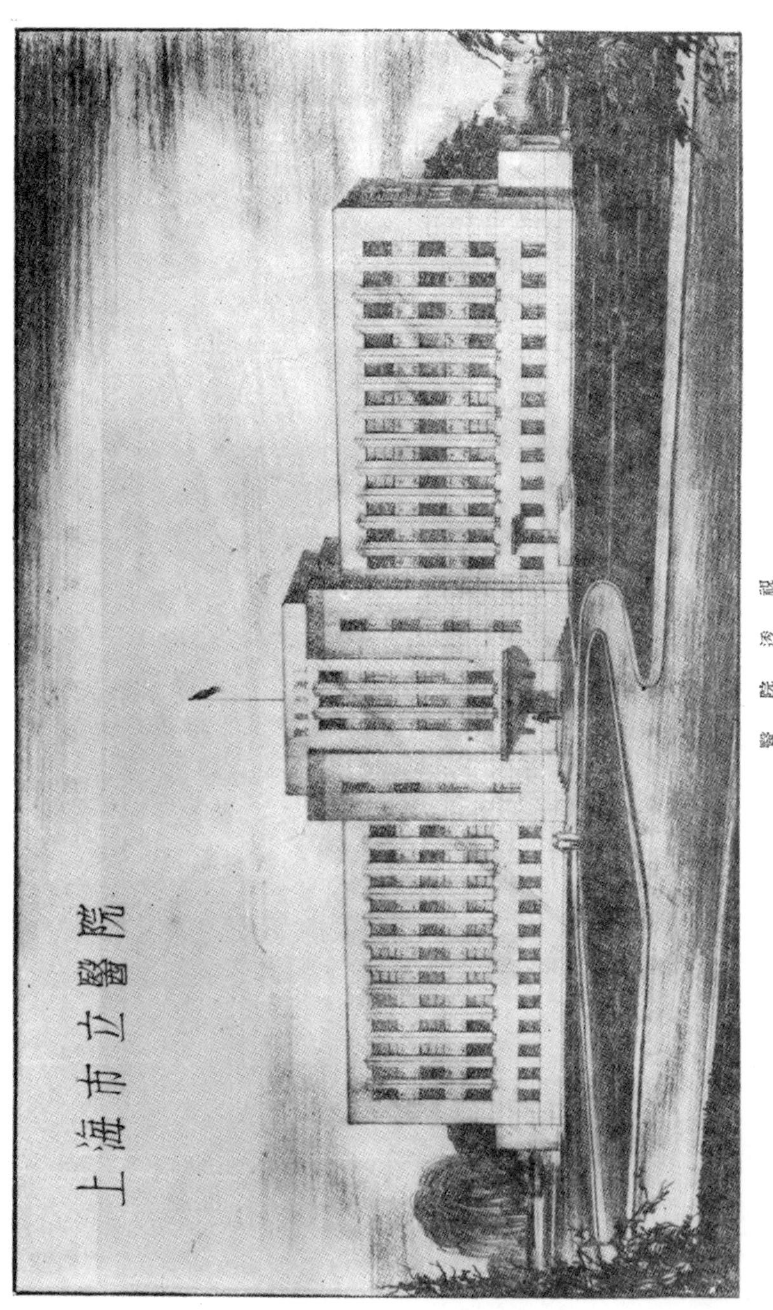

醫院透視

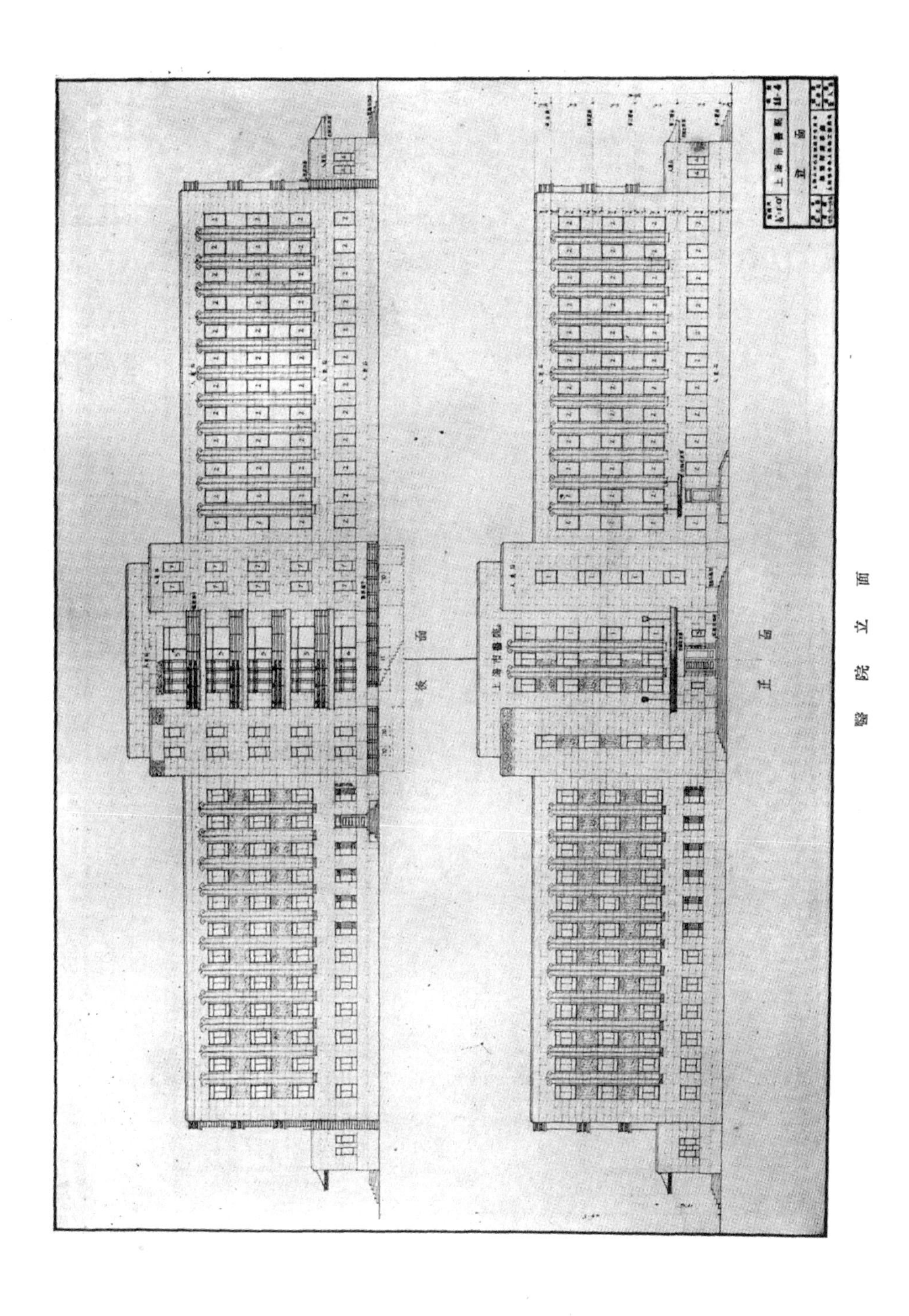

醫院立面

○一五八一

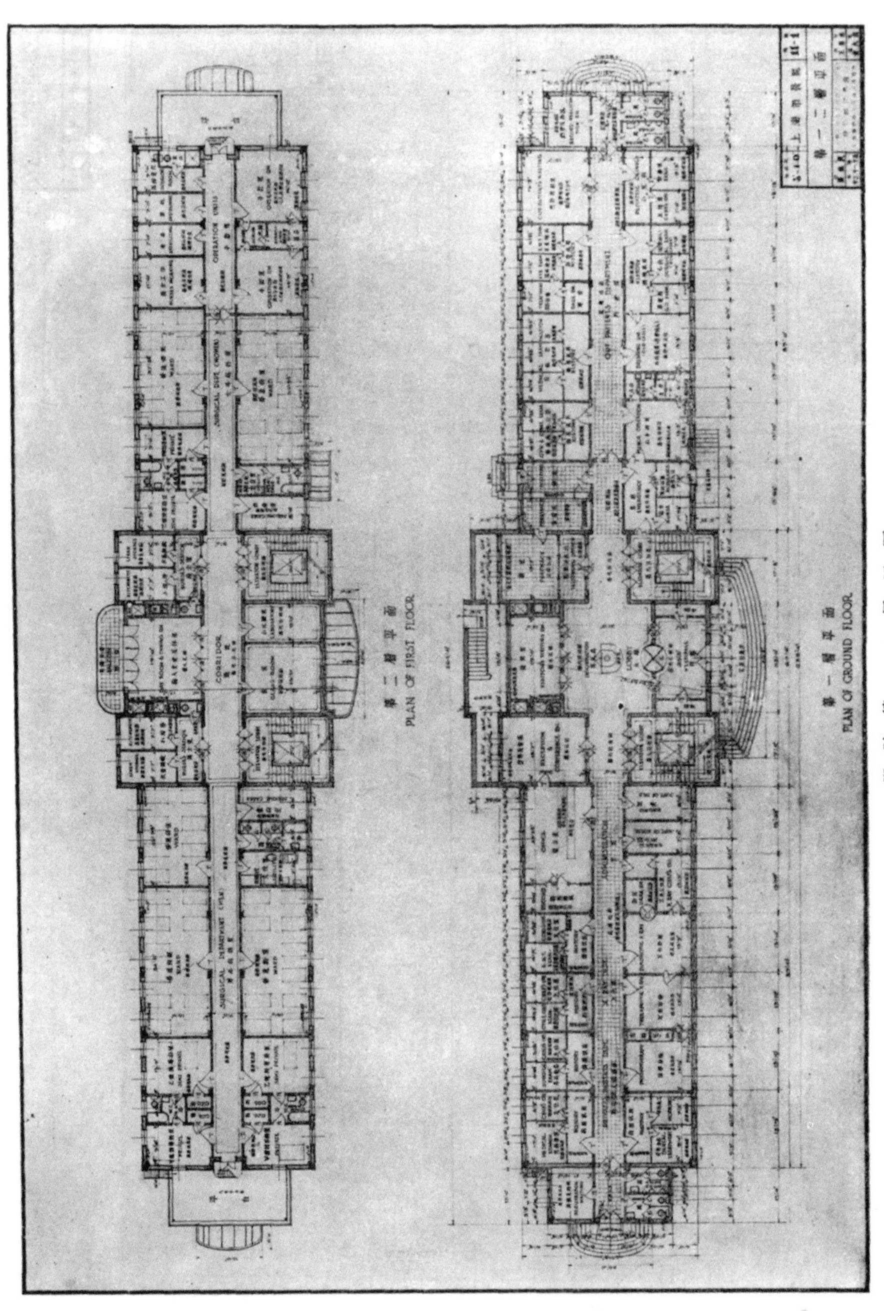

醫院第一第二層平面

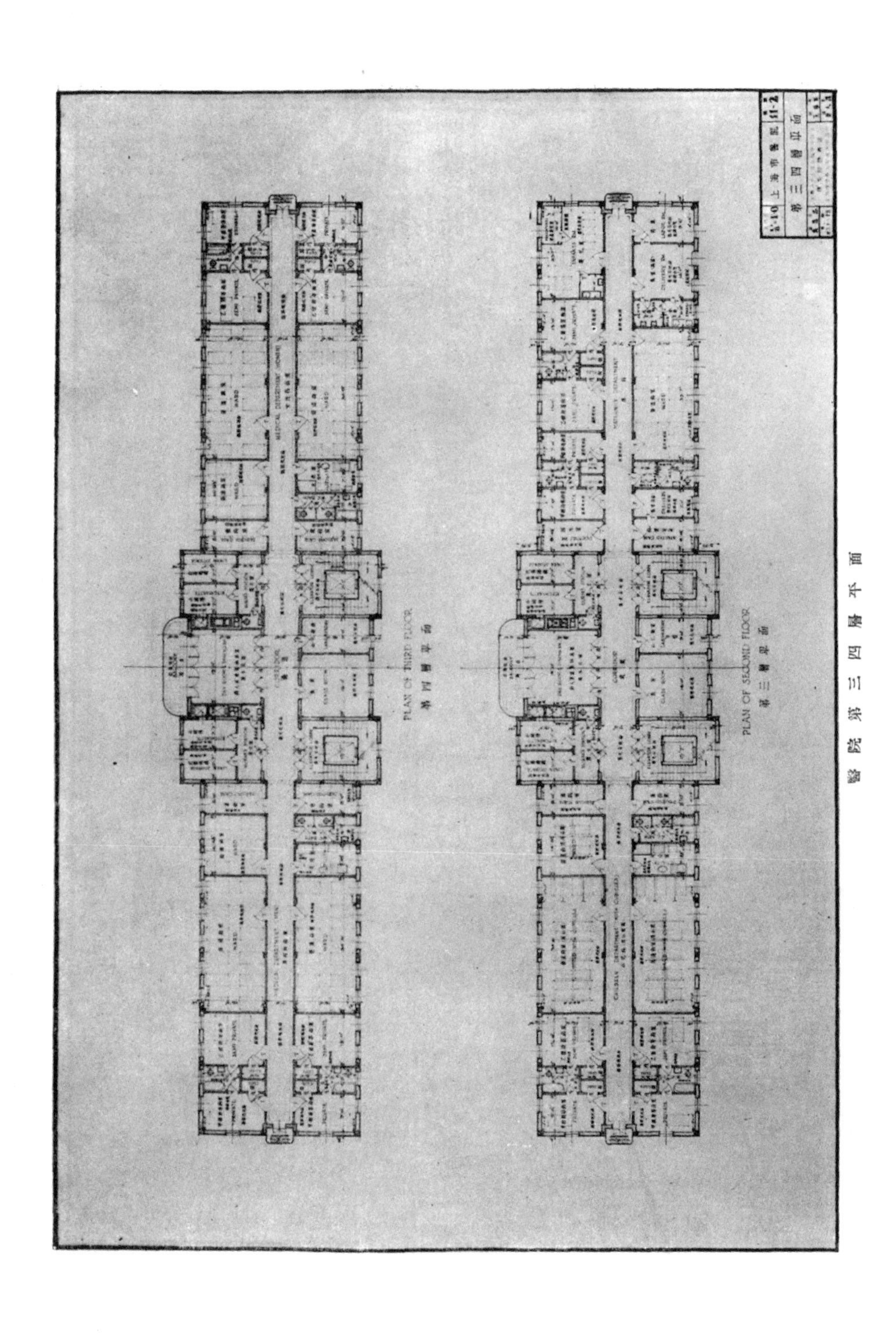

醫院第三四層平面

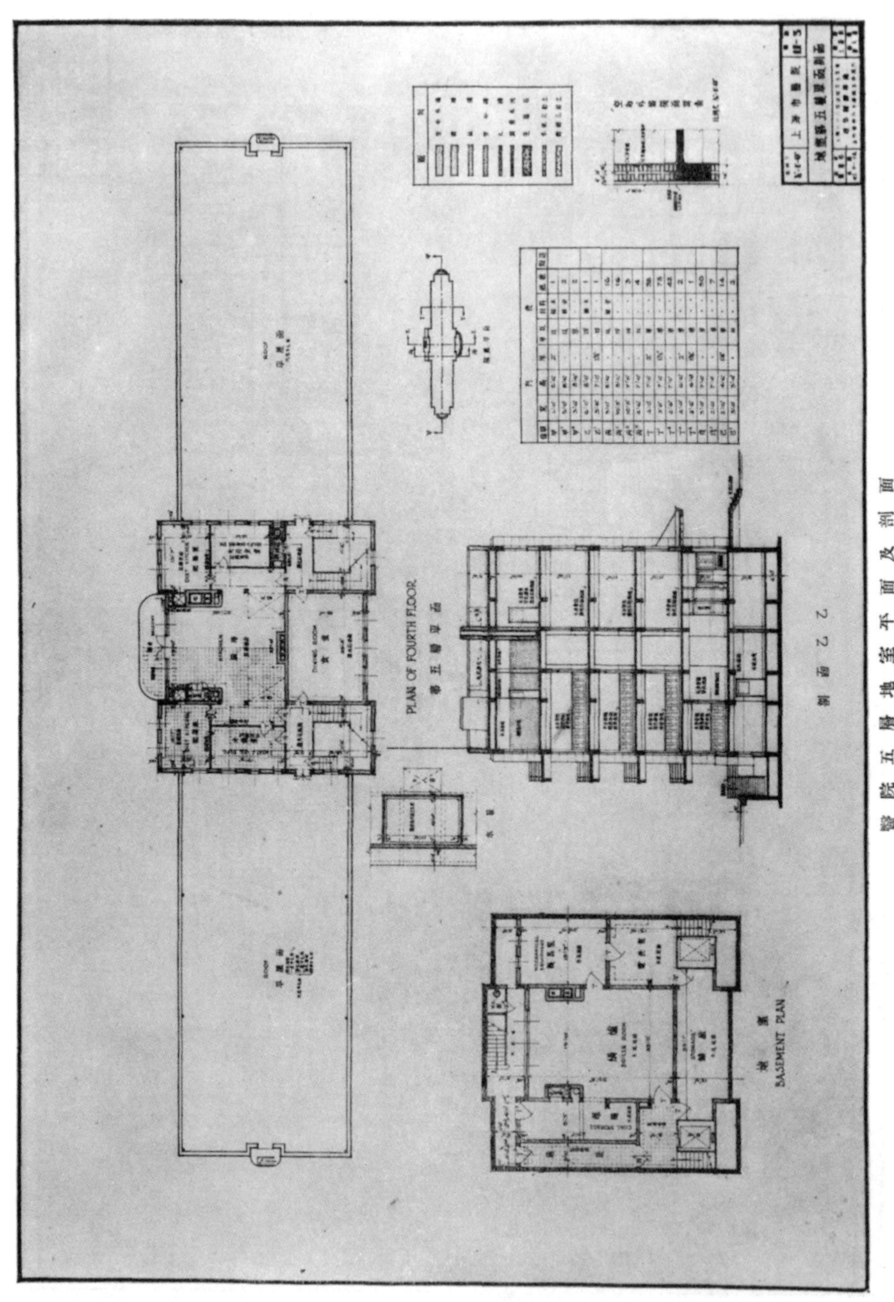

醫院五層地室平面及剖面

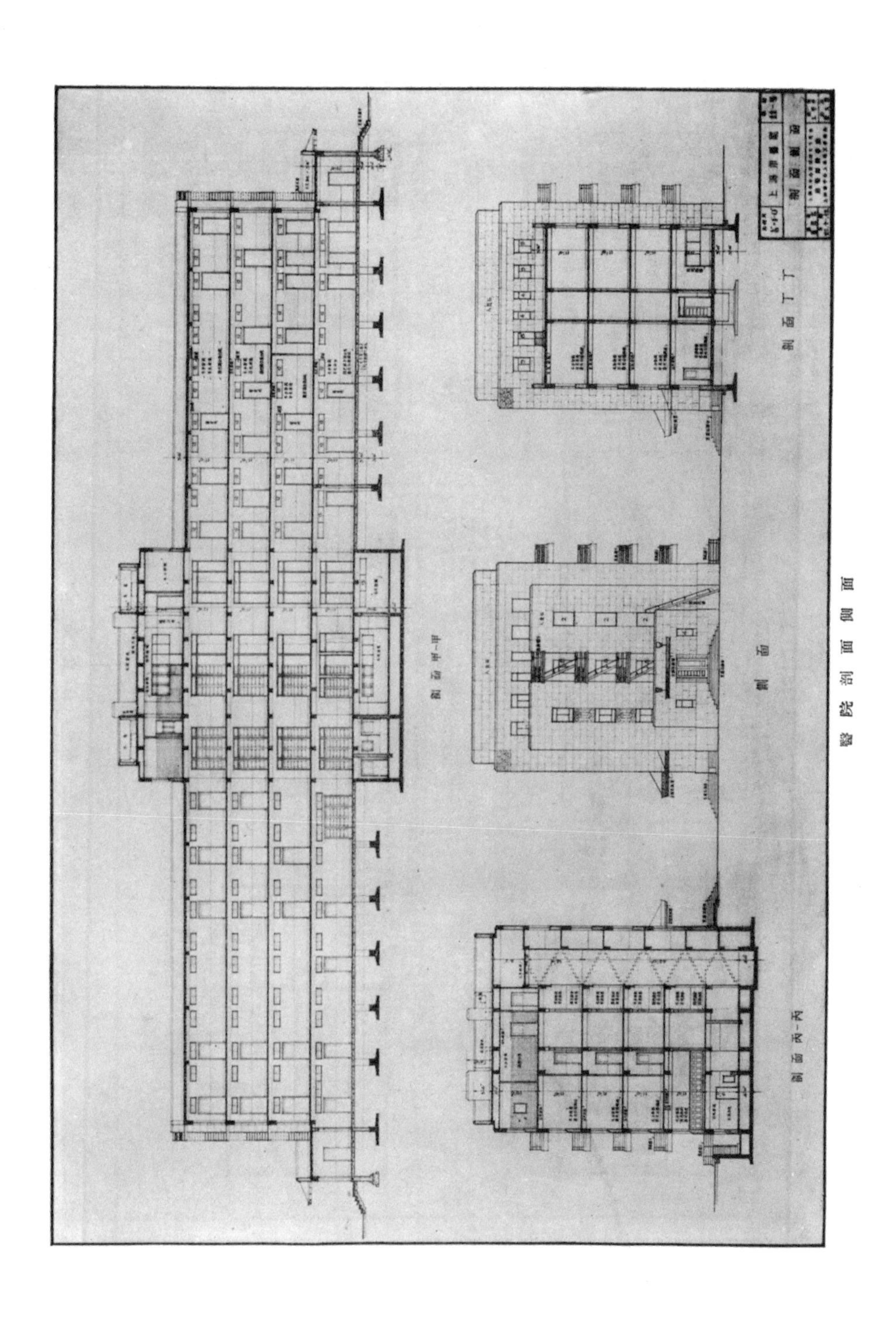

醫院剖面側面

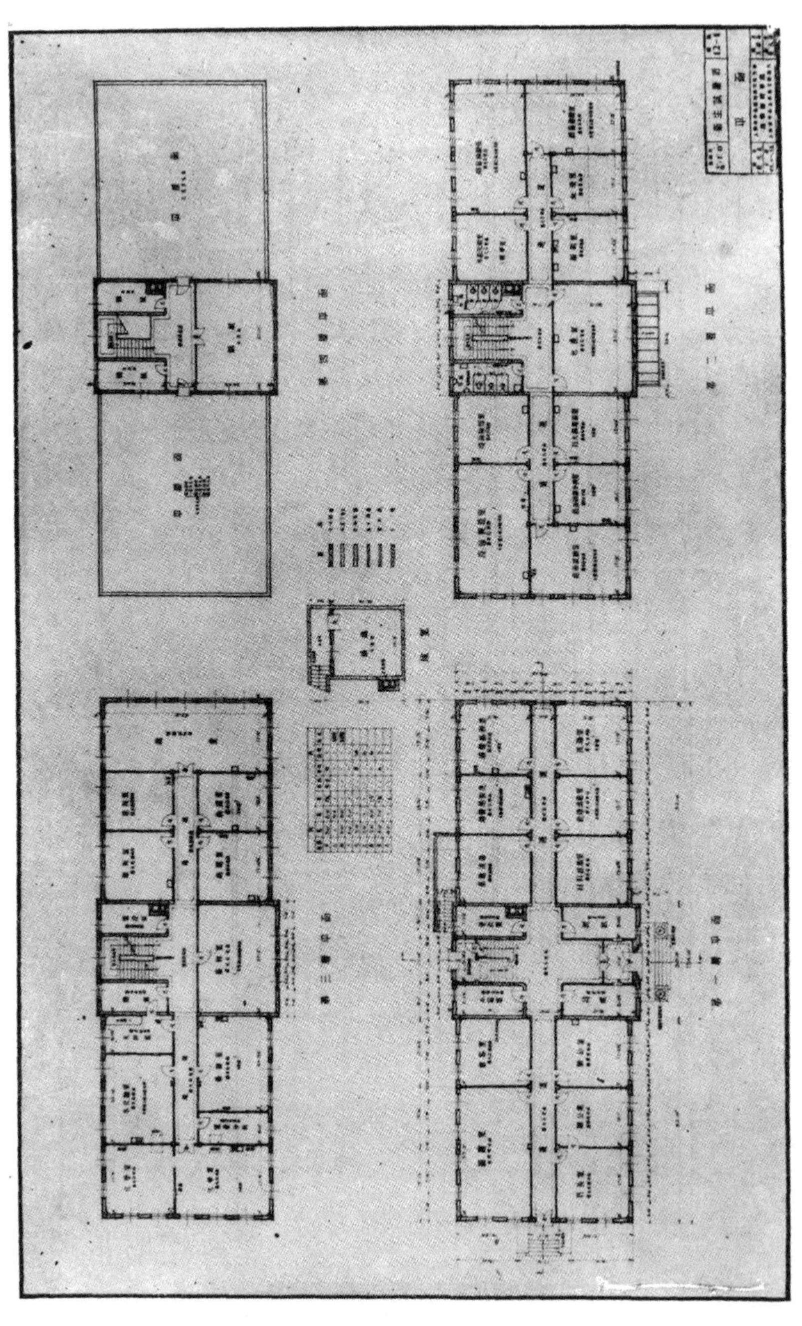
衛生試驗所平面圖

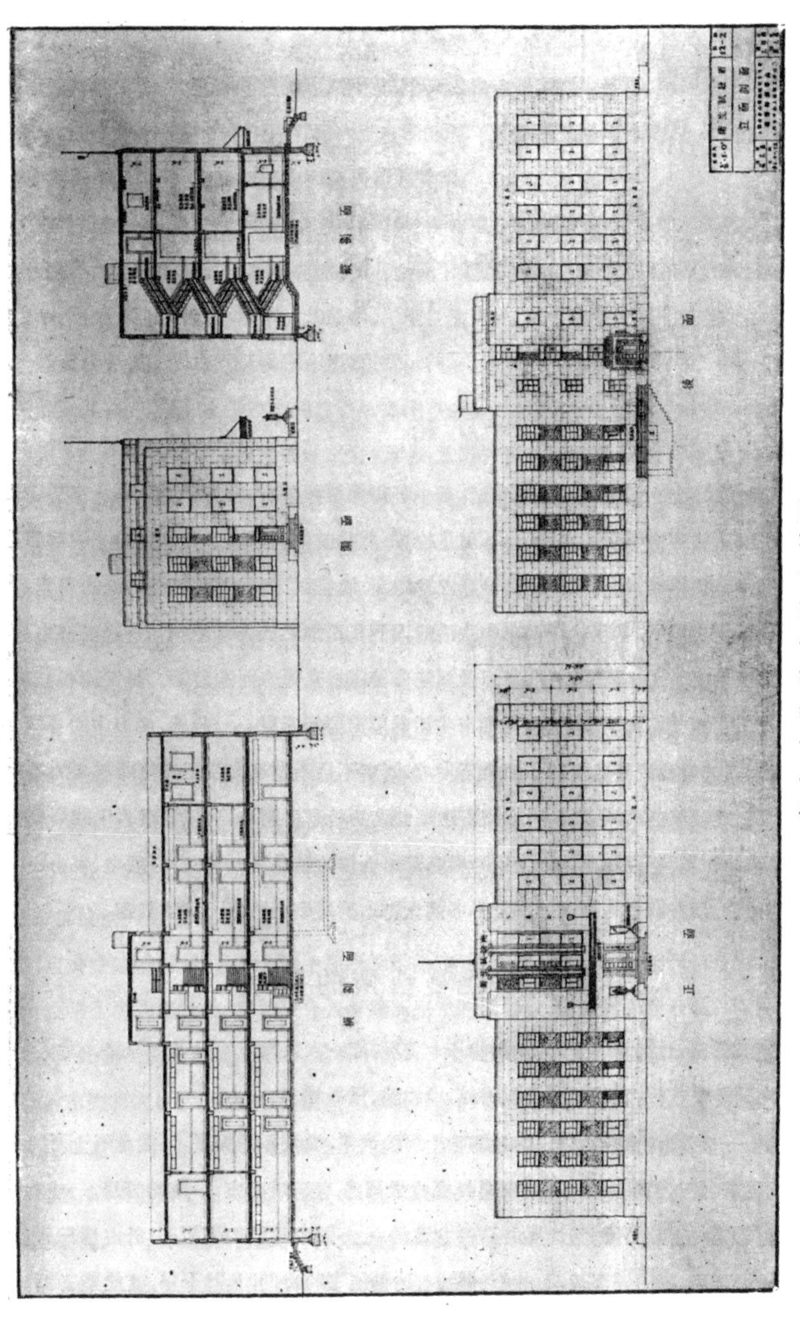

衛生試驗所立面及剖面

世界大都市建築藝術之觀察

段雋原

(一)緒　言

「都市是近代物質文明的大舞台」。這句話,至少可以承認牠是有一部份的理由。享受物質,是近代人們生活方面所必需的;近代生活中所不可缺少的,就是物質,就是號稱爲「科學的結晶體」的物質文明。

都市的產生,並不是偶然的,是有種種的條件造成功的。換言之,因爲人們種種方面的需要,然後才有都市的產生。都市中的娛樂場所,是供給在都市中生活的人們在工作之餘去享樂的;是適應都市生活環境需要的產兒。都市中的交通工具——如電車,汽車以及其他各種關於交通方面的設備,是供給在都市中生活的人們,爲要經濟時間而需行走遠路用的;也是適應都市生活環境需要的產兒。此外,都市中的各項公用建築物,如公園,橋樑,官署以及其他關於公共用的一切建築物,又何嘗不是適應都市生活環境所需要的產兒呢?

在都市中,可以觀察建築藝術的表現,可以觀察建築藝術的發達與趨勢,可以觀察古代建築藝術的成績,可以觀察近代建築藝術的作風,可以觀察建築工程師與藝術家合作的結晶品。一言以蔽之,都市中的建築物,莫不有其藝術上的價值。現在我們可以開始將世界各國大都市的建築藝術作一度的觀察。

(二)倫敦市建築藝術的觀察

倫敦市,爲英國的首都,地跨泰晤士河,離海約八十英里,經一六六六年的大火災以後,英人始努力從事於建設的工作,其著名的建築工程,爲倫敦國會圖書館,博物院,堡壘等等。

(1)倫敦國會——倫敦市的國會建築,位於泰晤士河的河邊,風景極爲美麗。從泰晤士河的對岸,遙望此種世界上公認爲近代著名三大建築之一的倫敦國會,矗立於河邊,有高塔兩座:一座爲鐘塔,一座爲維多利亞塔,維多利亞塔的高度,約爲一百餘公尺,爲世界最高四方塔之一。國會建築的平面,共計占地三萬方公尺,內中的布置,有廳堂一千一百所,扶梯一百架,天井十一個。建築施工的時期,共計十年,其建築工程之偉大,設計的精美,於此可以想見。此項偉大建築物的建築經費,共計三百餘萬英磅。國會內部牆壁上的建築設計,亦極精緻,除繪畫歷代的君主肖像以外,雕刻物亦甚精細。

（2）倫敦圖書館——倫敦市的圖書館，爲倫敦市的著名建築物之一，爲英國最大的公用建築物。 建築施工的時期，經二十三年之久，其建築工程之偉大，實令人贊佩。 不但在英國最著名，即在世界上，亦當佔首席的位置。 此種偉大建築物的形勢，作圓形，頗具羅馬式建築的規模，直徑爲四十二公尺，館內可容五百人看書。 館內藏書，多至四百餘萬種。 圖書館內部的周圍，則陳列古代埃及，希臘，羅馬，阿剌伯等國的陶器。 此外，館內廳中的陳列品，則爲紀元前一千年至紀元後一百年間的羅馬及希臘等國的古物。 因之，又有古物館圖書館之稱。 此種建築物中的收藏，實爲研究古代藝術者之寶庫。

（3）瓦拉奇博物院——瓦拉奇Wallach Collection 博物院，亦爲倫敦市著名的建築物之一，有廳堂二十二座，爲英國博物院中之最精美者。 院中收藏圖畫七百五十餘幅，均爲世界各國最著名的藝術作品。 在此七百五十餘幅藏畫中，以法，荷兩派的藝術作品爲最多。 至於陳列品，以十七世紀及十八世紀的家具及藝術作品爲最多。 此外，收藏世界各國的兵器及磁器亦很富。

（4）倫敦的堡壘——堡壘，在倫敦市的建築物之中，年齡可以說是最長，是倫敦市的建築物中最古而又最有名的一種歷史上的建築物——不但是倫敦市最古的而又最有名的建築物，並且爲世界上最著名的建築物。

我們看，那灰白色的舊堡壘，雄峙於泰晤士河邊，已經有了幾千年的歷史了。 在牠使命的過程中，頗有敘述的必要。 這灰白色的堡壘，其初曾作爲國防建築物——砲台之用，後來又改爲皇宮。 不久又改爲寶藏所，後來又改爲牢獄，以供拘禁犯罪者之用。 主持堡壘建築工程事宜者，第一個是威年 William Conquerar，但他沒有完成此項建築物的工作；後來勒非斯 William Rnfus 便繼續威年的工作，才將中部的白堡壘完成。 白堡壘爲倫敦市衛城的中心點。 堡壘的周圍，建有極堅固的圍牆，圍牆內深壕溝中的水，由泰晤士河灌入。 在歷史上說起來，倫敦市的堡壘，要算是很堅固很險要的地方。 因此，英國歷代的君主，對於這一所灰白色的古代建築物，常常視之爲掌上之珠，總不使牠爲敵人所蹂躪。 到了現在。堡壘變成了一個展覽所了。 裏面藏的古物很多，如甲胄，兵器以及皇家的珍寶，也都藏在這灰白色的古老的建築物中，可以任人自由入內參觀。 堡壘所在的地位也很雅致，所以凡是到了倫敦市的遊客，沒有一個人不去參觀這一個雄峙於泰晤士河邊的數千年的建築史上佔了一席位置的舊堡壘。

登白堡壘，自窗中遠眺，則見泰晤士河上往來的船帆，帆檣高下，帆影翩翩，與汽船畫艇，相映成趣。 在風和日麗的時節，泰晤士河的風景美，實足以令人有臨風高歌的氣概。 最著名而且最引人注目的，要算是堡壘橋——即倫敦橋。 此橋在倫敦市的建築中，爲最年輕的一個交通建築物，每端有高塔一個，高出重霄，堡壘橋即橫臥其間，有倫敦市門戶之目。 當船隻要經過橋下的時候，一人先振鈴，於是橋上的各項交通工具以及行人等等，齊向橋的兩岸奔走，橋中的人，才拉動機器，橋即向兩邊分成兩段，以讓船隻的通行。 在船隻通行之後，便又漸漸的合攏起來，以恢復橋上的交通。 這一種橋樑建築的工程，不能不承認牠是偉大的。

倫敦市的建築物，多有其建築的方式，但大都富於希臘羅馬的建築作風。 倫敦市爲著名的多霧的地方，所以這古老莊嚴的倫敦市，終年受着霧氣的保護。 那日麗風和春光明媚的時節，在倫敦市是極少有的。 但我們在朝霧中觀察倫敦市的建築物，便覺得，這實在是最美妙的一幅天然的雲霧裏的倫敦市的藝術畫呢。

(三)巴黎市建築藝術的觀察

巴黎市,大家都認爲牠是近代建築藝術的名都,有一條横貫全市的大河,叫做仙河 Seine River。 仙河爲巴黎市中最美麗的一條市河。 仙河中有一種小汽艇,巴黎市人稱爲 Bateanx manches, 乘小汽艇可以横穿巴黎全市,在仙河中眺望,風景極佳,眞可以說是橋如玉帶,屋如畫屏。 巴黎市最著名的建築物,卽爲橋樑,就先從觀察橋樑着手。

(1)巴黎的橋樑——巴黎市的橋樑,跨於仙河兩岸,溝通仙河兩岸的交通。建築的材料,大部分是花崗石。因爲仙河中禁止高大的商輪通行,所以橋樑的拱度並不十分高,建築工程,都很精美。 巴黎市的橋樑很多,舉起最著名者約略的說一說。

巴黎市中最美麗的橋樑,是近代式的建築物,稱爲亞歷山大第三橋 Port Alexandre III。 這一座橋上,有許多雕像,兩端各有兩根方柱,方柱的頂端,各立着一匹揚起金翅的大馬,實覺壯嚴而綺麗。 從橋端北望,可以看見廢兵院的空場,場後卽爲矗立高空的廢兵院,此項建築屋的屋頂作圓形,現出一種鍍金的色彩,頗富有羅馬式的建築作風。 自橋端南望,則看見巴黎市的美術館。

巴黎市最古的橋樑,就是第九橋。 第九橋爲一五六八年的建築物,跨達城島的交通,就依賴這一座第九橋。

(2)愛妃兒鐵塔——愛妃兒鐵塔 The Eiffel Tower 爲巴黎市特有的建築物,也可以說世界各大都中所絕無僅有的建築物。 塔的高度,爲九百餘呎,有電梯可以分三級上下。 第一級,有劇場,餐室,咖啡館及跳舞廳,可供遊玩。 登第一級後,卽可經第二級而至塔頂,自塔上遠矚,則巴黎全市的市容,瞭如指掌。 俯瞰巴黎市街上行人,如蟻蠕蠕而動,誠屬奇觀。

愛妃兒鐵塔,建築於一八八九年,爲法國大革命百年紀念的萬國博覽會開幕之期落成的。 主持鐵塔之計畫與建築施工之工程師,爲愛妃兒。 故鐵塔之名,卽以愛妃兒之名名之。 鐵塔在巴黎市的公園中,公園的面積很大。

(3)凱旋門——巴黎市的凱旋門很多,爲巴黎市中最著名的紀念建築,最大者又稱爲星門,因爲牠的四周有八條交通的幹道在此集中的原故。 遊客來遊,常以花圈置於凱旋門邊,以爲憑弔無名英雄之紀念。 拿破崙自己所創造的街道式樣,以此處爲中心。 故凱旋門四通八達,門高大多有數百尺,雕刻物極多。 交通頻繁,直有車如流水馬如龍之氣象。

巴黎市有拿破崙所計畫建築的街道,寬度爲一百四十公尺,爲世界大都市最寬之街道。 在這一百四十公尺寬之街道中,有林道二,車道三,跑馬道一,兩旁的建築物,須距離街沿約十餘公尺,拿破崙的雄心,從他計畫建築這一條街道中,可以看得出他的胸襟與氣魄來。

(4)露浮博物院——巴黎市露浮博物院,爲法國最大的博物院,亦爲世界各國都市最大的博物院。 露浮博物院爲六百餘年前的皇宮,歷代均加以擴充,到現在,牠的建築平面,已有二十餘萬方尺。 除去一部份爲博物院以外,其餘的建築平面,尙有一部份爲財政部,一部份爲裝飾博物院。 院中所藏的古代藝術作品甚多,如雕刻,珠寶,器皿以及繪畫等等。 其中藝術作品,以宗教畫爲最多。 畫多爲裸體人物,大者每幅縱横數丈,人物有百數十之多，且容貌如生，神情畢肖，法國的藝術精華，可以說是大部份集中於此。

（5）拿破崙墓——橫行一世的拿破崙的埋骨處墓的建築物——拿破崙墳墓，建築工程，亦很雄偉而壯麗。頂為圓形，中有凹處，深數十呎，拿破崙的棺材，就安置在此凹處。 四壁有極精美的雕刻，地近仙河，為巴黎市繁榮的中心。 墓石上刻有拿破崙的兩句話：『我願葬身於仙河岸邊，常常在最愛的法國國民的中間』。 墓後就是建築壯麗的廢兵院。

（6）巴黎的藝術教育——巴黎市的藝術學校，分為三科：一建築科，二繪畫科，三雕刻科。 各科的教授，均為當代有名的學者，故藝術學校為法國藝術教育的中心。

巴黎藝術學校的學生，每年舉行一次大面具的跳舞會，又稱為藝術跳舞會。 在開會時，每人都穿着奇麗的服裝，此種奇麗的服裝，大都以古代歷史上的服裝為根據而特別加以製造的。 藝術跳舞會，祇有藝術學校的學生與模特兒可以參加。 開會的晚間，均集中於密西爾路，由此全體向預定的目的出發。 服裝的離奇古怪，令人捧腹。 此次跳舞會，轟動全市，有萬人空巷之勢。這也是巴黎藝術學校學生生活中最值得敘述的一個斷片呢。

（四）柏林市建築藝術的觀察

柏林市，為德國的首都，亦為世界上最大的都市。 柏林市的地址，跨易北河支流司卜里河的兩岸，有橋樑十四座跨司卜里河以利交通，所以柏林市的橋樑建築工程亦極美麗。 市河上有此建築精美而壯麗的河梁點綴其間，其風景之佳，已可想見。 柏林市美麗的風姿，已可於司卜里河兩岸得之。 茲列舉柏林市最著名的建築物如下。

（1）戰勝塔——戰勝塔，為柏林市最著名的建築物，塔的四面，嵌有鐵鑄的畫本：一面為德奧戰勝丹麥的紀念畫，一面為德國戰勝奧國的紀念畫，一面為德國戰勝法國的紀念畫，一面為德國的軍隊凱旋歸來受民衆歡迎的紀念畫。 從這四幅畫中，已可以觀察這戰勝紀念塔建築的意義與價值了。 戰勝紀念塔的建築，作圓柱形，分三層，每層有二十尊砲為小柱，此砲係德國對外三次戰爭所獲得的戰利品。 每國以二十尊砲為一層，三國共六十尊砲，為三層建築物的裝飾品，塔頂則建築戰神像，論者雖認為這是象徵純粹的軍國主義的紀念建築品，但為求民族的生存與光大計，我們對於柏林市這種偉大的戰勝紀念建築物，不得不表示敬佩。

（2）凱旋路——柏林市的凱旋路，亦為戰勝紀念建築物。 在戰勝紀念塔的前面，在柏林公園中，有一條大路，稱為凱旋路，路旁建有歷代英明之君的全身石像。 每一個君主石像之後，有其最信賴的大臣半身石像兩座。威廉第一的石像後，有兩位大臣半身石像兩座：一為鐵血宰相畢士馬克的半身石像，一為毛琦的半身石像。

戰勝紀念塔的左邊，為畢士馬克的像，像後卽為德國的國會。 戰勝紀念塔的右邊，為毛琦的像。 塔後的像，為當時陸軍總長的像。 右邊森林密佈，左邊為凱旋門，門上有戰神像一座。 拿破崙時代曾將此像取往法國，普法戰爭以後，德國為戰勝國，於是此戰神像又復重歸故鄉，雄峙於柏林市凱旋門的上面了。

（3）古物陳列館——古物陳列館，為柏林市內著名建築物之一。 館中陳列的古物，為古代羅馬，希臘，埃及等國之石刻，塑造，浮雕以及木乃伊等等，共計有數千件之多。 館中的陳列品，對於研究古代藝術者，有極大的貢獻，故研究藝術者，常徘徊於此古物陳列館中，大有流連忘返之勢。

柏林市爲歐洲近代三大名都之一，其建築藝術之偉大，實不亞於巴黎，試數其最有名的建築物，除上述的數種以外，則有柏林的國會，皇家博物院，柏林羅司福公園中的博物院以及柏林市的交易所等等。

橋樑建築工程，在柏林市亦極可觀，其最著名者，則有弗利特利希橋，橋邊偉然雄峙之建築物，即爲德國國家的陳列館。此外，紀念建築中，有柏蘭敦石碑坊，亦爲柏林市最有名的建築物。

（4）柏林的國民畫院——柏林市的國民畫院，爲藝術的中心。分新舊兩館：正館在凱旋門左近，爲前舊王宮。畫院的建築工程極莊嚴壯麗之能事。院內共分三層樓，作旋圓形。第一二兩層，中間分成兩大室，室內陳列藝術作品，各作品間相距的甚遠。第三層，中央凌空，直透天窗，四週之柱，均以大理石砌築而成，從大理石柱之間格處，得以窺見天窗頂上之壁畫。下有一台，高約數丈，可以直通二樓之門，內中陳列名畫及雕刻等藝術作品頗多。作品中最著名者，有下列數位，特分別介紹之如左：

（1）門慈氏 Menzet，爲近百餘年來德國最著名的藝術家，院內陳列門慈氏的作品，共計有四十三幅之多，爲全院之冠。近代的藝術家，常推門慈氏極能表現北歐畫家的風格。

（2）鮑根林氏 Bocklin，爲當代的藝術名家，院內陳列他的作品，共計有二十七幅。

（3）馬麗氏 Marees，爲近代新藝術派的首創者，院內陳列他的作品，有油畫，水彩及素描三種，共計三十幅。

國民畫院內所陳列的藝術作品，是以時代爲依據。第三層，專門陳列古代的藝術作品；第二層，專門陳列近代的藝術作品；第一層，則專門陳列現代的藝術作品。

國民畫院的副院，爲從前的皇太子妃宮。歐戰以後，既爲美術陳列館，與正院相連。正副兩院，僅隔一條河，隔岸遙遙相對而立。左右兩廂所存列的藝術作品，爲印象派及表現派畫家的傑作。更進有兩廂，陳列現代德國畫家的作品。此兩處陳列室，用電燈光配成日光，雖在不透見光之處，但覺畫面所受之光線與天然之日光完全相同，從此可知德意志人，無處不應用科學。（待續）

建築投影畫法

（續）

顧亞秋

第五節　立體的交切

30. 物體的形狀,到最複雜時必有兩個以上的簡易立體互相貫穿而成複雜的立體,這就是叫做立體的交切,例如第三十二圖(a)是一所簡單的房屋,可是我們把它分析起來,就成幾個簡易的立體,如第三十二圖(b)互相交切而成,如a是平置的方板石形,b是直立的方柱形,c是橫臥的三角柱形,d是橫臥的方柱形,e是直立的六角錐形,f是直立的六角柱形。

要知道兩個立體表面的交切線,往往將這兩個立體表面同截於三個表面,因爲第三表面和第一表面的交切線,第三表面和第二表面的交切線,看它相交點必爲一二兩面公有之點,所以聯合多數公有點,就成這兩立體的交切線。

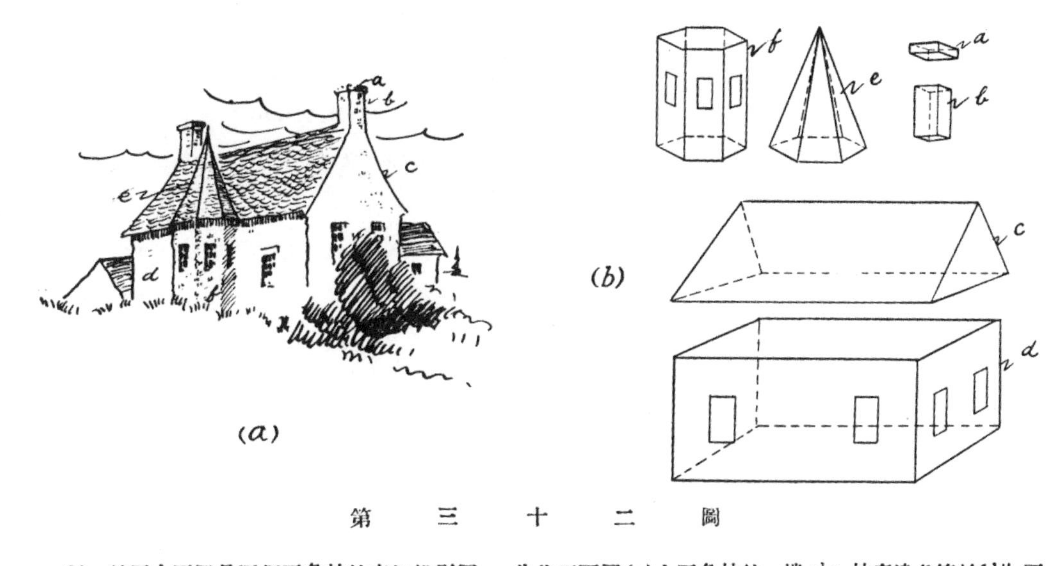

第三十二圖

31. 第三十三圖是兩個三角柱的交切投影圖。 先作正面圖(a)上三角柱的一端abc 柱底邊各等於$1\frac{1}{4}''$,再作這柱的平面圖defg, df長3″。 然後作另一個三角柱的側面hijk, hi長3″。 第二柱的平面圖如 lmno。 在這平

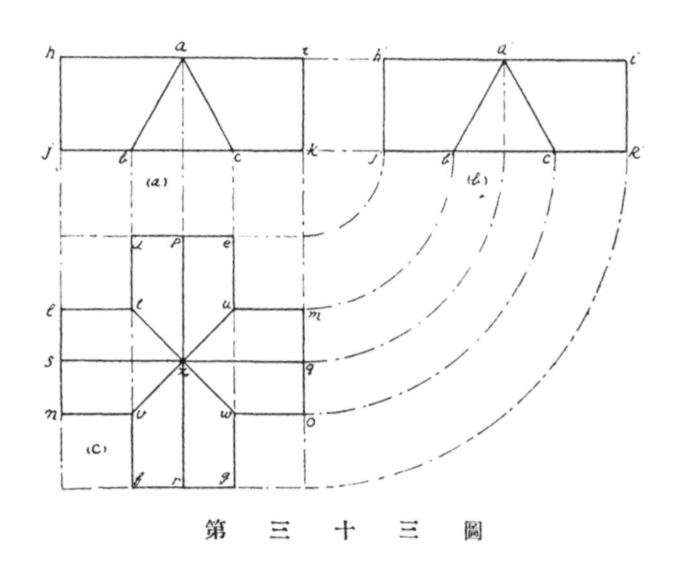

第　三　十　三　圖

面圖上，柱的上邊sq和pr相交於x點，柱的下邊df。lm等相交於t,u,v,w，聯接tw和uv兩線，就是表明這兩三角柱的交切線。側面圖(b)和正面圖(a)是完全相同的。不過在(b)圖上的三角形a'b'c'表示三角柱hijk的側形。h'i'j'k'表示(a)圖上abc的側形。在這圖上兩三角柱的邊互相成正交，所以交切線和柱軸成45^0而兩柱的交切面也成同樣的角度。

32. 第三十四圖的作法和第三十三圖相仿，不過兩個三角的大小不同。先作正面圖(a)上的三角柱abc。ab,bc,cd各邊長$\frac{3}{4}''$再作平面圖defg,ef長3″另一個三角柱的側形，在(a)圖上用hijk表示。hi長$3\frac{1}{8}''$，這柱在平面圖上用lmno表示，在(b)圖上作大柱的一端，小柱的側形。rs,st和tr各邊長$1\frac{1}{4}''$。x點就是表示小柱的高度和在大柱上的地位。從這一點作垂線和柱的底邊交於p，用j做圓心，得(c)圖上的x'，這點就是表示小柱的上邊和大柱面相交之點，t,u,v,w就是兩柱底邊的交點，將這幾個交點和x'聯接，就是在平面圖上所示的交切線，因為兩柱傾斜的角度相同，所以交切線和柱軸仍成45^0。

33. 第三十五圖是個不正五角柱和正三角柱的交切圖。先作五角形abcde，底邊dc長$1\frac{7}{8}''$，eb的距離為$1\frac{5}{16}''$，ea,ba傾斜45^0，再作在正面圖(a)上，三角柱的側形fghj，jh長3″，fj長$1\frac{1}{2}''$；在(b)圖上所示的，是三角柱的一端和五角柱的側形。三角柱的邊如ik,il,kl各長$1\frac{3}{4}''$，j'k'也長3″。h和j的距離大概1″。最後作平面圖(c)，將三角柱五角柱的上邊同抵於平面圖相交於x，底邊相交於t,u,v,w。

在(b)圖上的m,o是五角柱的邊和三角柱的面相交之點。用h做圓心，照第三十四圖作法，m,o將移至平面上，和(a)圖上e,b的投影線相交於p,q,r,s。將t,u等點和p,q等點聯接，表示五角柱下部斜邊bc,ed和三角柱的交切線。將p,q等點和x聯接，表示五角柱的上部斜邊ae,ab和三角柱的交切線，這樣，就完成交切的平面圖。

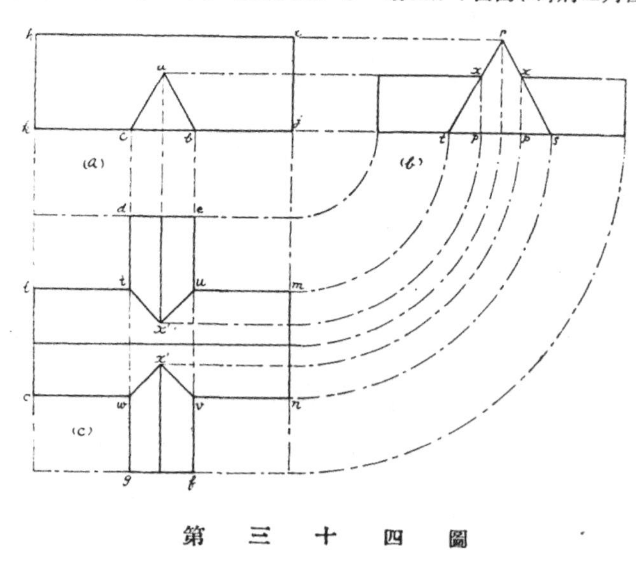

第　三　十　四　圖

34. 第三十六圖和第三十五圖，簡

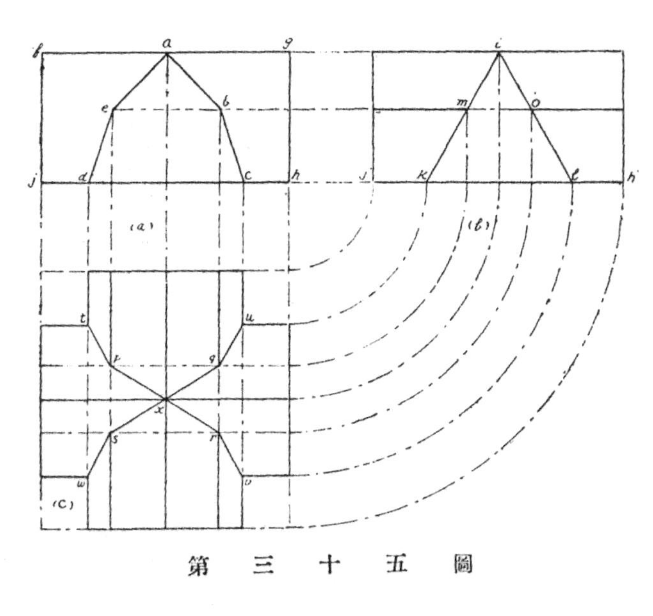

第　三　十　五　圖

直是一樣的原理，不過第三十六圖是個大半圓柱和小半圓柱的交切圖。　大半圓柱的直徑長2″，它的側形，就是在(b)圖上所示的defg。　de長3″，小半圓柱的直徑長$\frac{7}{8}$″，圓心j在gf的中心，f和l相距1″。小柱的側形在(a)圖上所示的，kl長3″。平面圖(c)也是最後畫。　作(a)圖上a，c的投影線和(b)圖上h，i的投影線相交於(c)圖上的t，u，v，w。　從(a)圖上的m，n作投影線和(b)圖上0的投影線相交於x x′。　作曲線txw和ux′v就是兩半圓柱的交切線。

上面所舉的幾個簡易投影圖，就是預備應用到複雜的建築圖樣上，雖然形狀或式樣有不同，但是原理是一樣的，所以學者對於這一類的作圖，更須澈底明瞭它的作法和原理。　以免畫複雜圖樣時有所感到困難。

35. 第三十七圖是個簡單的例，表明怎樣利用投影畫作建築的圖樣。　先作水平線ab。　再作垂直線cd。從c點起作ce，ef，cg，gh，各線，圖內ce，df，cg，gh，ab，al，bi各線的長度完全和第三十五圖的ab，be，ac，ed等線相同。作地平線jk和ab相距$2\frac{1}{2}$″，取lm，in，ho，rf各距，等於$\frac{1}{8}$″，作mp，oq，rs，nk各線和jk垂直，如圖所示。　oq和rs線表示支持屋簷的牆壁。　再取qt和us各距，等於$\frac{1}{2}$″，從t，u兩點起作twvw長方形，表示門。　作xy線長$\frac{3}{8}$″和eg同一高度，再作水平線az和xy相距$\frac{5}{16}$″，聯接yz，xa′，就成一個長方形，這長方形表示窗。　這樣，就算完成了那房屋最簡單的正面圖。

平面圖就照正面圖的投影，圖內的虛線，代表屋頂的平面圖。牆壁是立體所以在平面圖就表出它的厚度來和$\frac{1}{8}$″，內中用密排線填滿，沒有密排線的，表示在平面圖上的門窗。

在平面圖上的箭頭(a)所示正面圖(a)的方向，側面圖(b)就是箭頭(b)所示的方向。在(b)圖上屋頂的投影線和(a)圖上是沒有兩樣，所不同的，祇有(b)圖上的下面是窗，(a)圖上是門，其餘沒有什麼分別。

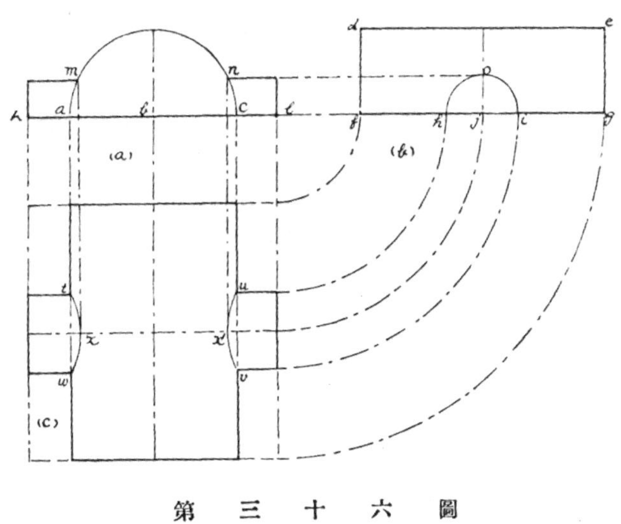

第　三　十　六　圖

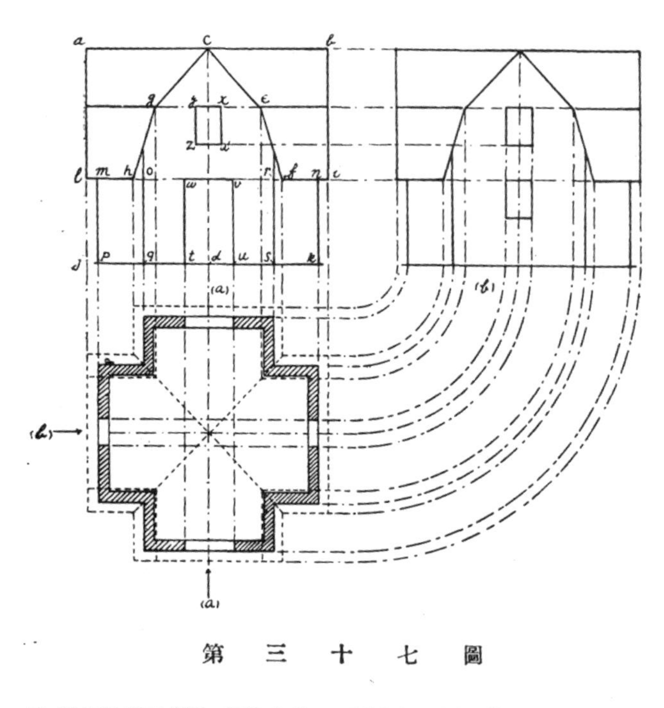

第　三　十　七　圖

36. 第三十八圖就是表示這房屋完成後的式樣,作法詳見第四編透視畫。

第六節　陰和影

37. 陰和影在建築設計圖上,往往用以襯托背景,更能引人入勝,所以也是很重要的。不但如此,就是物體藉着陰影,也能顯明那物體精確的形狀,例如第三十九圖,我們不但能看出這柱的形狀是圓的,同時也能分別牆壁的凹凸和柱與牆壁的距離。

光線從發光體射出到不透光的物體上,向光的部份叫陽面,背光的部份叫陰面,明暗的界線叫陰線。光線全被不透光物體的遮斷,則背後存留着暗黑的位置,叫這物體的影位,影位若被一不透光的平面所截,則在平面上就顯出那物體的形狀,叫做影。如第四十圖

第　三　十　八　圖

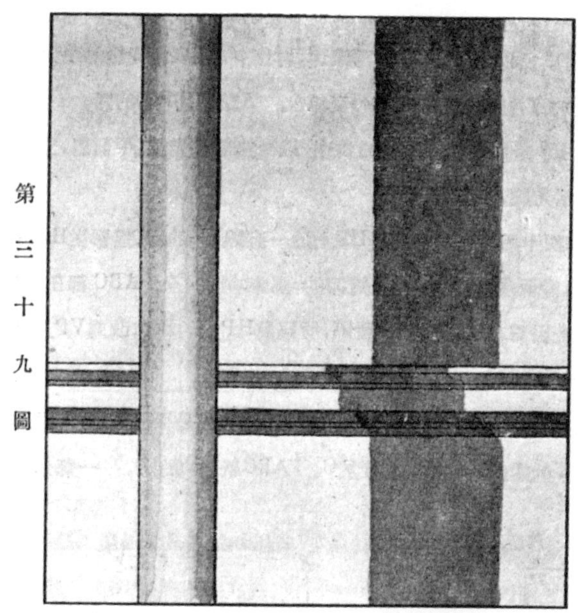

第三十九圖

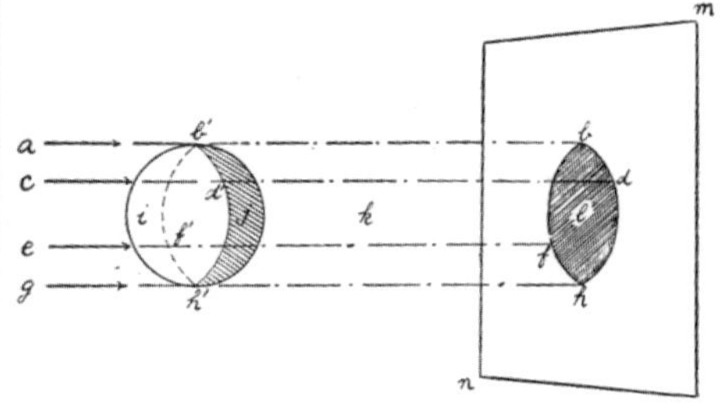

第 四 十 圖

是表明一個不透光球的影。ab,cd,ef,gh 表示光線，i部分是陽面，j部份是陰面。b'd'h'f' 是陰線的表示。k是表示影位，l表示在mn平面上那球的影。而影的界線，就是那陰線的影，所以先要知道陰線，才能求物體的影。

上面所講的發光體，或稱光的根源，就是指太陽而言。太陽距地很遠，所以可作爲平行線。光線的方向普通便於實用起見，往往從畫者左肩向右手斜下，光線的平面圖和立面圖都和 XY 成45^0，如第四十一圖，a'AaB是立方體，AB是這立方體的對角線，照普通實用的光線aB，a'B和XY成45^0而AB和水平垂直兩投影面成$35^0 16'$。

XY 線在上面已經用過，就是表明水平線或地平線，實在意思，就是垂直投影面和水平投影面交切的線，垂直投影面和水平投影面兩個名詞，在解決陰影的問題時，常常要用到的，所以垂直投影面就簡稱VP，水平投影面簡稱HP。

38. 第四十二圖是表示一點的影，照例點和線都沒有厚度，怎能有影呢？不過在這裏祇能假定它是不透光的。普通在某平面上某點的影，就是表示從這點所顯的光線和某平面相交的一點。

在這圖上，我們可以看出P點的位置，P點的立面圖p，P點的平面圖p'，和P點的影A，都是很能明瞭的。作法如第四十三圖，先作立面圖p和平面圖p'表示這點的位置，從p作pc線表示光線的立面圖（Elevation of ray）

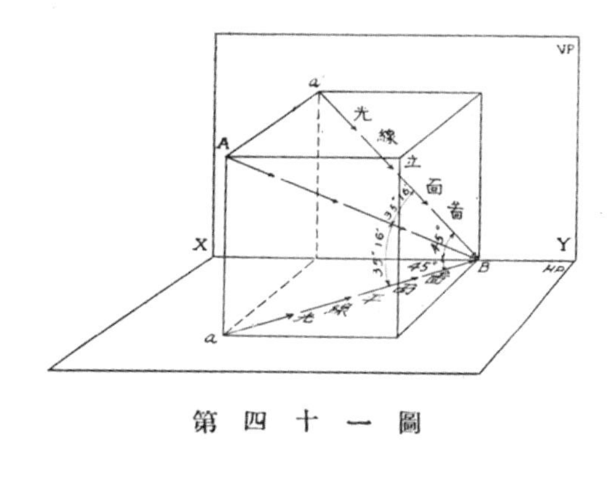

第 四 十 一 圖

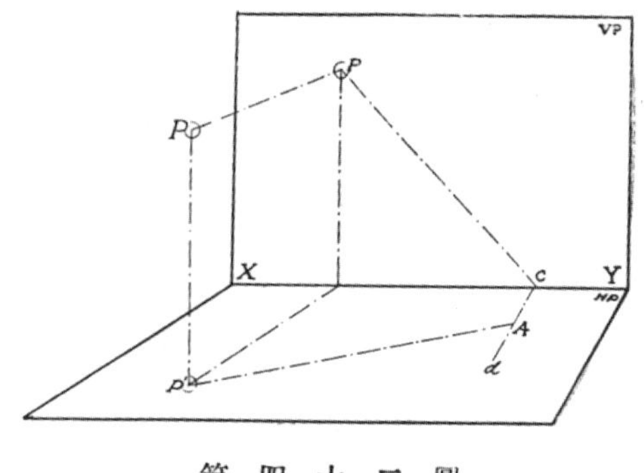

第 四 十 二 圖

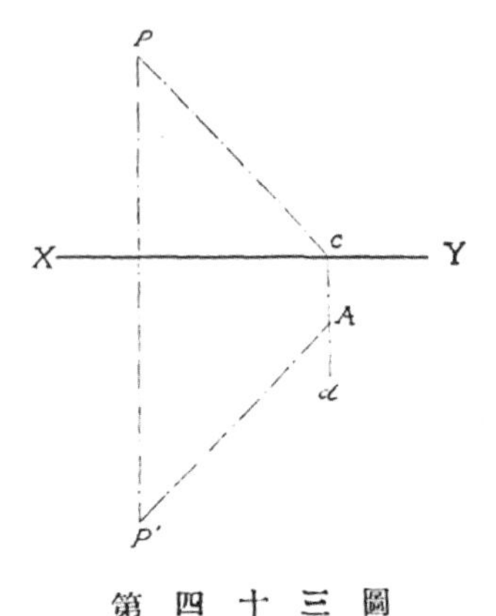

第四十三圖

和XY成45°。因爲pc和XY相交於c，所以我們可以看出P點的影已不在VP上了。從c點作XY的垂線cd，再作p'A線表示光線的平面圖（plan of ray），也和XY成45°和cd交於A。A點就是P點的影。

附註：45°是假定光線傾斜的角度，以後無論是光線，平面圖，立面圖，一概簡稱光線，和XY成45°。

39. 第四十四圖是表明立於HP上的一直線ab的影，這影從HP上一直射到C，設使沒有VP或VP是透明的，那末ab影的全長ABC'都在HP上了。現在因爲在B處已把VP所隔，所以將HP上的BC'，改爲VP上的BC了。

作法如第四十五圖。設a b'是ab的立面圖，a點是平面圖，從b'點作光線b'C，又從a點作光線和XY相交於B。從B作XY的垂線。如b'C相交於C。ABC就是ab的影。一部分的影AB在HP上，另一部份BC在VP上。

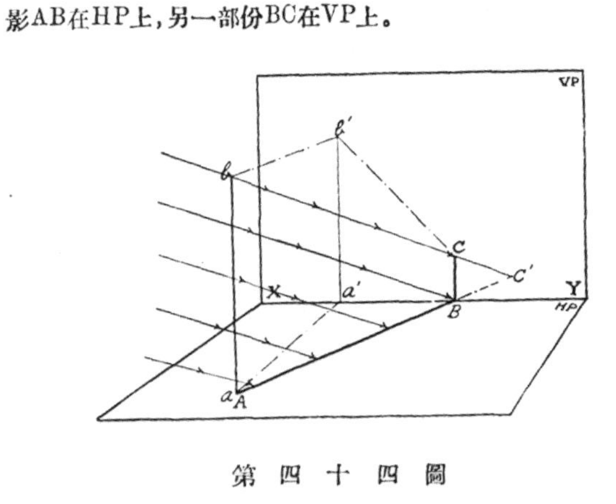

第四十四圖

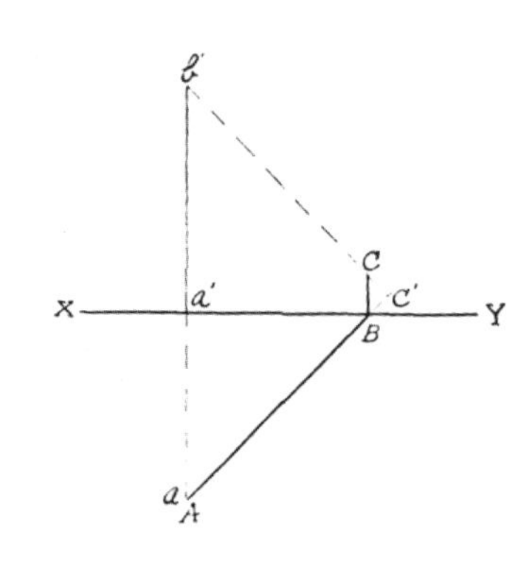

第四十五圖

40. 第四十六圖是表明直線ab立於VP上，作法如第四十七圖，a表示立面圖，a'b'表示平面圖，從b'作光線b'c和XY相交於c，從c點作XY的垂線cd，和a點的光線相交於B，AB就是VP上ab的影。

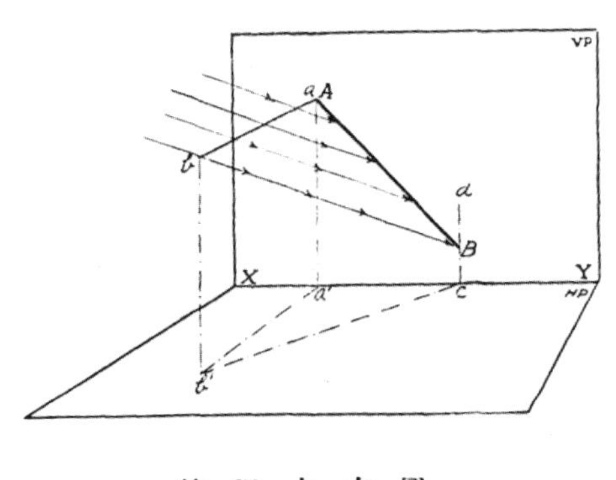

第四十六圖

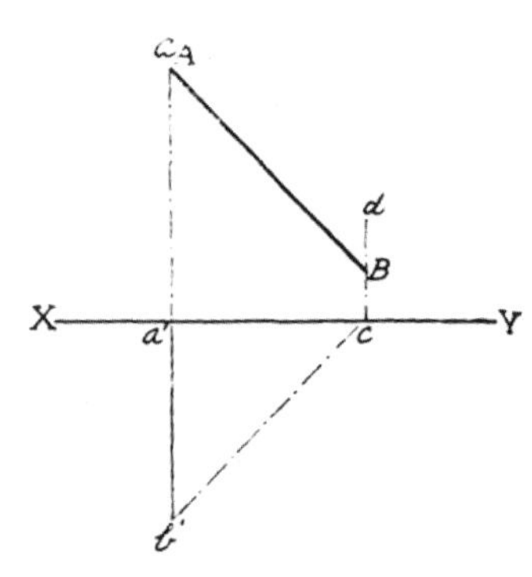

第四十七圖

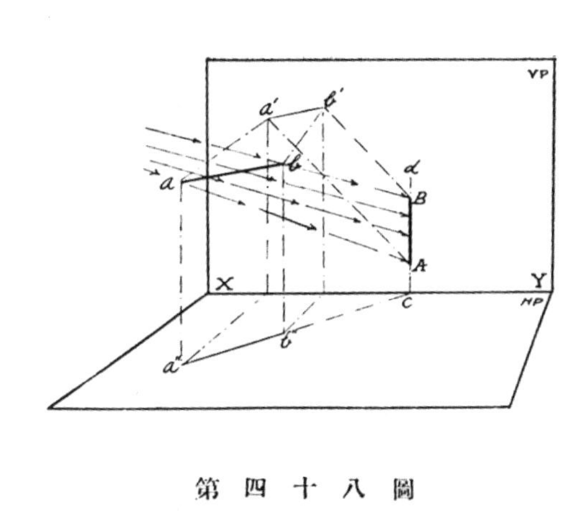

第四十八圖

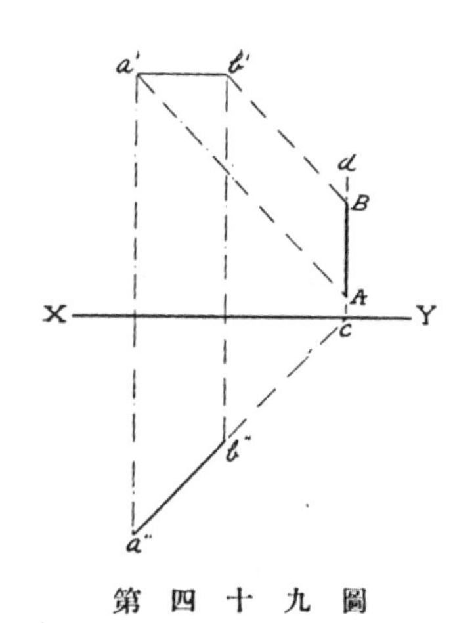

第四十九圖

41. 第四十八圖的ab線和VP傾斜45°和HP平行，AB是影。 光線攏總射在一個平面上，和HP成垂直，VP成45°。 作法如第四十九圖，a'b'是ab的立面圖。 平面圖 a''b''和XY傾斜45°。 延長 a''b''表示光線和XY交於c，從c點作XY的垂線cd，從a'，b'兩點作光線和cd相交於A和B，聯接A，B作一直線，就是表示ab的影。

42. 第五十圖所示的ab線和HP和VP都成相當的角度，這比較難求一點。作法如第五十一圖，先求在HP上的影，從b''點作光線b''f，同樣也從b'點作光線和XY交於c，從 c 作XY的垂線和b''f交於B。 照以上幾個例看來，就知道B是 b'點在HP上的影。 從 a'作光線和XY交於 d，作垂直於XY的dg線，和a''的光線交於A'，A'就是 a''點在HP上的影，所以聯接A'，B，表示在HP上 a''b''的影，不過A'B是和XY相交於 C，可知BC是在HP上而A'C不在HP上。

於是求VP上的影，從e點（就是a''eA'和XY的交點）作XY的垂線eA和a'd交於A。 A點就是a''點在VP上的影，所以AC是在VP上一部分的影，而ABC是在這兩平面上ab完全的影。

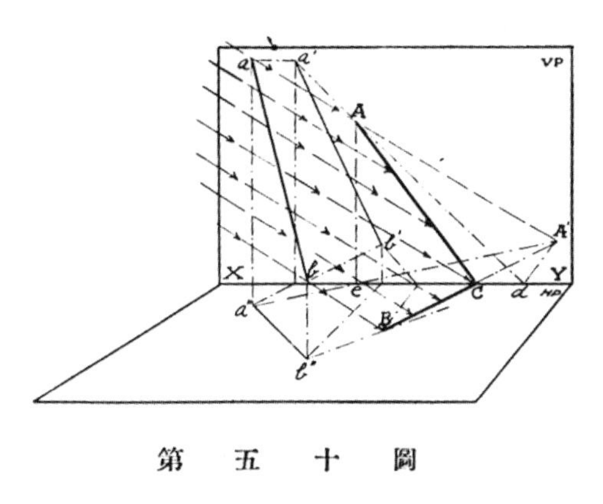

第五十圖

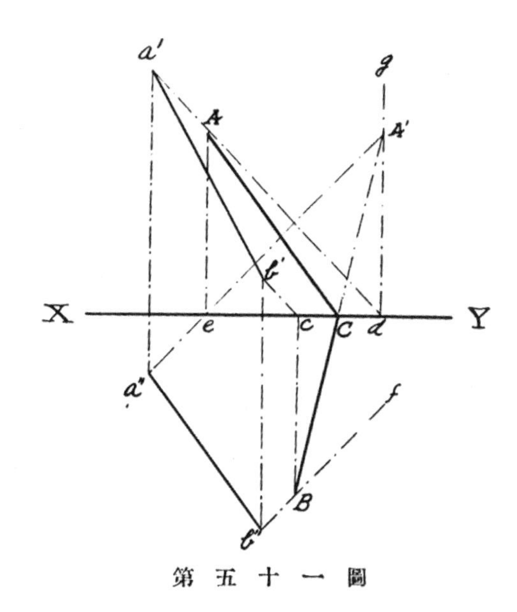

第五十一圖

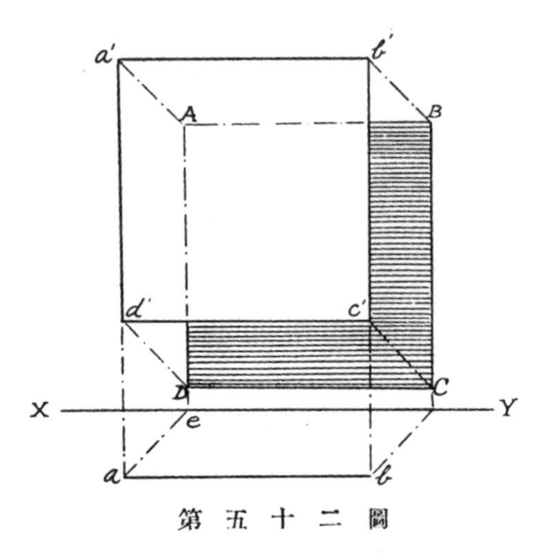

第五十二圖

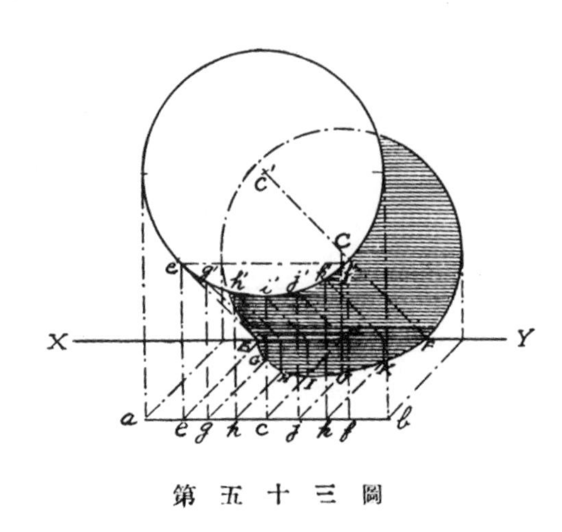

第五十三圖

43. 第五十二圖是個正方形的面，立面圖a'b'c'd'，平面圖ab；這面和VP平行，而a'b',c'd'兩邊和HP平行。 從a作ae光線和XY交於e，從e點作XY的垂線eA，從a'點作a'A光線和eA交於A。 同樣地得B,C,D各點，聯接ABCD，就是表示這正方形面的影。

44. 第五十三圖是求圓面的影，ab是這圓面的平面圖，立面圖就是用c，圓周表示，圓面和VP平行，照第五十二圖的作法，將圓面一部分的影射在VP上。 影的直徑和圓面的直徑相同。 求在VP上影的圓心，先從c點作cd光線和XY交於d。從d點作dC，再從c'點作c'C線和dC交於C，用C做圓心，原圓直徑的長做直徑，作在VP上一部分的影和XY交切於EF。

於是求HP上一部分的影，從EF作45°線和圓面交於e'和f'，聯接e'和f'作一直線，那末e'f'線以上部分的影投在VP上，e'f'線以下部分的影投在HP上。 要求HP上影的輪廓，先將圓面上e'f'以下部份，作幾個相當的等分，如e'g'，g'h'等，作垂直投影線和平面圖ab相交於e,g,h等點，從立面圖上的c',g',h'等點作光

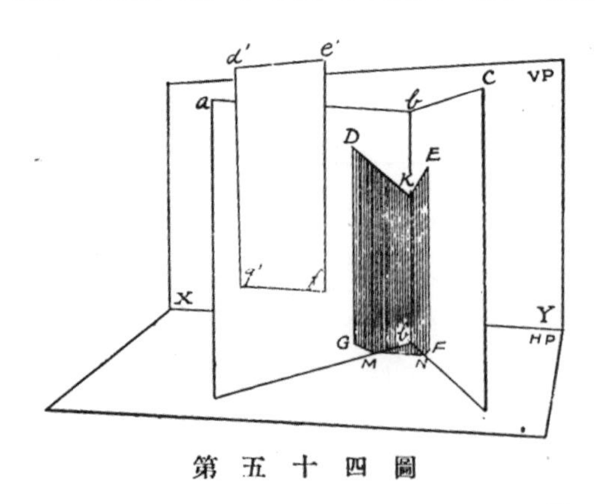

第五十四圖

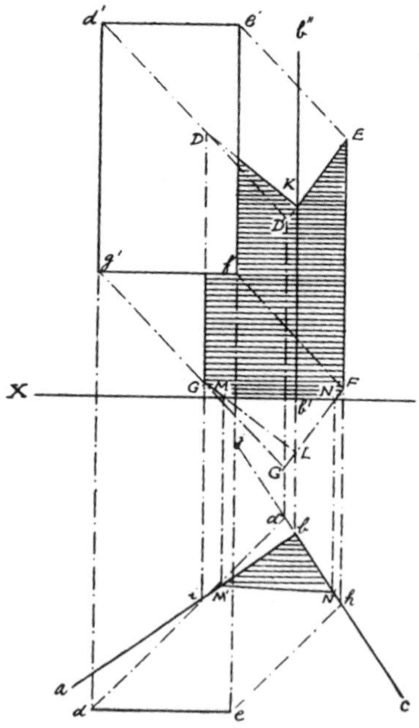

第五十五圖

線和XY相交，從各交點作XY的垂線和e，g，h等點的光線交於 EG，H 等點，用曲線聯接E，G，H，I，J，K，F各點，就成這圓面在HP上的影。

45. 第五十四圖是個表明一個長方形面的影，投在HP和立於HP上的兩個垂直面上，作法如第五十五圖兩垂直面的平面圖ab，bc互成直角，相交於b. b'b''表示兩垂直面的交切線。 d'e'f'g'是這長方形面的立面圖如 ab，bc面都成45°，de是平面圖。 從e點作eh光線和bc面交於h，從h點作XY的正交線hE和e'點的光線交於E，這就是e'點在bc面上的影，同樣求F點，EF就是ef在bc上的影。

要求d'g'在ab面上的影，光從d點作dd''光線和ab交於i過 i 作垂線，和d'，g'的光線交於D和G，DG就是d'g'在ab面上的影，因為ab和cd的面不是同在一個平面上，所以d'e'和 g'f'雖是直線，但其影不是直線。 所以要求 d'e'的影，先假定將bc面擴大如jb，從d作光線和jb交於d''，過d''作垂線和d'D交於D'，D'E線就是d'e'在bc擴大面上的完全影。 不過因為b'b''是ab，bc兩垂直面的交切線，K點是D，E影和 b'b''相交之點，所以KE是 d'e'在bc面上一部分的影，另一部分的影就是DK，（D點早已從d'點求得）那末DKE就是d'e'f'g'面上的 d'e'線，在ab，cd兩面上的影。照同樣的方法，求g'f'的邊上的g'在bc擴大面上的影。 得G'點，另一端 f'的影，就是 f'光線和Eh的交點F，G'F是g'f'在bc擴大面上的影，和b'b''交於L，聯接GL就是表示射在ab面上g'f'一部分的影。 不過GL和FL兩影都被XY交截於M，N，兩點，在這裏可以表明g'f'的影，除射在ab，cd兩垂直面上外，更有一部分的影射在HP上，要求g'f'一部分的影射在HP上，就從M，N作垂直投影線和ab，bc交於M'和N'兩點，聯接M'，N'作一直線，就合所求的 g'f'在HP上的影。

46 第五十六圖是個直立於HP上的方柱體，方柱體的一面和VP成30°，abcd 表示平面圖，bc 邊和XY成30°，h'd'b'j' 表示這方柱體的立面圖，a'b'f'e'和 c'b'f g'是這方柱體的陰面。 所以陰線就是垂直邊 c'g'a'e'和頂邊 c'b'，b'a'，從這幾直線的影，求這立體影的輪廓。

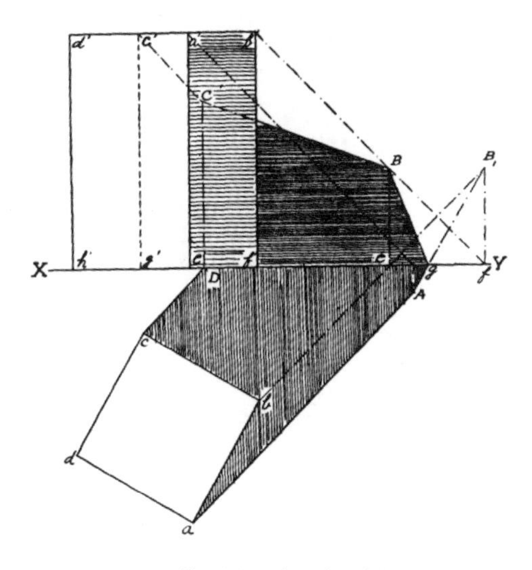

第五十六圖

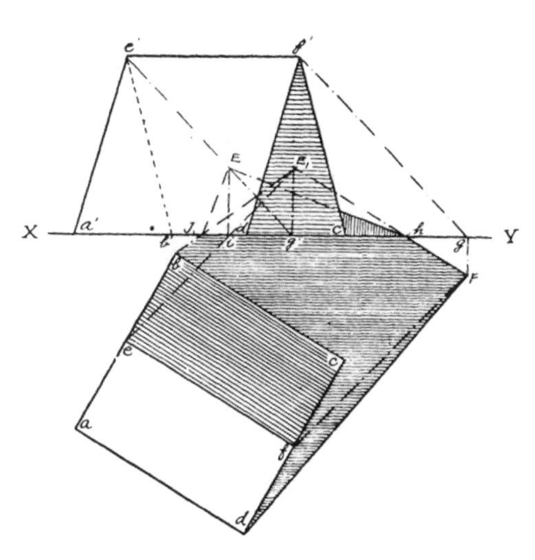

第五十七圖

最簡單的方法，就是分開來求各線的影，照第四十五圖的作法，求直立於HP上的一直線，g'c'是立面圖，c是平面圖，這直線的影便是cDC，同樣求a'e'的影bA。 要求b'點在VP的影，先從b'，b兩點作光線得B，B點就是在VP上b'的影。 聯接CB，表示c'b'在VP上的影。ab的影一部分在HP上，一部分在VP上，所以A，B兩點不能連成一直線的。 最簡單的方法，先求在HP上的影，從b'作光線和XY的交點f，作垂線，和b光線相交於B，B，就是b'在HP擴大面上的。影 （已見於第五十五圖的作法）從AB和XY的交點g，聯接gB，而AgB就是ab在HP和VP上的影。 這方柱體全形的影，在HP和VP上所表示的，就是cD，DC，CB，Bg，gA，Aa，ab，bc各線所組成的輪廓。

47. 第五十七圖是個橫臥於HP上的等邊三角柱，柱的一邊bc和VP傾斜30°，平面圖abcd，立面圖a'e'f'c'。從b，d兩點作光線。 而顯明bcfd和d'f'c'都是陰面。 先求在HP上柱的一邊ef的影，然後求這影和bd光線聯接表示在HP上的柱影。 要求ef邊的影。 先從j'作光線和XY相交於g，從g作XY的垂線，和f光線交於F，F點就是在HP上f或f'的影。 從e'作光線和XY交於g'，從g'作XY的垂線和e光線相交於E_1。 E_1就是e'在HP擴大面上的影。 E_1F線是ef在Hp上的影。 這影和XY相交於h，hF是e'f'在HP上一部分的影，其餘一部分e'f'，在VP上。

求e點在VP上的影，先從i點，（就是e光線和XY的交點）作XY的垂線，和e'光線交於E，E就是e'點在VP上的影，聯接Eh，那末Eh下就是e'f'在VP，HP上完全的影。 聯接E，j，（j點就是b光線和XY的交點）表示be在VP上一部分的影。 這樣就完成了這三角柱的影bjEhFdcb。

48. 第五十八圖是個立於HP上的正六角錐，錐底一邊bc和VP平行。 平面圖和立面圖如圖所示。 在這問題中先要解錐頂g在HP上的影。 從g'作光線和XY交於h，從h作XY的垂線和g光線交於G_1聯接G_1b，G_1d。而bG_1dcb就是這角錐投在HP上的完全的影。

這影因爲和XY交於i和j，所以iGj就是在VP上角錐一部分的影，從k點（就是g光線和XY的交點）作XY的

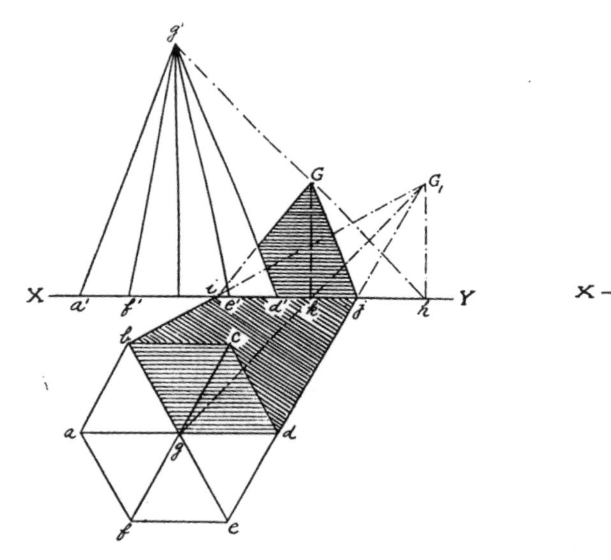

第五十八圖

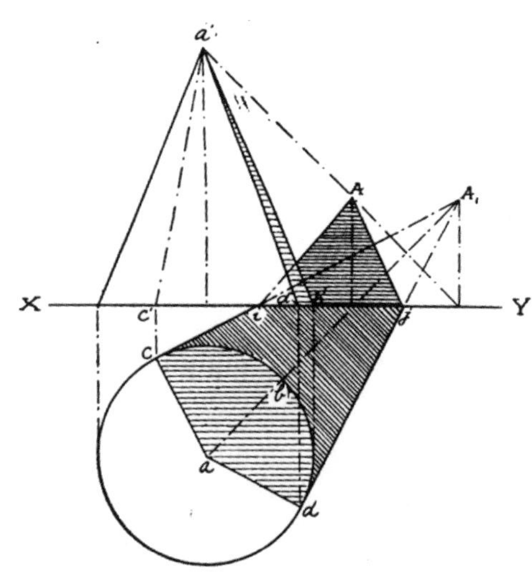

第五十九圖

垂線和g′光線交於G，G就是g′點在VP上的影，聯接Gi，Gj，就成這角一一部分的影在VP上，角錐完全的影，就是biGjdcb。 gbc和gcd是這錐的陰面。

49. 第五十九圖是個直立於HP上的圓錐體，這圓錐體的影簡直和第五十八圖的作法沒有兩樣。 所不同的，就是怎樣求這錐體的陰面，在平面圖上cA_1和dA_1兩線都是這圓周的切線，因此cbdac是陰面cad是陰線，至於立面圖上的陰線，就是從c，d兩點作XY的正交線和XY交於c′d′兩點，聯接a′c′，a′d′，就是立面圖上的陰線，d′h′c′a′d′是陰面。 ciAjdbc就是這圓錐體的影。

雖然在自然界裏受光的支配下的曲面，却沒有一定清楚的陰線，不過在用器畫上的陰線 都有一定的求法。

50. 第六十圖是個直立於HP上的圓柱體，圖內a′b′c′d′表示立面圖，e圓周表示平面圖。 設從g，f所作的光線是切線那末g，f就是陰線足，從這兩點作XY的正交線，那末f′h′和g′i′就是立面圖上的陰線，從f′h′和g′i′兩陰線和半圓周上f，j，k，l，g各點以定這圓錐的影。 最簡單的方法，先求HP上的影，從e′作光線和XY交於p，從p作垂線和從e光線交於E 這就是e點在HP上的影，用E做圓心，用同一的長做半徑作半圓和從f，g所作的光線相交於q和r，這影和XY相交於s，t。 所以sgt當爲VP上圓柱一部分的影。 從S作XY的垂線和從f點所作的光線交於u。那末fsu就是h′，f′的完全影，rt是圓頂在HP上一部分的影，要求圓頂在VP上的影，先從t作光線和圓周交於o，這就是t點的影，然後把fo弧分作幾分，如fj，jk等，從j，k等點作垂線j′j，k′k等。 從j′，j，k′，k等點，各作光線照第四十三圖法得J，K等點，用曲線聯接各點，就成這圓柱頂面在VP上的影。

51. 第六十一圖是直立於HP上的正方柱，戴一正方板，板的一面和VP平行，柱的一面和VP成30^0，這是兩個簡易立體的組合，目的要求HP和VP上的影。

作法如第六十二圖，立面圖和平面圖如圖所示。 先求投在柱上的方板影，從d作光線和柱面eh相交於j″，從j″作垂線和從j′作的光線相交於J，同時j′光線和e′u交於E。 從h作hk光線和dc交於k，從k作垂線和i′j′交於k_1。從k′，作k′K和h′s交於K。 同樣從g作光線和dc交於l，從l作垂線ll′，從l′作光線和g′t交於L_1，聯接E，J，K，L_1，完成這方板投在柱上的影。

第 六 十 圖

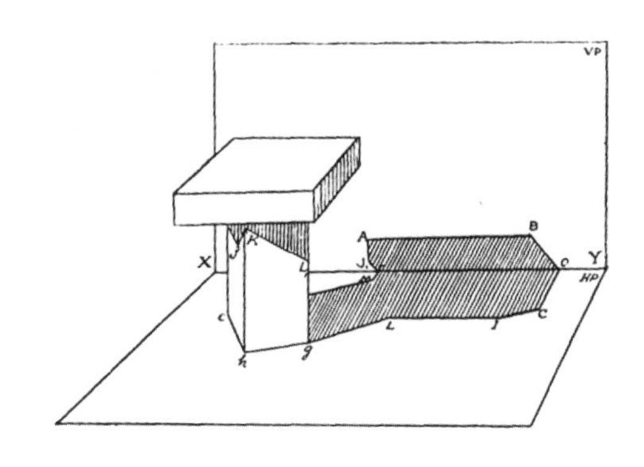

第 六 十 一 圖

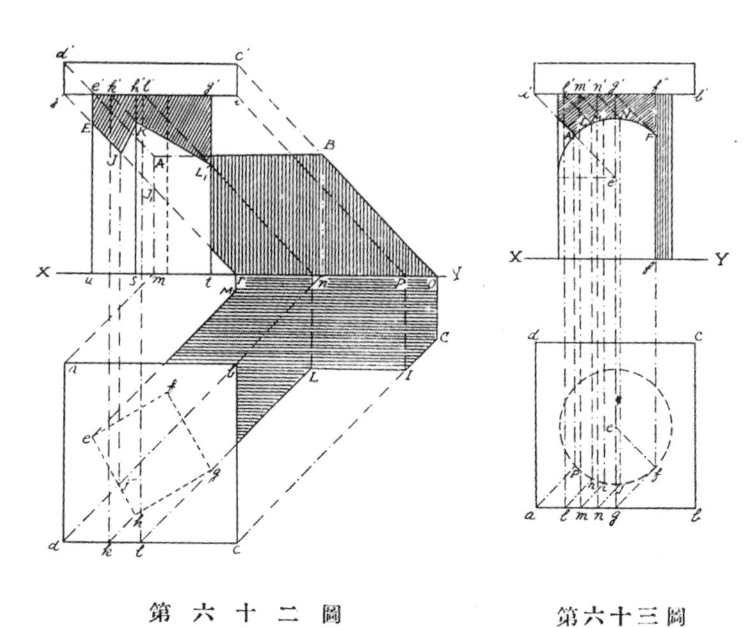

第六十二圖　　第六十三圖

要求方板和柱同時射在HP和VP上的影。先從a點作光線和XY交於m，從m作垂線和從d'所作的光線交於A。A就是a在VP上的影；d'j'邊影的求法，就將j'的光線和Am相交於J_1，那末AJ_1就是d'j'在VP上的影。n點是XY和從b點所作的光線相交之點，從這點作垂線和從c'點所作的光線交於B。BA就是ba在VP上的影。

bc和VP成直角，所以它的影和XY成45°。將Bc'延長和XY交於o，從o作垂線和從c作的光線交於C，BoC就是bc在VP和HP上的影。從i'作光線和XY交於P，從P作垂線和c光線交於I。CI就是c'i邊在HP上的影。同樣從L'l求得L，從E，e求得M，聯接eMrJ，ABoCILgfe就成在HP和VP上的完全影。

52. 第六十三圖是立於HP上的圓柱體上戴一正方板，這問題祇求投在圓柱上正方板的影，立面圖和平面圖如圖所示。照第五十九圖的作法，從f點求圓柱的陰線f'f''，再從f點作光線和ab交於g，從g作g'g投影線，從g'作光線和f'f''交於F，F就是方板上g'點的影。和陰線交接之處；再從a作光線和圓柱面交於p，從p作垂線和從a'所作的光線相交於A。A就是a'點在圓柱上的影；在圓柱面Pf上取任意幾分如h，i等，從這幾點作光線和ab交於l，m等點，作垂線和a'，b'交於e'，m'等點，從這幾點和h，i等點的垂直線相交於L，M等點，聯接A，L，M，N，F各點，就成這方板在圓柱上的影。在這裏A，L，M等各點，都在一個圓周上，所以不十分需要取e，m，n等各點，祇須從a'作光線和e的垂直線相交於l'，用e'做圓心，柱的直徑做直徑作弧，聯接AF，卽合所求。

53. 第六十四圖是求一個法圈門的影，(a)是正面圖，(b)是剖面圖，這問題的目的，要求在大門上這法圈的影，法圈的厚度，都在剖面圖上表示。作法：先從c在(b)圖上作光線和門面交於c''，從c''作平行線和從c'所作的

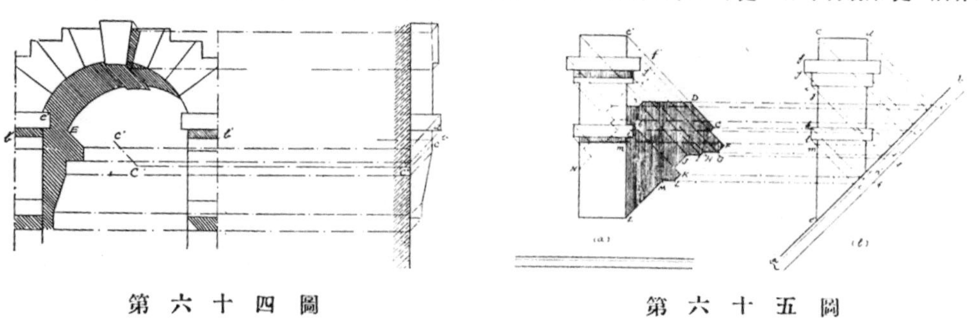

第六十四圖　　第六十五圖

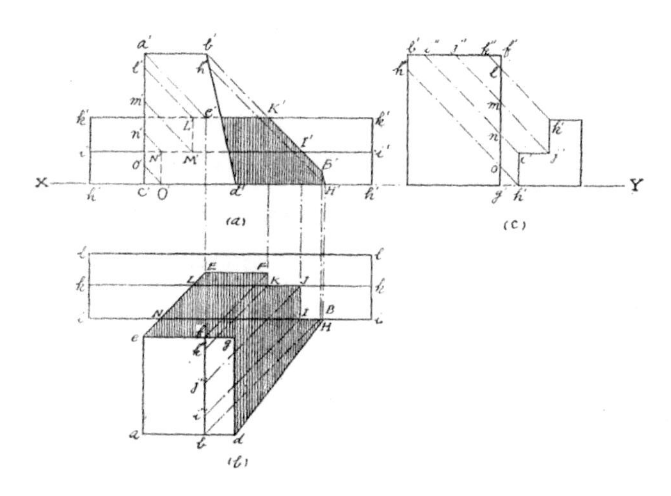

第六十六圖

光線交於C,用C做圓心,同一的半徑做半徑作弧,和從e'所作的光線相交於E。其餘各線的作法,都是很淺顯的,所以一概從略。

54. 第六十五圖是求在屋頂斜面上烟囱的影;(a)是正面圖,(b)是側面圖,ab表示屋面的斜度;先從(b)圖上的c點作光線和ab相交於c'',從c''作水平投影線和從c'所作的光線交於C,這是c'點在屋面上的影。同樣從d作光線和ab交於d'',從d''作水平投影線和從c'所作的光線交於D。(因在立面圖上d的光線是和'密合的)CD線就是cd邊在屋面上的影。

EC就是在(a)圖上Ec'的影,照以上同樣的方法,求得F,G,H,I,J,K,L,M各點,組成烟囱右面Ec'的輪廓。

第六十七圖

左面的影被烟囱本身遮蓋，所以用虛線表示，N點是影的起點，是從(b)圖上n''求得，這點就是烟囱後面和屋面的交切點。

55. 第六十六圖是個射在蹈步上梯形柱的影。(a)和(b)表示立面平面兩圖。這問題先要解决在蹈步上bf的影。作(c)圖，使b'f'等於bf，g'h'等於(b)圖上eg和ii的距離。h'i'，i'j'，j'k'，k'l'表示蹈步的側面，從h'，i'等各點作h'h''，i'i''等光線。截取(b)圖上的b，i'''，i'''，j'''等，等於(c)圖上的b'i''，i''j''等的距離。從(b)圖上i'''，j'''等點作光線必和蹈步上的各角相接於I，J等點，這幾點就是bf在蹈步上影界上的各點。將(c)圖上的h''移至(a)圖上，從(a)圖上的h''作光線和h'h'交於H'，從H'作垂線和ii交於H，聯接d，H兩點，表示bd的影；照普通求法，b和f的影，就是B和F。a圖上H'，B'，I'，K'各點，表示同一的影。

要求a'c'垂直邊的影，從(c)圖上l，m，n，o各點，作水平線和(a)圖上的a'c'交於l'，m'，n'，o'，從這幾點作光線和蹈步的各角交於L'，M'，N'，O'，聯接這幾點，就是a'c'在蹈步上的影，或從(b)圖上e點作光線和從(a)圖上e'點所作的垂線交於E，和kk，ii交於L和N，從N，L作垂線，得(a)圖上的L'M'和N'O'線。

以上幾個例，是很簡單的，明顯的，却是基本的，實用的，所以學者祇須澈底明瞭其作法和原理，那末對於各種建築圖上複雜的構造，也能應用，例如第六十七圖是一所銀行面樣的實例，用陰影襯托後，就能表顯立體的形式。

明堂建築略考

楊哲明

『夫明堂者，王者之堂也』。這是孟子說的。『歸來見天子，天子坐明堂』。這是木蘭辭中所說的。從這兩種引證文字中，對於「明堂」兩字，已得着相當的認識——最膚淺的認識。「明堂」旣為天子之堂，則明堂建築的方式，頗有引起考證的興趣必要。

試翻閱數種舊書，如禮記，考工記，三禮圖，以及說文等等，來考證「明堂」之建築方式及歷代不同的名稱，亦頗有意味。

記古代「明堂」之制，以明堂位及呂氏春秋之月令為較詳。據明堂位（禮記集解卷三十一，明堂位第十四）。的記載：

『昔者周公朝諸侯於明堂之位，天子負斧依，南鄉而立。三公中階之前，北面東上。諸侯之位，阼階之東，西面北上，諸伯之國，西階之西，東面北上；諸子之國，門東北面東上；諸男之國，門西北面東上。九夷之國，東門之外，西面北上；八蠻之國，南門之外，北面東上；六戎之國，西門之外，東面南上；五狄之國，北門之外，南面東上；九采之國，應門之外，北面東上，四塞世告至，此周公之明堂也。明堂也者，明諸侯之尊卑也』。從這一段引證中，可以知道「明堂」之性質，卽「明堂」為諸侯朝天子時，天子居「明堂」以受朝賀，並以九階（鄭註：明堂九階，東西北各二階，而南三階）。分令諸侯分立朝賀。

月令所載：

『孟春之月，（中略）天子居青陽左个，乘鸞路，駕蒼龍，……』（鄭註：青陽，明堂東方之堂名也。室之夾堂者，謂之个。左傳置饋於个而退。青陽左个者，明堂東方之北室也）。

『仲春之月，（中略）天子居青陽大廟，乘鸞路，駕蒼龍，……』（鄭註：青陽大廟，明堂之東堂也。明堂之四堂皆曰大廟者，明堂十二室，十二月分居之，而其祀天宮告朔皆於堂，以其為祀神之所，故謂之廟）。

『季春之月，（中略）天子居青陽右个，乘鸞路，駕蒼龍，……』（鄭註：青陽右个，明堂東方之南室也）。

『孟夏之月，（中略）天子居明堂左个，乘朱路，駕赤騮，……』（鄭註：明堂左个，明堂南方之東室也。明堂東曰青陽，西曰總章，北曰玄堂，南方不別為之名者，明堂以向南為正室也）。

『仲夏之月，（中略）天子居明堂大廟，乘朱路，乘赤騮，……』（鄭註：明堂右个，明堂南方之西室也）。

『季夏之月，（中略）天子居明堂右个，乘朱路，駕赤騮，……』（鄭註：明堂右个，明堂南方之西室也）。

『孟秋之月，（中略）天子居總章左个，乘戎路，駕白駱，……』（鄭註：總章左个，明堂西方之南室也。萬物至西方而章明成熟，故曰總章）。

『仲秋之月，（中略）天子居總章太廟，乘戎路，駕白駱，……』（鄭註：總章太廟，明堂之西室也）。

『季秋之月，（中略）天子居總章右个，乘戎路，駕白駱，……』（鄭註：總章右个，明堂西方之北室也）。

『孟冬之月，（中略）天子居玄堂左个，乘玄路，駕鐵驪，……』（鄭註：玄堂左个，明堂北方之西室也）。

『仲冬之月，（中略）天子居玄堂大廟，乘玄路，駕鐵驪，……』（鄭註：玄堂大廟，明堂之北堂也）。

『季冬之月，（中略）天子居玄堂右个，乘玄路，駕鐵驪，……』（鄭註：玄堂右个，明堂北方之東室也）。

根據上列的引證及註文，可知明堂爲天子所居之地，而且因時季之不同，每月之所居亦各異其處。觀月令所載全篇之大義，已可以想像明堂建築之規模。

又據周書匠人條所載：

『夏后氏世室，（註：此言三代明堂之制夏后氏號爲世室也）。堂修二七，（註：夏后氏度以步，堂修二七者，謂其南北之深，十四步也）。廣四，修一，（註：堂之廣，益以四分修之一，則其廣十七步有半矣）。五室三四步，四三尺，（註：堂上有五室以象五行：東北木室，東南火室，西南金室，西北水室，其深皆三步，其廣皆益以四尺也。中央土室，其深四步，其廣益以三尺也）。九階，四旁兩夾牕，（註：每室四戶，每戶夾以兩牖，共爲八牕）。白盛，（註：以蜃灰堊其牆壁也，盛成）。門堂三之二，（註：門堂，門側之堂也，其深廣比正堂有三分之二）。堂三之二，（註：門堂之處，其深廣比正室有三分之一）。殷人重屋，（註：殷人號爲重屋）。堂修七尋，（註：商人度以尋，一尋八尺，七尋則深五丈六尺也）。堂崇三尺，（註：言四方屋棟，皆爲重屋，故號重屋也）。四阿重屋。周人明堂，（註：明堂之內，有世室，有重屋，三代各舉其一以名之）。度九尺之筵，（註：周人度以筵，每筵九尺）。東西九筵，（註：東西之廣，爲八丈一尺）。南北七筵，（註：南北之深，爲六丈三尺）。堂崇一筵五室，（註：與夏制同）。凡室二筵，（註：每室一丈八尺）。室中度以几，（註：此總言量地法，一几五尺）。堂上度以筵，（註：一筵九尺）。宮中度以尋，（註：一尋八尺）。野度以步，（註：一步六尺）。涂度以軌，（註：一軌七尺）。廟門容大扃七个，（註：路門之內有九室）。闈門容小扃三个，路門不容乘車之五个，應門二徹三个，內有九室，（註：九嬪贊三夫人以佐后而治內政，故各居一室）。九嬪居之，（路門之外，亦有九室）。外有九室，九卿朝焉。（註：九卿贊三公以佐天子而治外政，故其入朝也，亦可居一室焉）』。

以上所引，爲三代明堂之制，但三代對於明堂之稱謂亦不一律，周禮王昭禹註云：『明堂之中，有世室，有重屋，夏曰世室，商曰重屋，周曰明堂，各舉其一而言之也』。據此，則世室，重屋，明堂三者，實在就是一種同樣的建築物，不過因朝代的不同，故其名稱亦因之而各異耳。據考工記註，則云：『三代明堂之制，夏曰世室，商曰重屋，周曰明堂，其名不同，其實一也』。考工記圖之補註，則云：『世室重屋制，皆如明堂』。考工記解，則云：『此三項皆明堂也。註云。世室宗廟也，重屋路寢，周人明堂，則今之明堂也。此說未然，三代所名雖不同，其實則一。堯有衢室，舜有總章，亦明堂』。明堂建築之性質，從上述的引證文字中，已可大白，卽所謂：

『明堂者，明政教之堂也』。

夏之世室，卽周之明堂。現在可以將世室建築的形式，來作一個簡約的考證。據考工記本文所載，則世室『堂修二七，廣四修一』。云云，是說世室建築之平面。據古今圖書集成考工典卷第三十九，宮殿部位考所載，謂：『東西言廣：廣，闊也。南北言修：修，深也』。但各家對於『修二七，廣四修一』之解釋，又大致相同。據考工記通之註文，謂：『夏后氏世室之制，以步（六尺爲步）爲度（音鐸，度量其地）、修，長也。二七者，一十四也。其堂南北之長，有一十四步。廣，闊也。堂之闊，比其長又益以修之四分之一。計一分有三步半，則其廣一十七步有半矣』。可知世室建築之平面面積，東西爲十丈五尺，南北爲八丈四尺之長方形。又：『五室三四步四三尺』一語，據考工記解之著者林希逸之解釋，爲：『五室者，堂上之五室也。三四步，四三尺，此兩句最難說。註說不通。上既說堂修十四步廣四修之一矣。則此言三四步者，乃室之修也。四三尺者，乃室之廣也。只有之耳。一步六尺，三个四步，是十二步。其室之修如此，四个三尺，卽十二步十二尺也。二步不成丈，故曰三四尺』。此註文亦甚不可解。依：『堂修二七，廣四修一』之句，則世室之建築平面，已可瞭然。

據考工記通詳說，謂：『堂上之五室，以象五行。四隅四室，中央一室，如㗊形。東北木室，東南火室，西南金室，西北水室，中央土室』。文中言世室中五室建築之位置，作㗊形，茲將考工記通所載之五室圖轉錄於後。根據此圖（第一圖）所示的意義，世室建築五室位置之配佈；卽木室，火室，金室，水室，土室等各室的建築，是各個獨立而不相聯的。

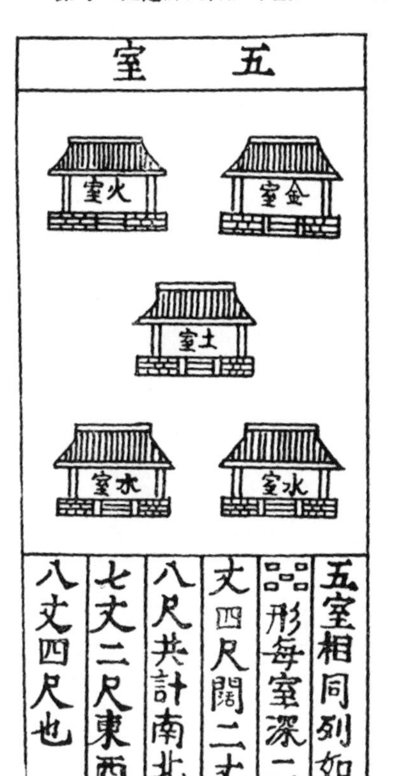

第一圖

考工記通之說，又有：『三四步者，言室之長，爲四步者三，是十二步也。四三尺者，言室廣之所益，爲三尺者四，是十二尺也。五室共有此數。計南北七丈二尺，東西八丈四尺也』。據此，則世室建築之平面，爲84尺×72尺又據孫攀之說，謂：『四室深皆三步，其廣益之以四尺也。土室深四步，其廣益之以三尺也』。又漢鄭玄所註，謂：『木火金水四室，其方皆三步，其廣益之以三尺。土室其方四步，其廣益之以四尺。此五室居堂南北六丈，東西七丈』。又，考工記圖曰：『堂上爲五室，象五行也。三四步，室方也。四三尺，以益廣也。木室於東北，火室於東南，金室於西南，水室於西北。其方皆三步，其廣益之以三尺。土室於中央，方四步，其廣益之以四尺。此五室居堂南北六丈，東西七丈』。又，古今圖書集成考工典卷第三十九所載，趙子曰：『……三四步，言室之深；三四尺，言室之廣也。謂四角四室，其深皆三步；其廣，如步之外，又益之以三尺。中央土室，其深四步；其廣，如步之外，又益之以四尺三步，言四室修廣四步四尺，言中室修廣也。四室修當一丈八尺，廣當二丈一尺，中室修廣當二丈四尺，廣當二丈八尺。通計五室，則南北共深六丈，東西共廣七丈』。

毛氏曰：『堂修十四步，而五室之修止於十步。（六丈），當廣一十七步半，而五室之廣止於七丈者，留其餘以爲四旁中央之往來故也』。

王氏詳說曰：『……堂上之五室：中央一室，修四步，廣四步四尺；四角四室，修三步，廣三步三尺。則是南北三室，不過六丈；東西三室，不過七丈矣』。茲將考工記所載之世室圖（第二圖），轉錄於後。

此外，復根據所引各家的註釋，將世室建築的平面圖，加註步尺，試繪三幅，以供比較。

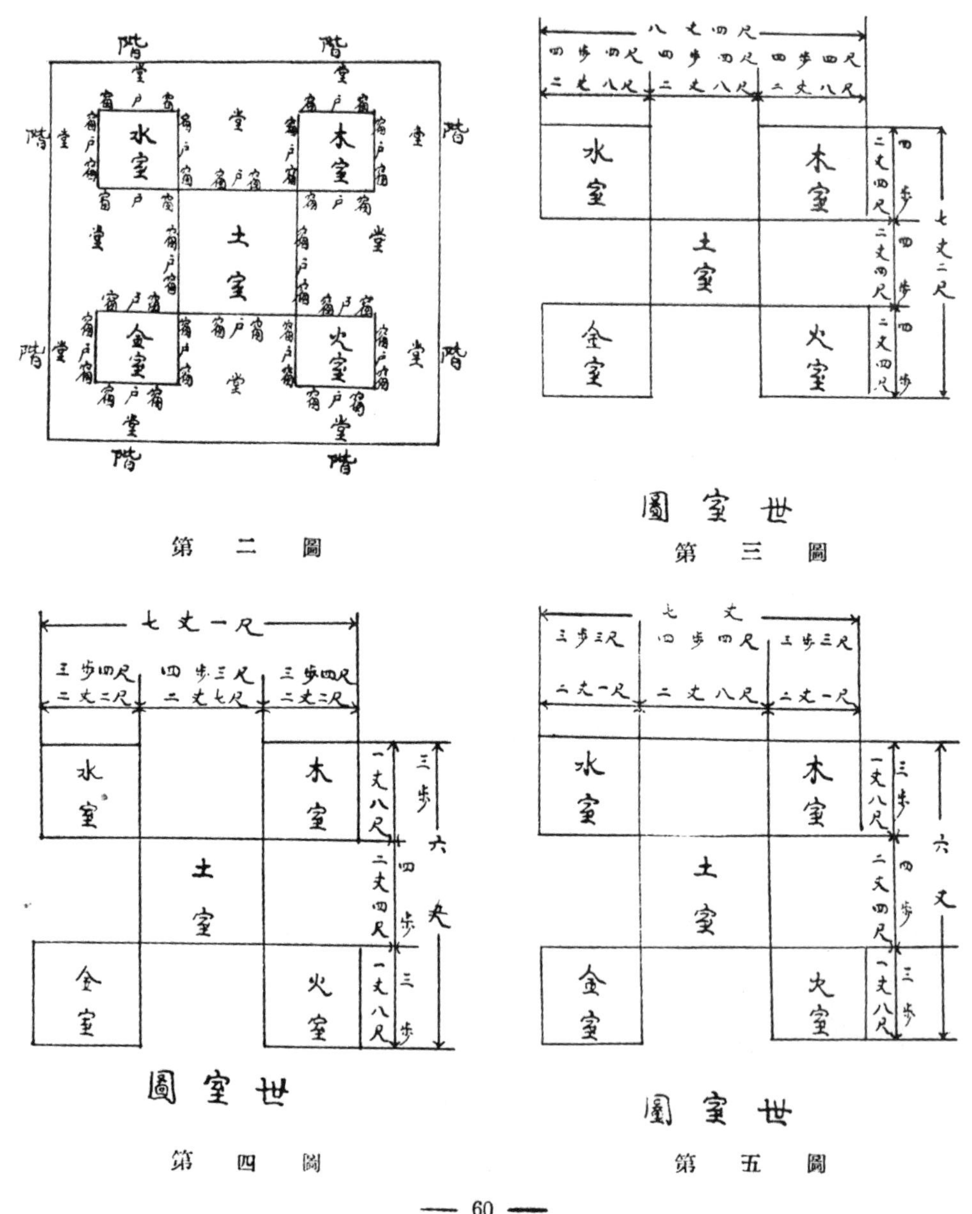

第二圖

世室圖 第三圖

世室圖 第四圖

世室圖 第五圖

長安都市之建築工程

楊哲明

『長安多大宅，立在街西東』。『西望長安不見家』。以及『清輝起處是長安』。等等的詩句，頗令人對於這古代的都市——長安，引起了一種研究的興趣。我們如果從古人的詩集中去搜尋，那描寫長安的詩句，當然可以說是「取之不盡，用之不絕」；不過，詩句的記載與描寫，大都是屬斷片的回憶，或卽景生情的記述，至於欲研究長安都市建築的概况，當然要從古籍中去搜求了。

據中國古今地名大辭典「西京」條文所載，謂：『漢時長安之稱。自後漢都洛陽，始稱之爲西京。張衡有西京賦。唐書地理志，初曰京城。天寶元年曰西京，至德二年曰中京，上元二年復曰西京。卽今陝西長安縣志。五代後唐亦嘗以長安爲西京』。

同書「長安」條文所載，謂：『古都城也，名始於漢，漢長安故城，惠帝時築。亦名斗城。在今陝西長安縣西北十三里。寰宇記：長安蓋古鄉聚名，隔渭水對秦咸陽宮，漢於其地築未央宮，置縣，以長安爲名。班固西京賦：「漢之西都在於雍州，實爲長安」。世因稱今之陝西省治爲長安』。據此，則西京爲漢之長安，已毫無疑義。至於西安之名稱，則始於明代。據辭源所載，「西安」條文云：府名………明改西安府，清爲陝西省治，民國廢，今長安縣其舊治也』。所以西安，長安，西京等等之名稱，在史書上常常看見。現在的「西安」，已成爲中華民國的陪都，由國府簡派大員，專門主持建築，以圖規復原有的繁榮。

三輔黃圖卷一長安故城條文所載：

『漢之故都。高祖七年，方修長安宮城，自櫟陽徙居此城，本秦離宮也。初置長安城，本狹小。至惠帝更築之。按惠帝元年正月，初城長安城。三年春發長安六百里內男女十四萬六千人，三十日罷。城高三丈五尺，下闊一丈五尺。六月發徒隸二萬人，常役至五年，復發十四萬五千人，三十日乃罷。九月城成。高三丈五尺，下闊一丈五尺，上闊九尺，雉高三坂。周廻六十五里。城南爲南斗形，北爲北斗形，至今人呼漢京爲斗城是也。漢舊儀曰：長安城中，經緯各長三十二里十八步。地九百七十二頃。八街，九陌，三宮，九府，三廟，十二門，九市，十六橋。地皆黑壤，今赤如火，堅如石。父老傳云：盡鑿龍首山土爲城。水泉深二十餘丈。樹宜槐與榆松柏茂盛焉。城下有池周繞，廣三丈，深二丈。石橋各六丈，與直街通』。

歷代宅京卷之一，長安條曰：

『惠帝元年春正月城長安』。

『三年春，發長安六百里內男女十四萬六千人，城長安，三十日罷』。

『夏六月，發諸侯王列侯徒隸二萬人，城長安。五年春正月，復發長安六百里內，男女十四萬五千人，城長安，三十日罷。秋九月，長安城成』。

據此，可知長安都市建築的過程。市區以內的土地總面積，爲九百七十二頃。城的周圍長度，爲六十五里。城的高度爲三丈五尺；下闊爲一丈五尺；上闊爲九尺；雉（即城垣）的高度爲三坂——即六尺。城外繞的城濠，廣爲三丈，深爲二丈。長安都城的四面，各開三門，各通以長六丈之石橋。長安都城中的街道建設，亦復條理井然，宮府，以及廟等等的位置，亦復布置適當。

至於長安都市十二門的名稱，東西南北四面各有三門，布置亦極整肅。先從城東面之近南方數起，左邊一門爲霸城門，青色，俗稱爲青城門，又名青門，亦名爲青綺門。中間的一門爲清明門，又有籍田門，凱門，城東門等等之稱號。右邊的一門爲宣平門，又稱爲東都門。

城南面的左邊一門，稱爲覆盎門，又稱爲杜門。門外之橋樑建築工程，工巧絕世。門內爲長樂宮之所在地。中間的一門，稱爲安門，又稱爲鼎路門。右邊的一門，稱爲西安門，又有便門平門之稱。門外之橋，稱爲便橋。門內爲未央宮之所在地。

城西面的左邊一門，稱爲章城門，或稱爲章門，光華門，便門。中間的一門，稱爲直城門，或以門上有銅龍，稱爲龍樓門，又稱直門。右邊的一門，稱爲雍門，又稱西城門。

城北面左邊的一門，稱爲洛城門。又稱爲高門，亦稱爲鶴雀台門。中間的一門，稱爲廚城門。右邊的一，門稱爲橫門。門外之橋，稱爲橫橋。後王莽篡位，將長安都城各門的名稱，大加更動。茲將王莽篡位時所改長安都城各門的名稱，列舉如下。

霸城門——仁壽門無疆亭。

清明門——宣德門布恩亭。

宣平門——春王門正月亭。

覆盎門——永清門長茂亭。

鼎路門——光禮門顯樂亭。

西安門——信平門誠正亭。

章城門——萬秋門億年亭。

直城門——直道門瑞路亭。

西城門——章義門着義亭。

廚城門——建子門廣世亭。

長安都市各門建築的名稱，已如上所述。十二門中，各通以經緯九條之道路。三輔黃圖卷一都城十二門條所載三輔決錄云：『長安城面三門，四面十二門，皆通達九道，以相經緯。衢路平正，可竝列車軌。十二門三條洞闢，隱以金椎，周以林木。左右出入，爲往來之徑；行者『降，有上下之別』。從此，可知長安都市交通管理之完備與街道建築之整齊。

長安都市中街道，所謂八街九陌者，據三輔黃圖所載，謂：

『有香室街，夕陰街，尚冠前街，三輔舊事云：長安城中八街九陌。漢書劉屈氂妻，梟首華陽街。京兆尹張敞，走馬章臺街。陳湯斬郅五首縣槀街。張衡西京賦云：參塗夷庭，街衢相經，廛里端直，甍宇齊平是也。』

又閭里的建築情形，據同書所載，謂：

『長安閭里一百六十，室居櫛比，門巷修直。有宣明，建陽，昌陰，尚冠，修城，黃棘，北煥，南平等里。漢書萬石君奮，徙家長安戚里。宣帝在民間時，常在尚冠里。劉向列女傳，節女，長安大昌里人也』。

閭，據周禮所載，謂：『五家爲比，五比爲閭』。則二十五家爲閭。

里，據周禮所載，謂：『五家爲鄰，五鄰爲里』。則二十五家爲里。

可知閭里之意義，據周禮所載，則大致相同也。

長安都市中之「市」，據三輔黃圖卷二所載，謂：

『廟記云：長安市有九，各方二百六十六步。六市在道西，三市在道東。凡四里爲一市。致九州之人，在突門夾橫大道，市樓皆重屋，又曰旗亭。樓在杜門大道南。又有當市樓，有令署，以察商賈貨財賣買貿易之事，三輔都尉掌之。直市在富平津西南二十五里，卽秦文公造，物無二價，故以直市爲名。張衡西京賦云：廓開九市，通闤帶闠；旗亭五重，俯察百隧是也。又案郡國志，長安大俠萬子夏居柳市，司馬季主卜於東市，鼂錯朝服斬於東市，西市在醴泉坊』。據此則長安城內有九市，三市在市內之東區，六市在市內之西區，已足以證明。

長安都市建築之概況，根據上述各節之引證，已可使吾人得着一種概念。其大概的建築方式，與周代的都市建築工程相似，所不同者，卽周代的都市建築工程，將王宮建築於都市之中區；漢之都市建築工程，則將王宮建築於市區之北面城附近耳。茲將長安都城圖，轉繪於後。

再看班固西都賦中所述長安都市建築之概況及繁榮之情形。

『漢之西都，在於雍州，實曰長安』。這是言長安之所在地。

『左據函谷二崤之阻，表以太華終南之山；右界褒斜隴首之險，帶以洪河涇渭之川』。這是言長安左右山川之形勢。

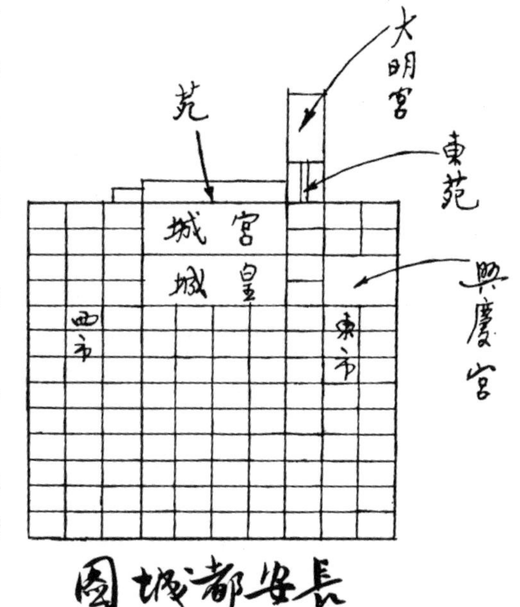

長安都城圖

鋼筋混凝土梁設計表之用法說明

鄒汀若

例題一　求坂(Slab)寬一公尺受717 Kgm. 之彎冪時所需之厚度及鋼筋之斷面積。

［解］　查表之第二縱列第六橫行之彎冪M爲717 Kgm.

得同行第一縱列之d值爲11 cm，卽爲所求之有效厚度。

再于同行第三縱列得As爲6·11 cm^2，卽爲所求之鋼筋斷面積。

d既爲有效之厚度，實際上應酌予增加，以作覆蔽鋼筋之用。其值可由同行第八列之d'值爲2·2 cm. 加入計算之。卽

坂之總厚度　$D=d+d'=11+2{\cdot}2=13{\cdot}2^{cm}$

鋼筋如用公制，每公尺寬所需鋼筋之數量爲 $8\times10^{mm}\phi$，　$As=6{\cdot}28^{cm^2}$.

可查右角公制圓鋼斷面表內直徑10^{mm}根數爲8時之斷面積爲$6{\cdot}28^{cm^2}$. 此值較所需者爲大，故較安全。

如用英制鋼筋時，每公尺高　$9\times\frac{3}{8}''\phi$，　$As=9\times0{\cdot}713=6{\cdot}417^{cm^2}>6{\cdot}11^{cm^2}$.

可查右角下部英制圓鋼斷面表內得直徑$\frac{3}{8}''\phi$時之斷面積爲$0{\cdot}713^{cm^2}$9倍之合如上數。

例題二　已知　$b=30^{cm}$，　$d=40^{cm}$，　$as=7^{cm^2}$ 求其許可彎冪。

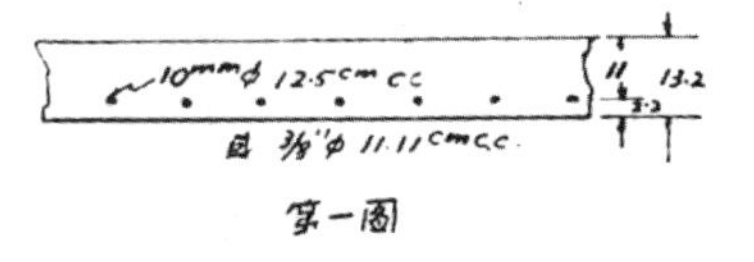

第一圖

［解］　今$as=7^{cm^2}$，

故$As=\dfrac{7\times100}{30}=23{\cdot}33^{cm^2}$　（每公尺所用鋼筋之量）

查表之第一列$d=40^{cm}$行之同行第四列得 $R=426{\cdot}6$

代入公式

$M=R{\cdot}As=426{\cdot}6\times23{\cdot}33=9953$ kgm.

此值大于同行第二列之彎冪 $M=9481$ kgm.

自應以表中之値作準，如是該斷面之許可彎冪應爲

$m=\dfrac{9481\times30}{100}=2844{\cdot}3$ kgm. 卽爲所求之數。

［注意］　凡As大于表中d行第三列之數，應卽以同行第二列之彎冪爲準。反之As小于表中第三列之數，應卽以 $M=R{\cdot}As$求其許可彎冪。

例如　　$as=6^{cm^2}$,

則　　$As=\frac{6\times100}{30}=20^{cm^2}<22\cdot22^{cm^2}$

此時卽應以　$M=R\cdot As$式定彎冪其值如次

$$M=426\cdot6\times20=8532\ kgm.$$

此值小于同行第二列所列之 9481 kgm，故應以此值作準。

因此該斷面之許可彎冪值爲

$$\frac{8532\times30}{100}=2559\cdot6\ kgm.$$

例題三　設梁受 1700 kgm 之彎冪，梁寬20^{cm}，求其所需之高度及鋼筋之面積。

〔解〕　先求梁寬1^m時之彎冪爲

$$m=\frac{1700\times100}{20}=8500\ kgm.$$

查第二列第二十四行（d=38）得與之相近而較大之值爲 8,557 kgm.

得同行第一列之 d 值爲38^{cm}，卽爲所求之有效高度。

得同行第三列之As值爲$21\cdot11^{cm^2}$，卽爲所求之鋼筋斷面積。

今梁寬爲20^{cm}，故所需之鋼筋爲

$$as=21\cdot11\times\frac{20}{100}=4\cdot222^{cm^2}$$

用以上之方法求出，其結果略有富裕，實際所需鋼筋之量爲　$As=\frac{M}{R}$。

R之值可由同行第四列查得　$R=405\cdot5$

結果所需之斷面積　　$As=\frac{8500}{405\cdot5}=21\cdot00^{cm^2}$

∴　　$as=\frac{21\cdot00\times20}{100}=4\cdot2^{cm^2}$

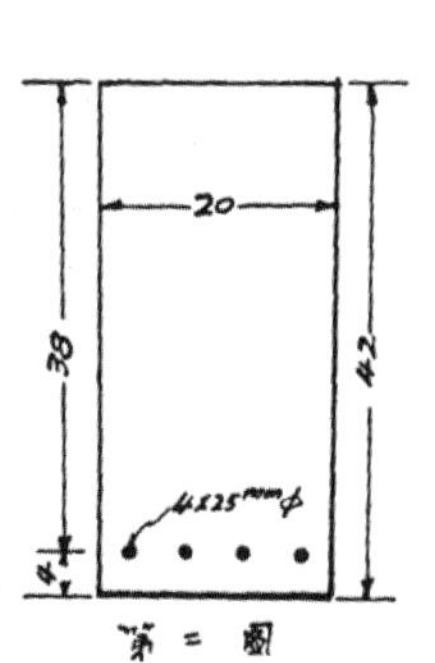

第二圖

兩者相差甚微，故此種手續可以免用。

結果可用　$4\times12^{mm}\phi=4\cdot52^{cm^2}>4\cdot222^{cm^2}$

或　$6\times\frac{3}{8}'\phi=6\times0\cdot715=4\cdot248>4\cdot222^{cm^2}$

與所需者略同。此外更需另加覆被厚度查第八列得4^{cm}。

例題四　設于上例之梁，梁端起最大剪力爲 6,000 kg (6t) 求其所需之高度。

〔解〕　今　$d=38^{cm}$

查同行第五列得　$V_4=13\cdot51$　$V_4=13\cdot5\times0\cdot2=2\cdot7t<6t$

查同行第六列得　$V_{14}=47\cdot29$　$V_{14}=47\cdot29\times0\cdot2=9\cdot46t>6t$

卽該斷面上之最大剪力介于兩者之間，故不必將 d 值加厚，只消設置曲上筋及箍鋼筋以補強之。

〔注意〕　凡外剪力小于V_4者可以不加箍鋼及曲上筋。但實際應酌予增加以策安全。

凡外剪力大于V_4而小于V_{14}者可以加用箍鋼及曲上筋以補強之。

凡外剪力大于V_{14}者應另增加其斷面之寬或厚度，務使在V_{14}以下爲止。

此種應付剪力鋼筋之設計方法普通恆略去不算，但實際上甚爲重要。暇當另立題目詳論之。

例題五　已知彎冪 8,000 kgm，梁寬爲30^{cm}，梁之有效高限完定50^{cm}，求所需鋼筋之斷面積。

［解］　先查表之第一列　$d=50^{cm}$行，在第二列查得

$M=14,810$ kgm，$As=27\cdot78^{cm2}$

但　$Mm=\dfrac{8,000\times100}{30}=26,667$ kgm. $>14,810$ kgm.

由是可知單筋梁不足應付此種外彎冪。此項不足抵抗之彎冪必需加用複鋼筋以補充之。如是

$\triangle M=MmM=2\,6,67-14,810=11,857$ kgm.

設　$d'=4^{cm}$。

查同行第九，十兩列得　$C=552$，　$C'=210$。

∴　$\triangle As=\dfrac{\triangle M}{C}=\dfrac{11,857}{552}=21\cdot50^{cm2}$

$As'=\dfrac{\triangle M}{C'}=\dfrac{11,857}{210}=56\cdot5^{cm2}$

結果抗張側所需鋼筋之斷面積爲　$27\cdot78+21\cdot50=49\cdot28^{cm2}$

結果抗壓側所需鋼筋之斷面積爲　$27\cdot78+21\cdot50=56\cdot50^{cm2}$

該梁所需之鋼筋面積。計抗張側用　$49\cdot28\times0\cdot3=14\cdot78^{cm2}$　用　$3\times25^{mm}\phi=14\cdot73^{cm2}$

抗壓側用　$56\cdot50\times0\cdot3=16\cdot95^{cm2}$用　$3\times25^{mm}\phi+2\times12^{mm}\phi=14\cdot73+2\cdot26=16\cdot99^{cm2}$

例題六　丁字梁之梁頂坂厚爲 0^{cm}，頂坂之寬爲$120=^{cm}$，彎冪$M=40,000$ kgm。

支點剪力　$V=20,000$ kg. 定斷面之寬高及鋼筋之量。

［解］　令　$b=1\cdot20$ m.

∴　$m=\dfrac{40,000}{1\cdot20}=33,333$ kgm.

查表第二十一列，$d=76$行得　$M=33,000$ kgm　與之略同。

如爲安全起見，可用　$d=78^{cm}$，以　76，80兩行之値而平均之得

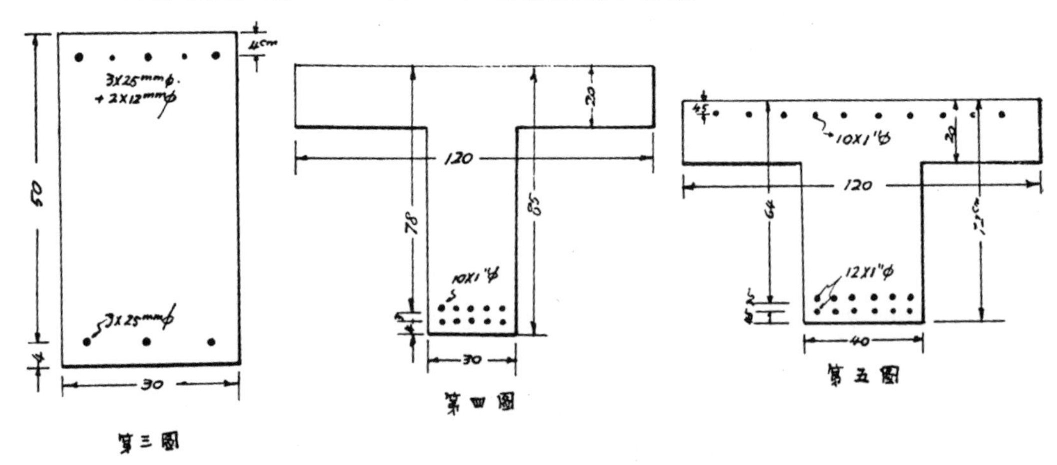

第三圖　第四圖　第五圖

$M=\frac{33000+36000}{2}=34,500$ kgm.

鋼筋之斷面積亦用二者之平均值得

$As=\frac{40\cdot35+41\cdot67}{2}=41\cdot01^{cm^2}$

∴ $as=1\cdot2\times41\cdot01=49\cdot21^{cm^2}$

用 $10\times25^{mm}\phi=49\cdot10^{cm^2}$ 略小

用 $10\times1''\phi=50\cdot70^{cm^2}$ 則略大

設計用單位剪力設爲 $\frac{4+14}{2}=9$ kg/cm²

則莖部之寬 b′可依次式定之

$b'=\frac{Y}{9}\cdot\frac{1}{j'd}$

查同行第七列求出 d=76與80之平均數得 $jd=77\cdot33^{cm}$. 代入上式得

$b'=\frac{20,000}{9}\times\frac{1}{77\cdot33}=28\cdot8^{cm}$. 實用 30^{cm}.

又因剪力超過其許可之剪力 4kg/cm²,自需另加剪力用鋼筋。 暫勿列論。

[注意] b值恆可假定爲頂坂厚度之12倍,或頂坂厚度之8倍加莖部寬之和,或兩梁間坂之全跨度。 或梁長四分之一。

例題七 設于上例中之d值,限定爲64^{cm},求斷面莖部之寬度b′及鋼筋之量。

[解] 今 $t=20^{cm}$, $d=64^{cm}$,時之彎冪在第二十一列中求出彎冪之量爲

24,200 kgm, 鋼筋斷面積 $As=35\cdot42^{cm^2}$. ∴$as=35\cdot42\times1\cdot2=42\cdot5^{cm^2}$.

其不足以應付已知彎冪之量爲

$\triangle M=40,000-24,200\times1\cdot2=10,960$ kgm.

此項彎冪,除非將上下側鋼筋增加不足以應付之。 其方法與求矩形複筋斷面全同。

設 $d'=4\cdot5^{cm}$,查同行第九,十兩項得

$C=714$, $C'=282$

∴ $\triangle As=\frac{10,960}{714}=15\cdot35^{cm^2}$, $\triangle as=15\cdot35\times1\cdot2=18\cdot4^{cm^2}$

$As_1=\frac{10,960}{282}=38\cdot9^{cm^2}$, $as_1=38\cdot9\times1\cdot2=46\cdot7^{cm^2}$

結果抗張用鋼筋之量 $as+\triangle as=42\cdot5+18\cdot4=60\cdot9^{cm^2}$ 用$12\times1\phi''=60\cdot82^{cm^2}$

抗壓用鋼筋之量 $as_1=46\cdot7^{cm^2}$ 用$10\times1\phi=50\cdot70^{cm^2}$

又 $b'=\frac{V}{9}\cdot\frac{1}{56\cdot9}=39\cdot1^{cm}$

設用 $b'=40^{cm}$.

[附註] 本表所採之規定大部根據南京市建築規則。 惟不同者僅有二點。 (一)U_{14}在南京市建築規則上定爲10kg/cm²。 (二)梁頂坂之寬得假定爲20t,本表作12t。 以上兩點,除第一條應改作14kg/cm²,(原因起草時作一四,排字時作一〇之誤)。 梁頂坂假定過寬,對于坂與莖部相接處往往發生重大剪力而致失敗,故原規定值似過寬裕。 好在實用上不超過此數卽與規定不相衝突。 故應用本表作爲設計公制式鋼筋混凝土梁坂等,皆可適合建築規則之規定。

鋼筋混凝土梁設計用表

單筋梁,板,複筋梁,坂,丁字梁,複筋丁梁等均可應用。

$f_c=40\ Kg/cm^2$
$f_s=1200\ Kg/cm^2$
$f_v=4\ Kg/cm^2$
$f_{vmax}=14\ Kg/cm^2$

1	2	3	4	5	6	7	8	9	10	11	12	13	14	15	16	17	18	19	20	2.	22
d	M	As	R	V_4	V_{14}	jd	d'	C	C'	Mt(t=10)Ast		Mt(t=12)Ast		Mt(t=14)Ast		Mt(t=16)Ast		Mt(t=18)Ast		Mt(t=20)Ast	
8	379.3	4.44	85.3	2.84	9.95	7.1	2.0	72	9.0	直徑mm	1	2	3	4	5	6	7	8	9	10	斷面周長cm
9	400.0	5.00	96.0	3.20	11.20	8.0	2.0	84	14.0	6	0.28	0.57	0.85	1.13	1.41	1.70	1.98	2.26	2.55	2.83	1.89
10	592.6	5.56	106.7	3.56	12.4[illegible]	8.9	2.2	93.6	15.9	8	0.50	1.01	1.51	2.01	2.52	3.02	3.52	4.02	4.53	5.03	2.51
11	717.0	6.[illegible]1	117.4	3.91	13.69	9.8	,,	105.6	21.1	10	0.79	1.57	2.36	3.14	[illegible].93	4.71	5.50	6.28	7.06	7.85	3.14
12	853.3	6.67	128.0	4.27	14.94	10.7	,,	117.6	26.5	12	1.13	2.26	3.39	4.52	5.65	6.78	7.91	9.04	10.17	11.31	3.77
13	1001.0	7.22	138.7	4.62	16.18	11.6	,,	129.6	31.9	14	1.54	3.08	4.62	6.16	7.70	9.24	10.78	12.32	13.86	15.40	4.40
14	1161.0	7.78	149.4	4.98	17.42	12.4	,,	141.6	37.4	16	2.01	4.02	6.03	8.04	10.05	12.06	14.07	16.08	18.09	20.10	5.03
15	1333.0	8.33	160.0	5.33	18.66	13.3	2.4	151.2	39.2	18	2.54	5.08	7.62	10.16	12.70	15.24	17.78	20.32	22.86	25.40	5.65
16	1517.0	8.89	170.6	5.69	19.91	14.2	,,	16[illegible].2	44.9	20	3.14	6.28	9.42	12.56	15.70	18.84	21.98	25.12	28.26	31.40	6.28
17	1713.0	9.44	181.3	6.04	21.15	15.1	,,	175.2	50.5	22	3.80	7.60	11.40	15.20	19.00	22.[illegible]0	26.60	30.40	34.20	38.00	[illegible].91
18	1920.0	10.00	192.0	6.40	2[illegible].40	16.0	,,	187.2	56.2	25	4.91	9.82	14.73	19.64	24.55	29.46	34.37	39.28	44.19	49.10	7.85
19	2139.0	10.56	202.7	6.76	23.65	16.9	,,	199.2	61.9	28	6.18	12.32	18.48	24.64	30.80	36.96	43.12	49.28	55.44	61.60	8.80
20	2370.0	11.11	213.5	7.11	24.89	17.8	3.0	204.0	56.1	32	8.04	16.08	24.12	32.16	40.20	48.24	56.28	64.32	72.36	80.42	10.50
22	2868.0	12.22	234.7	7.82	27.38	19.6	,,	228.0	67.3	38	11.34	22.63	34.02	45.36	56.40	68.04	79.34	90.72	102.06	113.40	11.94
24	3413.0	13.33	256.0	8.53	29.86	21.3	,,	252.0	78.7	3413	13.33										
26	4006.0	14.45	277.5	9.24	32.35	23.1	,,	276.0	90.2	4006	14.45										
28	4646.0	15.56	298.7	9.96	34.85	24.9	,,	300.0	101.8	4646	15.56										
30	5333.0	16.67	320.0	10.67	37.34	26.7	,,	324.0	113.4	5333	16.67	5333	16.67								
32	6068	17.78	341.3	11.38	39.82	28.4	4.0	336.0	105.0	6050	17.70	6068	17.78								
34	6850	18.89	362.6	12.09	42.31	30.2	,,	360.0	116.5	6770	18.62	6859	18.89	6850	18.89						
36	7680	20.00	384.0	12.80	44.80	32.0	,,	384.0	12.80	7510	19.44	7680	20.00	7680	20.00						
38	8557	21.11	405.5	13.51	47.29	33.8	,,	408.0	139.5	8250	20.17	8510	21.05	8557	21.11	8200	21.11				
40	9491	22.22	42.63	14.22	49.78	35.6	,,	432.0	151.2	9000	20.83	9400	22.00	9481	22.22	9108	22.22				
42	10450	23.33	44.81	14.93	52.26	37.3	,,	456.0	162.8	9740	21.24	10200	22.86	10450	23.33	10040	23.33				
44	11470	24.44	46.94	15.64	51.75	39.1	,,	480.0	174.5	10510	21.96	11180	23.64	11470	24.39	11470	24.44	11470	24.44		
46	12540	25.56	490.6	16.36	57.25	40.9	,,	504.0	186.2	11[illegible]70	22.46	12070	24.[illegible]5	12480	25.36	12540	25.56	12540	25.56		
48	13650	26.67	511.9	17.07	59.74	42.7	,,	528.0	196.0	10040	22.91	12960	25.00	13480	26.25	13650	26.67	13650	26.67	13650	26.67

公制圓鋼斷面表

t為丁梁頂坂厚。d為梁之有效點。M為梁寬一公尺所起之抵抗彎羅。

A為單筋梁每公尺寬所需之鋼筋斷面積。 $R=f_sjd=\frac{M}{As}$

$V_4=4\ jbd$, $V_{14}=14\ jbd$, $C=\frac{\Delta M}{\Delta As}$, $C'=\frac{\Delta M}{A'_s}$。

jd為梁斷面之腕長，f_s為鋼之許可應張力。

b為梁寬(本表皆作一公尺)。△M為外彎羅與抵抗力羅之差額，△A's為抗張側鋼筋之增加額。A's為抗壓鋼筋之斷面積。Mt,Ast為丁字梁之抵抗彎羅及鋼面積

d	M	As	R	V_4	V_{14}	jd	d'	C	C'	Mt(t=10)Ast		Mt(t=12)Ast		Mt(t=14)Ast		Mt(t=16)Ast		Mt(t=18)Ast		Mt(t=20)Ast	
cm	Kgm	cm²	R=fsjd	tons	tons	cm	cm	$C=\frac{\triangle M}{\triangle As}$	$C'=\frac{\triangle M}{A's}$	Kgm	cm²	Kgm	cm²	Kgm	cm²	Kgm	cm²	Kgm	cm²	Kgm	cm²
50	14810	27.78	533.4	17.78	62.23	44.5	,,	532.0	210.0	12790	23.33	13850	25.60	14520	27.07	14810	27.73	14810	27.78	14810	27.78
52	16020	28.89	555.0	18.49	64.71	46.2	,,	576.0	222.0	13570	23.71	14780	26.15	15560	27.82	15950	28.71	16020	28.89	16020	28.89
54	17280	30.00	576.0	19.20	67.20	48.0	,,	600.0	233.0	14330	24.07	15680	26.66	16600	28.52	17100	29.62	17200	30.00	17280	30.00
56	18580	31.11	597.2	19.91	69.69	49.8	,,	624.0	245.0	15110	24.40	16580	27.14	17640	29.17	18280	30.47	18570	31.07	18580	31.11
58	19930	32.22	618.7	20.62	72.18	51.6	,,	648.0	257.0	15890	24.71	17510	27.58	18780	29.77	19470	31.26	19850	32.06	19930	32.22
60	21330	33.33	640	21.33	74.66	53.3	4.5	666.0	258.0	16680	25.00	18450	28.00	19770	30.34	20700	32.00	21200	32.99	21330	33.34
64	24270	35.56	683	22.76	79.65	56.9	,,	714.0	282.0	18220	25.52	20200	28.75	21900	31.35	23000	33.33	23800	34.69	24200	35.42
68	27490	37.78	725	24.18	81.63	60.5	,,	762.0	305	19870	25.98	22100	29.41	24000	32.25	25500	34.70	26500	36.17	27100	37.26
72	30720	40.00	768	25.60	80.60	64.0	,,	810	329	21300	26.38	24000	30.00	26200	33.06	27900	35.55	29200	37.50	30100	38.89
76	34230	42.23	811	27.02	94.58	67.6	,,	858	353	22900	26.75	25900	30.52	28300	33.78	30300	36.49	31900	38.68	33000	40.35
80	37930	44.45	853	28.44	99.55	71.1	,,	906	376	24500	27.08	27800	31.00	30500	34.12	32700	37.33	34600	39.75	36000	41.67
84	41810	46.67	896	29.87	104.50	74.7	,,	954	400	26100	27.38	29600	31.43	32700	35.00	35200	38.79	37300	40.71	39000	42.86
88	45890	48.89	939	31.23	109.50	78.2	,,	1002	424	27600	27.65	31500	31.82	34800	35.53	37700	38.78	40100	41.59	42000	43.94
92	50160	51.12	982	32.71	114.50	81.8	,,	1050	448	29200	27.89	33400	32.17	37000	36.02	39100	39.42	42800	42.39	45100	44.9
96	54610	53.34	1024	34.13	119.50	85.3	,,	1098	472	30800	28.12	35300	32.50	39200	36.46	42700	40.00	45600	43.12	48100	45.84
100	59260	55.56	1068	35.56	124.40	88.9	5.0	1140	484	32400	28.33	37400	32.80	41400	36.87	45100	40.53	48400	43.80	51200	46.67
105	65330	58.34	1120	37.33	130.70	93.3	,,	1200	514			39500	33.14	44200	37.34	48300	41.14	51900	44.57	55000	47.62
110	71700	61.12	1175	39.11	136.90	97.8	,,	1230	544	英 制		41900	33.45	46900	37.76	51400	41.69	55400	45.27	58900	48.48
115	78370	63.89	1228	40.88	143.10	102.2	,,	1320	574			44300	33.74	49700	38.15	54500	42.20	58900	45.91	62800	49.28
120	85330	66.67	1280	42.68	149.40	106.7	,,	1380	604	圓鋼斷面表		46700	34.00	52400	38.50	59000	42.66	62400	46.50	66700	50.00
125	92590	69.45	1334	44.44	155.50	111.1	,,	1440	633	1/4"Φ=0.317cm²				55200	38.83	60800	[illegible]	65900	47.01	70600	50.67
130	101100	72.23	1387	46.24	161.80	115.6	7.0	1476	619	3/8"Φ=0.713cm²		方鋼斷面表		57900	39.13	64000	43.49	69500	47.54	74700	51.28
135	108000	75.01	1440	48.00	168.00	120.0	,,	1576	648	1/2"Φ=1.266cm²		1/2"Φ=1.613cm²		60700	39.41	67100	43.85	73000	48.00	78400	51.86
140	116100	77.78	1495	49.76	174.20	124.4	,,	1596	678	5/8"Φ=1.979cm²		5/8"Φ=2.519cm²		63500	39.67	70300	44.19	76500	48.43	82300	[illegible]
145	124600	80.56	1547	51.56	180.50	128.9	,,	1656	708	3/4"Φ=2.852cm²		3/4"Φ=3.626cm²				73400	44.50	80100	48.83	86200	52.88
150	133300	83.34	1600	53.32	186.60	133.3	,,	1716	738	7/8"Φ=3.955cm²		7/8"Φ=4.938cm²		英公吋厘對照表		76600	44.80	83700	49.20	90100	53.34
160	151700	88.90	1706	56.88	199.10	142.2	,,	1836	797	1"Φ=5.070cm²		1"Φ=6.452cm²		1/4"=6.35mm							
170	171300	94.45	1813	60.44	211.50	151.1	80	1944	835	1¼"Φ=7.917cm²		1¼"=10.078cm²		3/8"=9.53mm		5/8"=15.88mm		7/8"=22.23mm		1¼"=31.75mm	
180	192000	100.00	1920	64.00	224.00	160.0	,,	2061	894	1½"=11.399cm²		1½"=14.513cm²		1/2"=12.70mm		3/4"=19.05mm		1"=25.40mm		1½"=38.10mm	

我國磚瓦業之進步及現代趨勢

蔣 介 英

考我國建築，由來久矣，初則穴土，繼藉樹木，枝葉，築巢以爲蔽，是爲有巢氏之民，逮黃帝始營居室，類以木石爲之，史記龜筴傳（桀爲瓦室）張華博物志，（昆吾爲桀作瓦）又說文解詁，（瓦乃土器之統稱）傳曰（瓦紡磚也）由是知古時磚瓦製作之式樣本近似，而磚瓦實始自夏代，且均爲土製也，中葉漢武起神屋，以銅爲瓦，漆其外，明皇雜錄，虢國夫人恩寵傾一時，奪韋嗣立宅，以廣其居，後復歸韋氏，因大風折屋，墜堂上不損，視之瓦皆堅木也，是當時之瓦，有以金屬及木材爲之者，然皆逞一時之侈佉，供骨董家之鑒賞，不足以爲定制也，數百年來大宗磚瓦莫不以土製，近代建築工業，日趨進步，危樓廣廈，高聳雲漢，因之對於磚瓦，亦漸以改進，并有水門汀之發明，以代磚石，民初外人設義品機製磚瓦廠於滬西，繼則有中華第一窰廠，泰山，華大，大中，振蘇，東南等廠，均用機器及德式輪窰，仿製外國磚瓦，較我國湖北江浙所產土磚之窳敗易損者，已見進步，而掘土病農，終非長策，歐戰前，英美各國，有取煤渣用科學方法製成硬磚，用以堆砌牆壁，既堅固而復不透潮濕，德意志遭慘敗後，努力於各種實業之進步，對於煤渣製磚，力加研討，於是集煤渣製磚之大成，舉凡龐大建築，以及一切房屋，莫不以此煤渣磚爲基本之原料，目下英法亦遍用之矣，夫煤渣之爲物，原等廢材，工業國家數量奇巨，積之有占礙地土之弊，棄之有車馬運輸之勞，用以製磚，既可致用，而全土地，以免妨農，是以邇年來，日人亦從事致力於煤渣製磚之法，我國漢陽鐵廠郭伯良先生，曾以鐵渣製磚，堅硬耐久，成績極佳，惟鐵渣少而煤渣多，且遍，鄙人籌之久矣民十九，滬上有中國機製磚瓦廠之設，惜因製造方法，未臻完美，竟告失敗，後馥興公司繼起經營，不久又復終止，輾轉數年，未獲成效，然虧耗資本，則已不在少數矣，去年實業界先進郭伯良胡厥文等鑒於此種煤屑硬磚 各國早已風行，如能研究成功，決爲我國建築界之新供獻，因集合建築師范文照，陶桂林，葉庚年，銀行界陳潤水等，創辦長城機製磚瓦公司於騰越路一四四號，慘澹經營，不數月間，所有出品，極受各界歡迎，蓋其優點，在質堅量輕，不透潮氣，至尺寸準確，尚屬餘事，本年春，復詳加研究，製造各種空心磚，以應巨大建築之需要，細閱該廠所獲工部局，及交通大學研究所，發給之化驗證明書，以受壓力及耐久性，二項而言，已超越其他磚瓦兩倍有餘，吸水量在原重十分之一以下，則用砂灰或水泥堆砌，殊爲適當，而潮氣不透尤屬特長，惟現代科學昌明，或將再有進於此者，鄙人當企而望之。

二十四年四月份第四科業務簡單報告

上海市工務局

二十四年四月份執照件數繼續增多計核發營造執照二百三十五件（碼頭三件除外）比上月增多五十六件卽約增三分之一與上年同月相仿各區中以滬南爲最多閘北次之滬南區約佔總數四分之一閘北區約佔五分之一法華區向居第三位者近來殊不發達本月份僅二十件尙不及總數十分之一駁斥不准者二十一件新屋中仍以住宅爲最多約合總數三分之二市房次之但僅及總數八分之一

四月份核發修理執照一百九十三件雜項執照一百三十二件拆卸執照二十件比上月份修理約減七分之一雜項略增拆卸約減三分之一比上年同月修理約減六分之一雜項約減四分之一拆卸相仿分區比較修理雜項拆卸均以滬南爲最多修理幾及總數三分之二閘北次之雜項約合總數三分之一法華與閘北次之拆卸約合總數二分之一

四月份全市營造就上述之二百三十五件執照統計（未設有發照處各鄉區所造簡單平房概未計入）約共佔地面積五萬平方公尺約共估價一百五十萬元（尙有碼頭三件約共估價一百四十萬元連房屋共約二百九十萬元）比上月份面積又增七千平方公尺幾增六分之一估價則轉減十七萬元卽約減十分之一比上年同月面積約減七千餘平方公尺估價約減六十七萬元營造分區比較面積估價均以滬南爲最大閘北次之法華與洋涇又次之

四月份拆卸面積不足六千平方公尺比上月及上年同月均略減拆卸房屋中以滬南爲最多計有平房四十間樓房六十幢閘北略次餘均少數

四月份較大工程估價在五萬元以上者計僅四件（內碼頭一件約估價一百二十八萬元）計滬南二件江灣一件碼頭一件茲分誌於左

（一）益元地產公司在半淞園路造二層樓市房十二幢住宅三十九幢約共佔地一千五百平方公尺約共估價六萬元

（二）君毅中學在局門路汝南街造平房及二層樓校舍約共佔地一千六百平方尺公約共估價六萬元（以上二件滬南區）

（三）崇德女學校在體育會東路造平房及二層樓校舍約共佔地面積一千七百平方公尺約共估價七萬元（以上一件江灣區）

（四）中央銀行在虬江路口造棧房辦公室及碼頭約共佔地面積一萬七千平方公尺約共估價一百二十八萬

元

上述大工程四件估價總數計約一百四十七萬元已足與全市統計總數相埒

四月份審查營造圖樣二百五十九件修理査勘單二百十件雜項査勘單一百四十九件拆卸査勘單二十件共六百三十八件比上月份略減比上年同月約減十分之一營造圖樣經退改者一百八十五件轉較上月增多二分之一計核發之執照中經退改者約居總數四分之三亦比上月之三分之二爲多改圖計二百十次平均幾每件執照均須改圖一次修理雜項查勘單經查訊者七十二件計七十八次亦均較上月增多附錄一覽表於左

四月份改圖及查訊件數次數一覽表

市區	件數次數	閘北	滬南	洋涇	引翔	法華	其他	總計
營造	件	五一	五〇	一九	一一	二一	三三	一八五
	次	六〇	五六	二〇	一二	二四	三八	二一〇
修理	件	八	一五	一	〇	一	〇	二五
	次	九	一六	一	〇	一	〇	二七
雜項	件	一四	一二	二	二	一三	四	四七
	次	一五	一四	二	二	一四	四	五一

此外尚有與公用局會査閘北區營造二件法華營造十六件蒲淞區營造四件與土地局會查閘北區營造一件與衛生局會查閘北區法華區雜項各一件與社會局會查閘北區營造四件滬南區營造十二件蒲淞區法華區營造各一件

四月份取締事項計一百二十九件比上月及上年同月均略增其中仍以「工程不合」爲最多約佔總數六分之五承包此種工程之營造廠經予以撤銷登記譴處分者計二十二家處分營造廠數目近來逐漸增多上月份約減二分之一本月份轉增比上年同月約增三分之一

市有建築四月内完工者有寶源路菜場及市中心廣播電台機器房二件其餘工程均在繼續進行中玆分誌大要於左

（一）體育館　斬做人造石及舖置鋼磚地面鋼窗已全部配就屋架亦已裝好現正裝置桁條配舖屋面板及澆做屋面明溝等

（二）游泳池　磚牆已全部砌好現在舖置地面斬做人造石及粉刷内部水電設備正在趕裝

（三）運動場　看台及扶梯踏步已全部粉好門窗已全部裝好現正舖置地面裝修門面及裝置欄杆等

（四）圖書館五博物館　水泥鋼骨部份已全部澆竣現正砌牆配置人造石及整平地面等

（六）市立醫陳　第一二兩層鋼骨水泥柱子及樓板已澆好衛生試驗所除中間小部份屋頂外已全部澆好醫院附屬房屋水泥鋼骨部份已全部澆竣現正配置鋼窗及整平地面衛生試驗所附屬房屋正在配裝鋼窗

及做地面

（七）草塘小學　屋面及門窗已做好現正做門墩大鐵門及整理內外牆粉刷

（八）龍華飛行港房屋　屋面已蓋好現正裝修及粉刷內外部

二十四年四月份各區請領執照件數統計表

市區 件數 准否 分類	營造		修理		雜項		拆卸		總計	
	准	否	准	否	准	否	准	否	准	否
閘北	五一		六〇	二	二〇	二	七		一三八	四
滬南	六一	八	一一一	一四	四五	一一	一一		二二八	三三
洋涇	二五	四	五	一	一二				四二	五
吳淞	一五		三		二				二〇	
引翔	一九		六		一七				四二	
江灣	一七	三			一〇				二七	三
塘橋	三								三	
蒲淞	一三	二							一三	二
法華	二〇	四	八		二六	四	二		五六	八
漕涇										
殷行										
彭浦										
眞如	二								二	
楊思										
陸行	二								二	
高行										
高橋	七								七	
碼頭	三								三	
總計	二三八	二一	一九三	一七	一三二	一七	二〇		五八三	五五

二十四年四月份新屋用途分類一覽表

房屋用途 件數類別 市區	住宅	市房	工廠	棧房	辦公室	會所	學校	醫院	教堂	戲院	浴室	其他	總計
閘北	二八	一〇	七	一		一					一	三	五一
滬南	四〇	一一	六		二		一					一	六一
洋涇	二三	二											二五
吳淞	一〇	二		一			二						一五
引翔	一五	一		一								二	一九
江灣	一二	三	一				一						一七
塘橋	三												三
蒲淞	一一		一									一	一三
法華	一五		一			一						三	二〇
漕涇													
殷行													
彭浦													
眞如	一											一	二
楊思													
陸行	二												二
高行													
高橋	六											一	七
總計	一六六	二九	一六	三	二	二	四				一	一二	二三五

二十四年四月份營造面積估價統計表

市區／估價面積／房屋	平房		樓房		廠房		其他		總計	
	面積	估價	面積	估價	面積	估價	面積	估價	面積	估價
閘北	2910	48680	3970	164530	2970	91650	290	11870	10140	316730
滬南	4260	68280	8640	385770	1510	27870	350	5120	14760	487040
洋涇	4120	57730	1370	52840					5490	110570
吳淞	1710	29290	760	42850	300	3040			2770	75180
引翔	2330	32840	190	8750	240	4800	100	2000	2860	48390
江灣	2120	32520	2160	108330	90	1700			4370	142550
塘橋	500	8350	140	5600					640	13950
蒲淞	1580	30240			190	3800	530	7950	2300	41990
法華	720	13550	3240	147630	330	11500	230	1395	4520	186630
漕涇										
殷行										
彭浦										
真如			200	8000			200	20000	400	28000
楊思										
陸行	250	2460							250	2460
高行										
高橋	1340	24950	170	6800				3200	1510	34990
總計	21840	48890	20840	931100	5630	144360	1700	64090	50050	1488440

（註） 面積以平方公尺計算估價以國幣計算

（定閱雜誌）

玆定閱貴會出版之中國建築自第………卷第………期起至第………卷第………期止計大洋………元………角………分按數匯上請將貴雜誌按期寄下爲荷此致

中國建築雜誌發行部

…………………………………啓…………年…………月…………日

地址……………………………………………………………………

（更改地址）

逕啓者前於…………年…………月…………日在

貴社訂閱中國建築一份執有………字第………號定單原寄……………

……………………………………收現因地址遷移請卽改寄………………………

……………………………………收爲荷此致

中國建築雜誌發行部

……………………………啓…………年…………月…………日

（查詢雜誌）

逕啓者前於…………年…………月…………日在

貴社訂閱中國建築一份執有………字第………號定單寄………………

……………………………………收查第………卷第………期尙未收到祈卽查復爲荷此致

中國建築雜誌發行部

……………………………………啓…………年…………月…………日

中國建築

THE CHINESE ARCHITECT

OFFICE:

ROOM NO. 405, THE SHANGHAI BANK BUILDING,
NINGPO ROAD, SHANGHAI.

廣告價目表

廣告價目表		Advertising Rates Per Issue	
底外面全頁	每期一百元	Back cover	$100.00
封面裏頁	每期八十元	Inside front cover	$ 80.00
卷首全頁	每期八十元	Page before contents	$ 80.00
底裏面全頁	每期六十元	Inside back cover	$ 60.00
普通全頁	每期四十五元	Ordinary full page	$ 45.00
普通半頁	每期二十五元	Ordinary half page	$ 25.00
普通四分之一頁	每期十五元	Ordinary quarter page	$ 15.00

製版費另加　彩色價目面議

連登多期　價目從廉

All blocks, cuts, etc., to be supplied by advertisers and any special color printing will be charged for extra.

中國建築第三卷第二期

出版　中國建築師學會

編輯　中國建築雜誌社

發行人　楊錫鏐

地址　上海寧波路上海銀行大樓四百零五號

印刷者　美華書館
上海愛而近路二七八號
電話四二七二六號

中華民國二十四年二月出版

中國建築定價

零售	每冊大洋七角	
預定	半年	六冊大洋四元
	全年	十二冊大洋七元
郵費	國外每冊加一角六分 國內預定者不加郵費	

廣告索引

OF NEARLY 50 YEARS OF PROGRESS

FOR almost half a century "Standard" has played an important part in the development of every phase of modern plumbing fixtures. Here is shown the important developments in closet design from 1885 model made by Standard Mfg. Co. (founded 1876) to the latest achievement of Standard Sanitary Mfg. Co. (founded 1900)—the "Standard" Quiet One-Piece Closet—a triumph of nearly 50 years of progress.

1925

"Standard"
ONE-PIECE CLOSET

"Standard" Quiet One-Piece Closet. So quiet it cannot be heard outside the bathroom—so compact it can be placed in an alcove or against a sloping wall—so attractive it adds to the beauty of any bathroom.

1915

1905

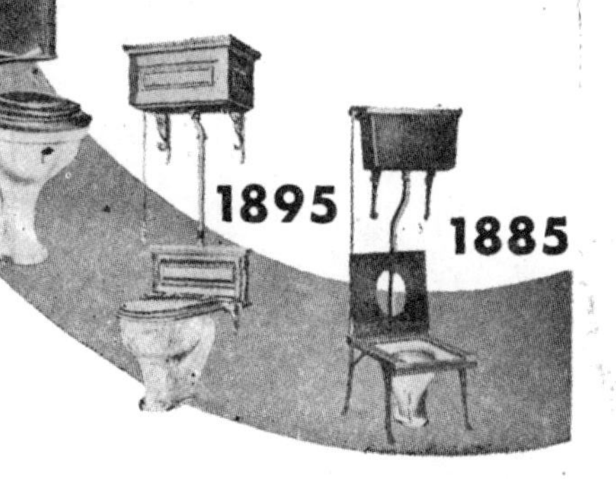

STANDARD SANITARY
MFG. CO.

PITTSBURGH, PA.

Sole Agent in China:

ANDERSEN, MEYER & CO., LTD.

SHANGHAI AND OUTPORTS

上海市政府頒給優等榮譽奬狀

建築 消防 必備中華滅火機

輕巧靈捷 用法簡易 藥力強大 滅火迅速

榮譽一斑

于右任題……智創巧述
孫科題……工良品雋
孔祥熙題……救焚利器
居正題……天工人其代之
褚民誼題……救災利器
何應欽題……挽回利權
陳公博題……實業良模
韓復榘題……利用厚生
石青陽題……挽迴利權
魯滌平題……功效卓著

尙有題奬不及備載

上海市閘北區救火聯合會證明射力高遠滅火迅速超乎舶來又上海市國貨陳列館審查合格給予證書及歷屆國貨展覽會給予奬狀奬憑以及各界證明謝函等件纍積盈案成績可以顯見

各界採備者

軍政部鞏縣兵工分廠
上海市國貨陳列館
上海市民衆教育館
南昌市民衆教育館
上海市閘北區一段救火會
國立上海商學院
國營招商局
農民銀行
章華毛織廠
滬太兩長途汽車公司

客戶衆多恕不盡述

中華實業工廠
上海浙江路六六六號
電話九三九〇一

備有樣本 承索即寄
外埠經理 詳章函洽

桂正昌鋼鐵廠

本廠專製建築五金鋼鐵出品堅固耐久且價格低廉交貨迅速素爲各大建築公司營造廠家所讚許推爲鋼鐵界上乘如蒙賜顧竭誠歡迎

註冊商標

廠址 盧家灣南魯班路中
電話 南市電話二三一六三

廉價出售

凡欲購敝社所出版之中國建築自二卷一至十二期共計十册定價七元全年者茲特廉價二月以八折實收洋五元六角惟存書不多愛讀敝刊者惠顧從速免致有向隅之感

中國建築雜誌社啓

益中福記機器瓷電公司

建築師及業主營造廠應請儘量採用全國獨家出品

益中國貨釉面牆磚

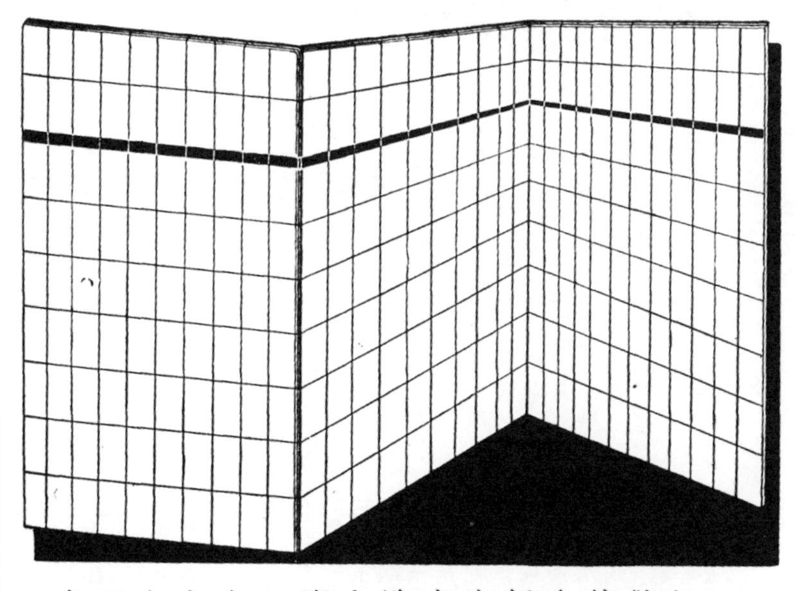

採用本公司出品釉牆磚一部份工程如下

四行儲蓄會靜安寺路大廈——南京交通部

南京郵政總局——愚園路愚谷村

面積平整；色澤美麗；品質堅固

其他各式瑪賽克瓷磚鋼精踏步磚無不應有盡有欲知詳情

請向……本事務所福州路八十九號

電話 一四四〇八 一六七〇六接洽

Chinese National Electric & Pottery Co.

Office: No. 89 Foochow Road, Room 419-422 Shanghai Tel.—14408—16706 Cable: Chinateng

大中機製磚瓦股份有限公司

製造廠浦東南匯縣下沙鎮

本司公因鑒於建築事業日新月異材料選擇尤關重要特聘專門技師購置德國最新式機器精製各種青紅磚瓦及空心磚等品質堅韌色澤鮮明自應銷以來已蒙各界推爲上乘樂予採購茲略舉一二以資參攷其他惠顧諸君因限於篇幅不克一一備載諸希鑒諒是幸

大中磚瓦公司附啟

曾經購用敝公司出品各戶台銜列后

本埠

戶名	承造	地址
國立上海商學院	陸根記承造	西體育會路
博德運絨線廠	創新承造	定海路
海港驗疫所	陶記承造	吳淞
正廣和汽水廠	方瑞記承造	培開爾路
工部局巡捕房	新蓀記承造	平涼路
國立中央實驗館	和興公司承造	兆豐花園
四行儲蓄會	陶馥記承造	英大馬路
墾業銀行	趙新泰承造	北京路
南京飯店	新金記祥號承造	山西路
開成造酸公司	王鏡記承造	軍工路
景雲大廈	惠記興承造	北京路
麵粉交易所	元和長記承造	民國路
業廣公司	陳馨記承造	歐嘉路
法教堂	吳仁記承造	勞神父路
七層公寓	吳仁記承造	霞飛路
百老匯大廈	新仁記承造	百老匯路
錦興大廈	新森泰承造	河南路
雷斯德工藝學院	久泰錦記承造	熙華德路
揚子飯店	潘榮記承造	雲南路
申新第九廠	協盛承造	東京路
南成都路工部局	新蓀記承造	南成都路

外埠

戶名	承造	地址
中央政治學校	大昌公司	南京
中央飯店	新金記承造	南京
金陵大學	利源建築公司承造	南京
航空學校	新金記康號承造	杭州
太古堆棧	嘀蘭治港公司	廈門
中國銀行	錦生記承造	青島

所出各品儲有大批現貨以備各界採用如蒙定製各色異樣磚瓦亦可照辦備有樣品如蒙索閱即當送奉

駐滬批發所

英租界牛莊路德興里四號　電話九〇三一一

Dah Chung Tile & Brick Man'f Works.

Sales Dept. 4 Tuh Shing Lee, Newchwang Road, Shanghai.

Telephone 90311

長城機製磚瓦
股份有限公司
註冊 商標
TRADE MARK
價比普通磚廉
貨品較任何機器磚高
總公司 製造廠 騰越路一四四號 電話五一一七九
事務所 牛莊路七四二號 電話九〇九八〇
出品
堅韌硬磚
輕硬空心磚
瀉水瓦片
如蒙垂詢價格及索閱貨樣請電話通知即當送奉
証明
壓力、吸水量、耐久性
均經上海工部局
詳細化驗負責証明
成績超越一切磚瓦
合作五金
股份有限公司
出品
優點
精確 美觀 堅固 價廉
出品
門鎖 抽屜鎖 拉手 文具 鉸鏈
MARCH
製造廠
總務處 上海嵩山路七九六
發行所 上海牛莊路七四二
電報掛號九六〇二 電話九〇九八〇

建業營造廠

總事務所
上海九江路一一三號
電話一四八四四
電報掛號二一四四

JAY EASE & CO.
GENERAL BUILDING CONTRACTORS

分廠
南京 西安 廣州
電報掛號二一四四

本廠承造工程之一斑

英工部局西人監牢A/B……上海華德路
英工部局西人監牢R/D……上海華德路
招商局鋼骨水泥貨棧一號二號三號……廣州
宋漢章先生住宅……上海金神父路
中央大學農學院……南京
新住宅區蘭園合作社第一部工程……南京
張治中先生住宅……南京
中國銀行經理住宅……南京
藏經樓……南京
西北農林專科學校大樓……陝西武功
中國旅行社西安招待所……陝西西安

本廠最近承造工程之一

南京總理陵園藏經樓

SLOANE·BLABON

司隆百拉彭

印花油毛氈毯

此為美國名廠之出品。今歸秀登第公司獨家行銷。中國經理則為敝行。特設一部。專門為客計劃估價及鋪設。備有大宗現貨。花樣顏色。種類甚多。尺寸大小不一。司隆百拉彭印花油毛氈毯。質細堅久。終年光潔。既省費。又美觀。室內鋪用。遠勝毛織地毯。

美商 美和洋行

上海江西路二六一號

王開照相

上海南京路 電話九一二四五

承攝各種工程照相

代客冲晒服務週到

電話九一二四五

C. H. WONG

PHOTO STUDIO

308 Nanking Rd. Tel. 91245

MEI HUA PRESS, LIMITED

278, ELGIN ROAD, SHANGHAI

42726, TELEPHONE

美華書館

印刷股份有限公司

◀此雜誌由本館承印▶

本館精印中西書報圖畫雜誌證劵單據各種文件銀行簿册五彩石印中西名片精鑄銅模鉛字銅版鋅版鉛版花邊及鉛字器具等印刷精美出品迅速定期不誤有口皆碑蓋本館由來迄今已有八十餘年之久設備新穎經驗豐富允為專家洵非自誇如蒙賜顧竭誠歡迎

地址 愛而近路二七八號

電話 四二七二六號

勝利鋼窗廠

VICTORY

STEEL WINDOW & DOOR

敝廠專製各種鋼窗鋼門以及其他鋼鐵工程開辦多年交貨迅速定價低廉

事務所
寧波路四十七號
（即上海銀行對面）
電話 一九〇三三

製造廠
閘北柳營路二八四號
電話 四二一四二

亞細亞晒圖股份有限公司

ASIA PRINTING CO. LIMITED

47 NINGPO ROAD TEL.—13357

上海寧波路四七號

電話一三三五七號

本公司備有最新式電光晒圖機與烘乾機以及其他晒圖應用機器專門晒印各項圖樣交件迅速線路顯明蓋本公司開辦多年對於印晒圖樣有相當經驗如蒙
賜顧請撥電話近處接送並不加費本公司又兼售繪圖膽紙膽布價格低廉倘蒙
光顧竭誠歡迎

清華工程公司

本公司經營暖汽及衛生工程由專門技師設計製圖及裝置倘蒙諮詢自當竭誠答覆

地址 北京路浙江興業銀行大樓
電話 第一三八八四號

褚掄記營造廠

廠址 上海臨平路二一號

本廠專門承造一切大小建築鋼骨水泥工程工場廠房以及碼頭橋樑等迅速經濟堅固如蒙委託無任歡迎

THU LUAN KEE
CONTRACTOR
21 LINGPING ROAD.

敬啟者下列一書久已名聞世界為建築師，土木工程師，營造人員，公路建設人員及鐵路工程人員不可缺少之參考書籍也蓋當從事之際每感無完備書籍足供參考本書自卷一至卷六互相連軌決非單置一本或數本所能窺其全豹惟原版書異常昂貴普通人往往無力購置以致**影響事業前途**實非淺鮮敝社為服務社會起見用將該書全部翻印書價力求減低以輕讀者負擔惟冊頁浩繁成本極巨約需叁個月始能全部出齊（每月出二冊）現徵求預約（預約期民國廿四年七月十五日截止）敝社此次**祇印二百部**售完提前截止決不再印如蒙訂購尚希從速以免向隅茲將預約辦法列下

中國通藝社圖書部謹啟

上海北京路三七八號

電話九五二七七

Hool & Kinne: Structural Engineers' Handbook Series

Editors in Chief: G. A. Hool, formerly Professor of Structural Engineering, University of Wisconsin and W. S. Kinne, Professor of Structural Engineering, University of Wisconsin, assisted by a large staff of specialists. A series of six volumes designed to provide the engineer in practice and the engineering student with a complete treatment of the design and construction of the principal kinds and types of modern civil engineering structures. The books present much information hitherto unpublished data from the files of Engineers in practice.

Volume	(原版書價)	(翻版定價)	(預約價目)
Vol. 1 Hool & Kinne: Foundations, Abutments and Footings **Contents.** Soil Investigation. Excavation. Foundations. Spread Footings. Underpinning. Foundations requiring special consideration. Bridge piers & Abutments. Legal Provisions regarding foundations & Footings.	$12.00	$4.50	$3.60
Vol. 2 Hool & Kinne: Structural Members & Connections **Contents.** General theory. Design of steel & cast-iron members. Splices & connections for steel members. Design of Wooden Members. Splices & connections for wooden members. Design of Reinforced concrete members.	18.00	6.75	5.40
Vol. 3 Hool & Kinne: Steel and Timber Structures **Section Heading-Buildings.** Roof Trusses. Short span steel bridges Timber bridges & trestles. Steel tanks. Chimneys. Structural steel detailing. Fabrication of structural steel. steel erection. Estimating steel-work. Materials.	18.00	6.75	5.40
Vol. 4 Hool & Kinne: Reinforced concrete & Masonry Structures. **Section Headings** preparation and placing of concrete. Forms for concrete. Bending & placing concrete reinforcement. Finishing concrete surfaces and waterproofing. Reinforced concrete Building. Retaining wall design slab & Girder bridges. Arches. Hydraulic structures Chimneys. concrete detailing. Estimating Concrete Costs.	18.00	6.75	5.40
Vol. 5 Hool & Kinne: Stresses in Framed Structures. **Contents.** General theory. Roof Trusses. Bridge Trusses. Lateral Trusses & Portal Bracing. Deflection of Trusses. Redundant Members & secondary Stresses Statically Indeterminate frames. Wind stresses in High building Rectangular Tower Structures.	15.00	5.63	4.50
Vol. 6 Hool & Kinne: Movable and Long-Span Bridges. **Contents.** Bascule bridges. Vertical lift bridges. Continuous bridges. Suspension bridges. Steel arch bridges. Swing bridges Cantilever bridges. Analysis of Three-hinged arch bridges. Analysis of fixed arches. Analysis of two-hinged arches.	15.00	5.63	4.50
	$96.00	$36.01	$28.80

敝社為特別優待讀者起見凡一次付款者祇收二十五元九角二分

分期付款　第一次預約時先付十二元八角

第二次七月前付八元

第三次出書時付八元

外埠另加寄費一元二角

久泰錦記營造廠

本廠承造之萊斯德工藝學院

斯校爲已故萊斯德氏慨捐鉅資創辦其規模之宏偉
設備之完善爲遠東首屈一指
德和洋行設計

本廠最近工程中國航空協會陳列館及會所

該工程爲董大酉建築師設計

事務所：上海博物院路一三一號

電話：一四七二六號

本廠承造之上海衛生試驗所

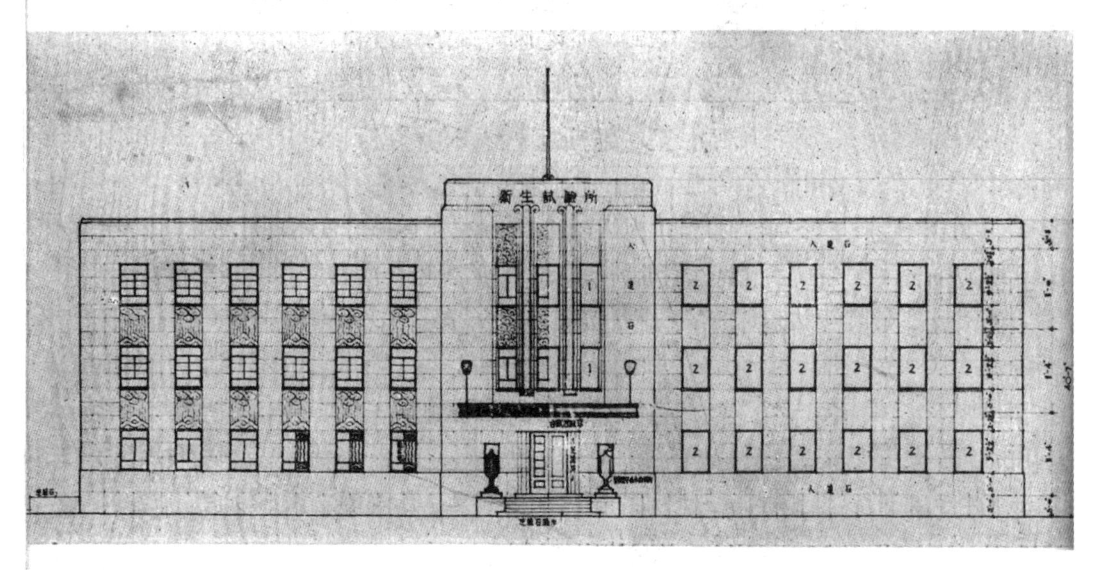

陸根記營造廠

最近承造工程一覽

工程	建築地址	業主	建築師
中國銀行行員宿舍	上海福司非而路	中國銀行	陸謙受君
百樂門大飯店及舞廳	上海愚園路角	顧聯承君	楊錫鏐君
大同公寓	上海西摩路大同里	李伯勤君	周春壽君
中南銀行行員宿舍	上海愚園路鎮寧路角	中南銀行	李英年君
上海市立醫院及衛生試驗所	上海市中心區	上海市工務局	上海市中心區建設委員會辦事處
國立上海商學院	上海江灣西體育會路	上海商學院	楊錫鏐君
南京蠶桑改良試驗所	南京中華門小行鎮	全國經濟委員會	經委會工程處
南昌省立醫院	南昌民德東路	全國經濟委員會	基泰工程司
南昌勵志社游泳池	南昌	江西省政府	基泰工程司

事務所　上海江西路三五三號
　　　　廣東銀行大樓

電話　一三七五六號

分廠　南京　杭州　南昌

中華民國[illegible]年七月九日 收到

中國近代建築史料匯編（第一輯）

中國建築

第三卷　第三期

THE CHINESE ARCHITECT

中國建築

內政部登記證警字第二九五號
中華郵政特准掛號認為新聞紙類

中國建築師學會出版
第三卷 第三期

第三卷 第三期

工大協記建築公司

本廠專門承造中西房屋銀行堆棧廠房鐵道碼頭橋梁涵洞以及一切大小鋼骨水泥等項工程如蒙委託不勝歡迎

地址：上海江西路漢彌登房子一二二至一七〇號

電話：一九二六八號

毛榮記水電公司

本公司承裝各項暖氣水管工程及衛生器皿等件各色俱備工作人員均是經驗豐富必能得主顧之滿意也如蒙委託竭誠歡迎

上海華德路二〇六號　電話五〇三一六號

欲求街道整潔美觀惟有用

開灤路磚

價廉物美，經久耐用，平滑乾燥

A Modern City needs

K. M. A. Paving Brick

Rigidity & Flexibility

Dense, Tough, Durable, low maintenance

The Kailan Mining Administration

12 The Bund

Tel. 11070 / 11078 / 11079

Direct telephone to Sales Dept. Tel. 17776

江裕記營造廠

本廠最近承造之南京外交大樓及外交部官舍

地址：上海靜安寺路九六弄十二號　電話：九二四六四

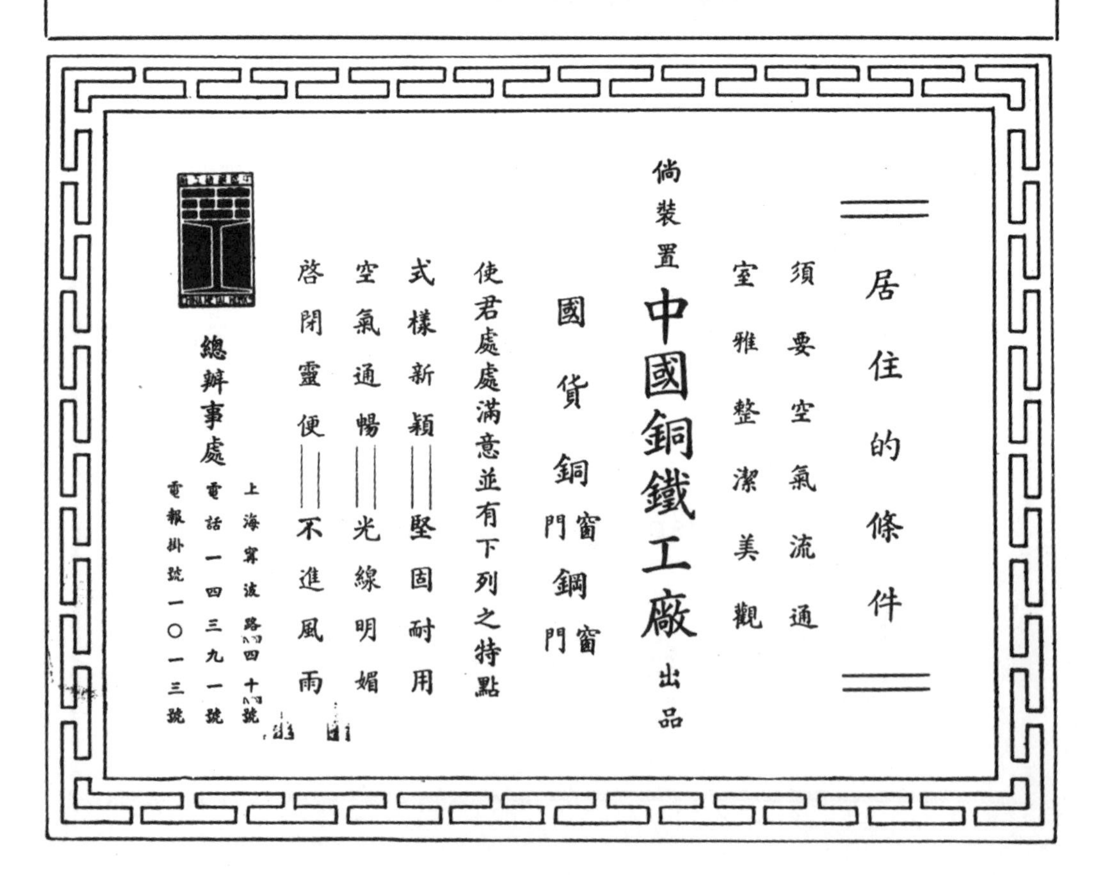

中國建築

第三卷 第三期

民國二十四年八月出版

目次

著述

卷頭弁語

本期仍按原定程序由中國建築師學會會員華蓋建築事務所趙深陳植童寯三建築師供給重要材料其作品雖多因限於篇幅未能盡量發表僅酌選其數種圖案載入本刊其中重要工程除將其設計概要約略說明外並將建築造價列入以資讀者參考惟對於文字方面因時間關係主編者未得充分預備不能多載耳

本刊每期登載之「建築正軌」一文因作者事煩續稿未到暫停容到後繼續刊登以後本刊將偏重於圖樣部份雖於製版時手續與費用俱增因求讀者之得益起見亦在所不計至於讀者如有其他意見亟盼指教庶能集全國之精力發揚我國之建築事業豈僅本刊之幸乎

中國建築

民國廿四年　　第三卷第三期

京滬滬杭甬鐵路管理局局所計劃草圖

上海華蓋建築事務所設計

京滬滬杭甬鐵路管理局局所初步計劃

華蓋建築事務所設計

自京滬滬杭甬鐵路管理局委託華蓋建築事務所修復北站之後,即有興建管理局新局所之動議,當於廿二年秋,從事初步設計,九月七日將初步圖案及計劃書預算表全部完成,呈請鐵道部審核。 廿三年春,該新局所計劃始得鐵道部批准。 在該時期內,曾根據該路工務處所提出對於華蓋所擬新屋計劃之意見及根據該路衛生課人員往返接洽情形,數度將圖樣修正。 至廿三年五月十一日,由黃局長伯樵具函通知華蓋聲明該局規建新屋,奉鐵道部電令應由部路兩方會同設計,即由部中精於建築者擔任,始停止進行繪圖

該屋須包括所有兩路局行政課段團體,除目下租用河濱大廈部份之各處課外,尚須包括車務處警務署衛生課三項人員,惟站上行車人員(現在北站)則不在內。 至於各處應佔辦公地面及擬議計劃,因各處事務性質不同,內部結構宜適應各個需要,非可憑空懸擬,必往兩路局現有各處詳密考查一周,製成圖表,方可着手計擬。調查結果約需平面面積共約十五萬平方尺,該屋容積約合一百七十萬立方尺。 則房屋造價以最經濟之限度設計,至少需國幣五十萬元。 而其他電氣衛生消防暖氣電梯等項設備亦需二十萬元。 總造價預算當在七十萬元左右。 建築地點當時由路局暫時擬定在大統路金陵路轉角於着手計劃之前,曾前往實地考察地形,並顧到該處將來擴展情形。

內部設計共分總務工務車務會計機務材料六處。 又有鐵道部所轄總稽核及警務署總務處除正副局長秘書等室外,分人事文書庶務產業衛生各課,共約一百六十餘人,會計處分文牘出納綜核檢查各課,共約一百九十人工務處分文牘工程各課,約五十人,機務處分計核繪圖文牘行車各課股,共約一百人,車務處分總務營業運輸各課,共約二百五十人,材料處分採辦計核各課,共約七十人。 表面立體圖形以莊嚴樸實為主旨。

京滬滬杭甬鐵路管理局西站附近佈置草圖

上海華蓋建築事務所設計

首都國民政府外交部辦公大樓暨官舍

華蓋建築事務所設計

國民政府外交部新屋計劃，始於民國二十年春，初議以六十萬建造外交賓館，二十萬建造臨時辦公大樓。（外交部爲行政區之一部將來永久計劃將在明故宮舊址）。 嗣後爲求緊縮起見，決定拋棄賓館計劃，並將辦公大樓酌量擴展，以其一小部份作爲迎賓之用，以合乎實用不求華麗爲主要目的。 故初擬圖樣不能適用。第二次設計對於方向又詳加研究，因中山路偏南北向，若新屋正面朝西，冬夏兩季均不相宜。 始決定大樓正面朝鼓樓。 在基地之中部闢大圓路，東西闢兩門，使往來車馬可以東西貫通。

房屋計劃大致以南部大門爲辦公之用，北部大門爲迎賓之用，辦公部份有地屋一層，爲儲藏之用。 第一層爲總務司。 第二層爲部次長室合議參事秘書各廳。 三層南部爲歐美國際兩司，北部爲亞洲司。 四層北部爲情報司，南部爲檔案條約委員會等室。

部長官舍適在辦公大樓之南，內設大廳餐廳書房，二層設房間四五間，爲部長官邸或招待外賓均可合用。外交部全部工程之建築費用略如下：

外交部全部工程造價表

辦公大樓	建築工程	333,831.92元	
	暖氣衛生設備	59,127.00	
	電氣設備	1,792.0)	
	廚房吊梯	1,188.00	395,938.92元
路工，門房，僕役室，汽車間，車棚，花房，圍牆等附屬工程		76,453.53	
	附屬工程之衛生設備	2,200.00	
	附屬工程之電氣設備	2,420.00	81,073.53元
官舍	建築工程	35,744.42	
	暖氣衛生設備	6,682.00	
	電氣設備	13,50.00	43,776.42元
		總造價	520,788.87元

首都國民政府外交部辦公大樓立視圖
上海華蓋建築事務所設計

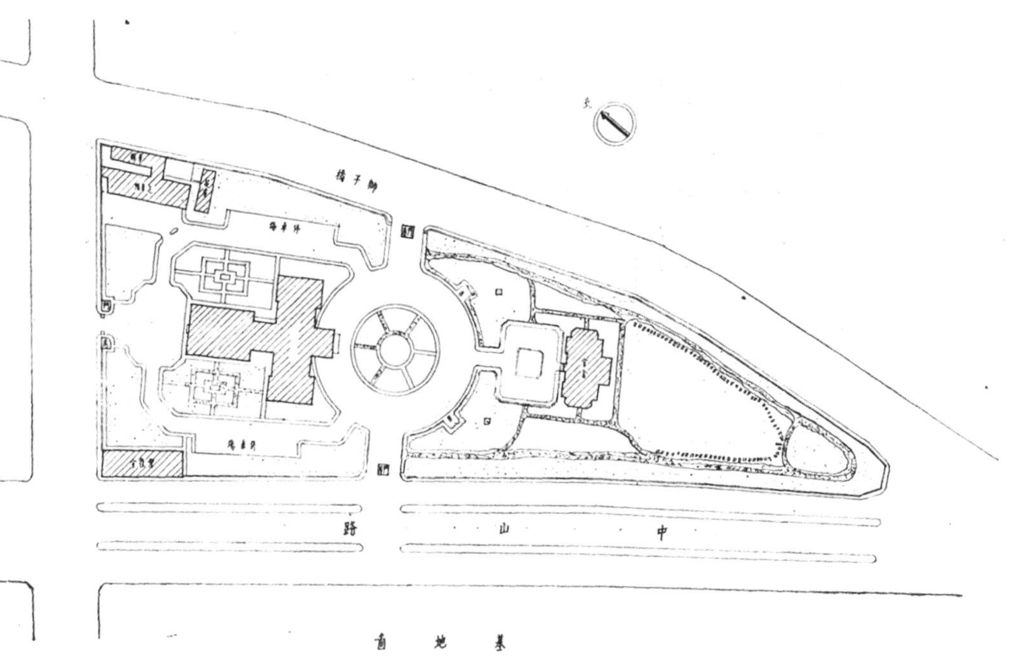

首都國民政府外交部辦公大樓及官舍總基地圖

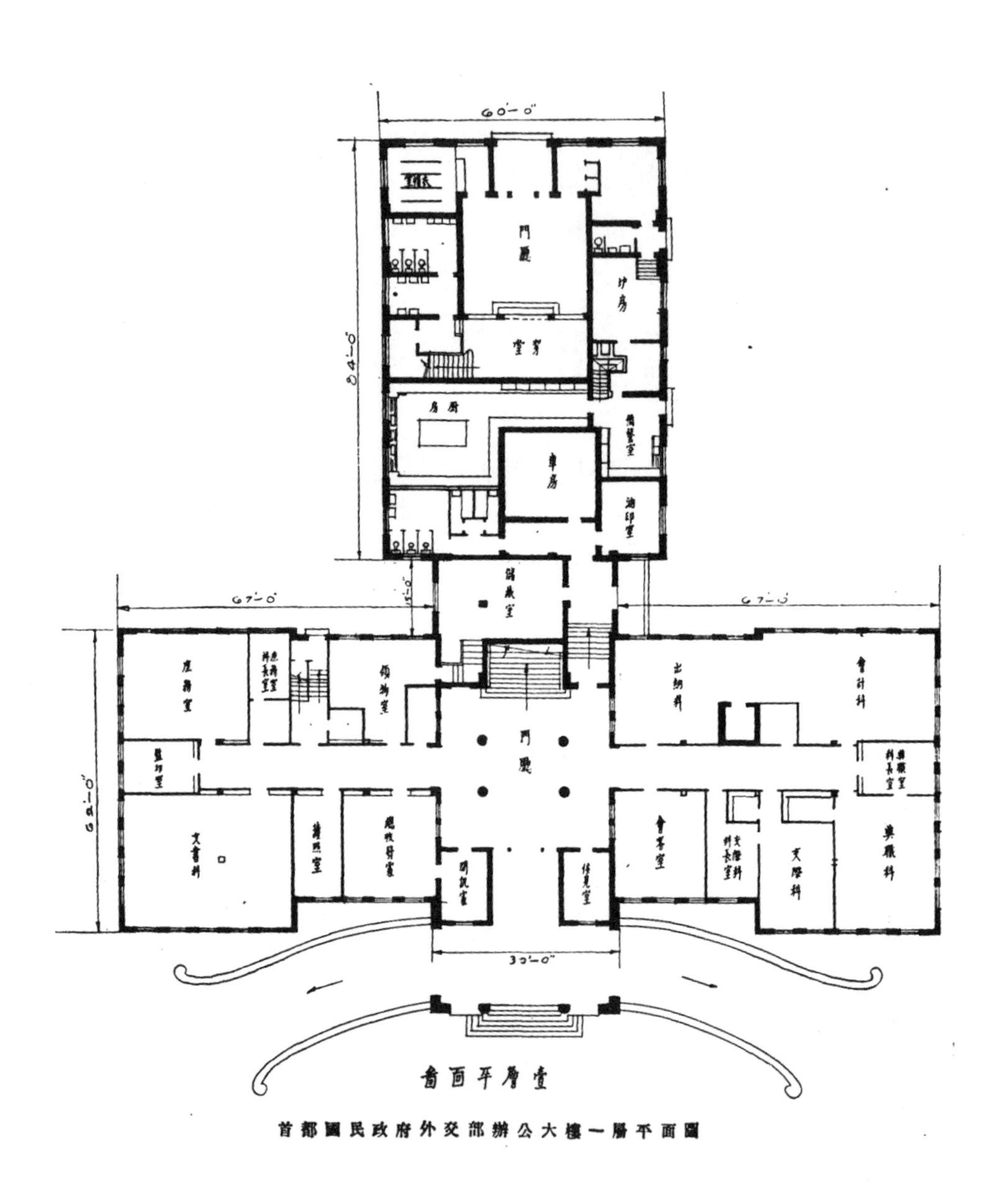

首都國民政府外交部辦公大樓一層平面圖

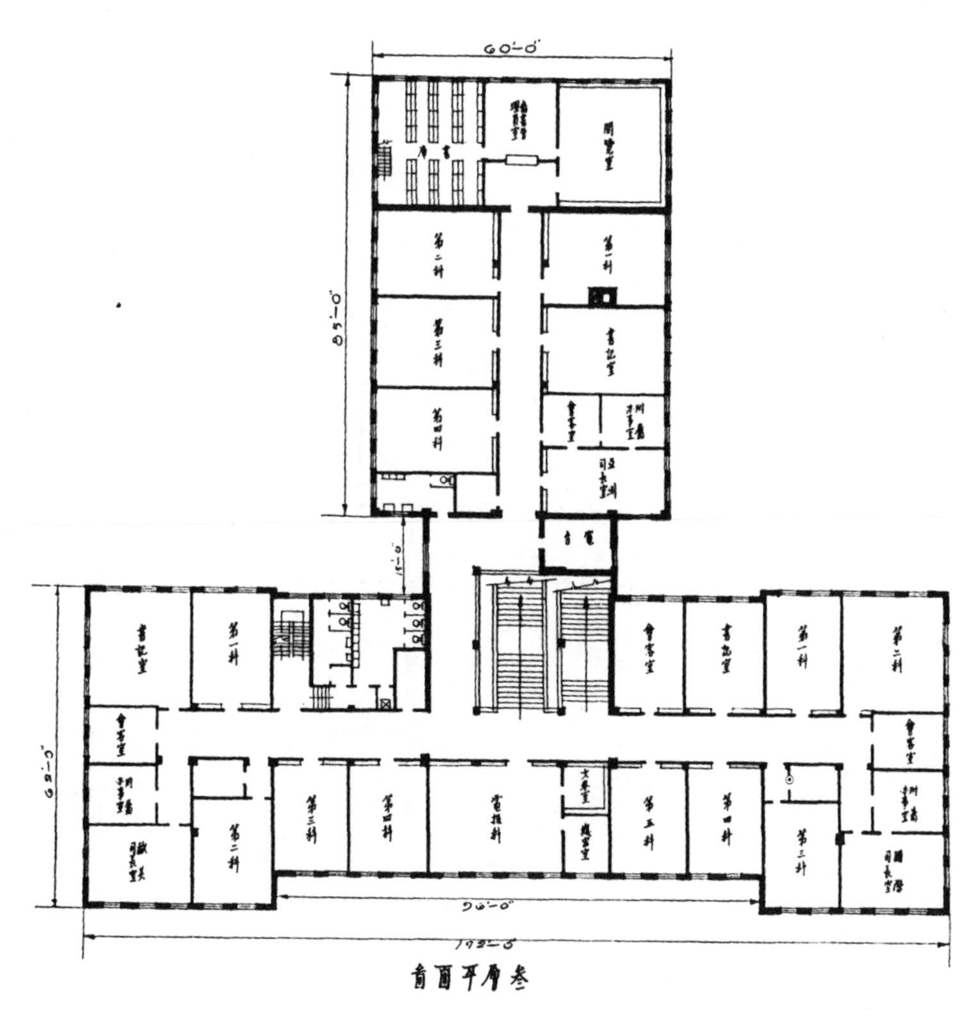

首都國民政府外交部辦公大樓二層平面圖

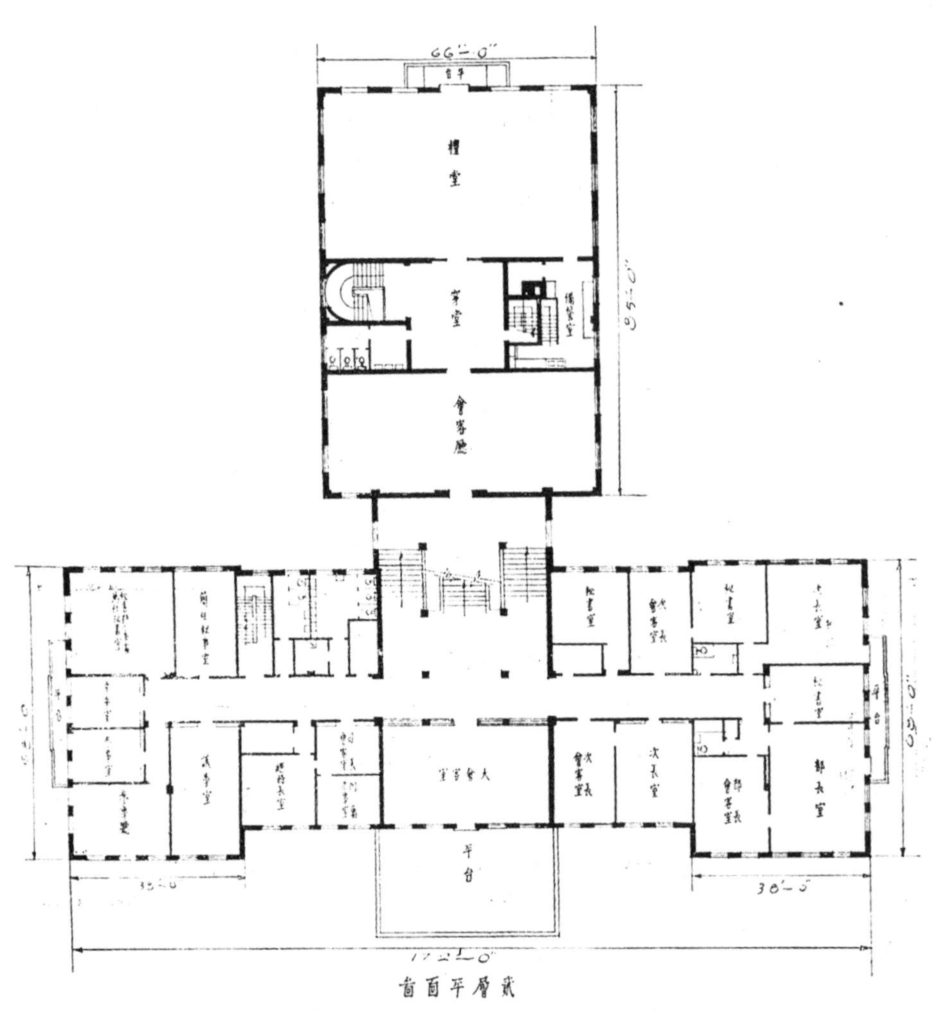

首都國民政府外交部辦公大樓三層平面圖

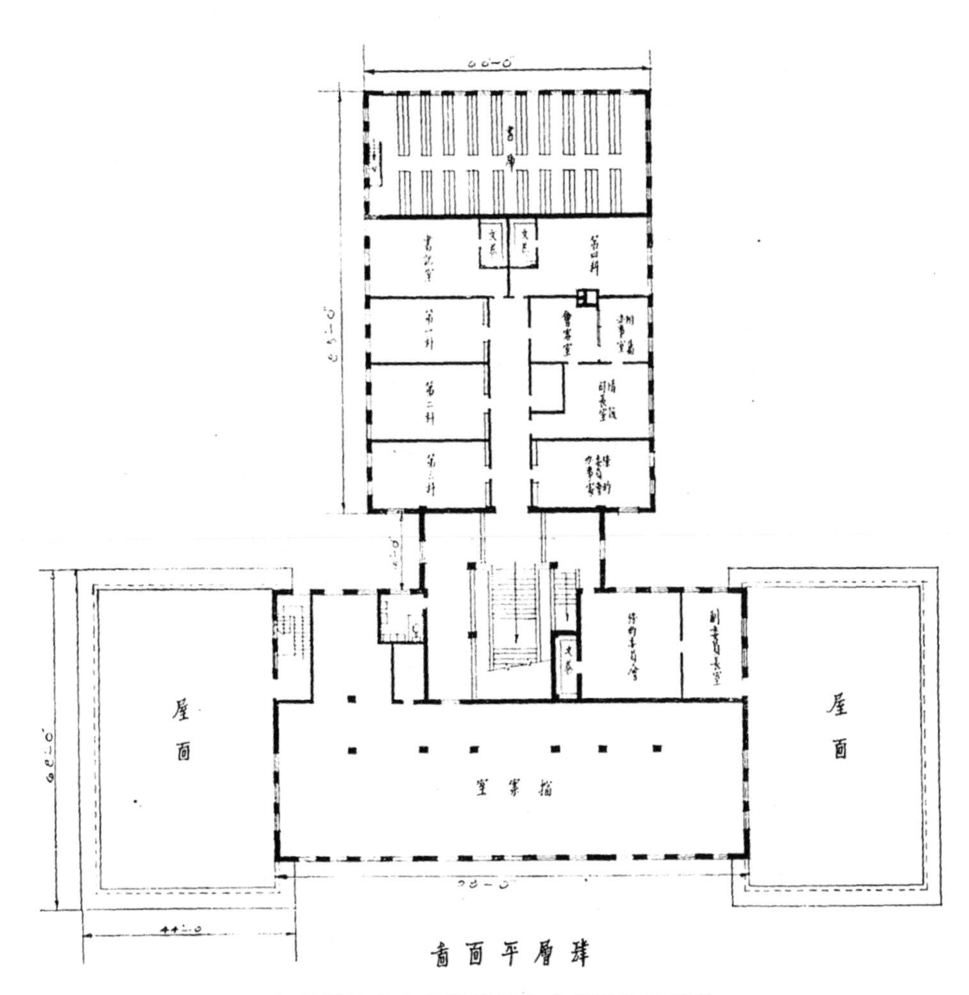

肆層平面圖

首都國民政府外交部辦公大樓四層平面圖

首都國民政府外交部辦公大樓宴客廳內景

首都國民政府外交部辦公大樓內景

首都國民政府外交部辦公大樓之內景

國民政府外交部辦公大樓門樓側視圖

國民政府外交部辦公大樓之內景

天花板圖案之一部

宴客廳之內景

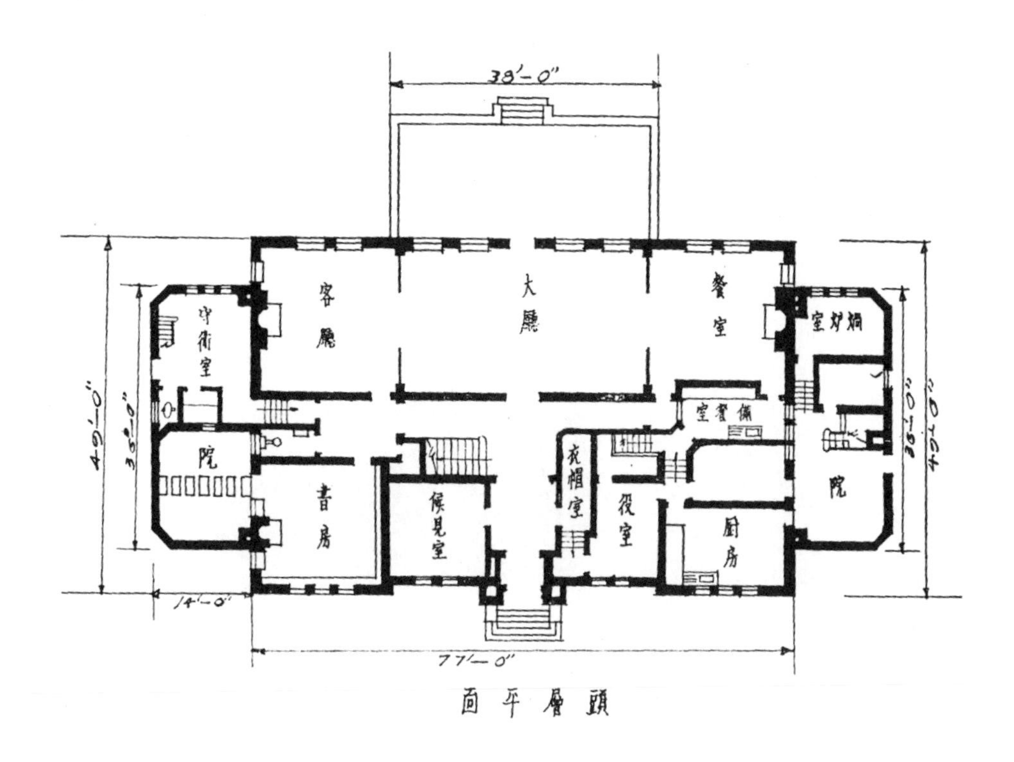

頭層平面

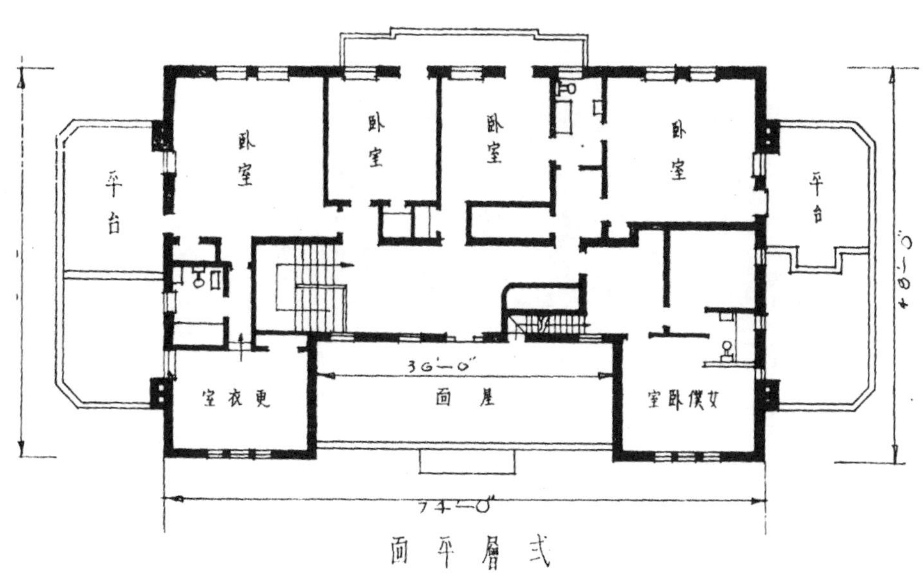

貳層平面

國民政府外交部官舍頭貳層平面圖

國民政府外交部官舍前後立視圖

中　山　文　化　教　育　館

華蓋建築事務所設計

地點在中山陵園靈谷寺附近，地勢較靈谷路高約十餘尺，四面環山，西面臨荷花塘，風景絕佳。

全部房屋分爲兩部（一）館舍（二）宿舍。館舍內除設館員辦公各室外，並設禮堂圖書館藏書庫研究室等宿舍亦分兩部一部，爲公寓式，一部爲住宅室。此項設計因限於建築費，注重堅固樸素，建築材料儘量採用國貨。外面用青磚，牆大門一部覆刻花方磚，屋面用宜興琉璃瓦，內部水泥樓地板均舖啟新水泥磚，扶梯舖設缸磚，主要房間飾以北平彩畫，平頂園藝佈置係根據建築師之平面計劃，由陵園遺族學校計議施工，全部建築造價如下。

建築工程	一〇四，五一八・一九元
暖氣衛生設備	二七，四八三・四〇元
電氣設備	二，七八三・六〇元
總造價	一三四，七八五・一九元

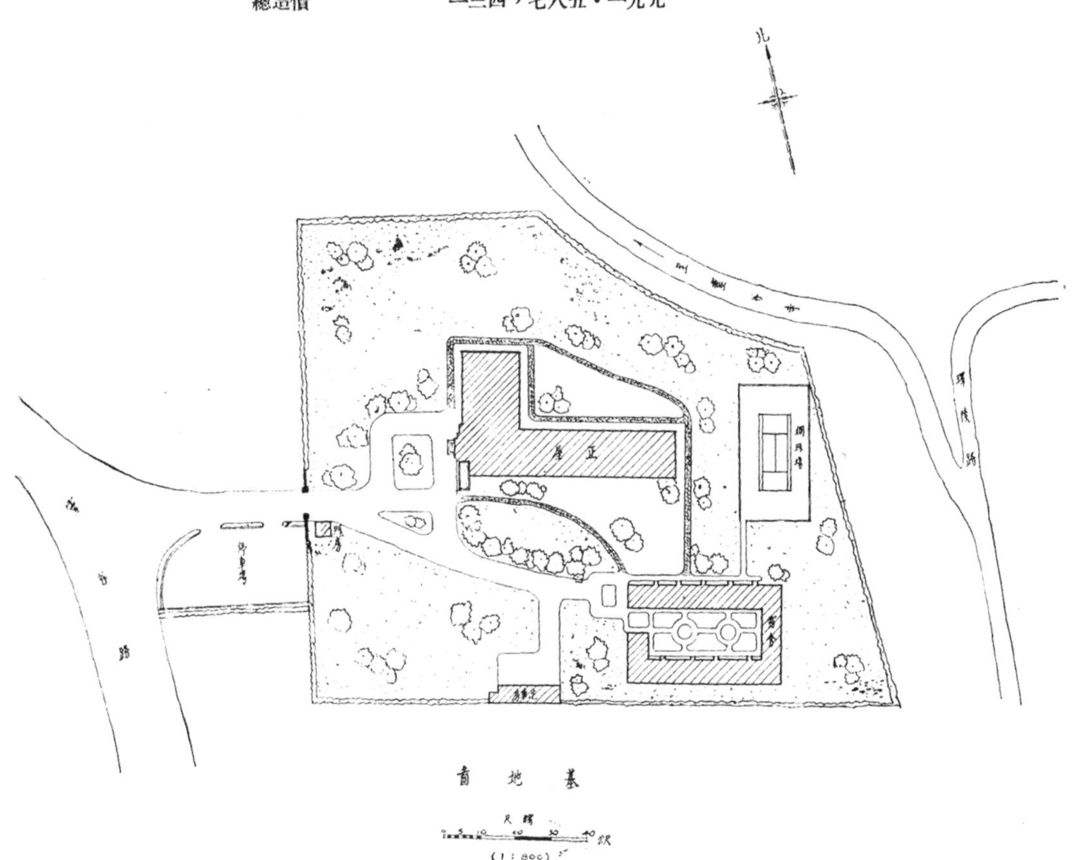

首都中山文化教育館總基地圖

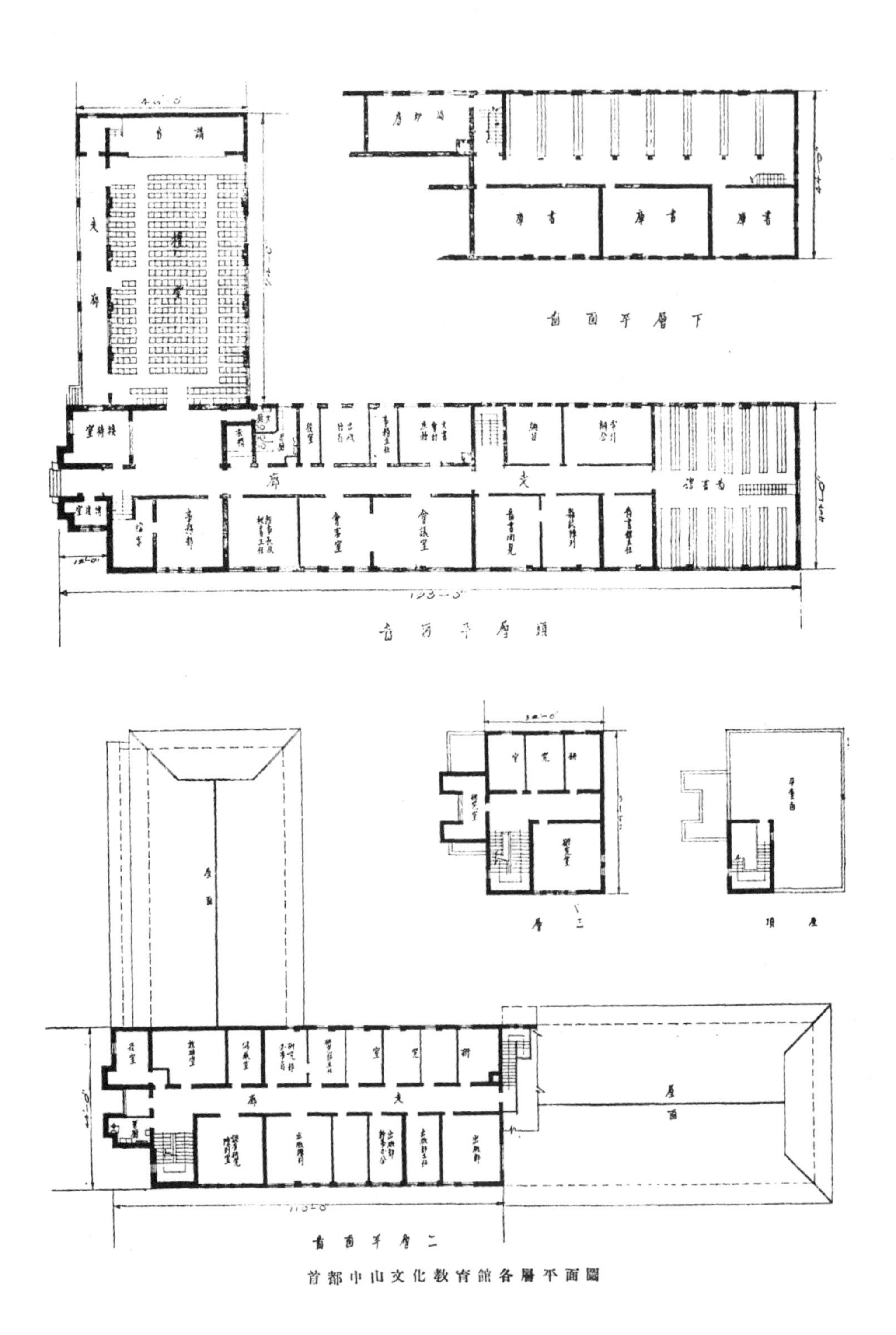

首都中山文化教育館各層平面圖

首都中山文化教育館進門處之雄姿

首都中山文化教育館側立面視圖

首都中山文化教育館大門及門房外景

首 都 飯 店 透 視 圖

首　都　飯　店

華蓋建築事務所設計

首都飯店原定地點在首都新街口附近，後經長時期之考慮後，始決定趨近下關。指定中山路西，鐵道部與外交部之間，爲建築基地。此項計劃爲求得到一最高尚之旅舍客爲目的。房雖僅限於五十間，而每間均備有浴室，在東南隅並有特等房間，下層有大穿堂大客廳大小餐廳酒吧理髮諸室。下層之東翼及二三層均爲客房，每層設有會客室，頂層有陽光室聚會室陽台及平台花院，可供旅客憩用，下層大客廳及大小餐廳均有冷氣設備。

全部房屋爲鋼骨水泥結構，由華啓顧問工程師設計，建築式樣爲國際式。建築材料大部用本國出品。

爲求旅客之舒適起見，對於園藝佈置，尤爲注意，全部均用高貴樹木點綴園景，後部設網球場。

建築造價如下

建築工程	一四二，六二六・六〇元
暖氣 冷氣 衛生 設備	六一，〇三〇・〇〇元
電氣設備	三，五五〇・五〇元
總造價	二〇七，二〇七・一〇元

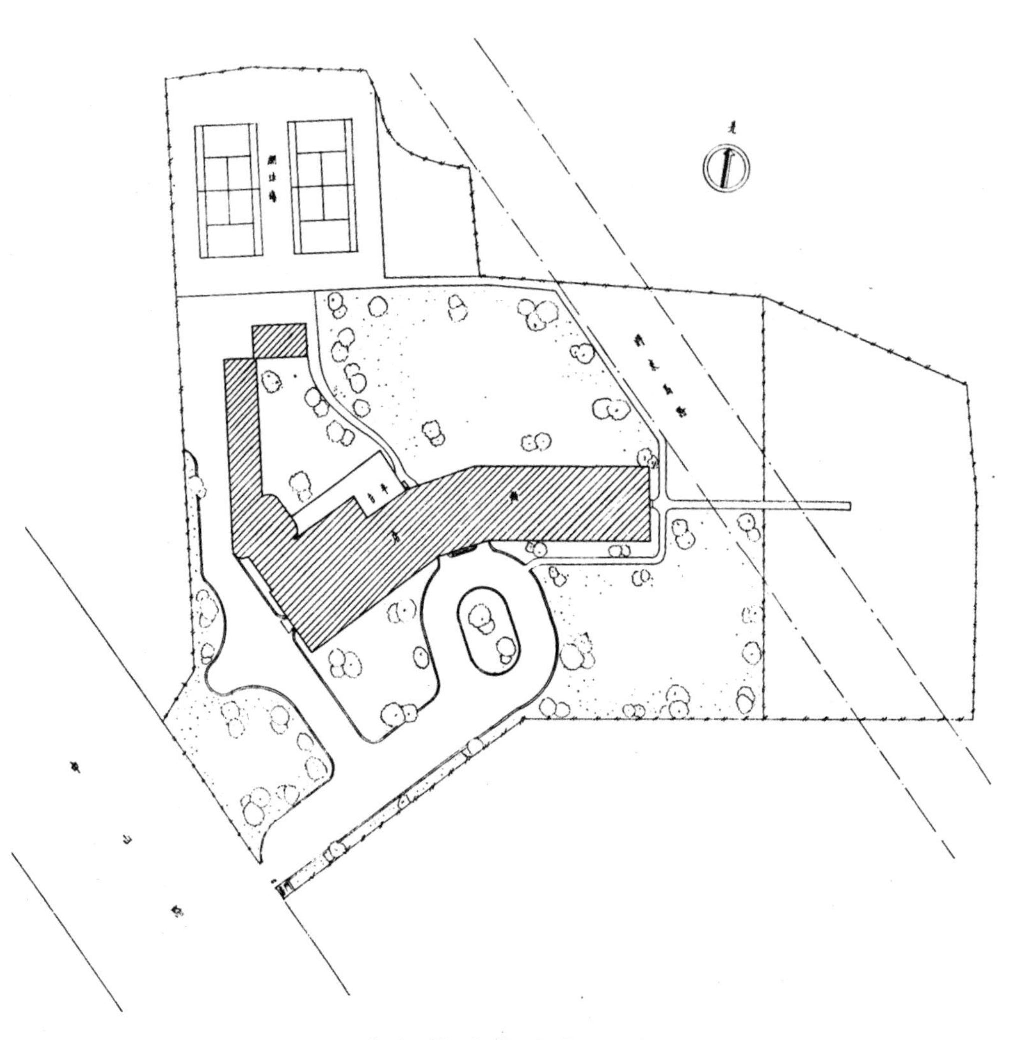

首都飯店基地佈置圖

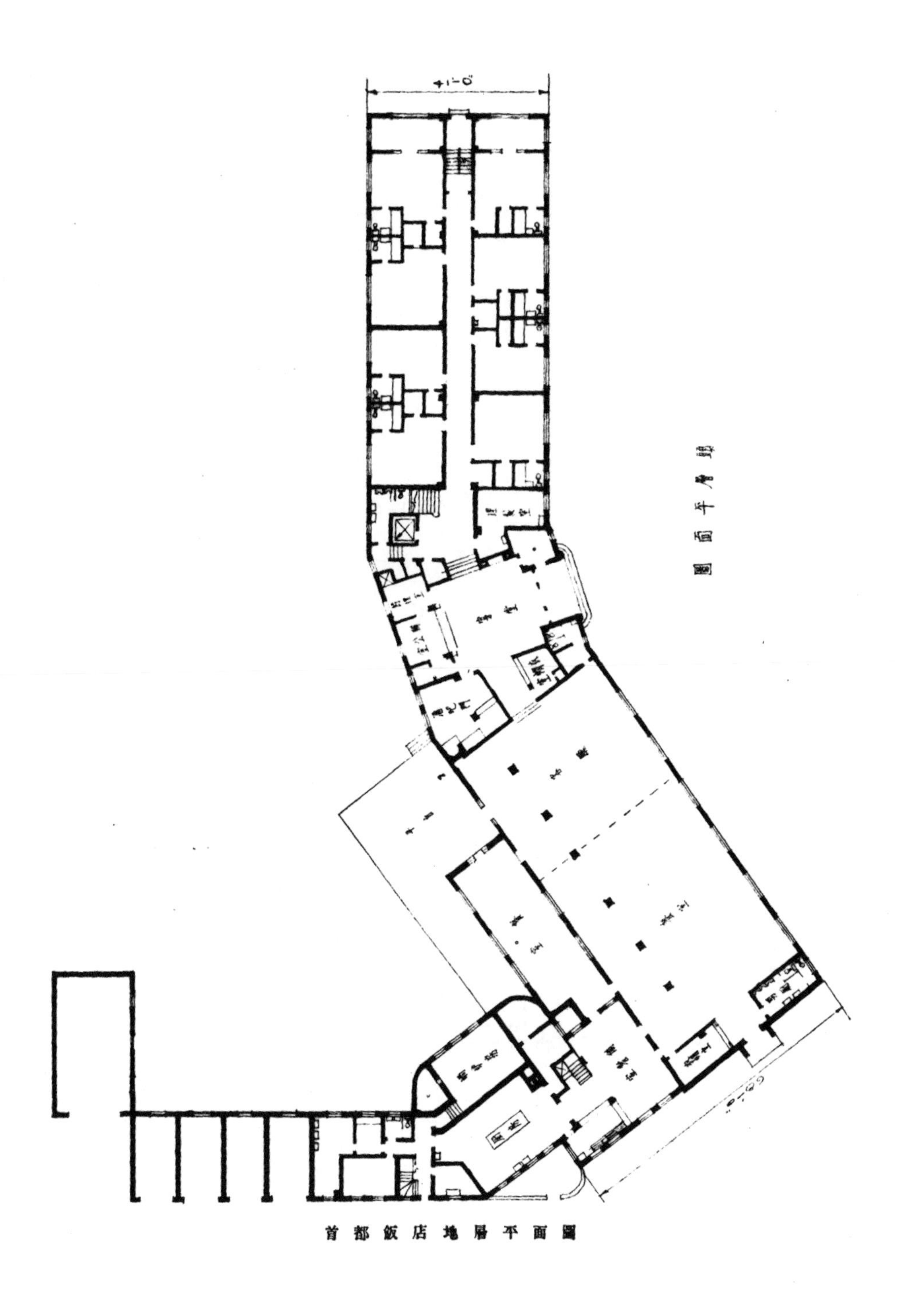

首都飯店地層平面圖

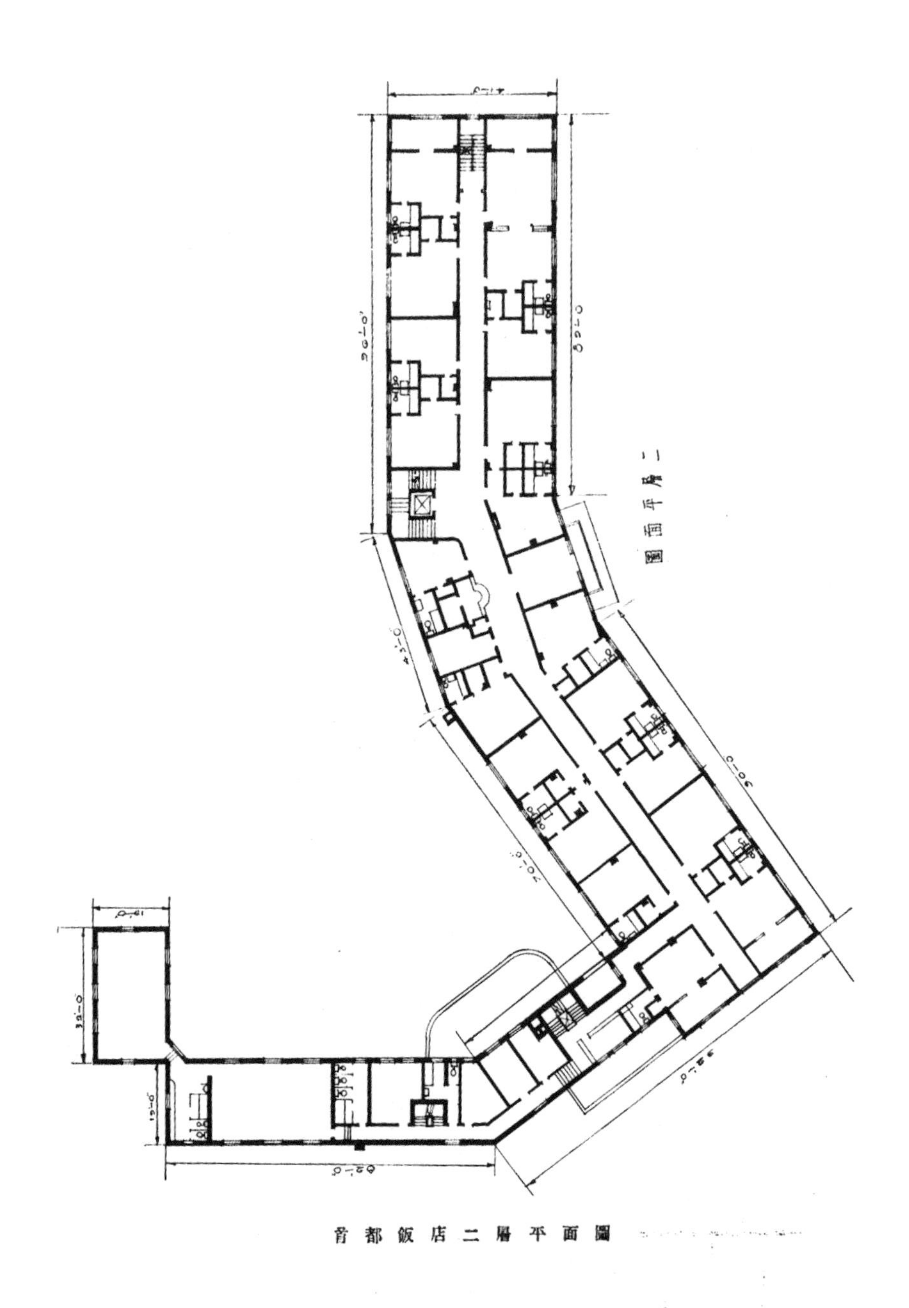

青都飯店二層平面圖

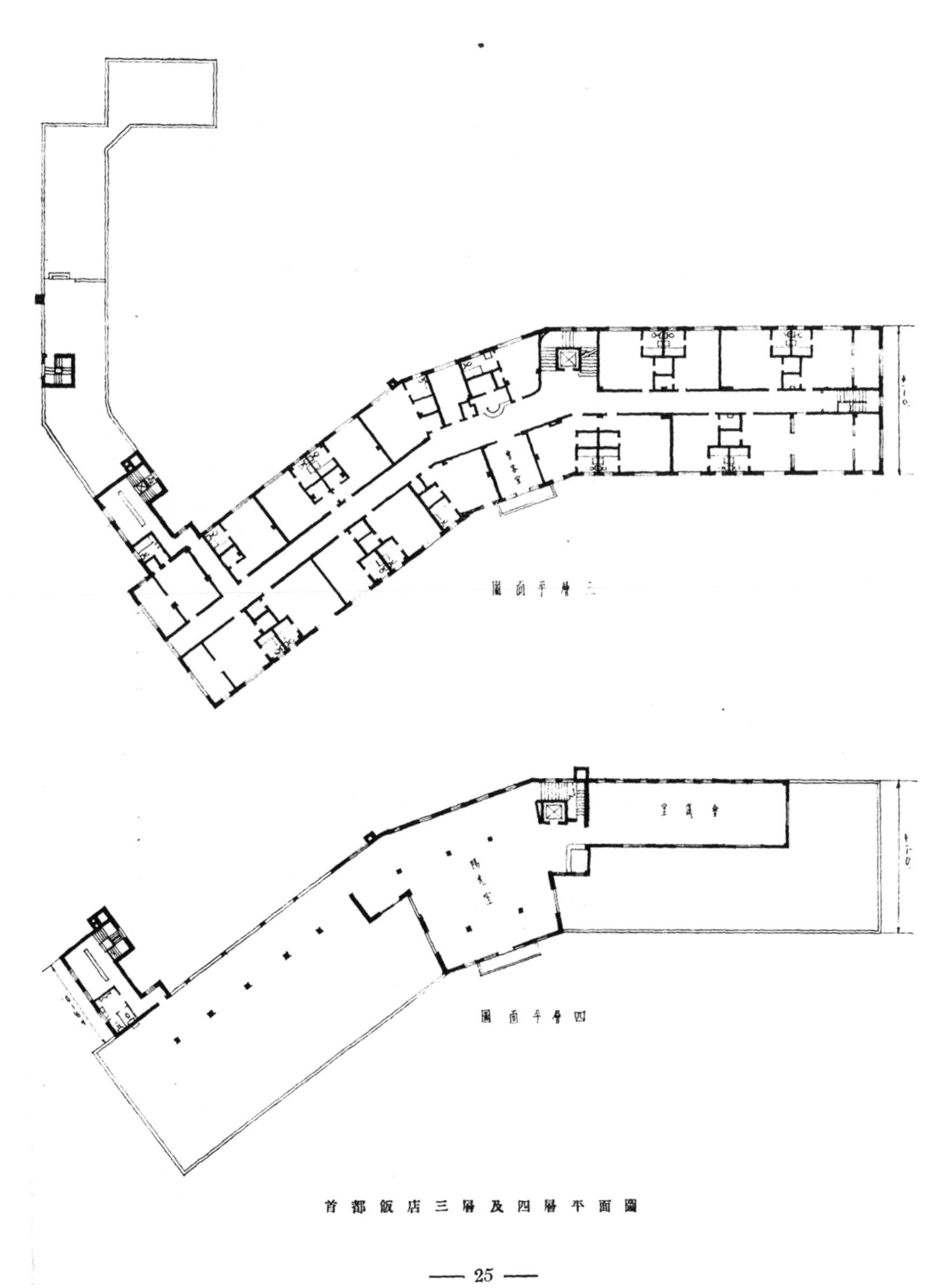

首都飯店三層及四層平面圖

亞爾培路西愛威斯路角之合記公寓透視圖

華蓋建築事務所設計

亞爾培路西愛咸斯路公寓

亞爾倍路辣斐德路梅谷公寓
華蓋建築事務所設計

上海浙江興業銀行大廈全部計劃透視圖
華蓋建築事務所設計

〇一六七九

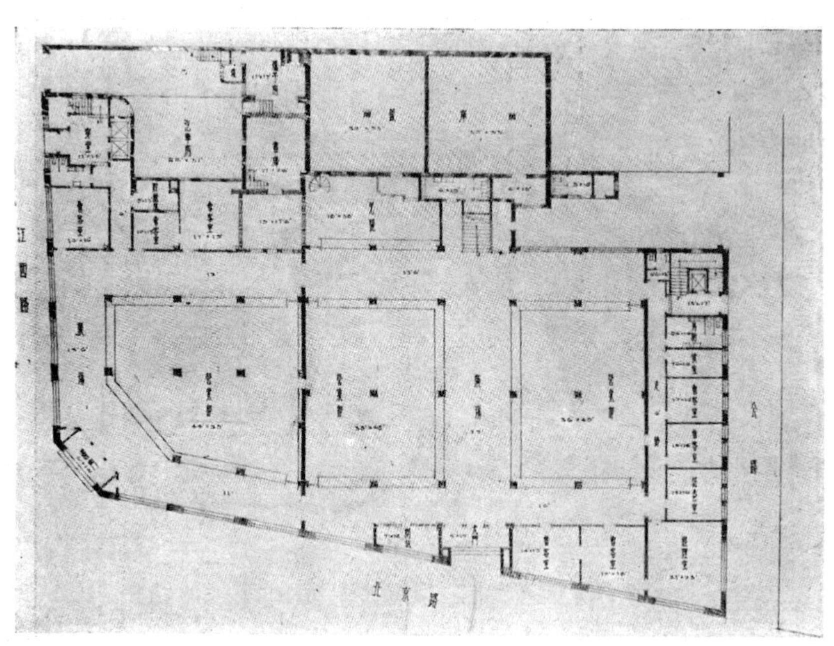

上海浙江興業銀行大廈第一層平面圖
華蓋建築事務所設計

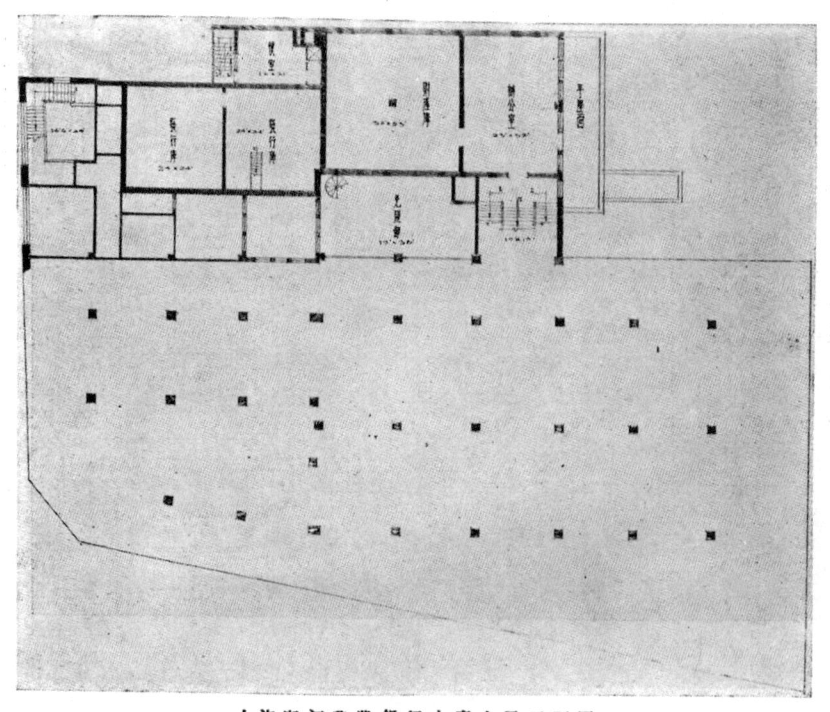

上海浙江興業銀行大廈夾層平面圖
華蓋建築事務所設計

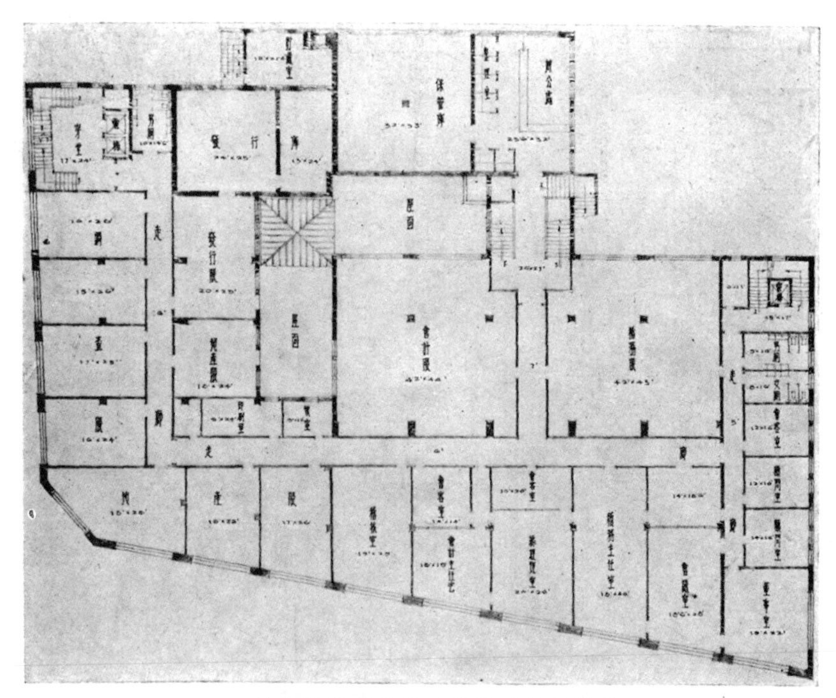

上海浙江興業銀行大廈第二層平面圖

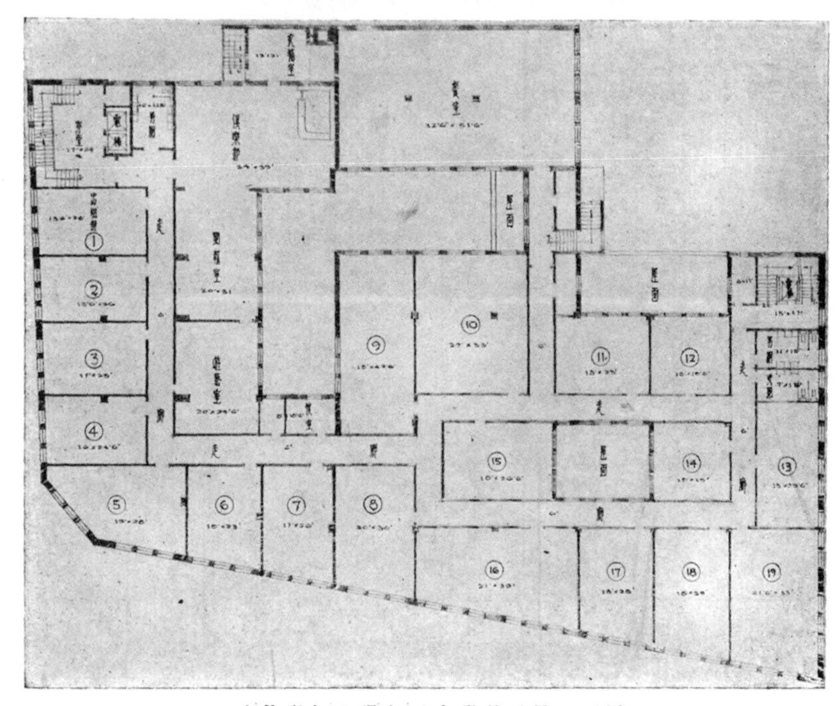

上海浙江興業銀行大廈第三層平面圖

華蓋建築事務所設計

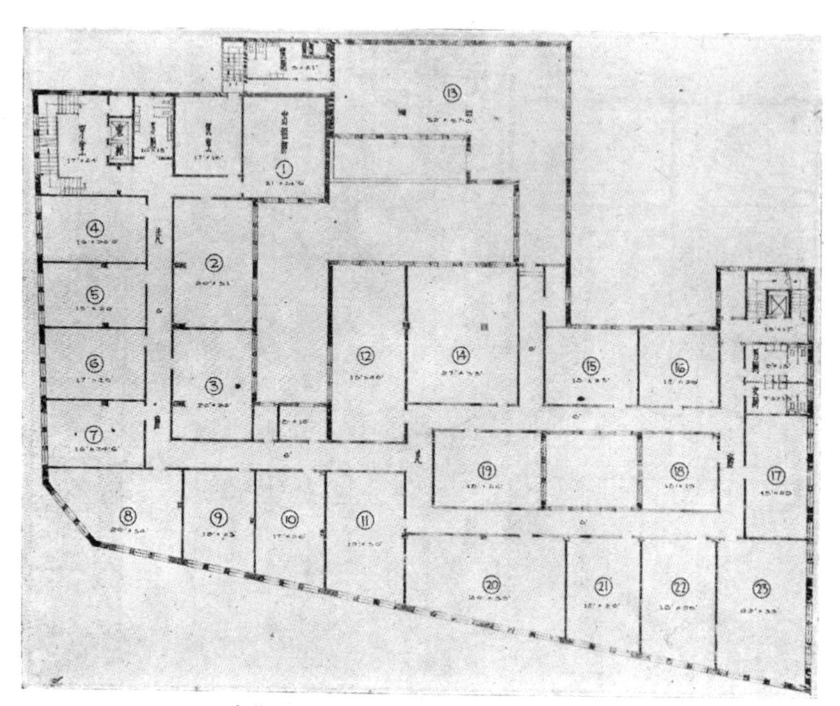

上海浙江興業銀行大廈第四層平面圖

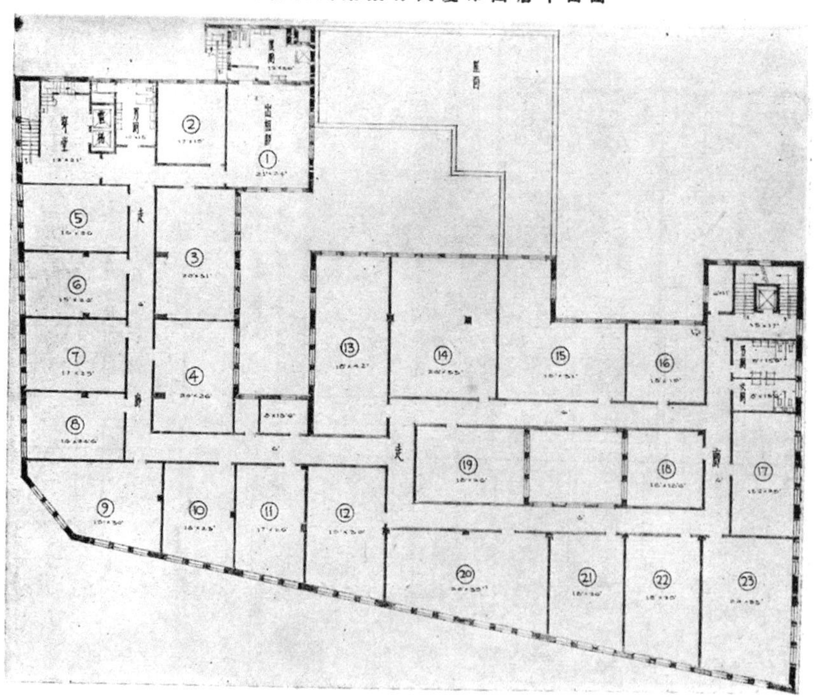

上海浙江興業銀行大廈第五層平面圖

華蓋建築事務所設計

上海浙江興業銀行大廈已完成之一部份
華蓋建築事務所設計

西藏路公寓透視圖

華蓋建築事務所設計

上海愫信路住宅

華蓋建築事務所設計

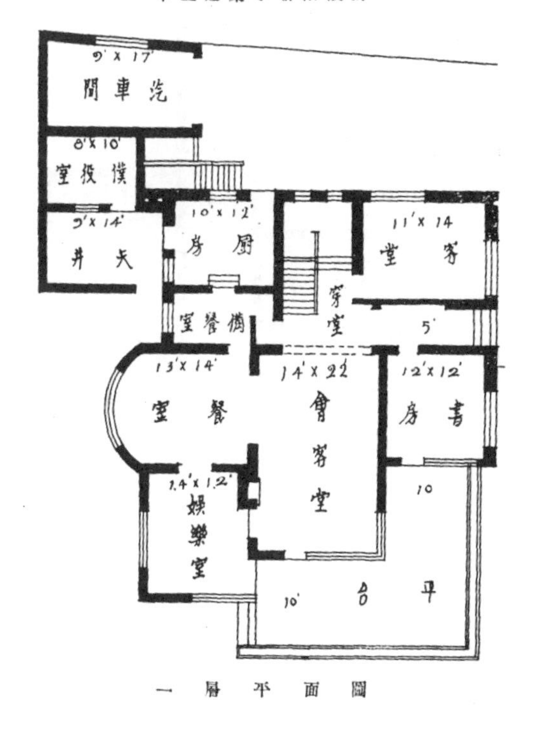

一層平面圖

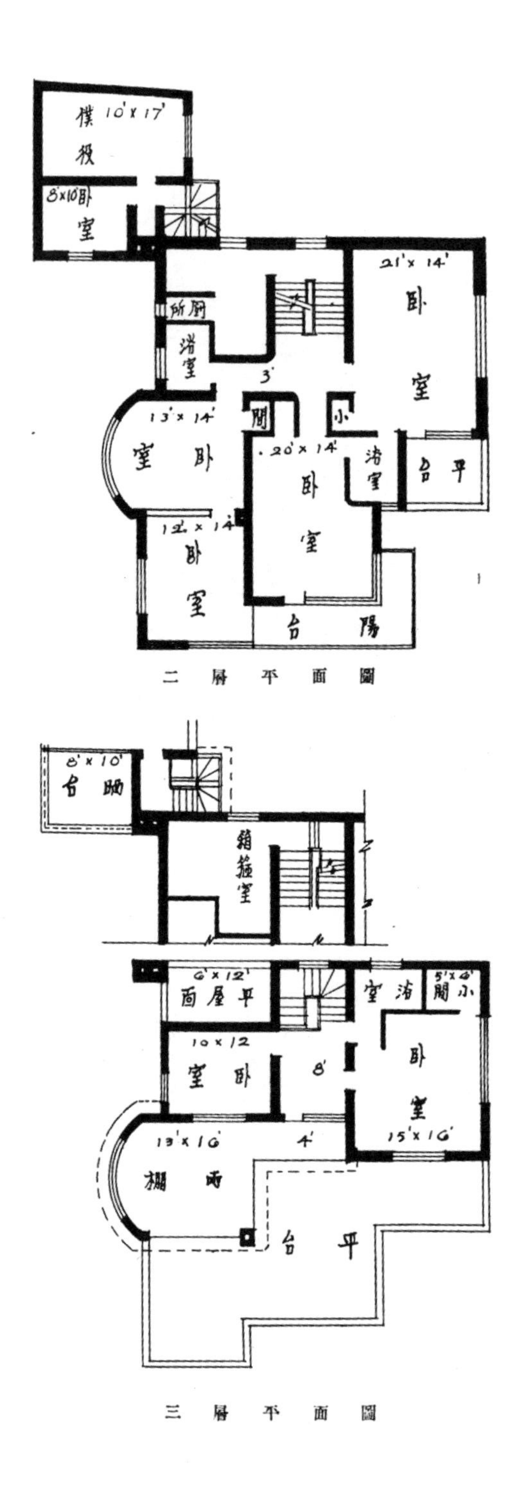
僕役 10'×17'
8×10 臥室
21'×14' 臥室
廁所
浴室
3'
13'×14' 臥室
小間
20'×14' 臥室
浴室
平台
12×14 臥室
陽台
8'×10' 曬台
箱籠室
6'×12' 平屋面
10×12 臥室
8'
浴室
5'×4' 小間
臥室 15'×16'
13'×16' 雨棚
4'
平台

二層平面圖

三層平面圖

無名英雄墓墓堂建築及園景佈置

無名英雄墓在廟行鎮中區，全部約佔地面五十畝有餘除中間設置墓堂外，並加築亭榭池沼，花卉樹木，佈置成園。 而中部橫跨鵝纜浦之鋼骨水泥橋樑一座，亦爲是園重要工程之一。

墓門取門礅式共四巨礅，內部作爲門房園丁住房男女廁所及儲藏室之用分林落道門及兩旁徑道門，林落大道計寬三丨尺，徑道各闊七尺半，直長約五百尺，中部有鵝纜浦橋乙座，成寶劍形，道旁夾植高樹，蔚然森嚴。

林落大道引貫墓堂。 堂闊四十八尺，深三十尺，高爲三十二尺半，爲一長方形立體式建築，聳立於闊一百二十八尺，深一百十尺之廣大平台上。 四面均有石級三疊，正面較闊於兩側及後面。 墓堂外牆大門拱圓以及花飾雕紋，均取中國建築意味。 堂中設有半圓形坑，中置石槨一具。 後部有石碑一方高十四尺寬七尺，門房，廁所各爲十一尺正方形利用大門門礅地位，卽大門兩旁徑道入口處，左右分立。 另有藏儲室兩間各闊四尺九寸，深與門房廁所同，惟高度倍之，爲正中大門與徑道門連繫之門柱，此種設置，旣能使大門外觀偉大莊嚴，又使用其內部地位之適當。

園內除週圍及林落大道兩旁徧植常綠樹林及各部予以適當佈置夾植雜項花卉外，並有土山小池亭棚數事，俾遊人於瞻仰墓堂之外，休憩娛目其間。 以增興趣以此之故，花卉之種類，以時節之需要而布置，俾不論寒暑，林園景色，青翠葱蘢，枝頭鮮艷，花色繽紛。

土方採自然式佈置，高低之處，削成坡形，加舖草皮，彎曲小徑，環繞錯雜其間。

墓堂建築以鋼骨水泥作架，外牆用天然石，內牆用人造石，門房廁所儲藏各室均用人造石牆面。

全部建築物卽將告竣，惟園景植林佈置，以氣候關係，須俟冬令方得興工。

無名英雄墓
廟行
C.H.WONG

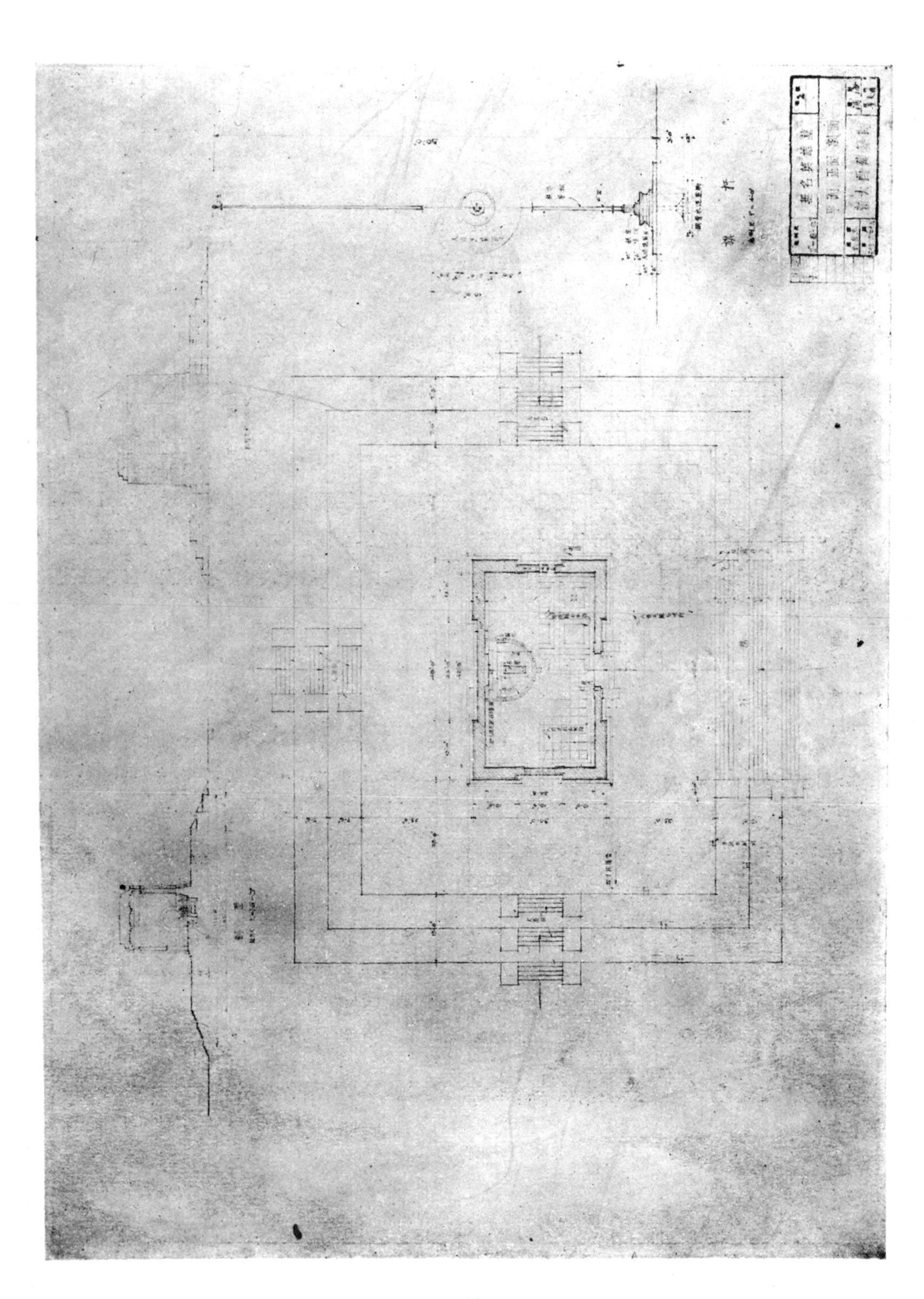

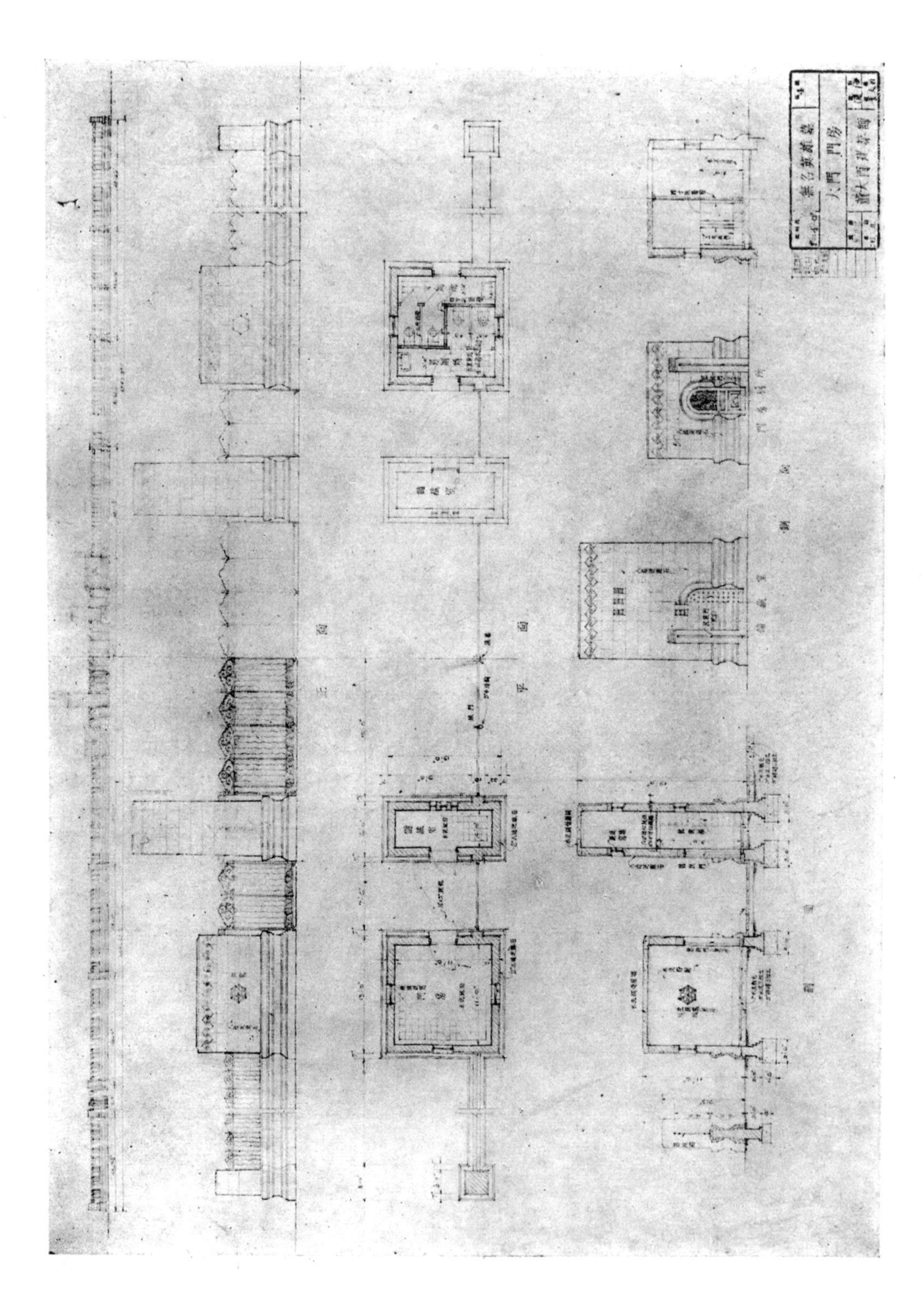

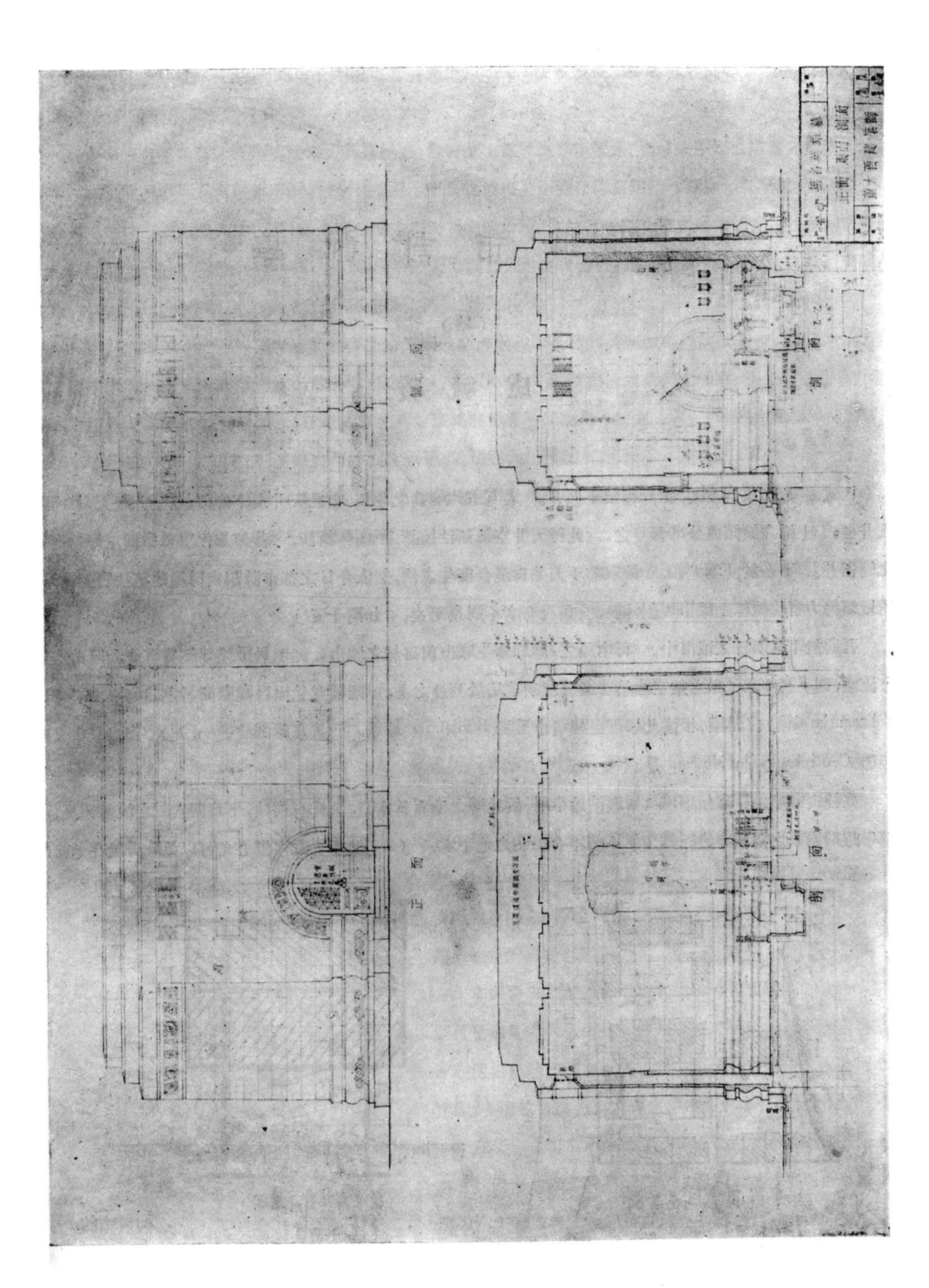

實用簡要 城市計劃學

（續）

盧毓駿

西式建築，爲室內之通光計，每留小天井。若爲五六層高之建築在此天井由下仰望，如坐井觀天，眞所謂天井也。上海之旅館或公寓習見之。此種天井空氣無法換新，不衞生孰甚。若譚及化學戰爭則正好爲毒氣之儲留井。不合於防空尤甚。故取消小天井爲最合衞生之法，然依今日之都市計劃與房屋建築法實無良果。所以須努力實現他種之城市規劃，而完全與現有者不同斯可矣。（如圖十五）

吾將於下章明日之城市中。再申論之，應爲衞生城市與自然之城市。至於房屋建築物有礙大城市空氣之流通，則更請注意房屋之架空建築卽云房屋須建築於列柱之上。此種意見出自國際聞名之建築家戈必意氏（Lecourbu'sier）之建議，根據此學理已建造市房於 Bordelaise 地域。並在蘇俄建造一〇〇〇宏大之中央機關卽 Ceutrosoyus de Moscou 是。

列柱式房屋之原理如下：（1）取消地平層，故此層之地面爲空曠。只有列柱，平時則空氣之流通甚易。戰爭時則毒氣之稀散亦速。（2）不造不合衞生之地下室，（3）地平層之多濕之光可以免除房屋在地面架

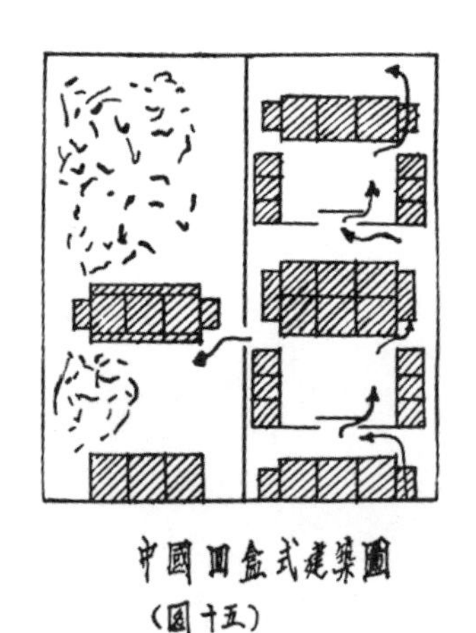

中國回盒式建築圖
（圖十五）

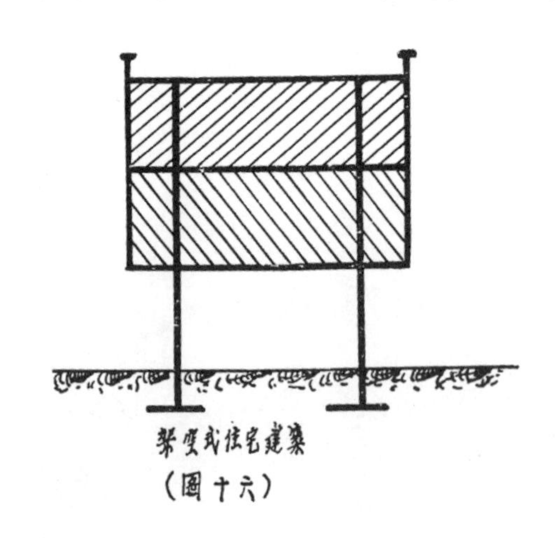

架空式住宅建築
（圖十六）

於造鋼骨混凝土柱或鐵柱上。可省大部份之基礎費用。（4）住家須在第一層以上。（5）取消舊式人字屋頂，而代以屋頂花園或懸式公園。（如圖十六）

可使家家有運動場此種建築法未免新奇招惑，但實際上為解決都市交通，都市衛生都市防空之良法。竊意須詳細研究而不可爲舊觀念所囿。余曾迻譯『明日之城市』由商務印書館出版卽介紹此新說而作也。

向陽方位　空氣爲人生需要；然更須日光方不至爲癆蟲所侵。故日光須能盡量照耀住宅。習慣上房屋均沿路而建，故道路方向須能達到沿路房屋均有最大之向日方可。——爲達此目的須限制房屋之高度，或放寬道路。使在一切時季臨街之房屋陰影，不至掩拂過街之房屋。

城市計劃家須切記——『陽光所到醫生所不到』之外國俗語。茲爲說明城市計劃家應如何定道路之方位

道路之方向事實上頗難規定因常受地形之限制，不能如願。例若濱海或沿河之城市，沿岸勢必有一街道；而多數道路多須垂直通於沿岸。在此情形或其他類此情形實勢難應用一定之方式。故規定路線除特別情形外，以大部分能向日爲滿意。道路良好方向之通則，依温帶與熱帶都市而不同。（如圖18）

[温帶地方]——其良好方向，卽云其兩旁人行道均有日光照射者，將在子午線之偏東 60°或偏西 60°之兩軸間。最壞之方向則爲東西線之偏南與偏北之 30°間。

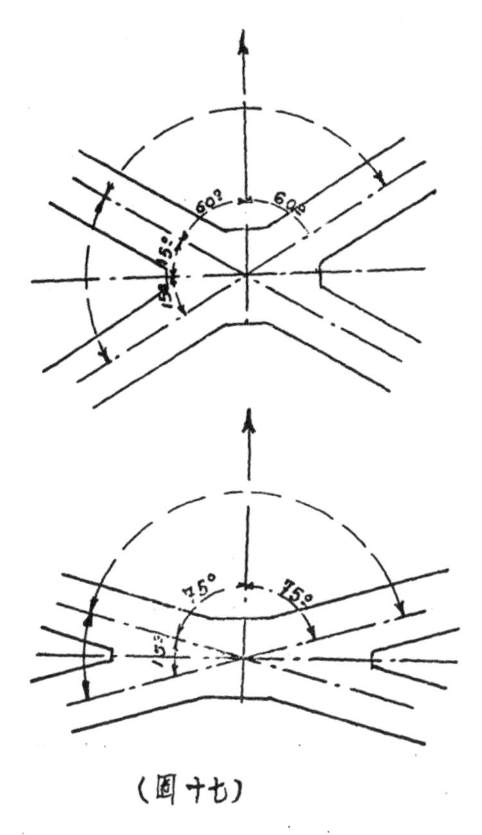

（圖十七）

[熱帶地方]——其良好方向將在子午線之偏東 75°與偏西 75° 所介之兩軸間而不好方向則在東西向所介之南北 15°間。

上述原則已足供城市計劃家規劃道路之參考。

更有進者在極熱地帶最好不拘泥方位，並且最好用在温帶所稱之不良方位。易言之，温帶道路方向宜取南北向。而避東西向，熱帶則宜取東西向，雖東西向之道路其靠南之一面常在遮陰，在温帶爲不宜，而在熱帶因有迴避烈日之必要。以免中暑，故亦採用焉。至於在山區建造城市，則更須繪製全城之向陽位平面圖。（如附圖十九）卽其一列予將於他章將再論此問題。

水與衛生之關係　水爲人生不可須臾離。飲料水清潔則可免痢疾瘧疾腹瀉霍亂傷寒等病之傳染，而穢水之排除迅速亦所以免除疾病且處理得法尙可供肥料等自來水公用水之來源。應收集離城市遠處之淨水由導水管而輸送於用戶。

在集水室與放水池須經水質檢驗手續，以確定其絕對清潔。若當地無處收集清潔之水源則於集水室與放水池之間須經過沉澱池與沙濾池及殺菌等手續。以製成清潔之水。在清潔水源不充足之城市，則洗濯用水須另行設法可以海水或

河水或湖水代之此種井行制之。

給水法其不便處卽有時小孩或無識市民誤用龍頭致飲不潔之水，而危及生命，故通常非萬不得已均用清潔之自來水以供洗濯。 而所設之洗濯用水只嚴格限用於洗路方面而萬不可安設此濁水龍頭於居戶內。

下水道穢水深有礙於城市衛生，須速排洩之。 故城市中須規劃下水道以輸送穢水於城市遠處，而加以清淨手續。

雨水亦稱氣象水，（　　　　　　　　降）自天空，萬物賴以生存。 但須預防暴雨之宣洩不及而兆水災。 故下水道有分流溝制與合流溝制之別。 分流溝制卽雨水與穢水之分道流洩而合流溝制則在同一下水道也。

雨雪水均不可久令停留路面或迫近屋根，一則影響路床之堅固。 一則影響房屋之穩定。 更不可積水於低窪處以供蚊蟲之生息。

自來水道與下水道之佈置須詳細研究方可得最經濟與最良好之效果此固市政之要目也。

植樹　植樹於市衛生亦極關重要，將另章述之，

市囂　現代城市之各種聲音，妨害人之神經系，須設法力避之。 此則涉及路面材料之選擇問題。

石塊路不適於住宅區．工商區 而須代以碎石路混凝土路柏油路木塊路等。

設所有車輛均爲橡皮輪，則石塊路尙可用。

汽車之喇　聲亦甚擾人尤以在廣場處與路口處，喇叭之聲倍響，補救之道尤宜放寬廣場，安設日夜紅綠燈以指揮交通。 市政府更須特別禁止夜間汽車之亂響喇叭。

城市垃圾　垃圾亦使城市空氣變濁之一。 垃圾須分離之，出清之，速除之，在每宅最好均有特設之 Vidoir（現在法租界之新建住宅已均有之頗可效法）而此垃圾箱最好能通於一焚化爐尤妙。

若無此種設備，與夫小住宅之不能有此設備，則此種垃圾須放於特別箱中，可以關閉，市府清潔隊於每晨收去，而輸送於城市之遠處，或火焚之或用其他方法清除之。

切不可棄置垃圾道左，因垃圾之分解，易生臭氣，不衛生孰甚。

煙與塵埃　煤煙使空氣變濁，所以工廠須設於城外，並須在該市恆風之下向。 （圖二十）

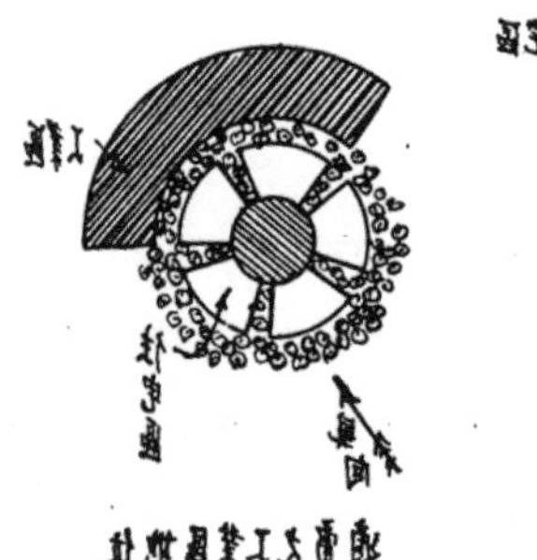
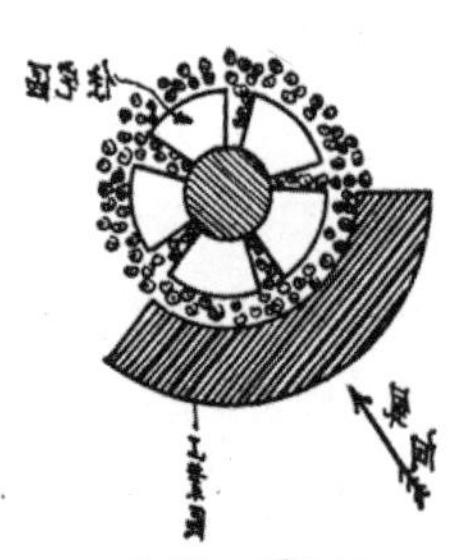

（圖二十）

汽車所放出之煙亦極有害。 但至今尙未有方法能阻此氣體之不放入空氣中。

塵土亦礙公共衛生，因其爲微生蟲之傳播之使者，故須設法減除之。 此則有關路面之選擇問題及道旁植樹問題。 碎石路爲最易生塵，路面每日須洗水以免風起塵逐，或車過塵揚。

城市死亡率城市衛生之目的，在減少死亡率。 反而言之「卽增加生產率」。

城市計劃家須卽衛生家，能用種種方法宣傳衛生工

作於市民。

據調查所得印度人平均壽命爲二十五歲。 瑞典人爲五十歲以上。 此種壽命之差異純爲醫學及衛生之關係。

人民健康與否,直接影響於國家經濟工業發達之國家最爲顯著。 例如美國曾發現經濟上之損耗由於生產減少,而生產減少由於疾病侵襲者約計四二,〇〇〇,〇〇〇男女工人。 平均每人每月有八日以上因病歇工,總計爲三五〇,〇〇〇,〇〇〇日。 就每年所死五〇〇,〇〇〇工人中至少有半數可用社會衛生以救止之,即精神的,人類的價值不計外,平均每生命在工業上經濟價值不能小於美金五,〇〇〇元所以欲增國富,不能不注意於人民健康。 注意人民健康,不能不注意於市衛生,足見一般城市於衛生工程初視爲費頗大,事實上並不增加預算也。

長安都市建築工程之研究

上期本刊登載楊哲明先生所著「長安都市建築工程」及「明堂建築略考」兩文，因篇幅有限，未獲全部登載，正擬續登時，忽接陳仲篪先生來函提出各項懷疑之點，當即將原函寄請作者備作參考，後得作者之通知，將未完原稿暫緩刊登，一俟審核修正後再行續登，查考據一事全賴參考書籍之廣博，如得同志者在各處分別探討，然後彙集研究，則必能較易得眞確之結果，玆者得陳先生之熱忱惠加指正，非但讀者引起興趣，且能多得相當智識，實亦本刊之幸也，玆將來函原文登載於下:

編者識

逕啓者日昨拜讀　貴刊第三卷第二期，楊哲民先生『長安都市建築工程』一文，持論似有未允之處，尤以所引長安都城一圖，爲絕大錯誤，爰述蠡見，敬祈　賜正。

按漢代長安制度，原文根據三輔黃圖，敍述頗詳，但忽略『城南爲南斗形，北爲北斗形，至今人呼漢西京爲斗城』數語，遂認漢長安城與周代都市建築相近，實與事實刺謬。 考漢長安位渭水南，與秦咸陽遙對。 蕭何初營長樂未央，據岡丘之勢，就秦離宮增補之。 嗣惠帝築城，不惜委折遷就，包二宮於內，好事者遂有「南斗」之稱。 又城西北濱渭，如作正角形之城，必當渭之中流，乃順河流之勢，成曲折迂迴之狀，故亦稱爲北斗。 元李好問長安志圖，援據此說，與遺蹟參照，勒爲圖說，見畢氏經訓堂叢書。 所載前國立中央研究院附屬歷史博物館復調查漢長安城位置，繪有實測圖，與李書大體符合。 足證漢長安乃不規則之城，與考工記所述『匠人爲國方九里』根本不合。 玆借印歷史博物館之圖，奉贈一張，以供參考。

原文所引之圖，正北爲皇城宮城，東爲興慶宮；東北爲大明堂，乃唐長安城市圖，非漢長安也。 案唐長安城之規模，剏於隋文帝開皇間，在漢城西南三十里，地點不同，形制亦異。 如前舉長安志圖，及徐松唐兩京坊巷考，與陝西通志等書，考訂綦詳，無待煩述。 乞　作者閱者，一檢原書，便知此圖張冠李戴，與事實相差不可以道里計。

原文因誤唐長安圖爲西漢長安圖，致結論謂『建築方式，與周代的都市建築工程相似』，其誤一。 『漢之都市建築工程，將王宮建築於市區北面城附近』，其誤二。

此外楊先生所著『明堂建築考略』一文，所引圖說，似過於簡略。 蓋此問題自漢以來，聚訟二千餘年，有五室之說，九室之說，及其他五室九室混合，或根本否認之說，無慮數十家。 著者如認五室說爲正確，宜詳細申論其理由，若僅居鈔錄介紹地位，則不妨聲明此爲五室說之一部分，免讀者不察，以爲明堂建築，僅如是而已。總之，我國建築學整理伊始，無論何人，錯誤在所難免，惟錯誤巨者，亟應加以訂正，庶足促斯學之進步，諒　貴刊及楊先生不以鄙言爲孟浪也。　專此即頌

撰祺。

陳仲篪啟七月十五日

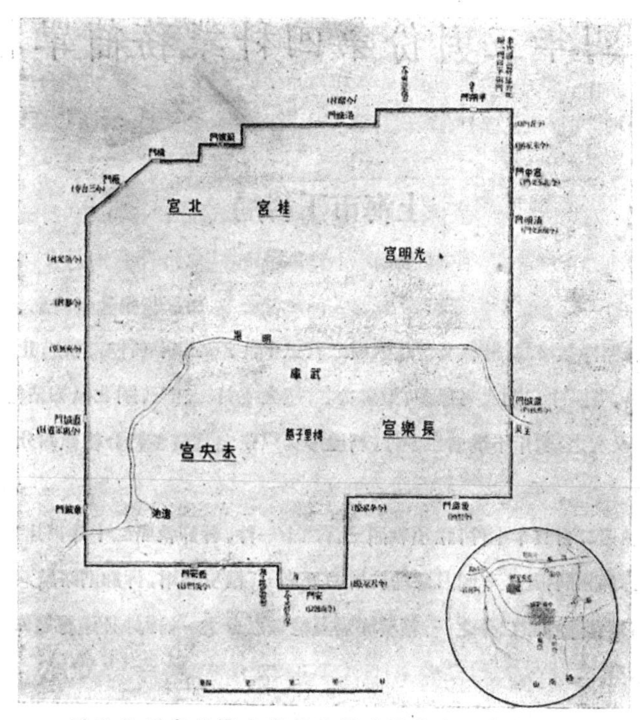

國立中央研究院歷史博物館調查漢長安城位置圖

二十四年五月份第四科業務簡單報告

上海市工務局

二十四年五月份執照件數略減，計核發營造執照二百二十件，（碼頭一件在外），比上月減少十五件，比上年同月減三分之一有奇，各區中以閘北爲最多，滬南次之，適與上月份相反，閘北區約佔總數三分之一，滬南區約佔四分之一，法華區又次之，駁斥不准者二十件，新屋中仍以住宅爲最多約合總數四分之三，市房次之，但僅及總數八分之一。

五月份核發修理執照二百五十七件，雜項執照三百二十一件，拆卸執照二十件，比上月份修理約增三分之一，雜項增二倍有奇，拆卸相同，比上年同月修理約增四分之一，雜項略增，拆卸則略減，分區比較，修理雜項拆卸均以滬南爲最多，修理已逾總數二分之一，雜項亦幾及總數二分之一，拆卸且逾總數四分之三，次之者均爲閘北區，法華雜項亦尚不少。

五月份全市營造，就上述之一百二十件執照統計，（未設有發照處各鄉區所造簡單平房概未計入）約共佔地面積四萬三千平方公尺，約共估價一百六十萬元，（另有碼頭一件僅估價二百四十元），比上月份面積約減七千平方公尺，卽約減七分之一，與三月份相仿，估價則轉增九萬餘元，卽約增十五分之一，但尚不及三月份，比上年同月面積約減四萬平方公尺，幾減二分之一，估價約減二百萬元，卽約減七分之四，本年統計面積與估價僅三月份比上年略增，餘均減少，尤以五月份激減爲最多。

營造分區比較，面積估價均以閘北爲最大，滬南次之，（此與上月相反）引翔第三法華第四（引翔漸增躍居法華之上）。

五月份拆卸面積計七千餘平方公尺，比上月及上年同月均約增六分之一，拆卸房屋中以滬南閘北爲多，滬南計有平房八十二間樓房二十二幢，閘北則有平房三十三間，樓房七十五幢，餘均少數。

五月份較大工程估價在五萬元以上者計六件，（其中有十萬元以上者二件），計閘北三件引翔法華真如各一件，玆分誌之於左。

（一）某姓在恆通路造二層樓住宅一幢，市房二十四幢，約共佔地一千二百平方公尺，約共估價五萬元。

（二）某姓在西寶興路造二層樓市房十二幢，住宅五十九幢，約共佔地二千三百餘平方公尺，約共估價九萬元。

（三）粵東中學在水電路造二層樓圖書館住宅及二三層樓宿舍等，約共佔地一千四百平方公尺，約共估價七萬元（以上三件閘北區）。

（四）鹽業銀行在府南右路造三層樓住宅十八所，約共佔地一千三百餘平方公尺，約共估價十一萬元（以上一件引翔區）。

（五）亞細亞火油公司在大西路造二層樓市房及二三層樓住宅，約共佔地七百平方公尺，約共估價五萬餘元（以上一件法華區）。

（六）實業部中央機器製造廠在眞北路造平廠房一座，約佔地三千四百平方公尺，約共估價十萬元（以上一件眞如區）。

上述較大工程六件，估價總數約計四十七萬元，約佔全市統計總數三分之一有奇。

五月份審查營造圖樣二百二十一件，修理查勘單二百六十六件，雜項查勘單三百二十二件，拆卸查勘單二十件，共八百二十九件，比上月份幾增三分之一，比上年同月略減，營造圖樣經退改者 百四十八件，比上月減少四分之一，計核發之執照中經退改者約居總數三分之二，比上月略減，與三月份相仿，改圖計 百六十次，平均每十一件執照須改圖八次，亦比上月份略減修理雜項查勘單經查訊者五十八件，計五十九次亦均較上月減少附錄一覽表於左。

五月份改圖及查訊件數次數一覽表

執照 \ 件次數 \ 市區		閘北	滬南	洋涇	引翔	法華	其他	總計
營造	件	四八	四三	六	一四	一四	二三	一四八
	次	五三	四七	六	一五	一六	二四	一六一
修理	件	八	一六	○	○	○	二	二六
	次	九	一六	○	○	○	二	二七
雜項	件	一二	九	一	三	五	二	三二
	次	一二	九	一	三	五	二	三二

此外尙有與土地局會查引翔區法華區營造各一件，與社會局會查閘北區營造四件，引翔區江灣區營造各二件，滬南區漕涇區眞如區營造各一件，與公用局會查引翔區蒲淞區營造各二件，滬南區洋涇區高橋區營造各一件，法華區營造十一件。

五月份取締事項計一百三十四件，比上月及上年同月均略增，其中仍以「工程不合」爲最多，約佔總數三分之二，承包此種工程之營造廠，經予以撤銷登記證處分者計二十家，內註銷三個月及十個月者各一家，與上月相仿比上年同月約減五分之一。

市有建築五月內完工者，有龍華飛行港全部工程，其餘建築均在繼續進行中，茲分誌大要於左。

（一）運動場（二）體育館（三）游泳池　裝修及粉刷內外部，體育館屋面板已配好，屋面上鑲實油毛毡及天窗等正在加工趕做，運動場司令台亦已開始舖置瓦楞白鐵屋面。

（四）圖書館（五）博物館　砌磚牆斬做人造石及裝釘平頂落地，水泥亦已開始澆做，博物館冷氣設備正在試裝。

（六）市立醫院　第三四層鋼骨水泥柱子及樓板已澆好，現正立屋面柱子及樓板殼子，衛生試驗所全部鋼骨水泥已澆好，現正砌磚牆及整平地面，醫院附屬房屋衛生試驗所附屬房屋正在裝修及粉刷內部。

（七）草塘小學　裝修及粉刷內外部。

二十四年五月份各區請領執照件數統計表

分類 准否件數 市區	營造		修理		雜項		拆卸		總計	
	准	否	准	否	准	否	准	否	准	否
閘北	六六		八七	四	七二	一	三		二二八	五
滬南	四九		一三八	五	一四〇		一七		三四四	五
洋涇	一六		八		二五				四九	
吳淞	五		一		八				一四	
引翔	一六		五		二三				四四	
江灣	二〇		二		七				二九	
塘橋	三								三	
蒲淞	六								六	
法華	三一		一四		四二				八七	
漕涇	二								二	
殷行										
彭浦	一								一	
眞如	一								一	
楊思										
陸行	一								一	
高行										
高橋	三		一		四				八	
碼頭	一		一						二	
總計	二二一		二五七	九	三二一	一	二〇		八一九	一〇

二十四年五月份新屋用途分類一覽表

房屋用途 執照件數 市區	住宅	市房	工廠	棧房	辦公室	會所	學校	醫院	教堂	戲院	浴室	其他	總計
閘北	三七	九	七		一		三					九	六六
滬南	三二	八	二				二					五	四九
洋涇	一四	二											一六
吳淞	五												五
引翔	一二	二	一				一						一六
江灣	一三	二		一	一			一				二	二〇
塘橋	三												三
蒲淞	六												六
法華	二三	二					二					四	三一
漕涇	一		一										二
殷行													
彭浦	一												一
眞如			一										一
楊思													
陸行	一												一
高行													
高橋	一	一							一				三
總計	一四九	二六	一二	一	二		八	一	一			二〇	二二〇

二十四年五月份營造面積估價統計表

市區 ＼ 房屋 面積 估價	平房		樓房		廠房		其他		總計	
	面積	估價	面積	估價	面積	估價	面積	估價	面積	估價
閘北	3240	46550	8740	384050	2200	59950	340	15300	14520	505850
滬南	3290	54220	3990	318380	1780	23000	880	20350	9940	415950
洋涇	1100	16420	510	18800					1610	35220
吳淞	220	3340	40	2000					260	5340
引翔	1300	21470	3500	211100	150	2200			4950	234770
江灣	950	15510	350	17250	70	650	340	15300	1710	48710
塘橋	320	3150	130	5200					450	8350
蒲淞	750	10820	80	3200					830	14020
法華	1430	22410	1950	109240			1310	54900	4690	186550
漕涇	170	2740	240	12000	160	3600			570	18340
殷行										
彭蒲	60	600							60	600
眞如					3400	102000			3400	102000
楊思										
陸行	60	900							60	900
高行										
高橋	240	2900	90	4200					330	7100
總計	13130	201030	19620	1085420	7760	191400	2870	105850	43380	1583700

（註） 面積以平方公尺計算估價以國幣計算

（定閱雜誌）

茲定閱貴會出版之中國建築自第………卷第………期起至第………卷第………期止計大洋………元………角………分按數匯上請將

貴雜誌按期寄下爲荷此致

中國建築雜誌發行部

……………………………………啓…………年…………月…………日

地址……………………………………………………………………………

（更改地址）

逕啓者前於…………年…………月…………日在

貴社訂閱中國建築一份執有………字第………號定單原寄……………

……………………………………………收現因地址遷移請卽改寄………………

……………………………………………收爲荷此致

中國建築雜誌發行部

……………………………啓…………年…………月…………日

（查詢雜誌）

逕啓者前於…………年…………月…………日在

貴社訂閱中國建築一份執有………字第………號定單寄………………

……………………………………………收查第………卷第………期尙未收到祈卽

査復爲荷此致

中國建築雜誌發行部

……………………………………………啓…………年…………月…………日

中國建築

THE CHINESE ARCHITECT

OFFICE:

ROOM NO. 405, THE SHANGHAI BANK BUILDING,
NINGPO ROAD, SHANGHAI.

廣告價目表

Advertising Rates Per Issue

底外面全頁	每期一百元	Back cover	$100.00
封面裏頁	每期八十元	Inside front cover	$ 80.00
卷首全頁	每期八十元	Page before contents	$ 80.00
底裏面全頁	每期六十元	Inside back cover	$ 60.00
普通全頁	每期四十五元	Ordinary full page	$ 45.00
普通半頁	每期二十五元	Ordinary half page	$ 25.00
普通四分之一頁	每期十五元	Ordinary quarter page	$ 15.00

製版費另加　彩色價目面議
連登多期　價目從廉

All blocks, cuts, etc., to be supplied by advertisers and any special color printing will be charged for extra.

中國建築第三卷第三期

出版	中國建築師學會
編輯	中國建築雜誌社
發行人	楊錫鏐
地址	上海寧波路上海銀行大樓四百零五號
印刷者	美華書館 上海愛而近路二七八號 電話四二七二六號

中華民國二十四年八月出版

中國建築定價

零售	每冊大洋七角	
預定	半年	六冊大洋四元
	全年	十二冊大洋七元
郵費	國外每冊加一角六分 國內預定者不加郵費	

廣告索引

Ideal for reinforcing slabs and walls of every description. Made in compact rolls and sheets, B R C fabric arrives at the site ready to be placed in position without a moment's delay. It lies perfectly flat and no tying is necessary. Each wire is electrically welded at every point of crossing.

DUNCAN & COMPANY,

Office: Hamilton House, Shanghai. *Tel. 13544*

Agents for

THE BRITISH REINFORCED CONCRETE ENGINEERING COMPANY, LTD.

申泰興記營造廠

本廠承造之上海北京路浙江興業銀行

本廠專門承造一切大小建築鋼骨水泥工程工場廠房以及碼頭橋梁涵洞等迅速經濟堅固如蒙　委託無任歡迎

上海　北京路江西路
電話　一二二〇二
上海天津青島電報　七一一二三
天津　法租界泰昌里四號
北平　清華園
濟南　經七路上山街五十八號
青島　東鎮和興路六十二號

張裕泰建築事務所

南京 湖北路一九五號 電話三一二七〇

上海 河南路五〇五號 電話三六一一九

最近完成及進行中工程

南京中山文化教育館
南京蘭園合作社住宅第二部
南京中南銀行住房及宿舍
南京中央大學第五宿舍全部
南京中國銀行汪副經理住宅
鎮江交通部電話局
本埠廣東銀行
市中心區中國工程師學會材料試驗所
市立圖書館
市立博物館

以上各工程由趙深陸謙受虞炳烈李錦沛及董大酉等諸名建築師計劃並監工而由敝所承造之

葛德和陶器廠

上海老北門民國路 電話南市二三九二八

各色琉璃瓦及人物垂獸

優點

顏色鮮明 永不脫釉

出貨迅速 約期不悞

成績

首都中山文化教育館
上海八仙橋青年會
市中心區博物館
市中心區圖書館

華益營造廠

VOYET AND CO.

7 Rue Ou Sonkiang　　Telephone 80880

SPECIALISTS IN

GENERAL BUILDING

CONSTRUCTION

AND

PILING WORK

We give estimates free of charge

本廠專門承造中西房屋以及鋼骨水泥等項工程兼營機器打樁如蒙委託不勝歡迎

事務所：上海法租界吳淞路七號　　電話：八〇八八〇

華華有限公司

HYDROLEUM PAINT CO., LTD.

7 Rue Ou Sonkiang　　Telephone 83833

國產品新發明

豹牌水油混合牆粉

（俗稱外國粉）

OIL BOUND DISTEMPER

HYDROLEUM

此粉質料精良各色俱備對於粉飾牆壁光彩煥發較諸舶來品有過之無不及定價低廉既屬經濟復塞漏卮也

營業部：上海法租界吳淞路七號　　電話：八三八三三

褚掄記營造廠

廠 址 上海臨平路二一號

本廠專門承造一切大小建築鋼骨水泥工程工場廠房以及碼頭橋樑等迅速經濟堅固如蒙委託無任歡迎

THU LUAN KEE
CONTRACTOR
21 LINGPING ROAD.

大華建築公司承造

新近完工之南京首都飯店新屋圖

NATIONAL CONSTRUCTION CO.
GENERAL BUILDING CONTRACTOR
HEAD OFFICE 40 NINGPO ROAD
SHANGHAI
TELPHONE 18865

大華建築公司

上海寧波路四十號二樓第二〇七號

電話 一八八六五號

長城機製磚瓦
股份有限公司
註冊商標
TRADE MARK
貨價比普通磚廉
貨品較任何機器磚高
總公司
製造廠
騰越路一四四號 電話五一一七九
事務所
牛莊路七四二號 電話九〇九八〇
証明
壓力、吸水量、耐久性
均經上海工部局
詳細化驗負責証明
成績超越一切磚瓦
出品
堅靱硬磚
輕硬空心磚
瀉水瓦片
如蒙垂詢價
格及索閱貨
樣請電話通
知即當送奉

合作五金
股份有限公司
出品
優點
精確
美觀
堅固
價廉
出品
門鎖
抽屜鎖
拉手
文具
鉸鏈
註冊商標
CMC
TRADE MARK
K. T. C. M. C.
L
TRADE MARK
註冊商標
MARCH
製造廠
總務處
上海塘山路七九六
發行所
上海牛莊路七四二
電報掛號九六〇二
電話九〇九八〇

SLOANE·BLABON

司隆百拉彭

印花油毛氈毯

此爲美國名廠之出品。今歸秀登第公司獨家行銷。中國經理則爲敝行。特設一部。專門爲客計劃估價及鋪設。備有大宗現貨。花樣顏色。種類甚多。尺寸大小不一。司隆百拉彭印花油毛氈毯。質細堅久。終年光潔。既省費。又美觀。室內鋪用。遠勝毛織地毯。

美商 美和洋行 上海江西路二六一號

炎夏避暑妙品

美國新發明

（康福冷氣機）

此機精巧耐用莫與倫比當此酷暑利用此項巧小冷氣機便可使室內空氣頓變清涼恍如秋涼時候其涼爽舒適身心殆有勝于易地避暑之爲優焉

海京洋行經理 上海北京路一五六號

潔麗工程公司

上海　南京　青島

專門設計打樣承辦衛生暖氣消防通風鑿井等項工程

設計周詳　選料精良　工程堅固　適用耐久

兼之服務謹慎工作迅速如蒙委託自當格外克己

總公司 上海四川路一一〇號 電話一四四三四號

炳耀工程司

南京 中山北路七七四號

上海 白利南路三十號

天津 基瑞工程司 法租界三十三號路仁和里十四號

承裝

◁各大商埠煖氣衛生冷風防險等工程列下▷

上海
市中心區工務局
市中心區社會局
市中心區衛生局
市中心區教育局
市中心區土地局
市中心區游泳池濾水設備
市中心區運動場
嶺南分校
大新百貨公處
航空獎券辦事處
西藏路公站
上海空軍總司
Dauplin3 Apartment grosvernor Houseannex

南京
歷史語言研究所
中央大學圖書館
中國銀行
行政院
中央醫院水塔及自來水
中央醫院
中央農業實業所
全國運動場及游泳池
中央軍校游泳池
外交大樓
教育部
中央防疫處
首都大飯店
汪院長公館
宋部長公館
陳部長公館
孫部長公館
地質學會
農工銀行
劉署長公館

天津
基泰大樓
中國銀行貨棧
信中公司
光明社大戲院
勸業商場
中原公司
南開大學圖書館
太古住宅
新華銀行
顏惠慶公館

北平
居仁堂
鹽務署
清華大學第六宿舍
清華大學圖書館

遼寧
瀋陽電影院冷熱風工程
遼寧總站
長官府辦公大樓
張長官公館
長官府衛兵室
東北大學文法科圖書館宿舍
東北大學水塔
東北大學運動場
同澤女子中學辦公大樓及宿舍

南昌
勵志社
航空委員會辦公大樓

洛陽
中央航空分校

漢口
安利洋行大樓

杭州
中央航空學校防險設備
中央飛機製造廠

金華
中國旅行社招待所

上海大美地板總事務所

The American Floor Construction Company

139 Avenue Edward VII, Tel. 85526

敝行爲擴充營業起見於廿四年五月一日起凡顧客承蒙賜造敝行之地板由應得特別利益如下列

（一）本公司承舖之地板敝行應負貳年之內修理分文不取

（二）本公司承造之地板貳年之內如有發生重做電力磨砂分文不取（惟美術打臘不在此例）

（三）本公司承造地板均用乾貨如有查出未乾過可將全部地板充公以保信用

（四）本公司承造地板限定日期如有發生誤期等情敝行愿賠償相當之罰金或每天大洋五拾元計算決不失信以資迅速可靠

（五）本公司承造地板價目特別公道貨物上等美質

地板專家 陳潤生謹啓

本公司承造各大廈樓地板工程略舉下列

（一）國華銀行大廈 北京路
（二）鹽業銀行大廈 北京路
（三）大陸銀行大廈 九江路
（四）中央衛生醫院 南京
（五）中央飛機場 杭州
（六）廣東銀行 甯波路
（七）淡爾登大廈 江西路
（八）蔣委員長住宅 賈爾業愛路
（九）四明銀行范副行長住宅 福煦路
（十）匯中飯店 南京路
（十一）寰公館 李梅路
（十二）大華跳舞廳 愛多亞路
（十三）大光明影戲院 靜安寺路
（十四）聖愛娜舞廳 斜橋路
（十五）上海總會 黃浦路
（十六）斜橋總會 靜安寺路
（十七）劉公館 青海路
（十八）百樂門舞廳 愚園路
（十九）范文照住宅 道主教路
（二十）中國實業新村 愚園路
（二十一）基泰朱彬建築師住宅 惇信路
（二十二）新大都會舞廳 戈登路
其餘工程不克細載

總事務所 上海愛多亞路一三九號 電話八五五二六

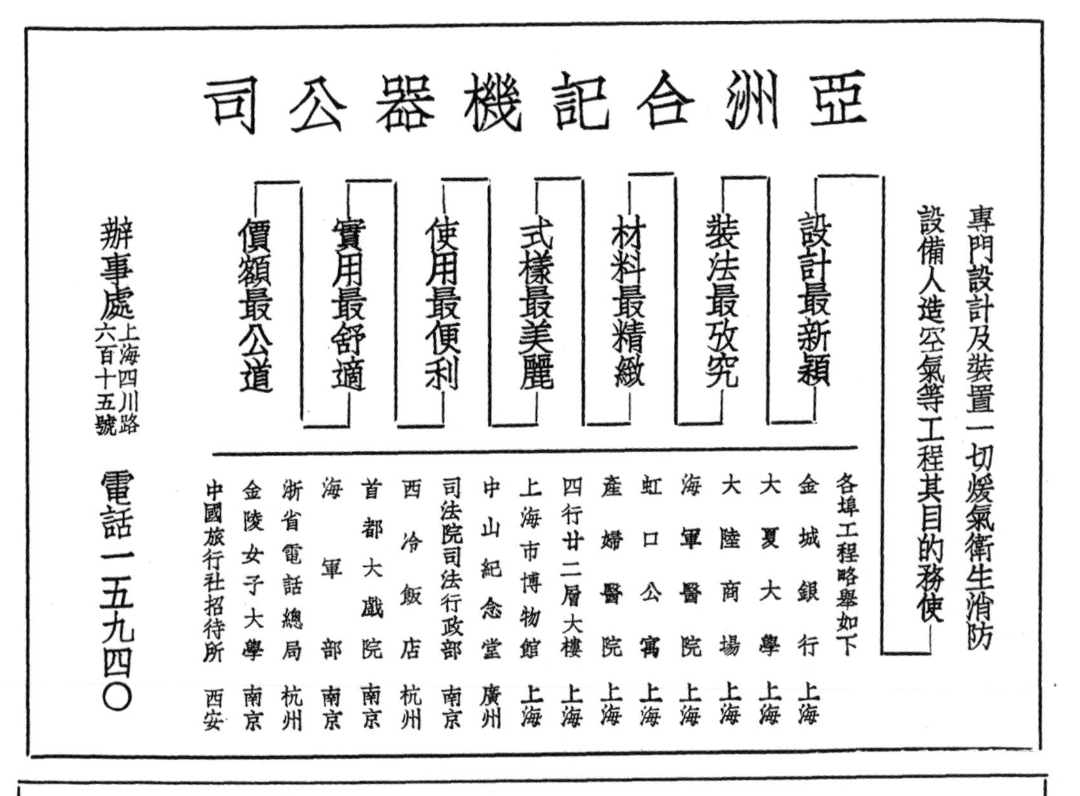

FAR EAST MAGAZINE.

An Illustrated Commercial, Industrial & Political Review.

PROGRAMME:

Summer Holidays in the Far East and Engineering.

Motor Cars, Machinery and Engineering.

Chinese Industrial Development.

Christmas Edition & Development of Shanghai.

Subscription in China: $4.40 a Year (Incl. Postage)

Advertising Rates on Application.

Tel. 95197 *505 Honan Road* *P. O. Box 1896*

Shanghai

ARCHITECTS!

Have You Planned Summer Remodeling for Your Clients ? Now is the Time to Modernize the Bathrooms & Kitchens with "Standard" Neo Classic Fixtures

It is no longer economical to retain that old fashioned & unsightly bathroom. Modern "Standard" fixtures are now available at lower price than ever before, yet the same high quality prevails Expense need not stand in the way of that long sought, inviting and modern bathroom.

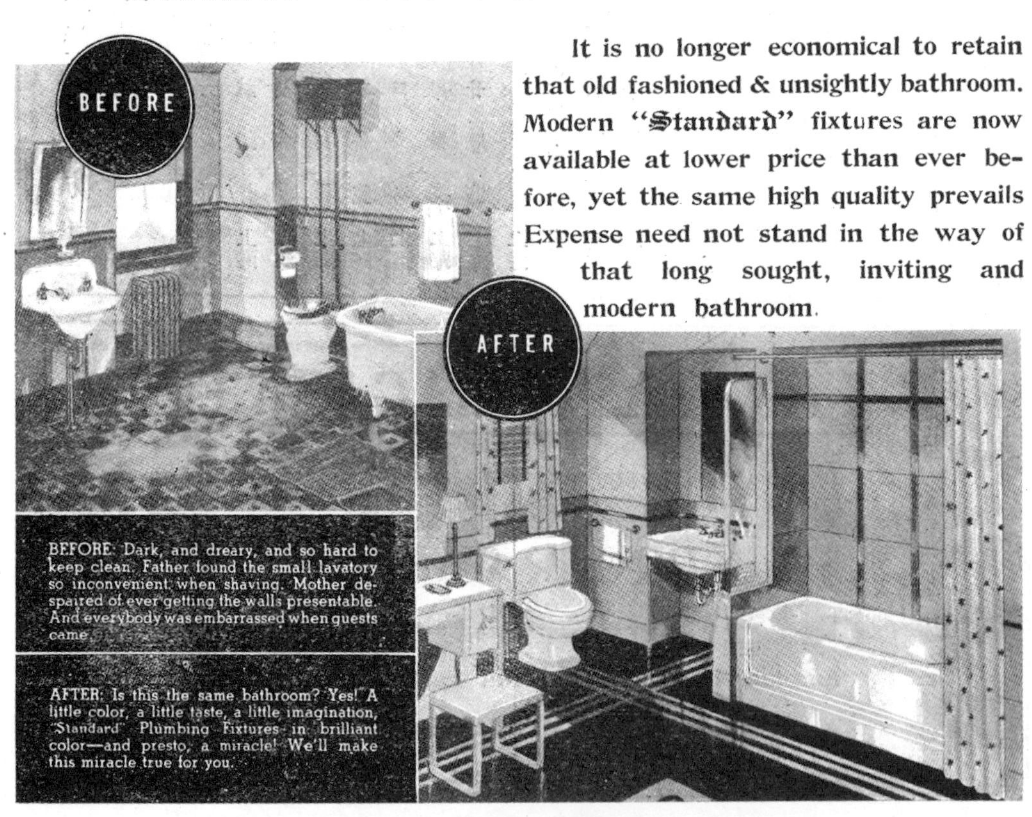

Manufacturer's Undivided Responsibility

Assumed by its Sole Agent in China

ANDERSEN, MEYER & CO., LTD.

Shanghai & Outports

建業營造廠

JAY EASE & CO.

GENERAL BUILDING CONTRACTORS

本廠承造之南京總理陵園藏經樓

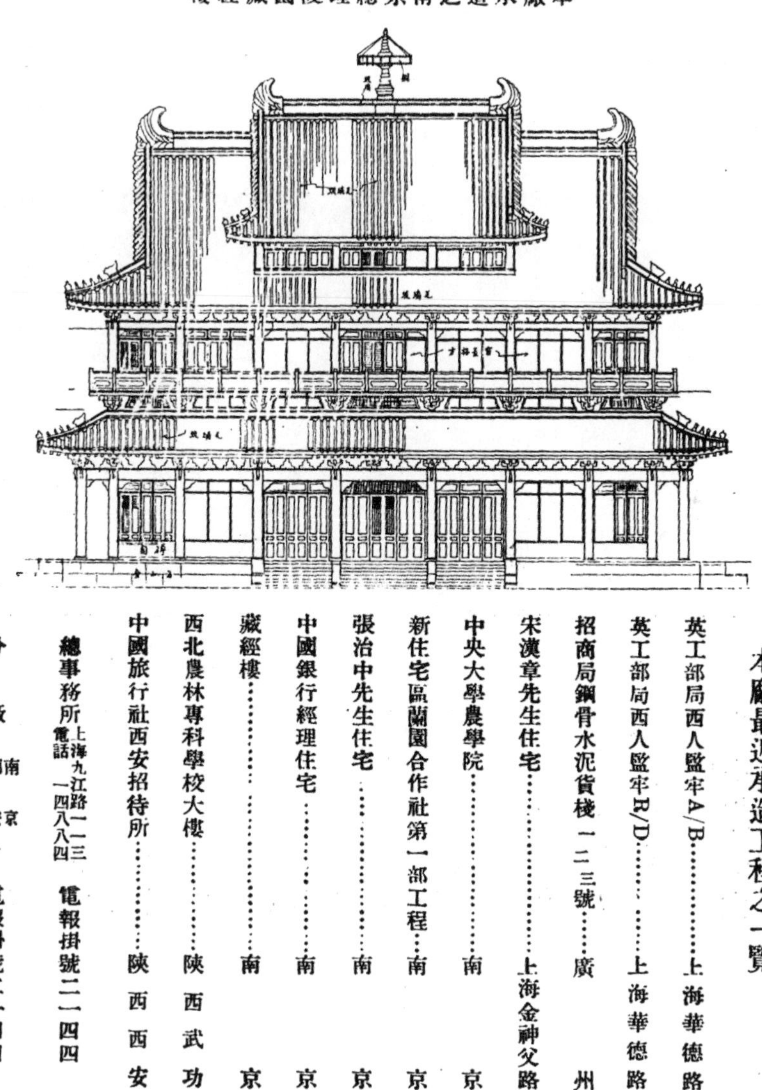

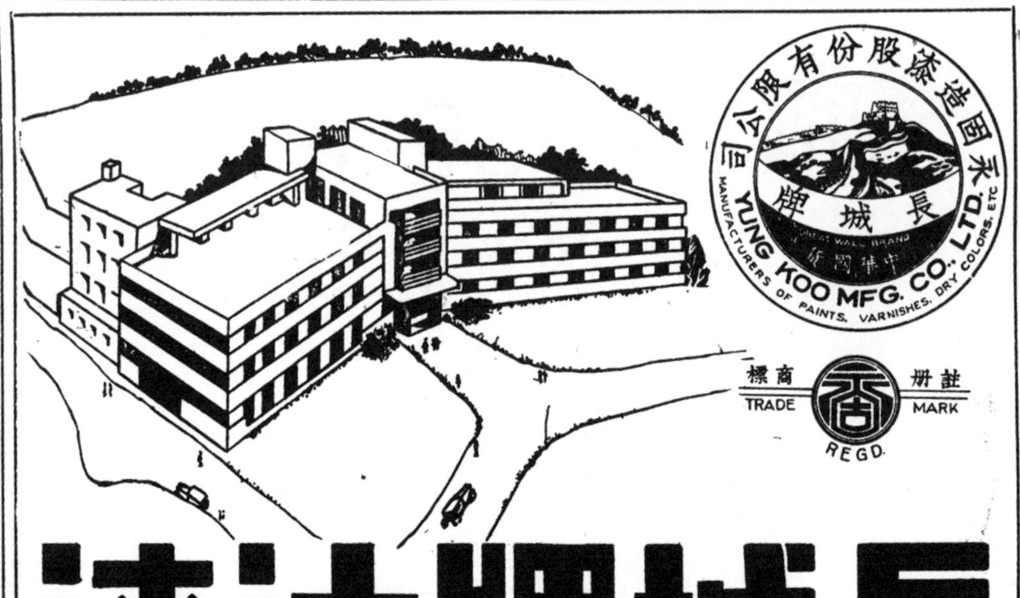

長城牌油漆

南京首都飯店內外所用一切油漆如
水門汀漆平光漆等均係長城牌出品

本公司之特色

資本
股款充足純是華人資本

技術
造漆技師均係留美專科畢業幷有多年實習經驗

品質
質料優美配製精良足與舶來品頡頏

售價
成本不惜加重而售價則比舶來低廉

出品
出品應有盡有無一不備

永固造漆公司
製造廠及總事務所
上海江灣路九百號　電話　閘北四二三二七二

中華民國[illegible]年八月廿[illegible]日收到

中國近代建築史料匯編（第一輯）

中國建築

第三卷 第四期

HE CHINESE ARCHITECT

內政部登記證警字第二九五五號
中華郵政特准掛號認為新聞紙類

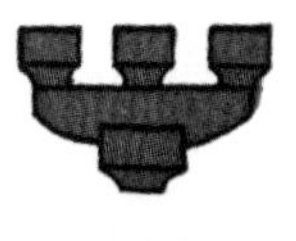

中國建築師學會出版
第三卷 第四期

第三卷 第四期

上海大美地板總事務所

The American Floor Construction Company

139 Avenue Edward VII, Tel. 85526

敝行爲擴充營業起見於廿四年五月一日起凡顧客承蒙賜造敝行之地板由應得特別利益如下列

(一)本公司承舖之地板敝行應負貳年之內修理分文不取

(二)本公司承造之地板貳年之內如有發生重做電力磨砂分文不取（惟美術打臘不在此例）

(三)本公司承造地板均用乾貨如有查出未乾過可將全部地板充公以保信用

(四)本公司承造地板限定日期如有發生誤期等情敝行愿賠償相當之罰金或每天大洋五拾元計算決不失信以資迅速可靠

(五)本公司承造地板價目特別公道貨物上等美質

地板專家 陳潤生謹啓

本公司承造各大廈樓地板工程略舉下列

(一)國華銀行大廈 北京路
(二)懇業銀行大廈 北京路
(三)大陸銀行大廈 九江路
(四)中央衛生醫院 南京路
(五)中央飛機場 杭州
(六)廣東銀行 甯波路
(七)漢彌爾登大廈 江西路
(八)蔣委員長住宅 賈爾業愛路
(九)四明銀行范副行長住宅 福熙路
(十)匯中飯店 南京路
(十一)袁公館 李梅路
(十二)大華跳舞廳 愛多亞路
(十三)大光明影戲院 靜安寺路
(十四)聖愛娜舞廳 斜橋路
(十五)上海總會 黃浦路
(十六)斜橋總會 靜安寺路
(十七)劉公館 青海路
(十八)百樂門舞廳 愚園路
(十九)范文照住宅 趙主教路
(二十)中國實業新村 愚園路
(二十一)基泰朱彬建築師住宅 惇信路
(二十二)新大邦會舞廳 戈登路
其餘工程不克細載

總事務所 上海愛多亞路一三九號 電話八五五二六

沈金記營造廠

Sung King Kee

Contractor

本廠承造鋼骨水泥房屋堆棧以及橋梁道路涵洞等項工程

事務所

上海法租界貝禘鏖路鉅興里七號

電話 八三四八八號

開灤礦務局

地址上海外灘十二號　　電話一一〇七〇號

開灤硬磚

□此種硬磚歷久不壞□

載重底基，船塢，橋樑，及各種建築工程，採用此種硬磚，最爲相宜。

K. M. A. CLINKERS.

A BRICK THAT WILL LAST FOR CENTURIES

SUITABLE FOR HEAVY FOUNDATION WORKS, DOCK BUILDING, BRIDGES, BUILDINGS & FLOORING.

RECENT TESTS

COMPRESSION STRENGTH

7715 lbs per square inch.

ABSORPTION　　1.54%

THE KAILAN MINING ADMINISTRATION

H. & S. BANK BUILDING,
3RD. FLOOR, 12 THE BUND,
ENTRANCE FOOCHOW ROAD.

TELEPHONE 11070 / 11078 / 11079

DIRECT TELEPHONE TO SALES DEPT. TEL. 17776

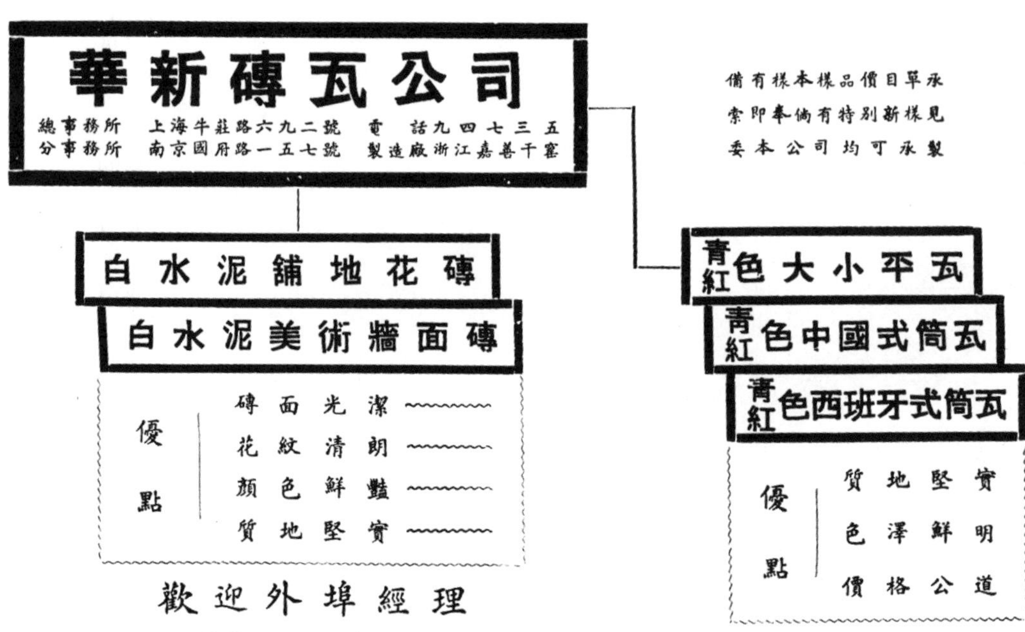

Hwa Sing Brick & Tile Co.

General Office: 692 Newchwang Road, Shanghai. Tel. 94735

Branch Office: 157 Kuo Fu Road, Nanking. Factory: Kashan, Chekiang.

蔣金泰油漆工程事務所

Chiang King Tai Painter For Palace Style

專繪故宮殿式真金彩畫及時代油漆工程

實業部給予一等獎狀

最近承辦工程一覽

本所因鑒於建築事業日新月異裝璜設計尤關重要特聘北平專門著名技師設計繪就故宮殿式彩畫如十點玉 大點金 金中墨 邊金草 三套花 宋錦 古錢 壽字 團龍 團鳳 團鶴 漢瓦等全用三夾板及漆紙繪就兩種連木條子裝置迅速限期完工價廉美觀兼而有之倘蒙 賜顧竭誠歡迎

上海
市立第一公墓
國立商學院
大都會舞廳

南京
國民政府
教育部
行政院
中央黨史史料陳列館

最近承包中央黨史史料陳列館全部油漆

上海事務所 寶山路升順里五十三號

南京事務所 洪武路三百十號

中國建築

第三卷　　第四期

民國二十四年九月出版

目　次

著　述

中國建築

民國廿四年　　第三卷第四期

卷頭弁語

本期按照前定程序，應由關頌聲建築師供給主要材料，玆因尚有幾處巨大建築，未曾完工。欲求完美起見，特展緩一期登載。本期材料中有巨大房屋一座，確係滬上之所僅見，蒙黃元吉建築師慨然供給本刊刊入，良深感激該屋規模宏大，佈置非易，而能精心設計，實爲吾國建築界放一異彩，豈僅得居住者之稱頌而已！

上海商學院各項建築詳圖，已登載於三卷一期內，本期將落成後之照片，選擇數種登載，與前期對照，更覺明瞭。再者凡房屋之外觀雖美，而室內之佈置欠佳，則於生活方面，仍感不快！若普通房屋，而能佈置精雅，反足以怡情陶性。故本雜誌對於室內佈置，非常注意。以引起讀者審美之興趣。　　編者識

茹經堂遠眺圖

茹經老人唐蔚芝先生，爲晚近國學之泰斗，文章道德，譽滿東南。歷任南洋大學校長十餘年之久，盡心校務，蒸蒸日上，教誨子弟，諄諄不倦，及門弟子遍海內。年高引退後，隱居無錫，創國學傳習所，有功國學，實匪淺鮮。去歲爲　先生七十大慶，海內子弟，感教誨之恩，咸思有以壽　先生者；因於錫山之麓，太湖之濱，結構精舍，以供　先生研究國學，而享頤年。由同學楊錫鏐建築師，擬具圖樣；江應麟工程師悉心建造；名其堂曰茹經。誌紀念也。並聞市政當局，擬建環湖馬路，繞經該處，若是則湖山清幽，交通尤便，名人勝景，千古流芳，本刊特選登其鳥瞰圖一幀，並誌其緣起。

上海霞飛路恩派亞大廈
黃元吉建築師設計

恩派亞大廈位於上海霞飛路善鐘路轉角地處幽靜交通便利因豐盛實業公司集資建築聘凱泰建築事務所黃元吉建築師設計招由夏仁記營造廠承造全部佔地九畝四分一厘六地價六十六萬元房屋建築費共計約五十七萬六千六百餘元列表如下

正屋建築費	450000元
冷熱衛生設備	75600
電氣設備	17000
燈	2900
電梯	31000
共計	576600元

全部房屋佔據空間一一八五二八九立呎平均每立呎造價爲四角八分強每月可收租金一萬三千元按照投資基金計算約爲月利一分一厘一但租金能否全部收到是屬疑問每月尚有管理費等須計算在內則至少可得月利八厘以上是不得不歸功於設計者之精密與經濟庶得此最後之結果全部建築雄壯偉麗內部佈置更能運用靈思巧奪天功雖一椅一桌亦均預留地位居住者咸稱便利雖際此不景氣之候仍能全部出租幾無虛日是故建築師有功於投資者豈淺鮮哉

——雀——

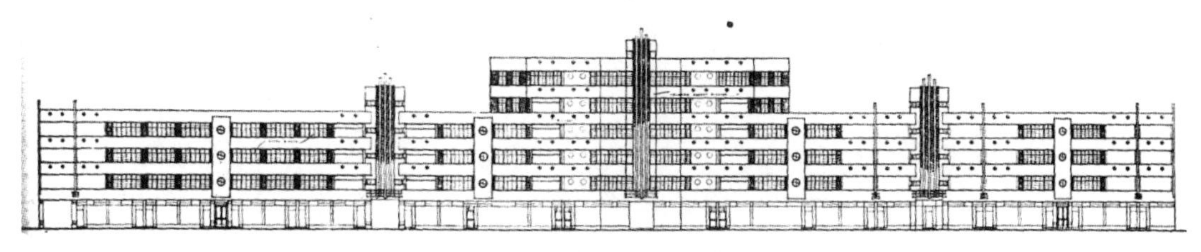

DEVELOPED ELEVATION

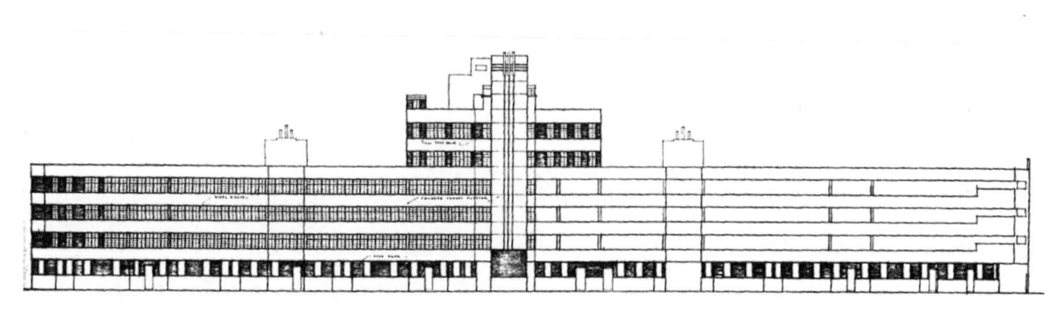

REAR ELEVATION (DEVELOPED)

上海霞飛路恩派亞大廈正面立視圖

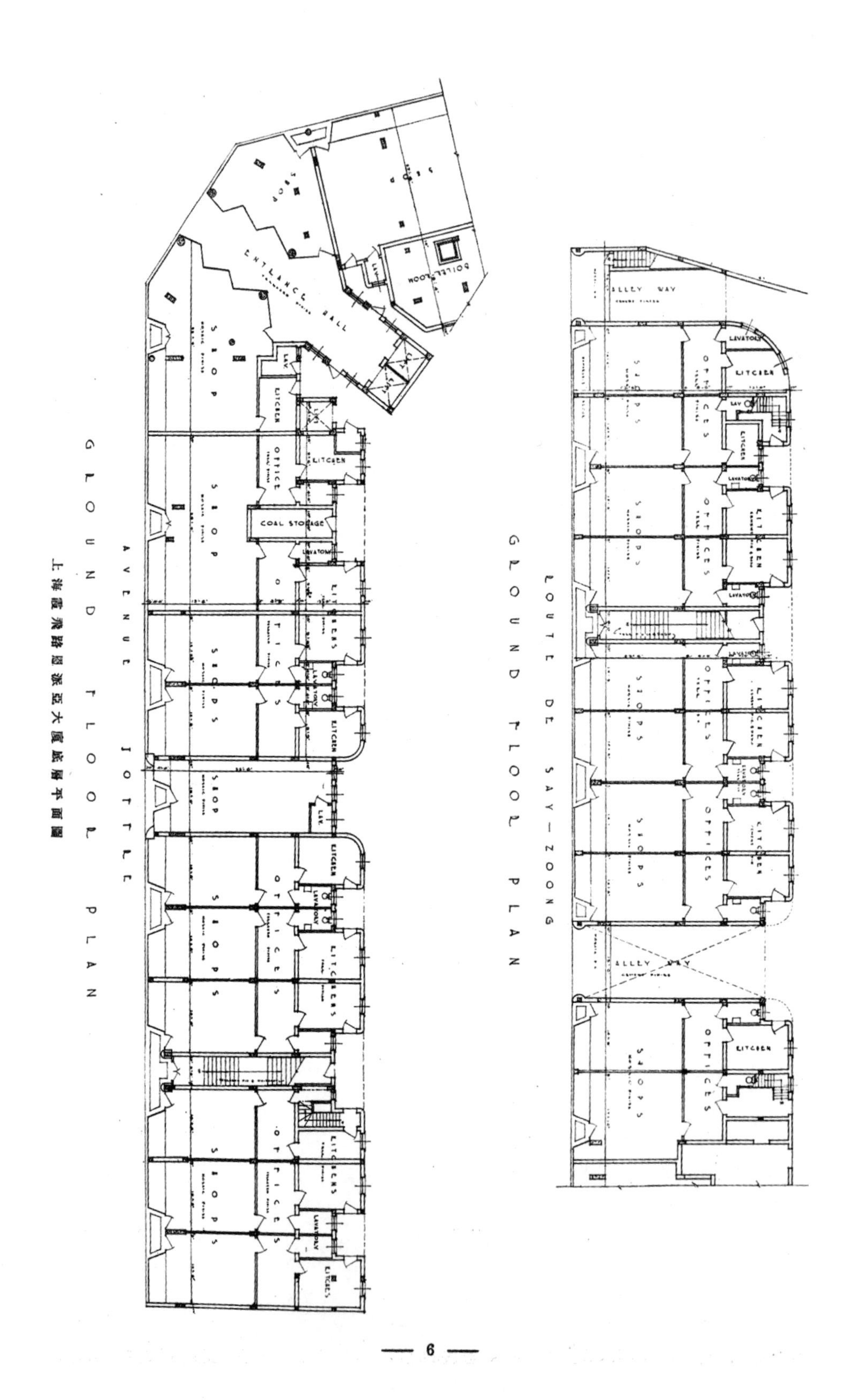

上海霞飛路恩派亞大廈底層平面圖

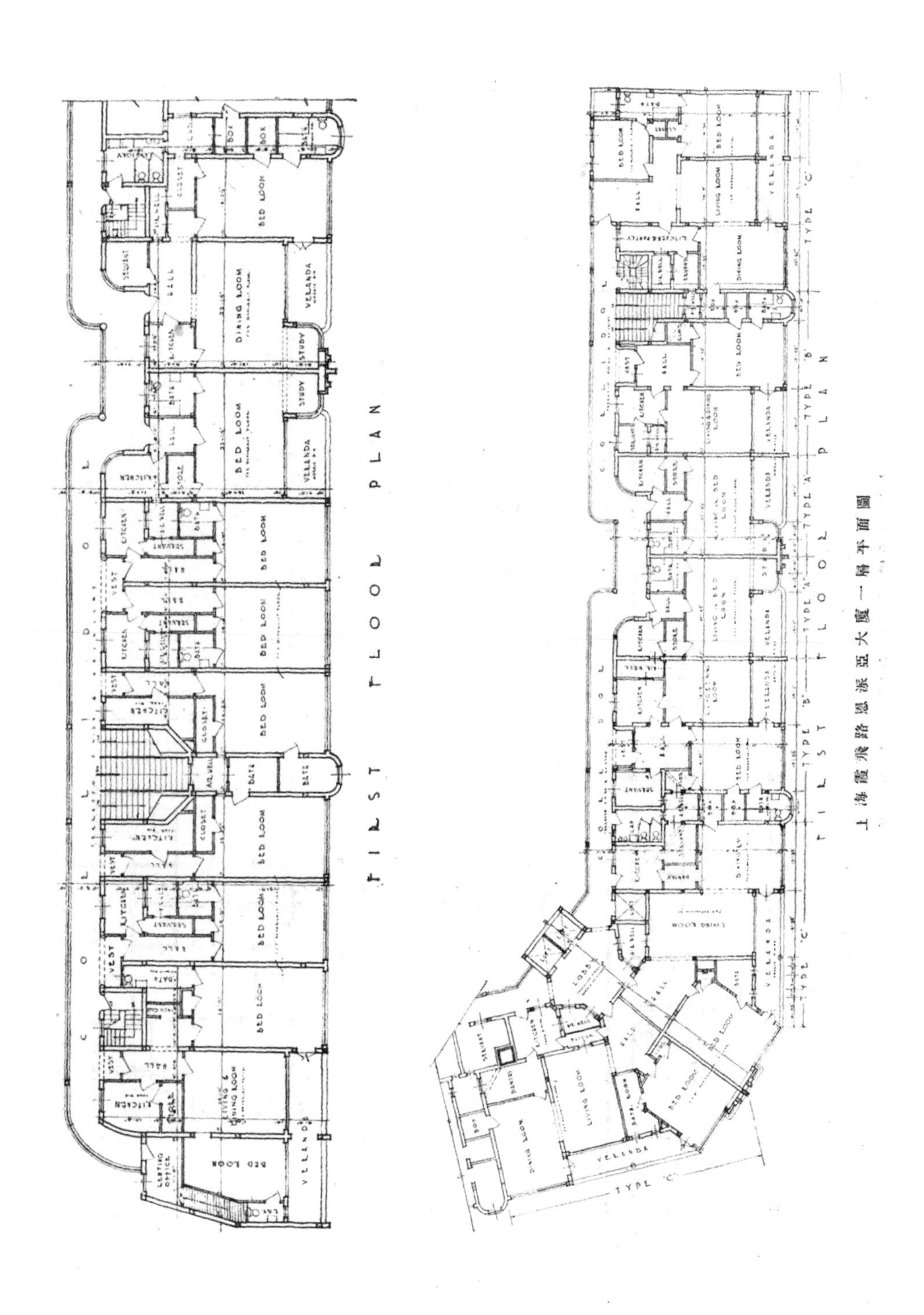

上海霞飛路恩派亞大廈一層平面圖

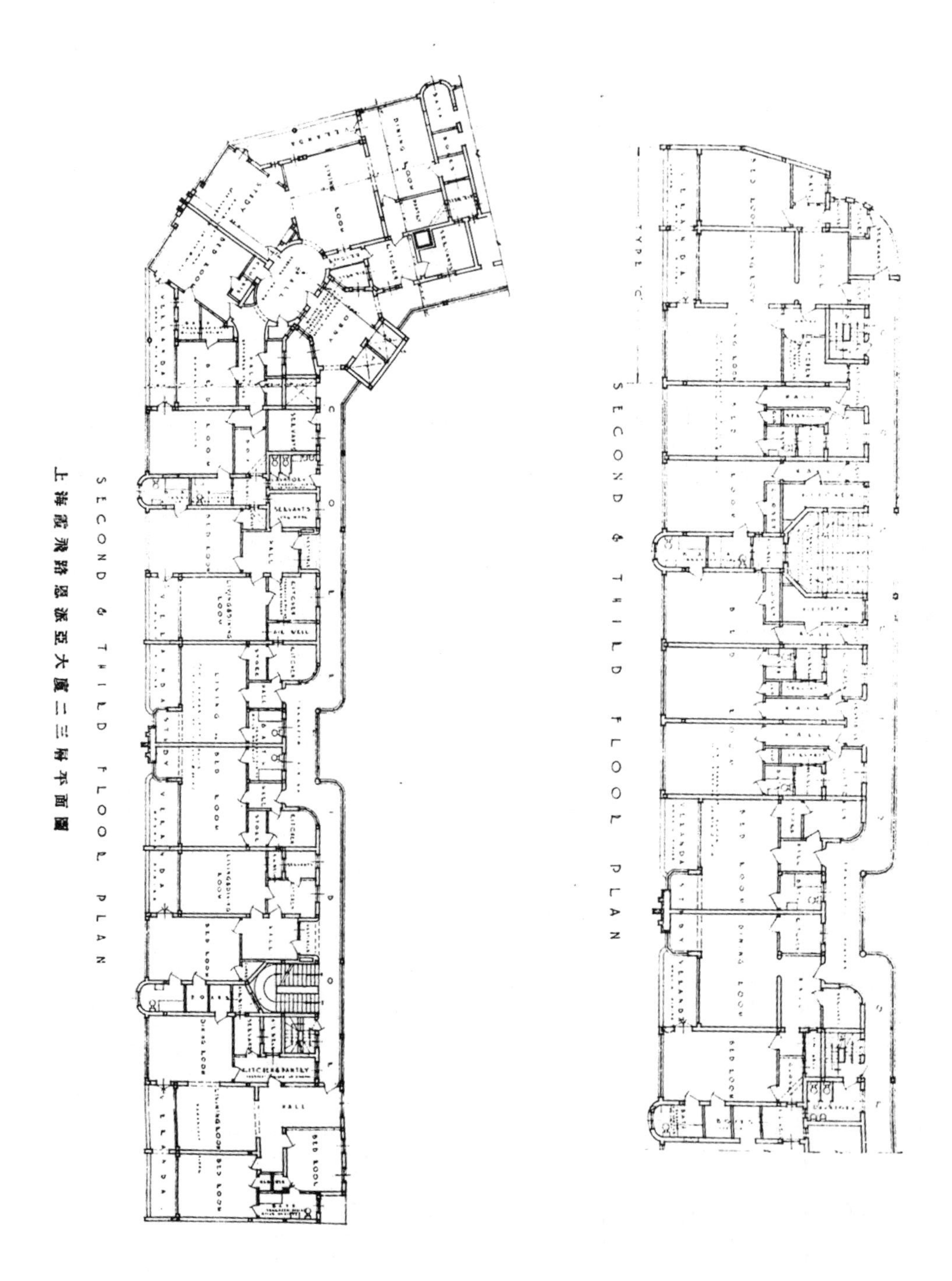

上海霞飛路恩派亞大廈二三層平面圖

恩派亞大廈尚未動工前按照設計圖樣，先用石膏製成模型，門窗牆壁陽台電梯等，均佈置於指定地位，內部各室光線之是否充足亦可於模型中實驗證明。此等模型對於建築師設計時有極大之臂助，故往往採取，以收事半功倍之效。

上海霞飛路恩派亞大廈模型
黃元吉建築師設計

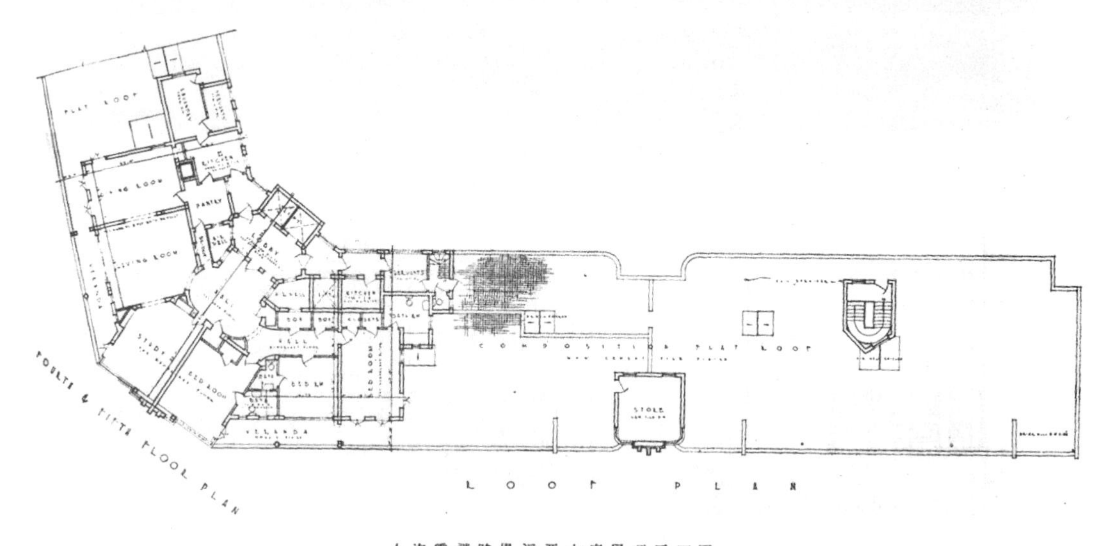

上海霞飛路恩派亞大廈屋頂平面圖

上海霞飛路恩派亞大廈正門入口處

巍巍然聳立着的入口
控制着左右兩邊
是整個建築的尖峯
引人注目的焦點
正中垂直的三線
挺秀堅強
象徵着三民主義
永久受人們的頌揚

上海滬州路恩派亞大廈屋內之長廊

潔淨的長廊 光明的長窗
浸在那廣漠的田野裏
不論春夏秋冬 風雨晴明
只要放眼窗外
無憂[illegible]可以洗盡都市的俗氣
消掉[illegible]間[illegible]煩[illegible]
[illegible]是值得[illegible]的長廊

上海霞飛路恩派亞大廈電梯入口大道

上海霞飛路恩派亞大廈內部餐室佈置

上海霞飛路恩派亞大廈內部書房佈置

上海海格路厲氏大廈之迴廊　　黃元吉建築師設計

上海海格路嚴氏大廈之客廳　　黃元吉建築師設計

上海海格路嚴氏大廈之起居室　　黃元吉建築師設計

上海海格路厲氏大廈之起居室　　黃元吉建築師設計

上海海格路厲氏大廈之書房　　黃元吉建築師設計

上海海格路厲氏大廈之中國廳(一)　　黃元吉建築師設計

上海海格路厲氏大廈之中國廳(二)　　黃元吉建築師設計

大都會花園舞廳

費霍

建築師果然是一個偏於藝術的人才，但同時必須具有經濟學，心理學，社會學等等的常識，方能於設計各個性質不同之建築物時，適應業主的需求，迎合社會的環境而達到成功的目的。譬如設計一個紀念性的永久建築物和一個營業性的娛樂場所，當然一切計劃，材料，裝飾以及種種瑣屑之處，都是絕對的不同，尤其是如上海流行的跳舞廳更和各種普通建築特別的不同了。上海流行着設置舞女的舞場，因着營業性的關係鮮有建造永久房屋的。大都是租地蓋屋，欲以最廉價最經濟的造價，換取一座富皇詭麗而富有吸引力的偉大場所，使營業方面開支省而收入多，方可免受不景氣潮流所襲擊而致虧折。同時對於營造所費的時日更是愈短愈妙。本篇所述的大都會花園舞廳，就是適應上開條件而達到成功的一個。

牠是由楊錫鏐建築師所設計。自動手草樣以至完工開幕不到三個月的時間。內中一個半月是設計製圖和請照所費。自開工日起四十四天內全部落成而開幕。所有材料，都採用立時可辦到而又新穎的物品，所有結構，都採取簡捷而能適合工部局定章的方法，所有裝飾都施用低價而又不致露流簡陋草率之弊者。總計造價祇約三萬餘元，一切燈光暖氣衛生等設備都能齊備而所為成的結果，却是一座瑰麗無比新穎奪目的交際場所。是無怪乎開幕後，社會交口稱許，營業日盛而得握滬上舞場業的牛耳了。

該舞場外觀及內部裝飾設計，完全採取中國宮殿式，的確是楊建築師一個冒險的嘗試而得到相當成功的收穫。在過去的社會心理，大都以為宮殿式建築每失於太嚴肅而冷酷，缺乏愉快進取的精神。很聽得有幾位黨國要人在某某政府機關建築委員會上竭力反對宮殿式，謂為將使辦公人員減少進取英氣而逐漸腐化。經這次嘗試，而使人們一洗以往的疑慮而相信宮殿式如果運用得宜，也可使之靈動活潑而適合於無論何項建築的個性。這的確是中國式新建築史上的一個極好貢獻呢，茲特徵得楊建築師同意，將各種詳圖披露以供參考，並希望全國建築師悉心研究更多貢獻和成功，使得一般醉心外國建築師是優秀萬能的資本家有所覺悟，這也是復興我國建築的一種很好的途徑呢。

大都會花園舞廳大門
楊錫鏐建築師設計

大都會花園舞廳門廳內景

楊錫鏐建築師設計

舞場生活，以夜作晝，故舞場建築之設計，除白晝而外，尤當注意於燈光之效能，上圖爲大都會舞廳之大門，頗得其中三昧。

大都會花園舞廳正門　　楊錫鏐建築師設計

大都會花園舞廳外景　　楊錫鏐建築師設計

大都會花園舞廳憩息室內款詳圖　　楊錫鏐建築師設計

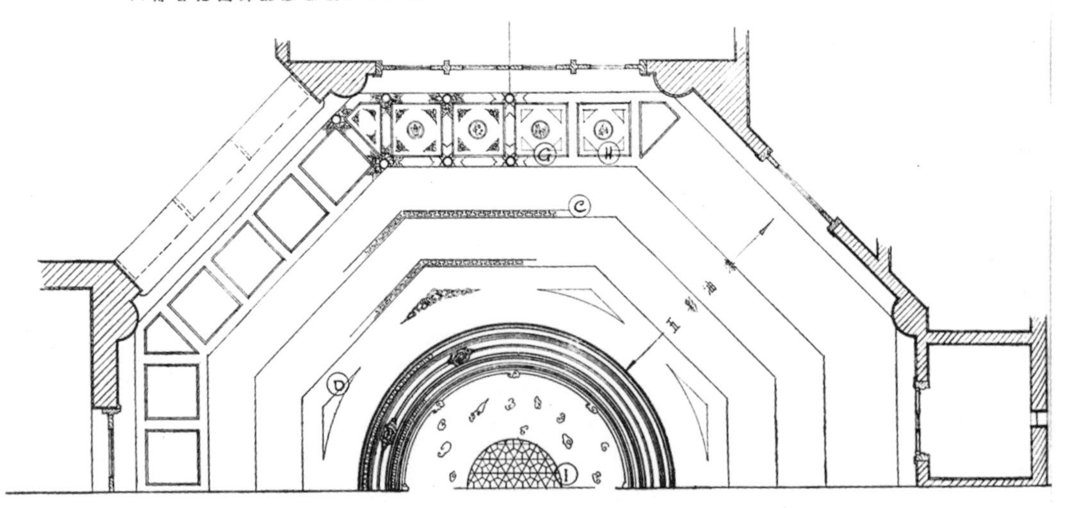

CEILING PLAN

大都會花園舞廳憩息室天花板

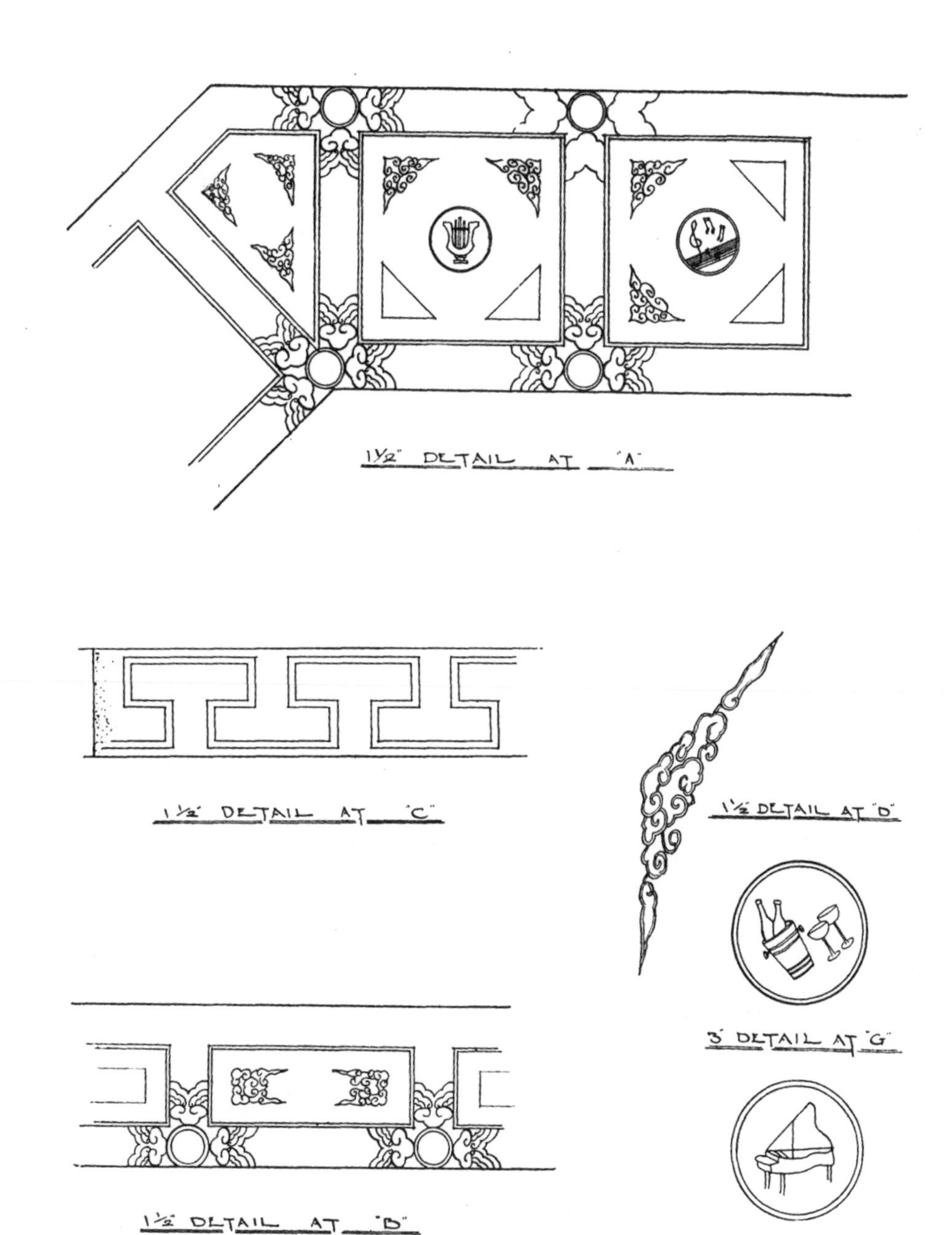

大都會花園舞廳憩息室天花板圖案各部大樣

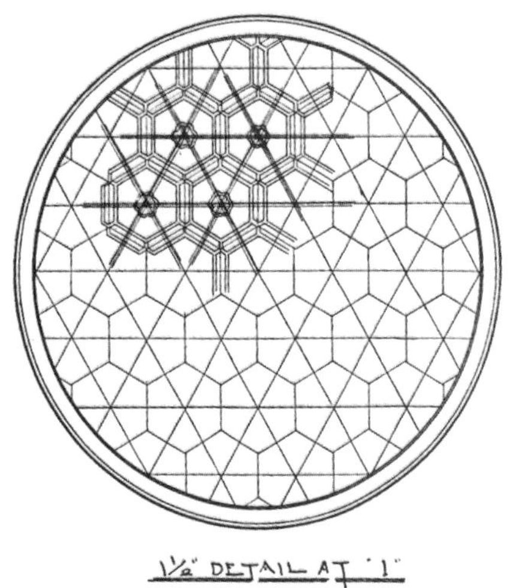

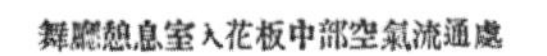

舞廳憩息室入花板中部空氣流通處

天花板圖案大樣之一部

大都會花園舞廳內之音樂台

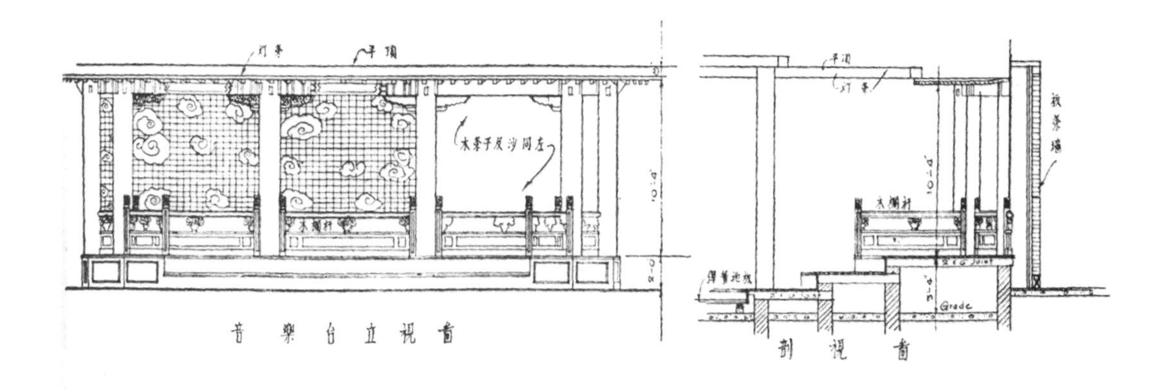

音樂台立視圖

剖視圖

大都會花園舞廳內部全景　　楊錫鏐建築師設計

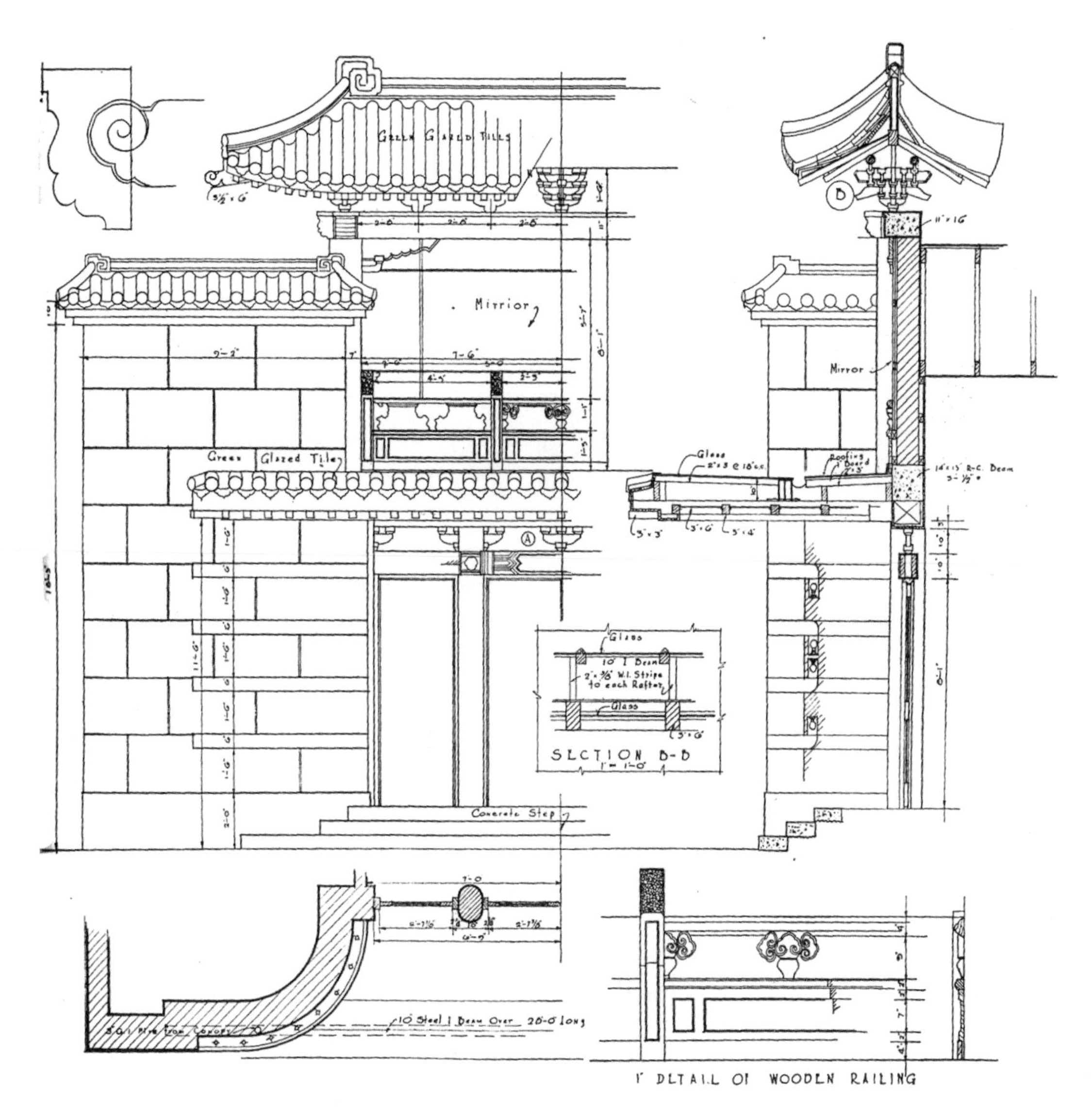

大都會花園舞廳正門各部大樣

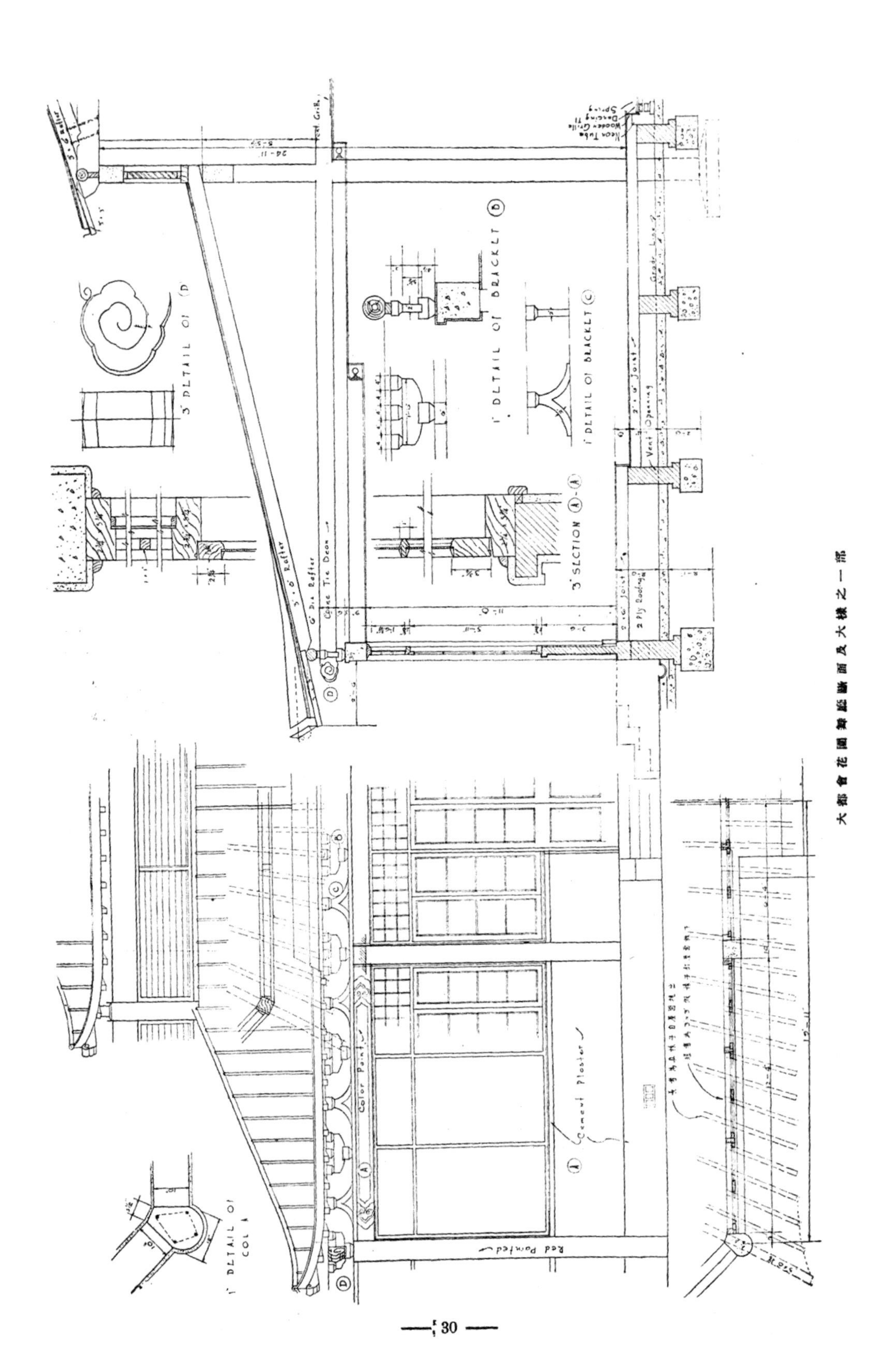

大都會花園舞廳斷面及大樓之一部

國立上海商學院教室正門　　楊錫鏐建築師設計

國立上海商學院校門　　楊錫鏐建築師設計

國立上海商學院女生宿舍　　楊錫鏐建築師設計

國立上海商學院教室全景　　楊錫鏐建築師設計

上海安凱弟商場，處靜安寺路之西端，由凱泰建築事務所黃元吉建築師計劃。內部廣闊之甬道，計寬二十呎；上部做玻璃平頂，內舖電燈，晚間燈光四射，頗覺新穎。

民國廿三年中央大學建築系習題

在某大商埠擬建一大廈應合於下列各條

(一)位於一長方形之空地沿廣場一邊長一百四十呎沿馬路一邊長七十呎

(二)底層設有雄偉之進門處及電梯間並預留地位準備租予交通機關如鐵路輪船公司作為售票及辦公之用

(三)第二層全部供給國貨商場之需

(四)第二層以上各層須有光線充份之辦公室出租全部面積須在二十萬平方呎以上

(五)每層須有男女盥洗室每平面二萬五千呎以上應設置電梯一座另設貨物升降梯一座及普通樓梯二座

(六)樓高除底層外為十二呎

(七)比例尺：立視圖為十六分之一寸等於一尺

平面及斷面圖為三十二分之一寸等於一尺

中央大學建築系孫增蕃繪

中央大學建築系張開濟繪

中央大學建築系徐中繪

中央大學建築系王秉忱繪

二十四年八月份第四科業務簡單報告

上海市工務局

二十四年八月份執照件數驟減計僅核發營造執照一百四十七件（碼頭一件在外）比上月減七十一件卽約減三分之一在本年中竟與最少之二月份相仿比上年同月約減五分之一各區中以滬南閘北二區爲較多約各佔總數五分之一法華次之洋涇又次之駁斥不准者七件新屋中仍以住宅爲最多約佔總數三分之二市房次之約合總數七分之一

八月份核發修理執照二百五十六件雜項執照七十六件拆卸執照十三件比上月份修理約增三分之二雜項約減三分之一拆卸相仿比上年同月修理約增六分之一雜項拆卸均約減二分之一分區比較修理拆卸均以滬南爲最多約各佔總數二分之一閘北次之雜項則以閘北爲較多約合總數四分之一滬南略次餘均少數

八月份全市營造就上述之一百四十七件執照（統計未設有發照處各鄉區所造簡單平房概未計入）約共佔地面積四萬平方公尺約共估價一百三十餘萬元比上月份面積減一萬三千平方公尺卽約減五分之一有奇估價減三十九萬餘元卽約減四分之一有奇上月份所增者多屬平房其估價之增多不及面積之速本月份估價之減少則轉較面積爲速不獨比上月份爲驟減卽較之六月份亦均減少但比上年同月面積估價均屬略增

營造分區比較面積估價均以閘北爲最多滬南次之法華又次之閘北滬南兩區執照件數雖屬相仿但滬南之面積估價僅約及閘北五分之三

八月份拆卸面積約計四千平方公尺比上月約減三分之一比上年同月約增八分之三拆卸房屋中以滬南區爲最多計有平房六十九間樓房二十幢閘北區次之

八月份較大工程估價在五萬元以上者計四件（其中有十萬元者一件）計閘北二件江灣高行各一件茲分誌於左

（一）協興地產公司在中興路造二層樓住宅四十四幢約共佔地一千九百平方公尺約估價七萬餘元

（二）升順公司在寶山路造二三層樓市房二十一幢約共佔地一千二百平方公尺約共估價五萬餘元（以上二件閘北區）

（三）承基學校在高境廟路造平房及二層樓校舍約共佔地一千平方公尺約共估價十萬元（以上一件江灣區）

（四）華懋影片公司在東溝口造攝影場一所約佔地一千八百平方公尺約佔價五萬餘元（以上一件高行區）

上述較大工程四件佔價總數約計二十七萬餘元尚不及上月較大工程佔價總數之半僅佔全市統計總數五分之一

八月份審查營造圖樣一百五十五件修理查勘單二百六十二件雜項查勘單八十一件拆卸查勘單十三件共五百十一件比上月份略減比上年同月約減六分之一營造圖樣經改退者一百零九件與上月份相仿比上年同年約減三分之一改圖計一百二十一次平均每件執照約須改圖一次比上月份改圖件數幾增一倍修理雜項查勘單經查訊者五十件計五十一次亦比上月份約減六分之一附錄一覽表於左

八月份改圖及查訊件數次數一覽表

執照	件數次數 \ 市區	閘北	滬南	洋涇	引翔	法華	其他	總計
營造	件	二八	三四	五	七	一七	一八	一〇九
	次	三二	三九	五	七	一七	二一	一二一
修理	件	五	二〇	〇	〇	二	一	二八
	次	五	二〇	〇	〇	二	一	二八
雜項	件	一二	二	一	二	三	二	二二
	次	一二	二	一	二	四	二	二三

此外尚有與公用局會查滬南區營造一件蒲松區營造二件法華區營造十六件與衛生局會查閘北區雜項一件眞茹區營造一件與土地局會查法華區雜項一件與社會局會查閘北區營造二件滬南區營造一件

八月份取締事項計一百二十一件比上月約減五分之一比上年同月則約增五分之一其中仍以「工程不合」爲最多約佔總數三分之二承包此種工程之營造廠經予以撤銷登記證處分者本月份無之此實爲辦理登記以來希有之現象查上月份計有二十家上年同月亦有十四家

八月份市有建築工程大要分誌於左

（一）運動場　（二）體育館　（三）游泳池　房屋部份已全部完工由市府派員驗收現正繼續趕築球場跑道道路及場地溝渠等工程

（四）圖書館　（五）博物館　油彩柱子彩畫平頂磨光人造地面舖置檟木及軟木地板並粉刷牆面等

（六）市立醫院　（七）衛生事務所　砌造內牆澆做地面配置鋼窗及趕裝衛生設備等工程各附屬房屋已全部完工

（八）滬南道路工程管理處　工程正在繼續進行中

（九）其美路平民住所　一部份屋面已蓋好現正澆做地面及粉刷牆面一部份磚牆砌至屋面平公共房屋及宿舍磚牆砌至屋面正在配置五架及椽子等工程

（十）閘北衛生事務所及公共浴室　地室水泥鋼骨板牆已澆好磚牆砌至一層一層水泥鋼骨樓板及柱子已澆好現正立二層柱子殼子板及砌公共浴室一層以上牆面等工程

（十一）第一公墓道路　已全部完工經市府派員驗收

（十二）萬國公墓　亦已完工專待市府派員驗收

新開工者有大木橋平民住所中山路平民住所普善路平民住所均在掘土及排底脚三和土

二十四年八月份各區請領執照件數統計表

分類／准否／件數／市區	營造		修理		雜項		拆卸		總計	
	准	否	准	否	准	否	准	否	准	否
閘北	二八		八七	二	二〇	一	四		一三九	三
滬南	二九	七	一四三	四	一八	四	六		一九六	一五
洋涇	二〇		四		一三				三七	
吳淞	五		一						六	
引翔	一〇		八		一一				二九	
江灣	九		一		三				一三	
塘橋										
蒲淞	七								七	
法華	二五		一二		一〇		三		五〇	
漕涇	一								一	
般行	一								一	
彭浦										
眞如	二								二	
楊思	一								一	
陸行	三								三	
高行	一								一	
高橋	五								五	
碼頭	一				一				二	
總計	一四八	七	二五六	六	七六	五	一三		四九三	一八

二十四年八月份新屋用途分類一覽表

房屋用途 執照件數 市區	住宅	市房	工廠	棧房	辦公室	會所	學校	醫院	教堂	戲院	浴室	其他	總計
閘北	一四	七	一	一	一		一	一				二	二八
滬南	二一	四					二					二	二九
洋涇	一八											二	二〇
吳淞	二	三											五
引翔	九											一	一〇
江灣	六	一			一		一						九
塘橋													
蒲淞	五	一						一					七
法華	一六	三					三		一			二	二五
漕涇	一												一
殷行	一												一
彭浦													
眞如	二												二
楊思			一										一
陸行	一	二											三
高行												一	一
高橋	四											一	五
總計	一〇〇	二一	二	一	二		七	二	一			一一	一四七

二十四年八月份營造面積估價統計表

市區 \ 面積估價 \ 房屋	平房		樓房		廠房		其他		總計	
	面積	估價	面積	估價	面積	估價	面積	估價	面積	估價
閘北	940	16600	8940	380890	960	23850		1180	10740	422520
滬南	1930	42760	3980	212160			80	1960	5990	256880
洋涇	1500	15700	2700	40750			30	5450	4230	61900
吳淞	120	2250	140	5850					260	8100
引翔	610	10000	1140	52340				29000	1750	91340
江灣	1150	20680	650	98900					1800	119580
塘橋										
蒲淞	1150	7300	60	2280					1210	9580
法華	1330	30710	3230	188850			10	3260	4570	222820
漕涇	420	6300							420	6300
殷行			420	19000					420	19000
彭浦										
眞如			150	6100					150	6100
楊思					940	14100			940	14100
陸行	520	5180							520	5180
高行							1800	54000	1800	54000
高橋	5500	9700						36000	5500	45700
總計	15170	167180	21410	1007120	1800	37950	1920	130850	40300	1343100

（註） 面積以平方公尺計算估價以國幣計算

（定閱雜誌）

茲定閱貴會出版之中國建築自第………卷第………期起至第………卷

第………期止計大洋………元………角………分按數匯上請將

貴雜誌按期寄下為荷此致

中國建築雜誌發行部

…………………………………啓…………年…………月…………日

地址……………………………………………………………………

（更改地址）

逕啓者前於…………年…………月………日在

貴社訂閱中國建築一份執有………字第………號定單原寄……………

……………………………………收現因地址遷移請即改寄………………

……………………………………收為荷此致

中國建築雜誌發行部

……………………………啓…………年…………月…………日

（查詢雜誌）

逕啓者前於…………年…………月…………日在

貴社訂閱中國建築一份執有………字第………號定單寄……………

……………………………………收查第………卷第………期尚未收到祈即

查復為荷此致

中國建築雜誌發行部

……………………………………啓…………年…………月…………日

中國建築

THE CHINESE ARCHITECT

OFFICE:

ROOM NO. 405, THE SHANGHAI BANK BUILDING,
NINGPO ROAD, SHANGHAI.

廣告價目表

廣告價目表	
底外面全頁	每期一百元
封面裏頁	每期八十元
卷首全頁	每期八十元
底裏面全頁	每期六十元
普通全頁	每期四十五元
普通半頁	每期二十五元
普通四分之一頁	每期十五元

製版費另加　彩色價目面議
連登多期　價目從廉

Advertising Rates Per Issue

Advertising Rates Per Issue	
Back cover	$100.00
Inside front cover	$ 80.00
Page before contents	$ 80.00
Inside back cover	$ 60.00
Ordinary full page	$ 45.00
Ordinary half page	$ 25.00
Ordinary quarter page	$ 15.00

All blocks, cuts, etc., to be supplied by advertisers and any special color printing will be charged for extra.

中國建築第三卷第四期

出版	中國建築師學會
編輯	中國建築雜誌社
發行人	楊錫鏐
地址	上海寧波路上海銀行大樓四百零五號
印刷者	美華書館 上海愛而近路二七八號 電話四二七二六號

中華民國二十四年九月出版

中國建築定價

零售	每册大洋七角	
預定	半年	六册大洋四元
	全年	十二册大洋七元
郵費	國外每册加一角六分 國內預定者不加郵費	

廣告索引

上海市游泳池

全部瓷磚

由

興業瓷磚股份有限公司

承辦

本公司出品⊙美術舖地瓷磚⊙防滑踏
步磚⊙羅馬式瓷磚⊙美術牆磚⊙缸磚

事務所 上海河南路五〇五號 電話 九五六六六號

工廠 閘北中山路共和新路口 電話 四二三一三號

電報掛號七四五一號

ISTEG

"益斯得"(ISTEG) 鋼之性質:—

本鋼並非混合鋼加熱鋼或高拉力鋼本鋼係用兩根軟性鋼冷絞而成。

"益斯得"(ISTEG) 鋼之優點:—

1. 降伏限及安全抵抗力均可增加百分之五十。
2. 重量可省百分之三十三。
3. 冷絞時發現劣質之鋼條即行剔去。
4. 與混凝土黏着力增加百分之二十五。

如用於混凝土建築較普通鋼條省料而堅固

如須詳情請即詢問 **道門朗公司** 上海外灘二十六號 電話一二九八〇 電報 DORMAN

MEI HUA PRESS, LIMITED

278, ELGIN ROAD, SHANGHAI
42726, TELEPHONE

美華書館

印刷股份有限公司

◁此雜誌由本館承印▷

本館精印中西書報圖書雜誌證券單據各種文件銀行簿册五彩石印中西名片精鑄銅模鉛字銅版鋅版鉛版花邊及鉛字器具等印刷精美出品迅速定期不誤有口皆碑蓋本館由來迄今已有八十餘年之久設備新穎經驗豐富允爲專家洵非自誇如蒙賜顧竭誠歡迎

地址 愛而近路二七八號
電話 四二七二六號

上海公共租界建築房屋章程

譯者王進 定價壹元

該項章程係工部局所訂祇有西文本售價甚昂本社有鑒於此特譯成中文用重鎊道林紙印刷裝釘一厚册每册僅售洋壹元工程家可以人手一編以作參攷而購買能力亦可普及使未諳西文者閱此又覺便利不少也

本社謹啟

安記營造廠

AN-CHEE CONSTRUCTION CO.

Engineering & Building Contractors

本廠專門承造中西房屋學校醫院市房住宅崇樓大廈鋼骨水泥及橋樑碼頭等項工程經驗宏富如蒙　委託竭誠歡迎

事務所

上海梅白格路九十七弄六十九號

電話：三五〇五九號

「高而富」鋼質散熱器 俗名水汀

最新式鋼板製成，散熱迅速，外表美觀，地位經濟，欲知詳情，請　駕臨接洽。

寶隆洋行啓

廣東路十七號

電話一〇四三二

外埠分行

漢口　青島　威海衛　哈爾濱　大連

夏仁記營造廠

本廠專造棧房碼頭鐵道橋樑以及一切大小鋼骨水泥工程

事務所：環龍路一八八弄四號

廠址：上海憶定盤路　電話：七三四四九號

SPECIALISTS IN

Godown, Harbor, Railway, Bridge Reinforced Concrete and General Construction Works.

WAO ZUNG KEE GENERAL CONTRACTOR.

Town Office: 4 Passage No. 188 Route Vallon

Factory: Edinburgh Road

Telephone 73449

THE CHINA WOODWORKING & DRY KILN CO., LTD.

(Incorporated under the Companies' Ordinances of Hongkong)

DOORS, SASH AND WOODWORK OF EVERY DESCRIPTION.

Address:

1426 Yangtszepoo Road, Shanghai

Phone No. 50068

王開照相

上海南京路
電話
九一二四五

承攝各種工程照相
代客冲晒服務週到
電話九一二四五

C. H. WONG
PHOTO STDUIO
308 Nank'ng Rd Tel. 91245

英惠衛生工程所

地址
上海 河南路五〇五號
南京 太平路太平巷忠義坊十六號

承裝
暖氣工程
衛生器具
消防設備

電話
上海 九一一六一
南京 二一〇〇七

SLOANE·BLABON

司隆百拉彭
印花油毛氈毯

此爲美國名廠之出品。今歸秀登第公司獨家行銷。中國經理則爲敝行。特設一部。專門爲客計劃估價及鋪設。備有大宗現貨。花樣顏色。種類甚多。尺寸大小不一。司隆百拉彭印花油毛氈毯。質細堅久。終年光潔。既省費。又美觀。室內鋪用。遠勝毛織地毯。

美商 美和洋行
上海江西路二六一號

鋼窗連鐵柵

勝利鋼窗廠

專做鋼窗鋼門

事務所
上海寧波路四十七號
電話：一九〇三三號

長城機製磚瓦
股份有限公司
註冊商標
TRADE MARK
貨價比普通磚廉
貨品較任何機器磚高
總公司 騰越路一四四號 電話五一二七九
製造廠事務所 牛莊路七四二號 電話九〇九八〇
出品
堅韌硬磚
輕硬空心磚
瀉水瓦片
如蒙垂詢價格及索閱價樣請電話通知即當送奉
証明
壓力、吸水量、耐久性均經上海工部局詳細化驗負責証明成績超越一切磚瓦
合作五金股份有限公司出品
優點
精確 美觀 堅固 價廉
出品
門鎖 抽屜鎖 拉手 文具 鉸鏈
GMC
註冊商標
TRADE MARK
K.T.C.H.C.
L
TRADE MARK
註冊商標
MARCH
製造廠 總務處 發行所

WHY CANEC-CLAD BUILDINGS are more Comfortable and Quiet

Cold, Heat and Noise are three unseen enemies of comfort and health of people who live and work in non-insulated, obsolete buildings. Without insulation, the interior of a home is quickly affected by the outside weather conditions, which are forever changing. Only by a wasteful use of heat can the non-insulated home be kept comfortable in winter, and in summer lack of insulation makes it a "bake-oven" day and night during the "hot spells." Canec Insulation does away with these wastes and discomforts by practically isolating the interior of the home from the outside elements and from noise as well. Insulation makes the home a little world of its own in which the temperatures can be controlled easily and constantly. Fortunately, Canec all-purpose insulation may be applied not only to new homes but to those already built. It brings new comfort to the home, and at the same time modernizes old walls. Far from being a luxury, it soon pays for itself in fuel savings.

CANE STRUCTURAL INSULATION

Manufactured by

HAWAIIAN CANE PRODUCTS, LTD.

Sole Agent in China

ANDERSEN, MEYER & COMPANY, LIMITED

Shanghai & Outports

友記營造廠

本廠承做一切大小建築工程鋼骨水泥工廠房屋以及碼頭橋樑等無不經驗豐富如蒙各界委託無任歡迎

最近進行工程梵王渡

棉紡織染實驗館工廠

廠址：上海徐家匯五洲坊廿六號

在建築物日新月異的時代

故請國內建築師 地產主 營造廠 一致試用

國貨鋼窗 銅窗

唯有**中國銅鐵工廠**出品

精良 優美 堅固 耐久 價廉 迅速

總辦事處

上海甯波路四十號 電話一四三九一號 電報掛號一〇一三

毛榮記水電公司

本公司承裝各項暖氣水管工程及衛生器皿等件各色俱備工作人員均是經驗豐富必能得主顧之滿意也如蒙委託竭誠歡迎

上海華德路二〇六號　電話五〇三一六號

褚掄記營造廠

廠址　上海臨平路二一號

本廠專門承造一切大小建築鋼骨水泥工程工場廠房以及碼頭橋樑等迅速經濟堅固如蒙委託無任歡迎

THU LUAN KEE
CONTRACTOR
21 LINGPING ROAD.

中華民國廿四年十月十四日敬訂

中國近代建築史料匯編（第一輯）

中國建築

第三卷　第五期

THE CHINESE ARCHITECT

內政部登記證警字第二九五五號
中華郵政特准掛號認為新聞紙類

中國建築師學會出版
第三卷 第五期

第 三 卷 第 五 期

工大協記建築公司

本廠專門承造
中西房屋銀行
堆棧廠房鐵道
碼頭橋梁涵洞
以及一切大小
鋼骨水泥等項
工程如蒙
委託不勝歡迎

地址：上海江西路漢彌登房子一二二至一七〇號
電話：一九二六八號

MEI HUA PRESS, LIMITED

278, ELGIN ROAD, SHANGHAI
42726, TELEPHONE

美華書館
印刷股份有限公司

◁此雜誌由本館承印▷

本館精印中西書報圖畫雜誌證劵單據各種文件銀行簿册五彩石印中西名片精鑄銅模鉛字銅版鋅版鉛版花邊及鉛字器具等印刷精美出品迅速定期不誤有口皆碑蓋本館由來迄今已有八十餘年之久設備新穎經驗豐富允爲專家洵非自誇如蒙賜顧竭誠歡迎

地址 愛而近路二七八號
電話 四二七二六號

王開照相

承攝各種工程照相
代客冲晒服務週到
電話 九一二四五

上海南京路
電話
九一二四五

C. H. WONG
PHOTO STUDIO
308 Nanking Rd. Tel. 91245

IDEAL NEO-CLASSIC RADIATORS

Ideal Radiators express the results of many years of research, progressive design and experience in manufacture. From the early cumbersome types with large waterways and in many cases ornate dust-trapping surface, have gradually evolved the present-day unobtrusive designs with small waterways and austere lines in harmony with modern architecture.

The Ideal Neo-Classic Radiators is an improvement on the Ideal Classic the original narrow waterway type whose introduction effected such an immediate and complete change in ideas of radiator design.

Whilst retaining the characteristics of the slender columns with their reduced water content, which gives speedy circulation and rapid heat transmission, all unnecessary ornamental beading and resistance to the free circulation of air between the columns have been elminated. The columns and sections have been scientifically spaced to provide the most effective volume of air to heating surface, thereby securing a higher transmission and more efficient diffusion of heat than have previously been attained. The successful accomplishment of this has been fully established by rigid tests, which prove that the Ideal Neo-Classic Radiator gives more immediately useful heat in the living zone than other makes, and moreover without the use of any form of deflector. This means that less heat is circulated to higher room levels, where if in excess it represents loss both in comfort and economy. In addition, the absence of shields leaves all parts of the radiator readily accessible for cleaning.

Sole Agent in China

ANDERSEN, MEYER & COMPANY,

LIMITED

Shanghai & Outports

長城機製磚瓦
股份有限公司
註冊商標
TRADE MARK
價比普通磚廉
貨品較任何機器磚高
總公司製造廠 騰越路一四四號 電話五一二七九
事務所 牛莊路七四二號 電話九〇九八〇
出品
堅韌硬磚
輕硬空心磚
瀉水瓦片
如蒙垂詢價格及索閱貨樣請電話通知即當送奉
証明
壓力、吸水量、耐久性
均經上海工部局
詳細化驗負責証明
成績超越一切磚瓦

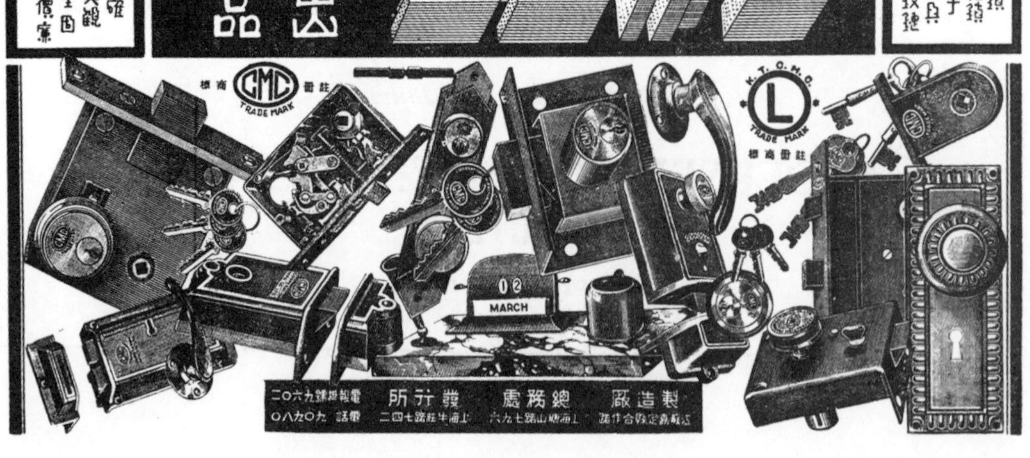
優點
精確 美觀 堅固 價廉
合作五金
股份有限公司
出品
出品
門鎖 抽屜鎖 拉手 文具 鉸鏈
CMC 註冊商標 TRADE MARK
K.T.O.H.C. L TRADE MARK 註冊商標
MARCH
製造廠 江灣嘉定路合作路
總務處 上海塘山路七九六
發行所 上海牛莊路七四二
電話 九〇九八〇 電報掛號九六〇二

本社啟事一

本刊自三卷五期起廣告事宜現由萬國廣告公司承辦惟以前承各界所訂之惠登本刊廣告合同繼續有效所有未收及未付各帳仍由原經手負責清理以一事權合併聲明

ANNOUNCEMENT

NOTICE is hereby given that Messrs The International Advertising Service Co. has a trial period from Oct. 15th 1935 to April, 14th 1936 inclusive, as our sole agent of advertisement in this magazine.

本社啟事二

本社出版之中國建築所載圖樣均是建築家之結晶品品固爲國人所稱許所有中西房屋式樣無不精美堅固適宜經濟屢承各界函詢以前所出各期能否補購以窺全豹函復爲勞惟本刊銷數日增印刷有限致前出各期殘缺不少茲爲讀者補購便利起見將未售罄各期開列於下:—

一卷三期　一卷四期　一卷五期（以上每本五角）
二卷一期　二卷二期　二卷三期　二卷四期　二卷五期
二卷六期　二卷七期　二卷八期　二卷九十期合訂本
二卷十一期十二期合訂本（以上每本七角如自二卷一起至二卷十二購全一套者可以打八折計算）
三卷一期　三卷二期　三卷四期（每本七角）

本社啟事三

上海公共租界建築房屋章程係工部局所訂祇有西文本售價甚昂本社有鑒於此特譯成中文精裝一厚册僅售洋壹元庶購買能力可以普及使未諳西文者閱此又覺便利不少也

中國建築

第三卷　　第五期

民國二十四年十一月出版

目　次

著　述

中國建築

民國廿四年　　第三卷第五期

卷頭弁語

建築師並非萬能博士，除對於建築上之技術為專門外，遇有各種特殊建築，時常因使用該建築者之特殊需要與佈置而須賴乎其他專門人才之協助，予以各種指示，庶可使每個建築追踵日新月異之科學而得最完備最時代化之結果。　如學校醫院製造廠鍊鋼廠航空場等，各項佈置，均有特殊之點，豈能草率從事者哉。　本刊所載「產婦醫院之建築」一篇，由著名產科醫師孫克基氏憑其十數年經驗所得而成，匪特為建築師所應有之智識亦全國產婦醫師之當必讀者也。

本期，原擬由建築師關頌聲供給主要材料，惟因材料尚未臻完美。　故暫依次輪值，請由莊俊建築師及羅邦傑建築師担任。

本期刊登建築師莊俊所述之「建築之式樣」一文，敍述簡潔，最後結論中肯，原頗堪一讀。

本刊以後廣告改由「萬國廣告公司」承包主辦。　本期因接洽頻繁，致稍延期，深為歉仄。

本期因篇幅有限尚有羅邦傑建築師設計之精美住宅一所不及刊載，將於下期發表。

建築之式樣

莊　俊

一國之建築，一國之概況見焉，一國之時勢繫焉。由建築之精粗，足以覘文化之高下，政治之良窳，宗教之純駁，社會之雅俗，經濟之豐儉，建築豈小道云乎哉。上古之世，穴居野處，構木爲巢，或以遊牧爲生，或以漁獵爲事，日出而作，日入而息，但圖一飽，無事他求。當斯時也，人事簡約，無所謂藝術，更無所謂衛生，自亦無所謂建築。所謂居處也者，不過入晚偃息之所耳。其後演化少進，構造稍精，然仍但取完固，不求精麗，聊蔽風雨，足避燥濕而已。卽皇家宮室，亦都茅茨不翦，土階三尺，樸角不斲，素題不枅。是以戶外之生活，常多於戶內，然而苟聚一家之人於室內，而篳門圭竇，牆堵不完，如入巢窟，猶處囹圄，偪仄隘陋，污穢滿地，寬僅足以容身，高尙不得伸頸，則身心焉能安泰，生活亦豈不甚苦。故建築之要旨，是使人在戶內得享受適當之生活，不至反以爲苦也。況人類愈進化，則在室內之生活愈多，古今中外科學家，政治家企業家，凡震眩一世石破天驚之新發明，新事業，其初固無不在斗室之中，由苦思實驗而創成者也。是故文化愈進，建築之需要愈繁，而建築之藝術，亦自隨之而日進，且隨時代而變遷。此蓋自然之至理，進化之原則，時勢趨向之大道也。

世界各國之建築，上溯古史，則首推希臘與羅馬之經典式 CLASSIC 爲本。至於埃及與亞西利亞之建築，在六千年前，雖已有相當之價值，然至今遺跡幾泯。其他如祕魯，墨西哥，印度，與中國，均有特殊之式樣。所謂千百年來，墨守舊章，相沿不變，殊無進步之可言。希臘之經典式，盛行六百年乃有羅馬式濫觴代興。當時建築由小而大，由低而高，建築結構，由美術而兼工藝與科學化矣。惟戲院運動場，雖在此時期，已漸興建，但就天然之地勢，完成露天之建築物耳。

及第四世紀至十五世紀，耶教鼎盛，舉世風靡。各國乃各集建築美術專家，畢一生之心力，競建教堂寺院。於是珠庭琳館，香剎梵宮，玉題相輝，金鋪交映，甚至琉璃布地，珍寶參天，極一時之盛事，留千載之偉蹟。如尖圓式 GOTHIC 建築，尤其不惜工本，備極壯麗，至今巍然存在意法英德西比等國，足以供人流連憑吊者，尙屈指可數。如巴黎維也納密蘭等處之大教堂，英倫之惠史德明施墨大教寺，其尤著者也。誠歷久不可泯沒之建築物也。

自十五世紀至十八世紀，世界棣通，舟車日便，同時科學工藝發明日多，國際競爭，逐漸增烈，國體亦多改革，人事日繁，而民生匪易，其時崇尙耶教制度，亦經改革，而建築式樣，亦一變而爲希臘之中興式RENAISSANCE。

如羅馬之議事廳，聖彼德大教堂，法國之別墅 CHATEAU，英德之宮式 CASTLE，西比二國之市府，以及英倫之學校會場，與聖保羅大教堂等，均甚高大雄偉，碧瓦鱗差，瑤階昉截，紅舵植井，丹柱承梁，鏤鑑雲楣，金窗珠箔，較尖圖式之建築雖既適用，然誠封建式之建築也。

及十九世紀，北美新大陸集希臘羅馬及中興式樣之大成，參以各種新工藝製造品物，更鑑於都市戶口稠密，地價日昂，乃首創摩天式之建築，動輒數十層，凌空摘星，瞰虹翔鳳，雖以鄴城五層樓之二十丈，周靈王昆明臺之百餘丈，與相比儗，直小巫之見大巫矣。

今者二十世紀，文化昌明，更復一日千里，雖自歐戰以還，各國交困，民生彫疲，而科學邁進，仍復超軼絕塵，千弩齊發，萬馬同奔，足以驚風雨而泣鬼神。 當此之時，人類慾望，自隨之同奢，其蘄求享用，安逸舒適之程度，乃日進不已。 且各種製造新品，隨科學之進步，層出而不窮，無論何事，莫不向革新之途出發，一切以民生爲前題。 尤以科學之光明，昔日之迷信，乃幾盡爲所推倒，宗教勢力，於以日衰，於是建築一事，亦復推陳出新，務以求切實用爲要着。 是以古今兼採，奇正互用，外取簡潔明淨而雅澹端詳，內求起居偃息之舒泰，以適合於身心之需要，舉凡無意識之裝璜虛飾，悉屏棄而不用，光陰經費，力求撙節，然儉而不陋，精而不縟，不鶩華侈，惟適實用，斯乃今日摩登式之建築也。 此皆順時代需要之趨勢而成功者也。

夫建築者，前已言之，乃使人在室內得舒適之生活，以應身心之需要，而用合理化結構者也。 其最要之點，首在堅牢適用，其他本可不論。 但人類同具舒適愛美之心理，故隨時勢之進化，發明冷暖光電之設備，隨建築而裝置，並各種裝璜顏色，以示美觀，而安身心，然舒適無止境，美觀無標準，隨時代而變遷，亦且隨人之好惡而轉移，不過於此可得而斷言者，務求合理而已。 凡建築之合乎天時，地利，政治，社會，宗教，經濟者，即是合理。設在哈爾濱而建置牆角窗者，是不合天時也。 在青島而採用蘇石與在京滬而必採用平粵之琉璃瓦者，是不合地利也。 設在民主政體之下，而必建造封建式之衙署者，是不合政治也。 在此民生顛頓，救死不遑之秋，而必舍本國固有之物品，而不惜鉅資，以購用外貨者，是不合社會經濟也。 本無宗教性質之建築，而必黃牆碧瓦，畫壁雕梁，忍糜國帑，但壯觀瞻者，是不合宗教而亦不合經濟也。 合理之建築，必能成功而垂久。 雖偶或不合時代之趨勢，尚有研究之價值。 否則雖能暫饜紈袴浪子之慾望，博無識字人一時之歎賞喝采，而虛耗浪費，既已倍蓰，且如蟪蛄之春生夏死，木槿之朝開暮落，難以垂久耳。

建築房屋，猶搦管屬文也。 房屋用物質以示人類文化之程度，文章以字句表述人心之思想，希臘式之建築，猶周秦兩漢之文也，淵樸古茂，格局謹嚴。 羅馬式之建築，猶唐宋八家之文也，有本有源，裝嚴大雅。 尖圖式之建築，猶八股帖括之文也，以機械式之運用，削足適履，但求合拍。 中興式與摩天式之建築，猶曾文正與梁任公之文也，雖派別不同，均明白流利，足適實用。 摩登式之建築，猶話體之文也，能普及而又切用。 是今各國公私大小之建築，盛行採用之式樣也。

財政部部庫設計概況

財政部部庫，於民國二十三年夏，莊俊建築師受財政部委託，設計繪圖及監造一切。由大元建築公司承包。於二十四年一月一日開工。同年六月三十日完竣。共計造價國幣十三萬一千五百九十圓。內裝庫門計三堂。二堂由上海慎昌洋行置辦。每堂除對字轉鎖外。並備時間鎖鑰機關。其他一堂由上海協成銀箱廠承包。共計國幣二萬餘圓。衛生設備，及電燈警鈴，由大元建築公司分包於亞洲合記機器公司，及友麟電器工程公司承辦。建造地址，位於中央造幣廠內之東北角空地。計佔地南北壹百四十尺。東西壹百尺。高二六尺三寸。庫房分二大間。彼此可通而亦可隔絕。四週留出過道。上有隔層。庫牆四週備通風管及警鈴機關。庫房容量，除留過道以利搬運外。可容國幣二萬萬五千萬餘圓。庫地與庫牆結構分離。庫牆淨厚二十六寸。用鋼骨水泥和中國窰業公司火磚。以及東南磚瓦公司之面磚分皮結構。庫內地面。用啟新公司之鋼磚。上下層交通設樓梯共計三座。進門計分四處。

財政部部庫之透視圖
地址：上海中央造幣廠內
莊俊建築師設計

財政部部庫之進門處

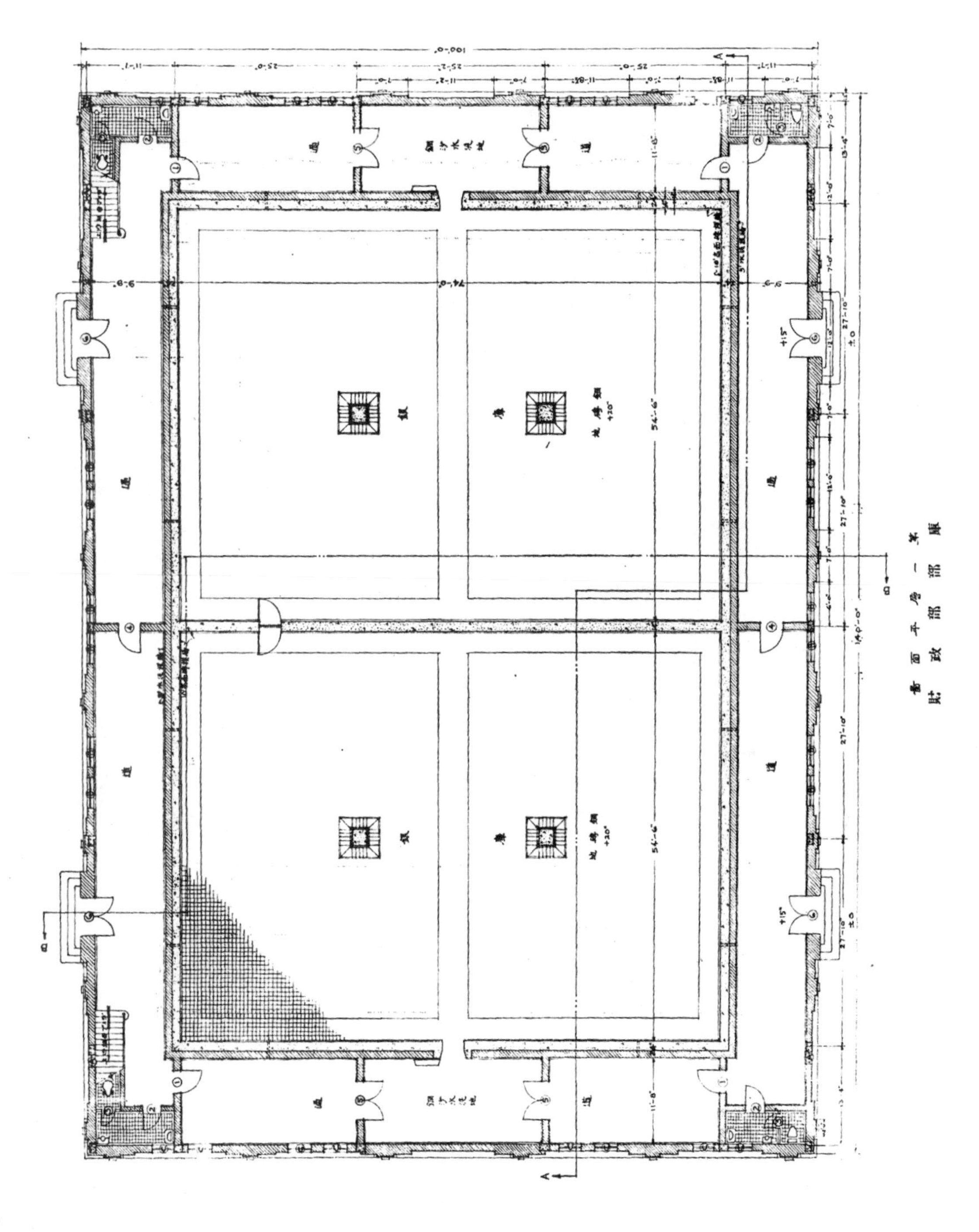

財政部部廳
第一層平面圖

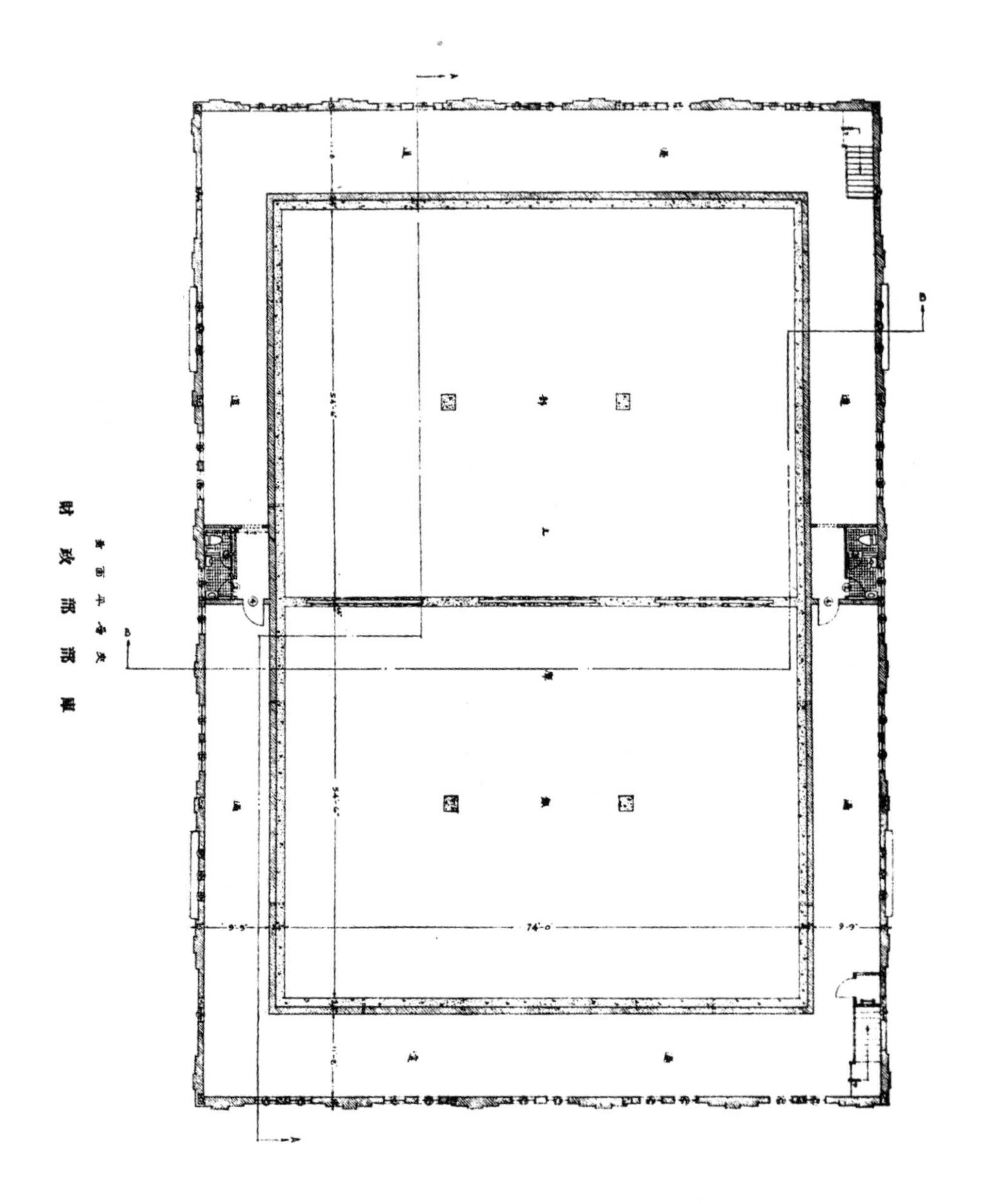
A
B
54'-6"
74'-0"
9'-9"

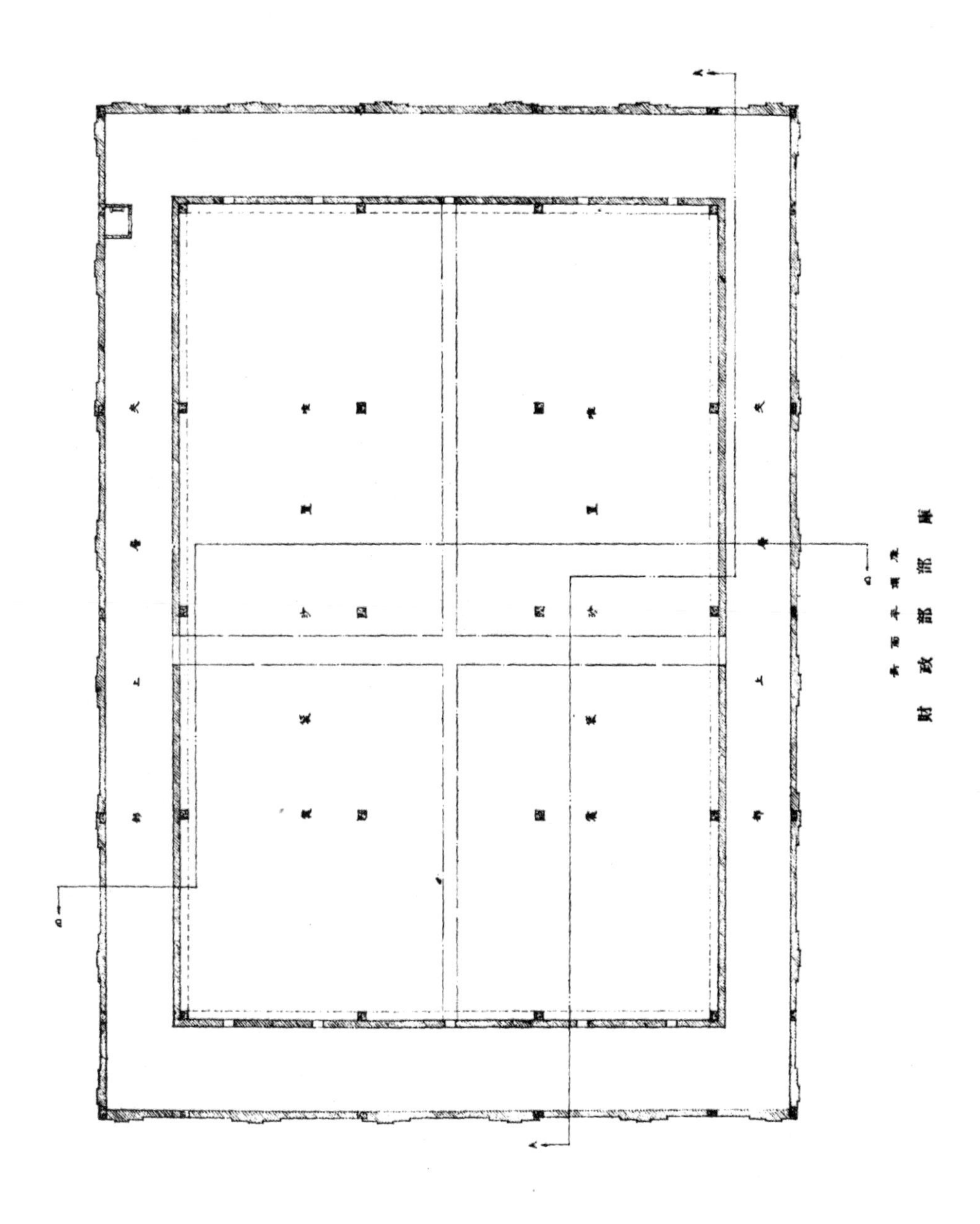

財政部部廳

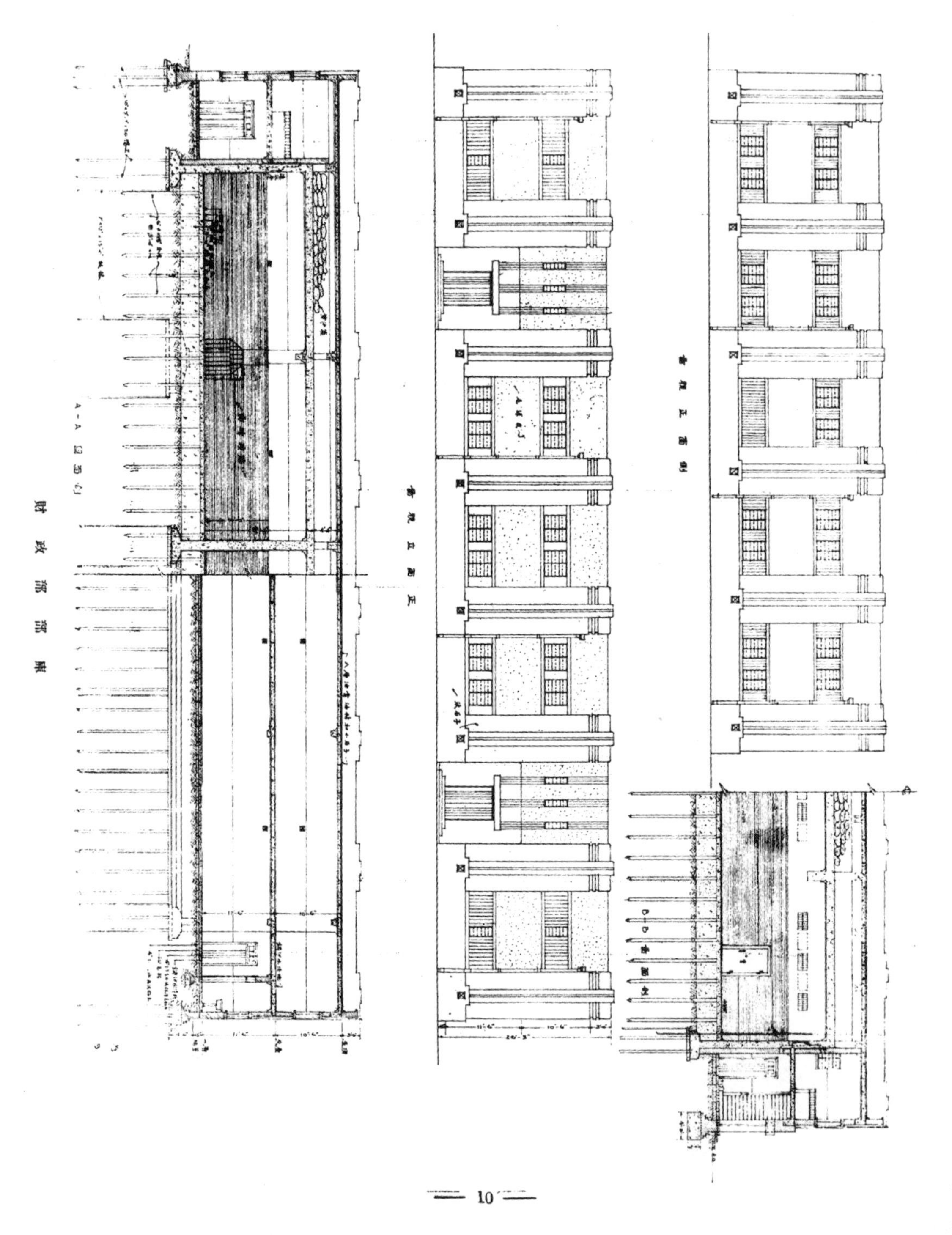

南京鹽業銀行設計概況

南京鹽業銀行新屋，位於首都中正路新街口轉角。於民國二十四年四月委託莊俊建築師及孫立己建築師會同設計繪劃及監造一切。於二十四年八月興工，擬定於二十五年一月完竣。全部房屋，爲鋼筋混凝土結構，分上下二層，中部爲圓形，直徑三十六英尺，上蓋圓屋頂，兩旁輔以二翼約各長六十五英尺，寬二十一英尺。內部佈置，以營業部居於上層之中，以經理，文書，會計，會客等室居於右，俾可聯絡便利。左翼則爲行員宿舍，使隨時可與銀行部份隔絕也。下層爲銀圓庫，文書庫，儲藏室，膳廳，役室，門房及汽車間等等。外牆用斬毛假石。大門用圓轉門。進門口闢左右各一，以利車輛之出入。廚房煤間，則就屋後隙地，另蓋平屋，以避污穢而資謹慎。至一切設計，力求堅固，經濟，照當地之情形，適合現時代銀行所需要爲目標者也。全屋由大元建築公司承造。暖務衛生水管及電務設備由大華水電公司承裝。營業部雲石柜台由北平華陸商行承辦。庫門兩道由協成銀箱廠承製。鋼窗則由大元分包於中國銅鐵工廠承做。總計造價約國幣陸萬餘元。

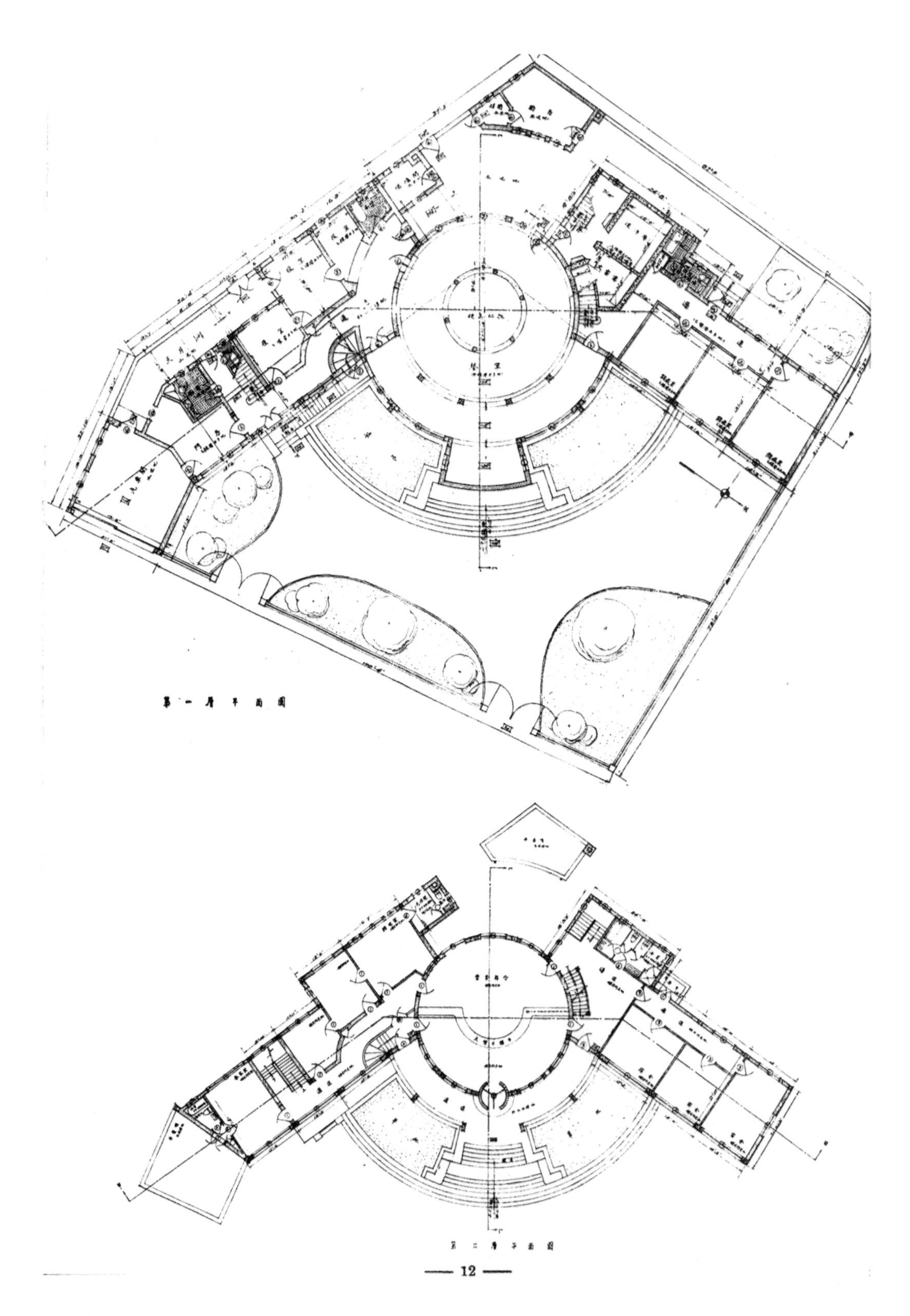

第一層平面圖

第二層平面圖

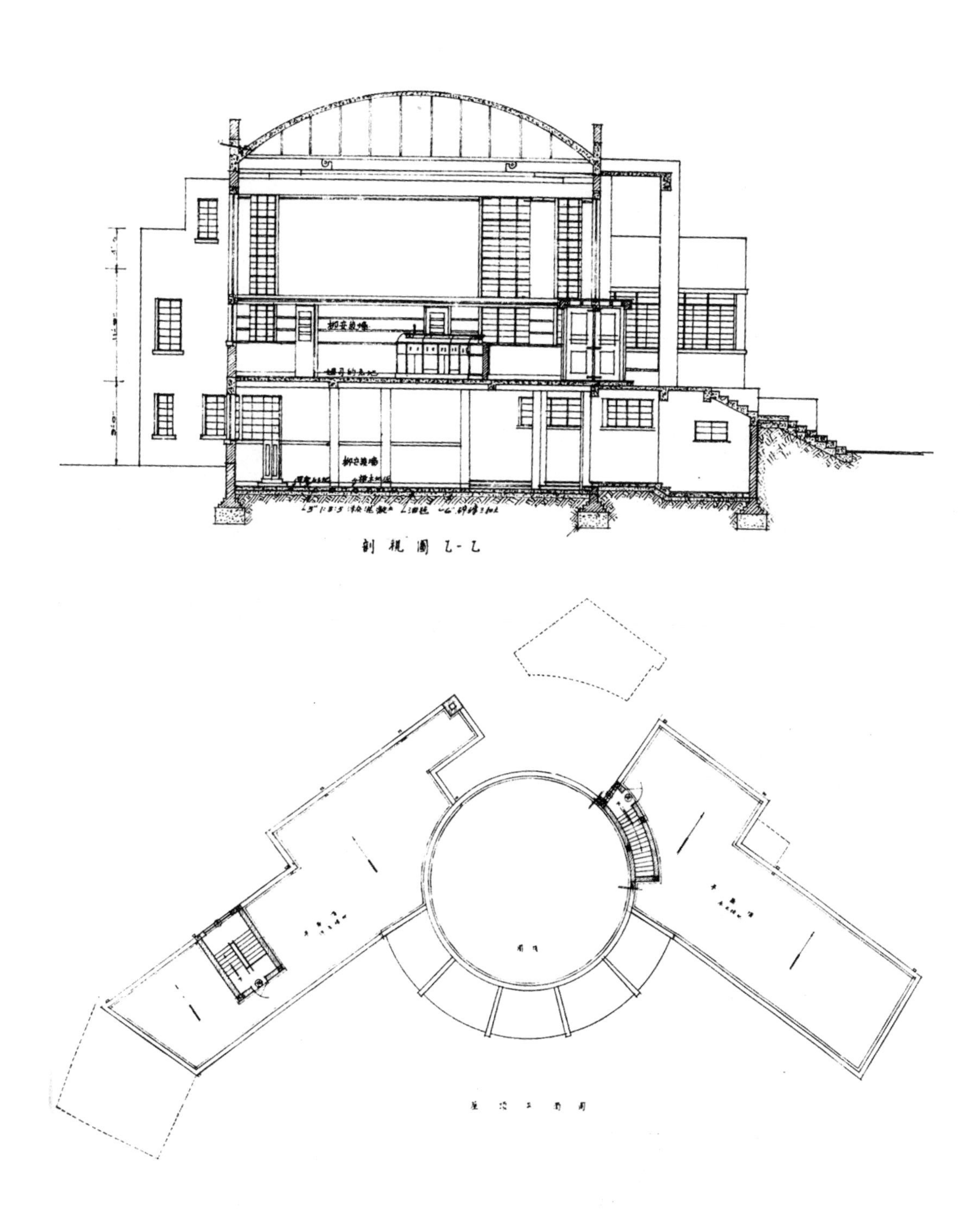

乙-乙剖視圖

屋頂平面圖

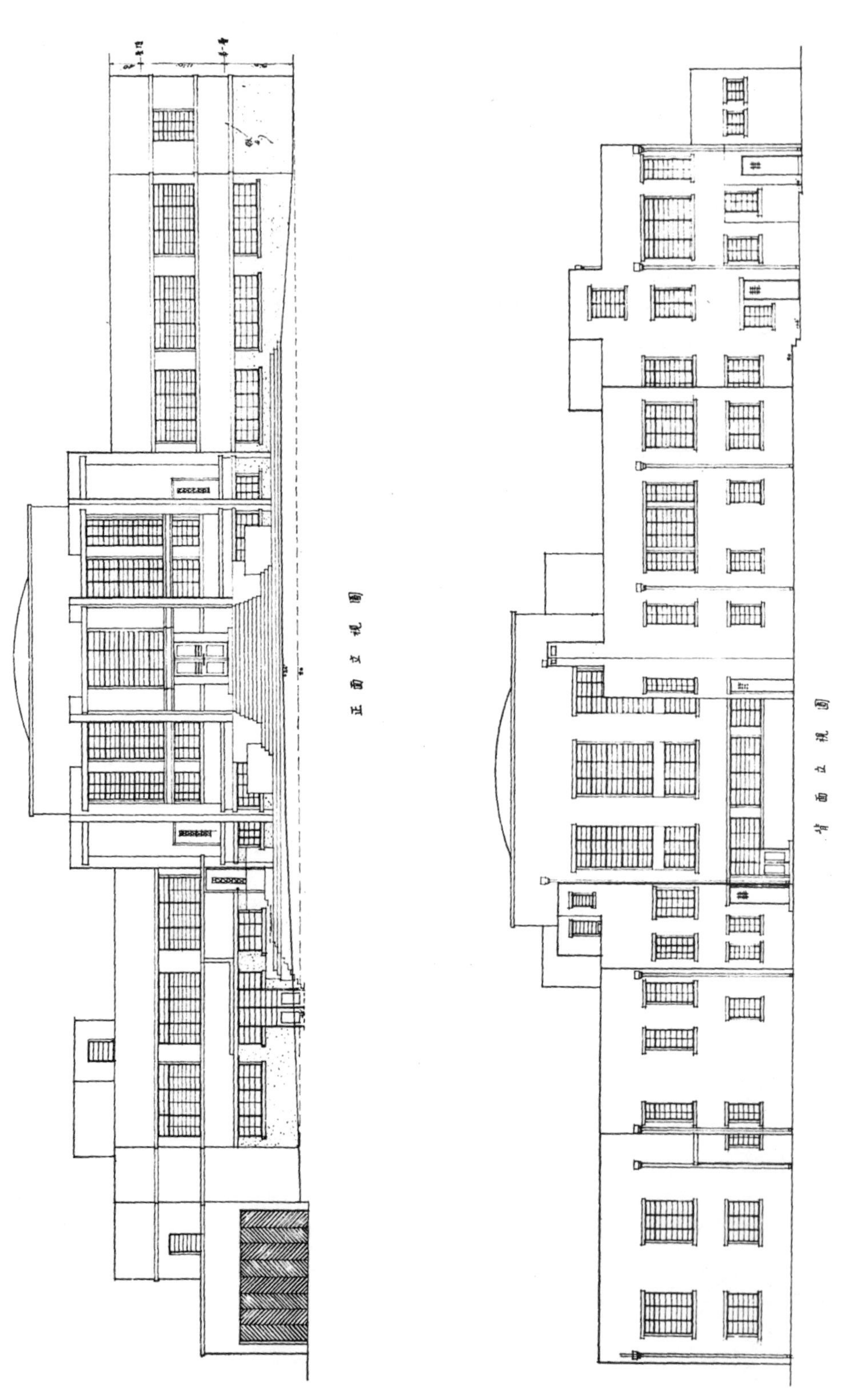
正面立視圖
背面立視圖

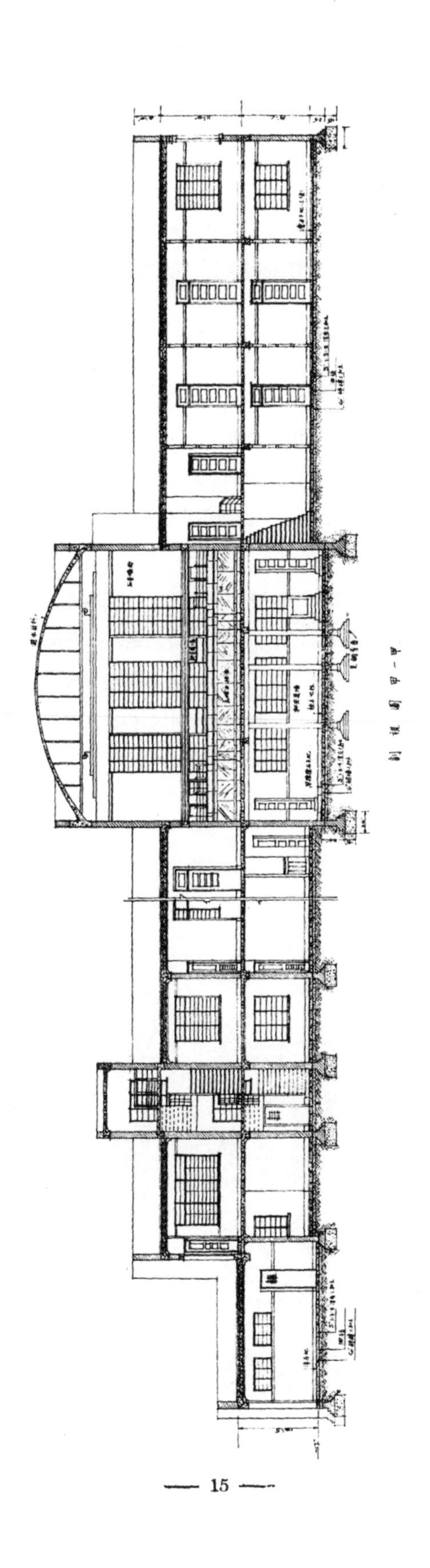
剖視圖甲一甲

國立音樂專科學校校舍

羅邦傑建築師設計

校舍係一磚牆鐵筋水泥三和土樓架工程，平面全長約二百尺進，深約六十尺，共三層：第一層西翼爲奏樂廳，其餘爲大小課堂，奏樂廳可容三百餘人，平時學生公開演奏卽在此舉行，第二層西翼爲辦公室，東翼爲閱覽室；第三層爲國樂受課之用，中間爲播音室，以供學生播音輸送歌樂。

全部工程力求經濟樸實，外牆採用清水紅磚，屋面舖蓋青色瓦片，牆脚粉水泥假石，內部避音設備，尙稱完善。

本工程造價約八萬餘元。

校舍前面東西兩邊空地建造學生練習室，共約三十餘間。　本工程避音一項，因限於經濟，頗費構思，後經該校校長及各教授研討之下，乃採取現造格式，卽將練習室置於地基極東及極西兩邊，各間隔牆均滿砌十吋磚牆，既可負載屋面重量；又能隔絕各間聲響而不致互擾，故學生練習時與校舍內各課堂授課之聲響互不相雜。

宿舍位於校舍東西兩側，與練習室連以走廊，門設東西兩端，俾得三者互相連絡，中通過道，兩旁臥室，計約三十餘間，每間可容四人，並設衣書櫥四具，以求淨潔，而整秩序。

國立音樂專科學校校舍全景

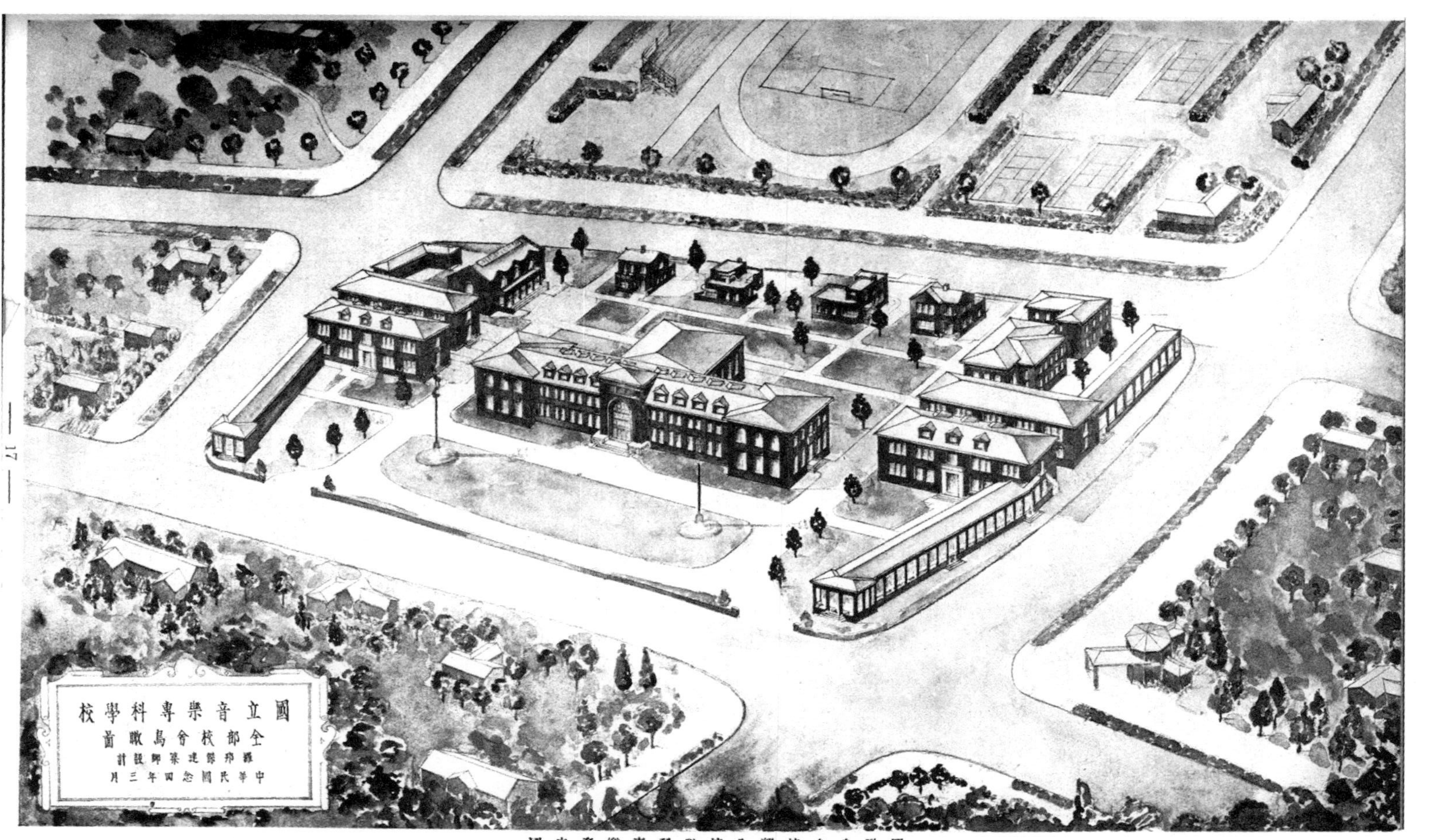

國立音樂專科學校全部校舍鳥瞰圖

羅邦傑建築師設計　新恆泰營造廠承造

地址：上海市中心區

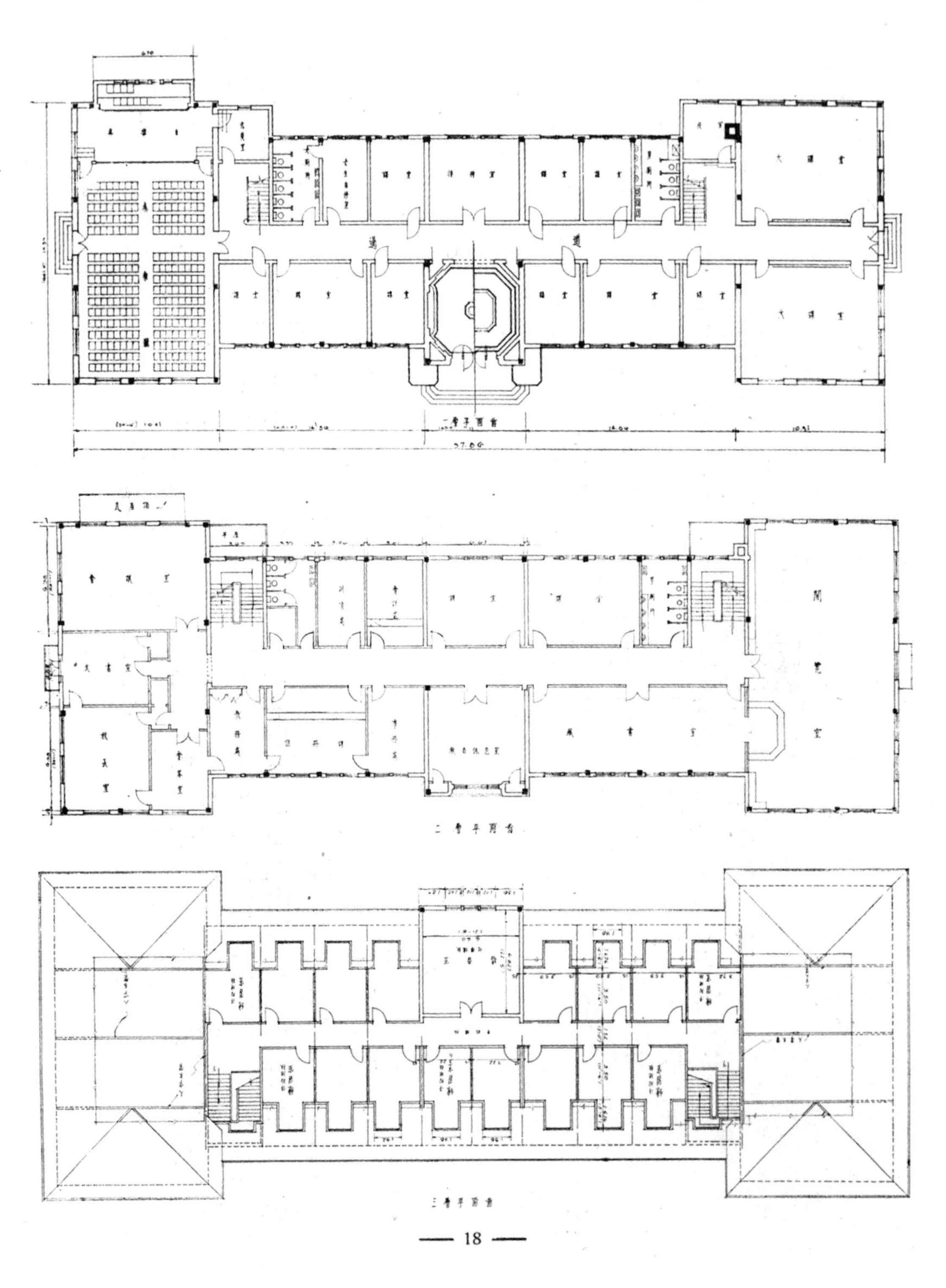

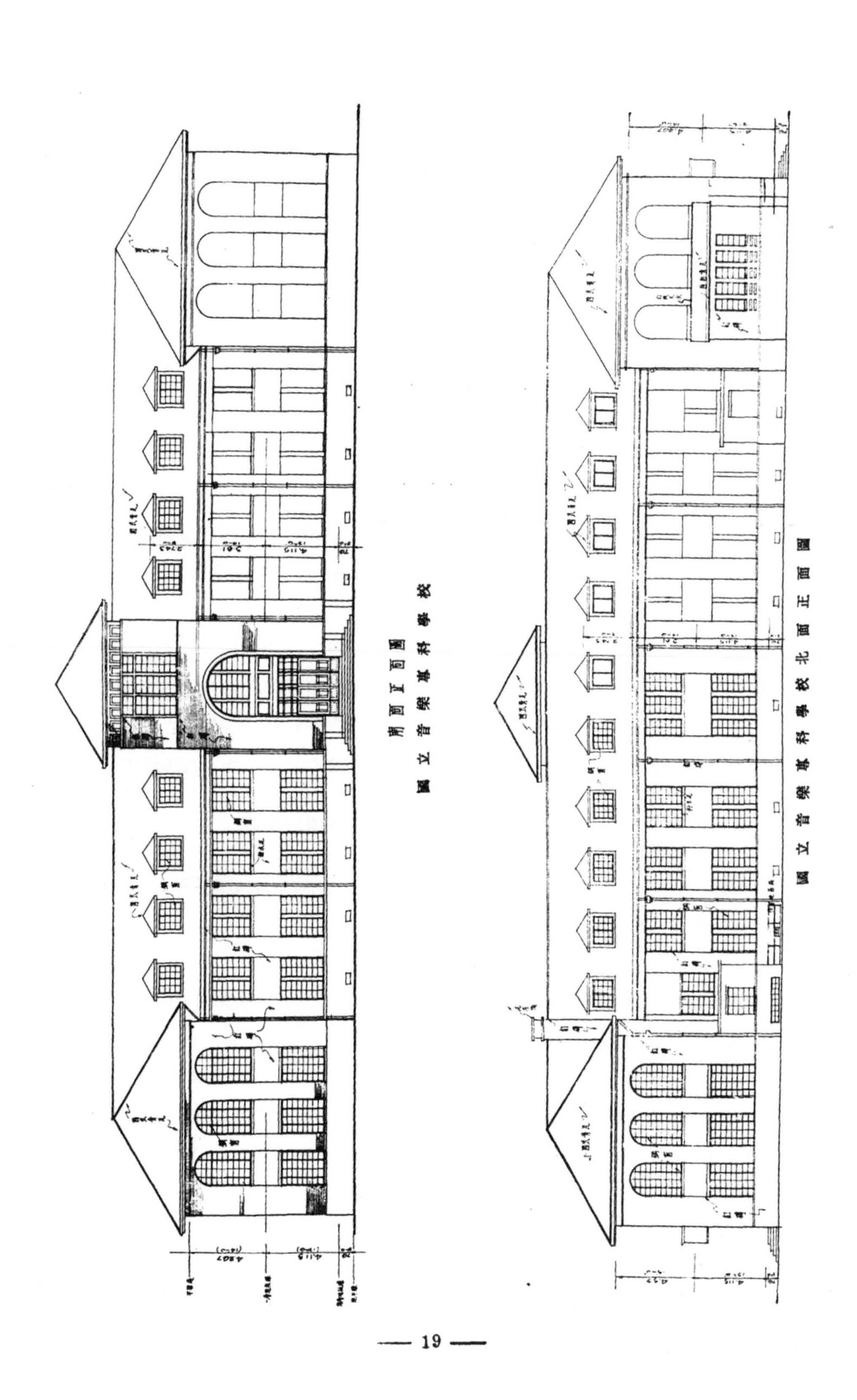

國立音樂專科學校南面立面圖

國立音樂專科學校北面正面圖

產婦醫院之建築

孫克基醫學博士述

述者非建築家，但其在各處醫院服務之時，常慨每個醫院之建築，殊不利於醫生與監護行使醫務時之舉止。其初常怪建築之人，何不與醫務之人商量定計而後行也。厥後遊歷英美法德奧荷比諸國，觀其各處醫院之建築：舊者固無醫務上之便利，新者仍多缺少行使醫務之觀念。乃喟然曰，今世之醫生，爲何不與建築家先事談論，而告以醫務上之必要也！

因之著者於十年前自歐返美，卽時常有一種醫院雛形縈廻於腦中。迄今回國八年，幾經刺激，而屢欲見曩昔之所構思者之底於成。因於三年前曾以此就商於莊君達卿，自成圖樣，以示其醫務之必需，而請其就建築學術爲之更改，俾得房屋之安全穩固，圖樣數變，復得黃君耀偉之修飾，始成今日之產婦醫院。

達卿茲欲以設計之經過，作爲簡略之言，因勉成此篇，先言大凡醫院之必要者，次言產婦醫院之特異者。

第一章　建築醫院之必要諸點

（1）地位　醫院地位，固不宜在城市囂雜之中，然不可遠離人烟稠密之所，必去工廠之區，必就運輸之便，或依固定之計劃而覓地，或就已得之地而爲相當之設計。

（2）設計

（甲）醫院外貌　醫院外貌，當具莊嚴氣象，幽靜風景，簡潔彩色，均衡光影，必得空氣之川流，濊濁之隱瀉，內外之響應，四面之銜接。

（乙）醫院內況　醫院內況，必就醫院組織而爲之。醫院組織，可分爲行政與醫務兩部：而兩部各具有特性，而不能與其他任何團體所可同日而語者。蓋其行政部主在運籌院務，凡對於（一）指揮職務，（二）診療登記，（三）出入會計，（四）社會調查。舉凡（一）出入上下，（二）聚會游息，（三）日用供給，（四）院務辦公，務必得體歸一。而醫務部職在（一）檢查診斷，（二）研究疾病，（三）治療技術，（四）討究結果，因之所需房舍，略如下表：

（一）出入上下　大門　走廊　扶梯　升降機

（二）聚會游息　客廳　講堂　圖書室　公餘廳　運動場　屋頂　花園

(三)日用供給　廚房　餐室　鍋爐房　煤屑房　焚化爐　洗衣所　縫紉室　剃頭室　儲藏室　供給室

(四)院務辦公　院長室　會計室　庶務室　晚夜理事室　社會調查所

(五)醫藥診療

(甲)門診部

一、掛號登記

二、普通問診　檢查室及浴室廁所　診療室及化驗室

三、急　　症　收容室及手術室　留待室　監護室及醫生室

(乙)藥劑化驗部

藥劑室　儲藏室　化驗室　標本室

(丙)病人部

病室、嬰房 } 浴室廁所　監護室　醫生室　化驗室　等候室　烹飪室　儲藏室

(丁)手術部　消毒間　預備室　麻醉室　浴室廁所

手術室　大　小　無光室

生產室　待產室　第一程室　染穢產室　驚厥昏迷室　浴室廁所

(戊)X光部

(己)煖療部

(六)住所　職員　醫生　監護　僕役　屍體　動物　車輛

就此觀之。　凡一醫院中之房間，或須公用，或宜毗連，大小必有準繩，彎曲必得法度，每逢病人之出入上下，醫生監護之舉止行動，職員工役之時間精力，務必一一於繪圖時詳細籌慮。　茲就最要者言之。

(一)聯絡　無論若何醫院，亦無論病室多少，病人若干，凡歸納病室於平面之一層者，設備不必重複，人力並可簡省，反之若分作兩層或三層，必須同樣之設備，而第一層服務之人，萬難照顧第二層之事。　是以病人與醫生與監護之聯絡，貴在以每層之監護室醫生室設於病室之中心，浴室廁所必在病室旁近，不獨呼應靈捷，而且減省服務者之脚步。　若一層之地面遼闊，病室數多，則宜以比例增添監護室及浴室廁所等。　至於甲層與乙層之聯絡，丙部與丁部之遞訊，以至全院人員之呼喚，必以電鈴信號，而於樞紐之處備一話機，庶在職人員聞信號即應，急事甫生，一呼咸集。

(二)集中　吾之所謂集中者，不獨謂收集各部肢體而歸納於一，並指由一中心樞紐而照顧於四方之謂。譬如出入只由一門，而舉凡辦事房間如院長室會計室登記室等，均聚集於此，以便管理之歸一。　病室繁多，而病室之門，皆須關向一甬道之內，俾一望而知各室情形，升降機必居醫院之中央，俾乘人經過之東西道路相等，鍋爐間必在醫院之中央，庶四出熱氣而得平均。　廚房必有食物輸送機通至各層病室，每層之污垢衣衾，必經一溝筒而至洗濯所，其尤要者，則問訊處與電話司機間務在總門之左右，舉凡醫院內外之呼喚，音訊之交遞，統於

此經過。

（三）經濟　醫院之經濟，不在建築房屋時之用費多少，而在房屋既成之後，是否適用於醫務之進行。設計之初，普通流弊，大都專顧及目前所須之費用，而不計及醫院必須之設備，每每遷就，疏漏缺少以致醫務進行，動多掣肘，不獨無益，反而受損。譬如升降機一項，實任何醫院之不可少者，因開辦之經費缺少而不備，以致日後因無電梯而每感運送病人之不便，且欲添裝一機而無從措手，以致病人從受抬簸之苦者。

（四）材料　醫院房舍，既非五年一改，十年一遷，則其材料務選上等，他如避火防水，保持溫度，減除聲音，既皆須特別材料，抑又何可言免。

（五）安全　前言材料宜上等，又須避火防水，皆策醫院於安全矣。然尚有醫務上之安全，爲建築家所不知，而常人所易淡視者：第一爲消毒設備，在設計時，務擇恰當地點，留存適度房間，以供消毒，如病人帶來衣衾，出院留餘物件等等，至於醫術上應用之消毒器具，尤宜就寬綽地位裝置，第二爲預防傳染，星星之火，可以燎原，傳染疾病之星火，有時非立刻或一次可以看出者，亦有潛伏病人體內，待入院及數日後方發者。故門診急症，必有留待室，病房必有觀察室，隔離室等。他如手術室，生產室，格分染穢與無染者兩種，第三爲生理必要如嬰兒房之溫度，必設自然管轄機關，X光室之牆地，必乾燥而包鉛皮，皆寓有安全深意也。

（六）清潔　醫院之外貌與環境，已言其必修潔而清雅矣。然內部須注重於清潔者：第一須不使監護人員持大小便盆而經過於川堂甬道之中，第二絕對不能容地毯簷簾而納污穢藏垢，第三務免除畫鏡綫雕刻紋，凡地角牆灣，必呈圓形，凡牆面房頂，必可洗刷，地板無縫，窗門無隙，廚房必留水泥天井，所備開拆雜貨箱筐，而免昆蟲之侵擾廚室，擘橱須備通氣圈活葉板，以使內外透氣而無潮溼霉味，第四宜設污衾筒，庶齷齪衣服可直下至洗濯室，又置穢物箱，俾每層廢屑，可逕達焚化爐而消燬。

第二章　產婦醫院之佈置及設備

地位　產婦醫院在大西路一〇五號，憶定盤路朝西百二十六公尺，（百三十碼）坐南朝北，斜對惇信路口。

設計　產婦醫院，係就原有之地盤而設計，其地盤原有面積，臨街面寬三七・三六公尺，進身三三・一一公尺，故醫院房舍，位在當中。定計爲臨街面二八・二六公尺，深一二・五〇公尺，約佔全部面積百分之三十五，俾房舍四週空爽。且東西兩旁，各有四・三公尺寬之走道，以備平日車輛之來往，臨急人員之出入，舒緩無阻。又因地盤東面有九層高樓，遂將全部房舍推進街面六・四公尺，庶醫院南面房間之東來陽光，不爲高樓所蔽，而北面房間，可免街上塵土之侵襲。且北面所留隙地，可容汽車六輛。因之將醫院車輛間分置於東西兩面甬道之端，是以驟自外正面觀之，醫院正房與二車輛間若合爲一，而二車輛間且障護院房東西二甬道，不使外露也。二車輛間爲一大一小，大者在西頭，寬三・七六公尺，深五・四九公尺，門向街，專容救護車；小者在東頭，寬四・八公尺，長三・二公尺，門向北面隙地，爲容尋常汽車，並備司閽者居宿之所於此。至北面隙地，於臨街處，以鐵柵爲圍，東西首各置一門，門寬五・四九公尺，俾救護車易於出入。若南面隙地，闢爲花園，包以竹籬，備留日後向南擴張之用。其西南角築有二層小屋，爲僕役住所，再前爲動物圍柵，凡羊兔等豢養於此。

式樣　醫院房屋爲長方立體式，成——形，分五層，連電梯機械間爲六層。其下層地面，高出街面〇・五公尺，下層高爲三・五公尺，第二第三高爲三・二公尺，第四層高三・三公尺，第五層高三・九六公尺，第六層高爲二・四四公尺，故全屋整高爲二〇・一〇公尺。屋之南北正門居中，以過道聯接，東西側門，亦居中，亦以過道銜接。故凡二三四層皆有東西之橫過道，而房間皆分列於過道之南北也。此種過道，寬達二・一三公尺，俾整個病床可以縱橫推轉自如。房間之在北者，深四・〇一公尺，其在南者，深五・六四公尺，故醫院進深，連外牆及間壁，共一二・五〇公尺。但一層之上，南面前置陽台，寬一・六三公尺，故二層以上，南面中段房間凹進，其深與朝北房間相等。

構造　產婦醫院之構造，係考慮上海之地土潮溼氣候陽光而爲之。

（一）上海地土稀鬆，故醫院房舍雖只限爲五層，而地基之樁木用一二公尺長〇・二五X〇・一八見方，再將四週之鋼骨水泥基牆，聯絡成一方架，然後就此而築全部各層之鋼骨水泥架格。俾屋如下沉，其各方沉率將相等也。

（二）上海地土潮濕，故決計不用地窖。而將鍋爐間煤炭間低於第一層平面〇・五公尺，又第一層之房間地面，除餐食及問診室檢查室爲雙層木板外；餘如待診室治療室化驗室藥房以及廚房洗濯室與職員寢室，皆用磁石或磁磚，吾之所以於問診室檢查室而用木地板者，爲驅除產婦畏怯診病之心理，使醫院之內，是露家庭日常之景象。而當其解衣屨之後，足履地板，無冰冷侵襲之味。

（三）上海氣候，冬夏懸殊，朝夕亦間有相差至十餘度者。所以吾假定外間空氣溫度爲華氏三十度時，醫院普通房內溫度須爲七十度，手術室及生產間爲九十度，嬰兒房產科婦科診察室及各處浴所，皆爲八十度。所以將鍋爐上昇之熱氣，先達於需較高熱度之室內，而以次漸及其他各處。又爲減少外牆與屋頂傳熱起見，將外牆及屋頂用十英寸空心磚封砌，外蓋石塊或面磚，屋頂亦用十英寸空心磚，上蓋油毛毡及其他避水不漏物質。且再爲減少熱度之損失起見，舉凡間壁亦皆用七英寸或三英寸之空心磚。又所有水汀之管除穿過牆壁及地板外，統行露現於外，故所得熱氣不少。

（四）上海除霉期外，有陽光日子甚多，夏日光綫直對地上，或成垂綫，冬日光綫斜度較大，故醫院僅就第一層之上爲陽台。因夏日無需障蔽炎光，而冬季可啟令陽光射入，以增溫煖。況東西橫過道之當中，南受監護室之敞光，北接升降機後之大窗，幾無處無光。

佈置　（一）交通　產婦醫院事業，晝以繼夜，每多不可須臾緩者，故院內交通，注重產婦輸運，賓客出入，職工上下，臨急開放等等。是以將第一層分作兩段：東段完全爲醫務所佔，如門診及治療諸室消毒化驗間藥房；西段完全爲餐室廚房鍋爐間煤間洗濯室職員寢室。而電話總機與問訊處，設在大門之內西面，衣帽鞋間，（衣帽間而加一鞋字者係指外來賓客須將鞋子擦淨或加套再進院）即在大門之內東面。因爲大門朝北，故離大門三・五公尺處復設二門，以免冬日北風直搗院內，大門二門之間，常置抬床一具，推椅一把，舉凡產婦之入，必先關大門再啟二門，其出也，必關二門，然後開大門，庶無驟受冷驟感熱之弊。其朝南正門，亦有二門，茲爲防備粗心者之不知關門之習慣，故兩門相距甚遠，必待一門之既關，才能及其他們也。第一層東段，既爲醫務之區，故升降機即在正廳東首，過道西端，與門診系總門斜對，使門診處與病室之產婦互相運送時，徒咫尺之勞。而全院大扶梯，亦直與門診系統門相對，俾抬床易於直上也。

升降機　升降機寬一・六公尺深二・五公尺高二・一公尺，可以將整個病床推入，兩端且有一醫生一監護及司機者站立之地位。　機門爲推拉雙頁式，以無縫鋼板爲之，備防火患，機箱之門爲疊摺式，以銅質爲之。　此門不關，機不能動。　機可載重七百公斤，速度每分鐘行三十八公尺，卽自平地至屋頂，只須半分鐘。因爲速度不能再加，以免震動產婦。　機箱達到每層之時，可自然昇降與地面平齊，庶床椅出入，不致顚簸。　又機於未至第一層或第五層之地面前，亦由此自然昇降機自然緩緩停止，不復再動矣。　機箱正面有梳裝鏡，左側有折椅，頂上有通風圈，並備風扇，燈光卽設於扇之兩側，機之指示表係用燈光，安置門之右側。　凡各層牆門，四週全用銅皮包裹，免床椅之碰撞也。

大扶梯　升降機壞，卽賴大扶梯爲運輸，故大扶梯寬爲一・二二公尺，每梯一級立高爲〇・一五公尺，深爲〇・三〇公尺，整梯之斜度甚坡。　凡經十二級之後，卽梯之中段處，爲轉角方檯，方台斜直徑爲二・四公尺，庶抬床人登梯一半，而可平息，再徐徐轉灣也。　經過梯之第二段，卽達上層平地，而抬床人之喘息定矣。　設計之初，因爲地盤踢促，而醫院萬不能容有螺旋扶梯。　原繪扶梯爲馬蹄式，卽在升降機右面上，而左面下，而爲長巷於升降機後，作平休之處。　厥後細想產婦必有小兒來探望者，深恐有隕越之虞，遂改今狀。　將長巷置於升降機之左側，觀附　圖自明。　但因此而下梯之級不易見，而賓客遂常問如何方能外出者。

小扶梯　大扶梯之外，尙有小扶梯，置於橫過道之西端，以備職工之上下。　臨急之不擁擠。此梯直達下層院外西面走道，並達太平間及西南角之工役住所。

（二）光綫　吾之所謂光綫，並非謂有光無光，乃指各種房間所需之特別光綫。　第一爲手術室。　無論或晝或夜，光綫必須平勻，故手術室向北，然陰天北來光綫最暗，乃又設天窗以取光之下射，並備ㄓ重沙玻璃，祇得透光而無影。　（因此手術室屋頂加厚至〇・六公尺，以防透熱，）有時光猶不聚，或不能射入骨盤底角之處，遂又備穹形萬燭電燈。　燈亦只透光而無影，垂懸於樑，且可左右上下傾倒旋轉自如者。　外且有推燈，光力強勻，以補不足。　第二爲化驗間。　化驗之視力，顯微鏡下之檢查皆須北來光綫。　故化驗間朝北，而北窗特闊。　第三爲生產室。　產室頂上之燈光綫自上而下，爲平產時用。　壁上之燈，爲縫會陰時用，俾光綫自醫生頭後射來。　觀附　圖卽明矣。　第四爲嬰兒室。　嬰兒室朝南面寬爲六・七公尺，而窗面佔三・三五公尺，不足月之嬰兒室南面寬爲二・八公尺，而窗面佔二・二公尺，皆滿取南來陽光，不獨利用紫外綫紅下綫，並足取暖。但嬰兒室牆壁爲紅色，故陽光並不映目。　第五爲產婦住室。　產婦住室凡二十八間，十五間向南，甚得充分陽光，十三間向北，陽光稍欠。　但其向北者，有五間兼得東面或西面陽光，故獨向北者僅八間，中又有兩間特陰，以備驚厥而昏迷之產婦之用。　其餘六間，雖憾陽光之欠缺，然可藉升降機將牀上登屋頂而得陽光浴也。　第六爲陽光浴臺。　醫院屋頂坦平，同時容病床三十八個。　且北面有圖書館及電氣水箱間，故雖嚴寒初春，無凜冽風侵也。　第七爲無光室。　無光室位在手術室旁，以容產婦有驚厥症者，以備行鎭靜麻醉劑者，以行使檢查膀胱離肛門其他需暗室而行手術之用者。　第八爲地燈。　地燈裝在走廊甬道扶梯轉灣處，及嬰兒房與無光室內，地〇・四公尺，備晚夜九點鐘後用，免房頂燈光之映射也。

（三）避聲　房屋以鋼骨水泥爲架，已減少若干震動之聲，而空心磚壁，亦稍殺尖利之音，惟叫囂脚步則權設方法而望其減少，第一將每層病室隔作東西兩段，其中段爲監護室之所在，直對扶梯甬道。　東則爲升降機，西則爲調飪間與公用盥洗室。　舉凡升降機之哄哄，調飪碗盞之鏗鏘，皆可藉横過道之横門而減輕一分，而由升降機與扶梯出入上下之叫囂者。　監護室之在職者當可以制止而消滅一半。　至於地板係用橡皮，已去脚步之聲不少，而着高跟鞋者，或可藉大門口之套鞋而泯除其蹴踏之雜調也。　第二爲院中人員互相呼喚，完全用電鈴暗號，而交換音訊，亦以電話傳遞，病家之用電話者，統限在門口總機房內。　嬰兒房與走廊爲嬰兒浴室所隔，故啼哭不易外達，而生產室亦經重門之掩護，聲亦難聞於外。　惟鍋爐每晨加煤去屑，其聲輒於水汀處聞之，殆不知改設鐵人加煤機後，有無聲與否？有時蒸氣之來，吼嘯澎湃聲高而大，則誠有望於諸建築家設計而泯除也！第三爲檢驗身體之房間，係擇第一層東南角之僻靜處，又另以小廊與東段甬道相隔，故無街上車馬喧鬧，院內談笑聲浪。

(四)潔淨　產婦所住醫院，在醫界眼中視爲一塊淨土。　若干疾病不能雜居，新生體質易受傳染，此乃人人皆知。　惟是母親之血，嬰兒之糞，無時無之，吾不獨常見監護持便盆而馳騁於甬道之中，引爲恨事！而每遇棉紗血片黃綠屎布散亂於浴室盥所內，尤深恚怨！所以設計之初，院內病室僅二十八間，而盥洗浴廁達二十八所。　除大房間獨有浴室外，至少每兩間房共一盥洗浴廁之所。　舉凡便盆血片，不許現出門外，而嬰房亦以浴室與走廊相間，庶一切糞穢乳塊，不能擲於廊中。　其他若污垢衣衾，由每層之公用溝筒而直下至洗濯室，灰屑紙片，油鐵桶盛集而入銷毀爐。　至於每個廁所浴室手術生產室化驗室診療室以及廚房車輛間，皆備地溝於室之當中，以便隨時洗刷。　然有一大問題，初爲達卿所蹙額，而終底於成者，即吾必欲以磁磚爲手術室生產室及廚房調飪間之屋頂是也。　吾之意固在求修潔，而建築家則惟恐磚墜失事，墜於所剖腹中，墜於廚子頭上，菜蔬鍋內等等。　但幸經達卿悉心研究，終將鄙意達到，故今日能將廚房頂與壁每間三日洗刷一次，手術室生產室之頂而不沾塵埃，誠大快事也！至於廚房之油烟，如以廚房設在屋頂，仍有下墮之憾！加以產婦醫院，既無小升降機之設備，以運送每日魚肉蔬菜重量米炭，而達屋頂。　而地處滬之西區，自來水公司常言壓力恐或不足以達到五層，而煤氣公司亦以管小力少爲言，遂決計將廚房置在一層，而用電烹飪，少減油烟之味。

(五)防險　前已言預防房屋之下沈，及下層之犯潮濕，與屋頂之滲漏矣；其他若火險，則除處處用避火材料外，仍於每層備滅火筒大小各一，而由大小扶梯及升降機三路，可於七分半鐘之內，將全院產婦三十六人嬰兒三十六個以及醫務與行政職工凡五十四人，盡數移出院外。　至於水電兩事，各不混雜，六層電機與水箱完全隔離。　而每層各備電燈保險箱一具，凡遇每層電力修理或出事時，毫不與其他任何一層相干。　六層冰箱二個，容積各爲八百加侖，俾驟遇水壓不足或街管待修理之時，可籍以供給全院一日之用。　又消毒蒸氣鍋，亦另備有相當安全梢瓣，各處盥洗浴盆，皆有小木靁，以免水之迸溢。

(六)修理　所有冷熱水管，多露牆外，而每隔一段，裝有開關，每層共有四個；若水汀之管，則全露牆外，而其穿過牆頭地板之部，均無灣節。至於糞管之轉灣處，則有門，以便隨時拆取。　又屋週之糞槽及水溝，皆在在設有活板。

設備　(一)電話間　產婦醫院之行使院務，接洽消息，全以電話總機關爲樞紐。　此處與外間相通之電話爲三綫，院內分機爲十四座，內有五綫裝在病室之內，又院務職員互相呼喚之時，概由電話間發施電鈴暗號，晚夜門燈門鈴，亦由電話間開放管理。

（二）門診系　門診系佔第一層東段南部全部，其正中之角朝廳廊者，爲掛號登記處，其南面有門，入問診室，其東面有門，通檢查室診療室之小廊，亦可達問診室。故產婦登記之後，自問診室與醫生談話之後，然後分配入初診室或覆診室或婦科檢查治療室，解卸衣裳，盥洗廁所。產科與婦科各有小室，不相互用，各項診室及治療室均有電鈴，以通問診室，每遇各事預備完好，卽以電鈴通知醫生，靜待其來，而問診室又設電鈴，以通各項診室化驗室藥劑室及掛號處，以備醫生隨時召換，詢問事件，吩咐一切，直待產婦受驗之後，得有相當之醫療訓導，然後自東門外出。其需藥劑者，或須往化驗間者，其總門皆直對東門也。

（三）病室系　（甲）病室　吾之產婦醫院所備單人房間獨多，其故有六：一因產科不可與婦科同一室，二因受孕而嘔吐劇烈者，常爲人嫌厭，亦貴在獨自一房靜息，三因中胎毒而昏迷不省人事者，尤不宜與他人同室雜處。四因生產而發熱者，務必隔離，其將發熱之人隔離於一房乎，則其原住之房間作何處置？其將同居之人而外遷乎，則一時何能覓得相當房間？假使此數人中又有發熱者，更當如何料理，五因甲婦初產，亟宜靜息，而同房之乙婦已產後七八日，賓客如雲，兒女踵至，吵擾實甚。况遇甲婦因難產而嬰兒夭亡，乙婦之嬰兒每四小時哺乳啼哭，兩相比較，實傷甲婦之心，六因同房之人大便小便，不必同時，設有肚瀉二三次者，聞其聲，嗅其味，將何如乎？昔日霍京醫院中有一猶太人，故意於同房人餐膳之際而呼便盆，謂渠必先大便而後吃，殆亦甚矣。產婦醫院之單人病室，最小者寬二・六公尺，長四・〇一公尺，其面積除容屈折床檯棹飲食架與屏風外，尙能容十四人同時在房中巡察。最大者爲三・三公尺五五・六四公尺，此種房間，另可容陪伴一床，而另設電話，電鈴檯燈與電火，則大小房間均備，病室之門爲一・〇五公尺寬，俾整個床舖出入無礙。

（乙）浴室廁所　大房間浴室廁所係獨用，小房間則每兩間共一浴室，皆爲淋浴設備。因產婦住院至多十四日，其時尙不可將會陰浸入水中，故浴缸徒費而不惠。但尙有兩大房兼備淋浴浴缸，只供婦科之用。大小單人房間之外，尙有隔離房間，此乃以西北角之小房間獨備浴室而爲之。每層各一浴室之內，皆設洗便盆龍頭，冷熱水皆有，亦可覓用蒸汽。除病室所有浴室廁所之外尙備公用廁所及洗濯池於監護室旁以備賓客之用。

（丙）壁櫥　所有病室，每間皆備壁櫥，共分兩節，內不相通。上節爲儲藏不用被單枕頭毯褥之所，下節爲安置產婦衣裳箱件而用：兩節各有鑰匙，上節在監護室，下節在病室內。

（丁）監護室　監護室設在病房之中央，兼管升降機與大扶梯之出入，以及調餧間之飲食。其室中設備，除電話電鐘與電鈴箱各按光綫與寫字檯之方向而安置外，見（第附圖）。藥櫥藥池，則置在壁內，（見附圖）。櫥分兩截，櫥內另有小櫥，爲盛毒品及安眠藥劑。故鑰匙不與他櫥相同，藥池之上，裝有壁燈，藥池之下，另有隙地，以容空瓶等等。

（戊）調餧室　調餧室爲接收由輸送食物機自大廚房中送來之飲食品，然後分盤分杯而與產婦者。室中有電灶自來火，以備温湯水，烘麵包，炒蛋熱菜之用，每室皆有電冰箱，以備儲藏。

輸送食物機卽小式升降機，寬〇・九公尺，深〇・七五公尺，高〇・九公尺，分兩層，運用電力自由上下，機箱旁附電鈴，以便呼喚。否則箱門未關，欲用箱者，無法使人關門，又送菜往廚房中，箱既達到，亦無法使人知者。

(己)儲藏室　產婦醫院尙單人房式故每房之被褥等等,卽儲藏於該房壁櫥之上。一則因大小房間之用品有別,而每件皆有房間號數,雜在一處,取用歸還,煞費精力,二則清點物件,如某房某件遺失,一望而知,三則遺失之時,易於窮究,惟日後用舊之物而待儲藏時,可將每層之第十四號房間之餘地間成小室,易於反掌。

(四)生產及手術系　此系房間統以一門爲總。門內不容閒人出入,除手術室用推門外,他們皆用自行開閤之關鍵。

(一)生產室　室內直與一廁所相連,此爲產婦不能遠行,而產時大小便胎水血塊所必需立卽洩除者,產床之旁,備小浴池,以便蘇救假死嬰兒之用。他如房頂用磚,備無塵屑,燈光有一定斜度位置,已於他處言及不贅。

(二)消毒間　卽在生產室與手術之間。消毒物件,只經一門而達手術或生產室中,特備蒸汽鍋一具,可以自製清水滅毒而儲於兩鋼桶中,一冷一熱,由鉛管而達醫生洗手盆上。

(三)手術室　手術室之光綫,已詳言之,玆僅將以下特點提出

(甲)穹形冷燈,另裝電綫,另立開關,別爲標誌。

(乙)醫生洗手盆水管有兩套,一係滅毒水,由消毒室而灌注者,爲行手術時用。其開關以膝爲之,一係尋常水,爲尋常洗刷用,其開關以手爲之。

(丙)器械櫥　櫥設在消毒室與手術室壁中。卽將壁之中段整個爲櫥,兩面用玻璃推門,庶醫生之在手術室中,監護之在消毒室者,可以互相指點所需之器械。

(丁)用品架　架亦就壁爲之,(見附圖)架底與地平。無處可以納汚藏垢,而無從以震動藥瓶,濺潑四散。

(戊)去毒池　此池安在用品架之北,爲照片中所無。係用以泡浸膿漿毒水所染之紗布巾被者。此等布巾,必待如此泡浸之後,方能移出手術室外。此項洗池,爲能抵抗酸性藥水之搪磁所製。

(五)嬰房系　此系包括普通嬰房,不足月嬰房,及嬰孩浴室與乳娘房而成一部,所要言者:卽

(一)嬰房得充分之南來陽光。

(二)嬰房不與走廊相連,而以嬰兒浴室隔在中間,使閒人不易闖入。

(三)不足月嬰房不與嬰兒浴室相連,庶無濕　。

(四)乳娘房卽在不足月嬰房之側,便於取乳。

結論　產婦醫院房舍之告成,係醫生與建築家日夜合作之結果,非已得藉諸產婦自己所受之經驗,自己所知之需要,則產婦醫院又不能安然存在。此後則全恃醫藥服務之人,正心誠意,維護產婦,無貴賤,無貧富,而一視同仁,庶幾產婦醫院之垂永遠也乎?

產婦醫院設計概況

產婦醫院在上海大西路憶定盤路之西。由莊俊建築師設計及監工。自民國二十三年五月興工，至二十四年一月落成。全屋高六層，長八十六英尺，深四十一英尺，建築面積約四千平方英尺。造價共計約國幣十五萬元。

全部構造用鋼筋混凝土。外牆第一層用人造芝蔴石，餘均貼泰山面磚。內部分間牆用空心磚砌築，取其能隔離聲浪，不致騷擾他室也。各病室之地面，鋪馬司的克，大廳化驗室調飪室及過道等之地面，鋪磨光人造石。生產室手術室之地面，用顏色磁磚。餘如浴室廁所廚房等之地面，則用普通瑪賽克小磁磚。屋頂地面，除手術室上部用玻璃磚外，餘鋪水泥磚。

內部佈置。第一層中央為門廊及大客廳。左為廚房餐室，役室洗衣室及鍋爐室等。右為事務室問診室檢察室藥房化驗及陳列室等。二層及三層中為過道，兩旁均為病室，每病室各有浴室或廁所。每層各有看護室及調飪室二間。第四層除左首仍作病室外，右為生產室手術室消毒室麻藥室嬰兒室等。五層為藏書室。六層為機器間。

每層除大樓梯二座外，另備升降機一座，及送膳機一座，以載病人及送膳食至各層之用。至暖氣設備，採用合宜之溫度，以適合病人之需要。電氣設備均依最新方法裝置，如病室一按開關，在另一處號匣顯示外，室門上亦有電燈發光，可一望而知係何室所喚也。

房屋工程由長記營造廠承包。亞洲合記機器公司裝置暖氣及衛生設備。振泰電氣公司裝置電氣設備。怡和機器公司裝設升降機及送膳機。禮和洋行裝置消毒設備。鋼窗由中國銅鐵工廠承做。馬司的克地面由恆大洋行承辦。瑪賽克磁磚用興業瓷磚公司出品。衛生器皿則用恆大洋行經售之 Kohler 出品。

產婦醫院正面立視圖
地址：上海大西路
莊俊建築師設計

產婦醫院南面立視圖

產婦醫院院長室

產婦醫院看護室

產婦醫院大客廳

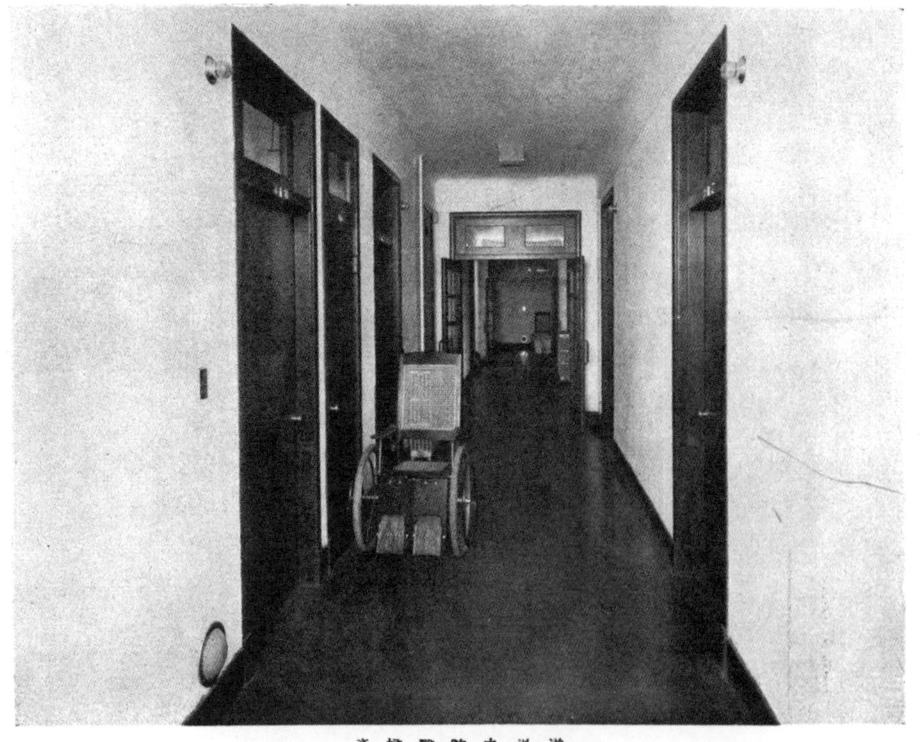

產婦醫院之過道

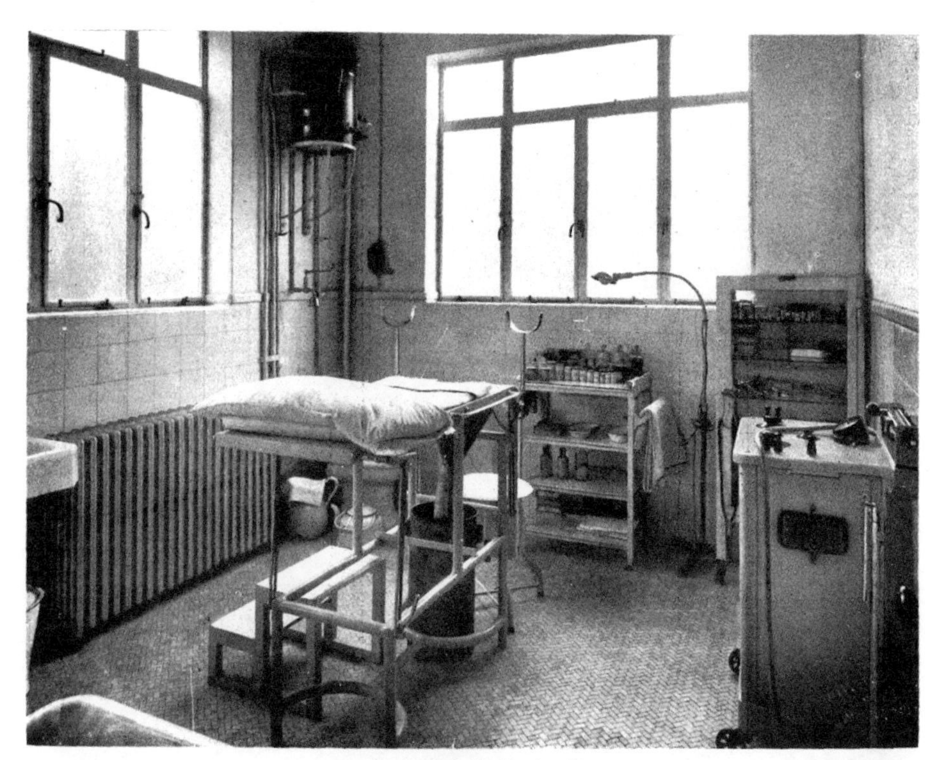

產婦醫院檢察室

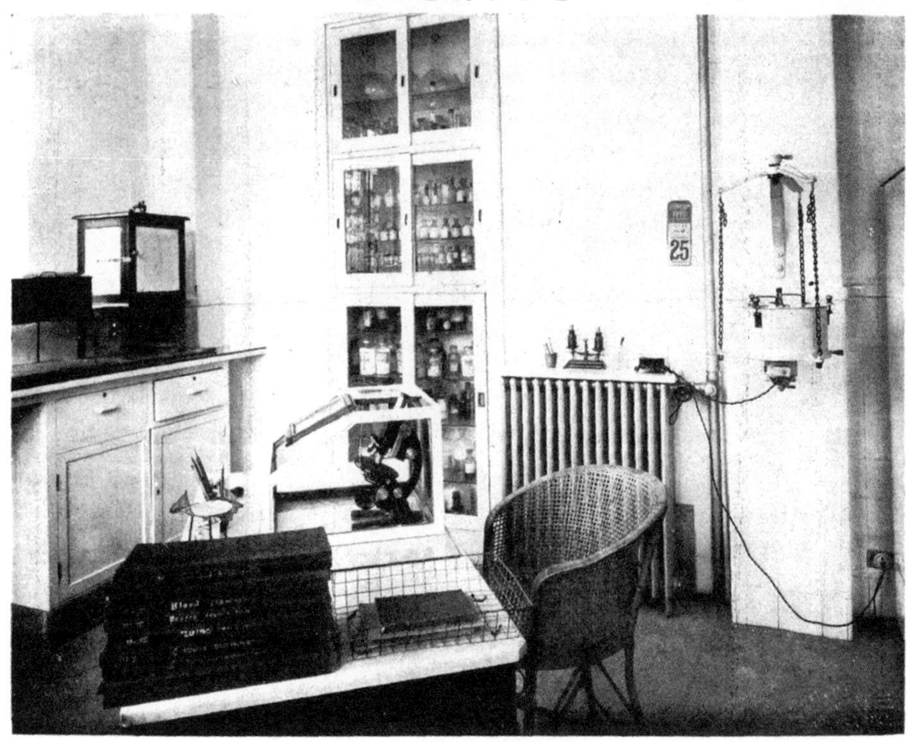

產婦醫院化驗室

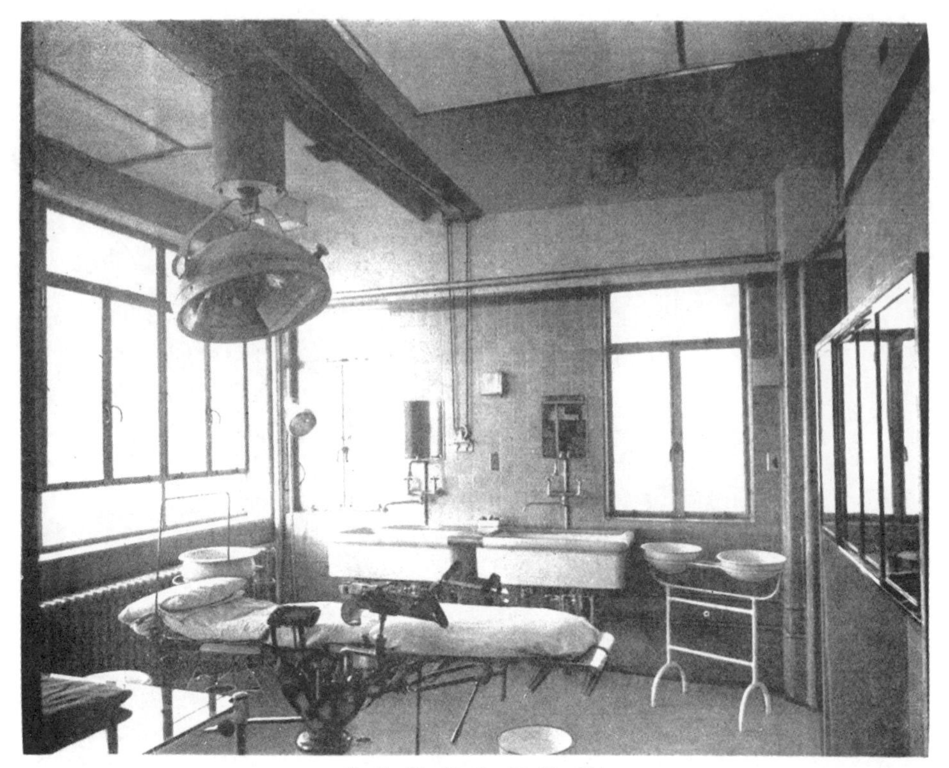

産婦醫院手術室（1）

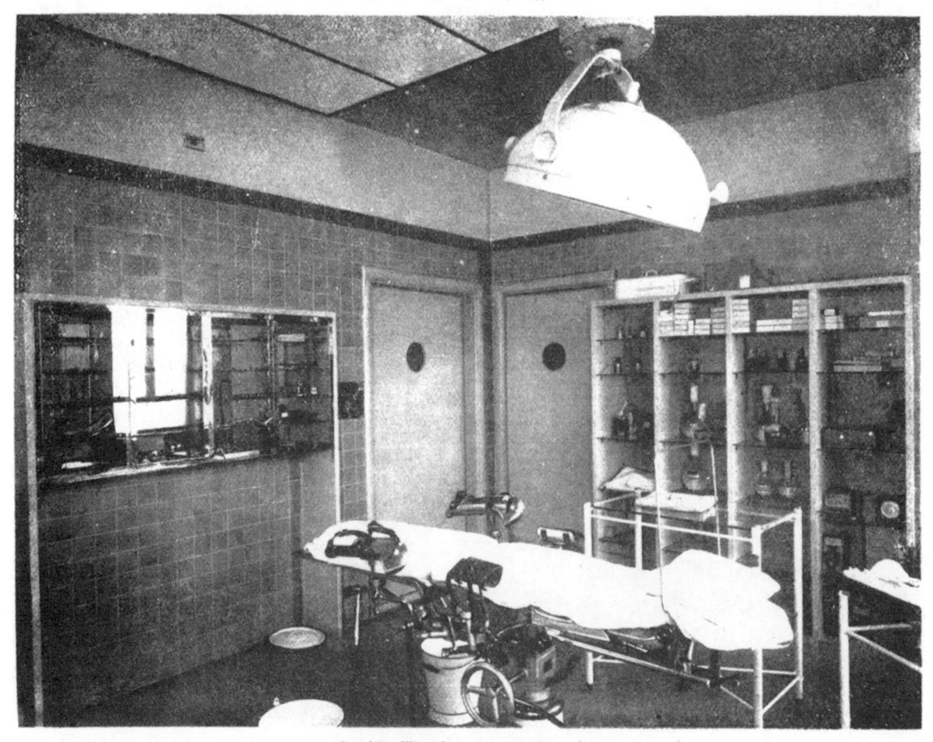

産婦醫院手術室（2）

產婦醫院消毒室

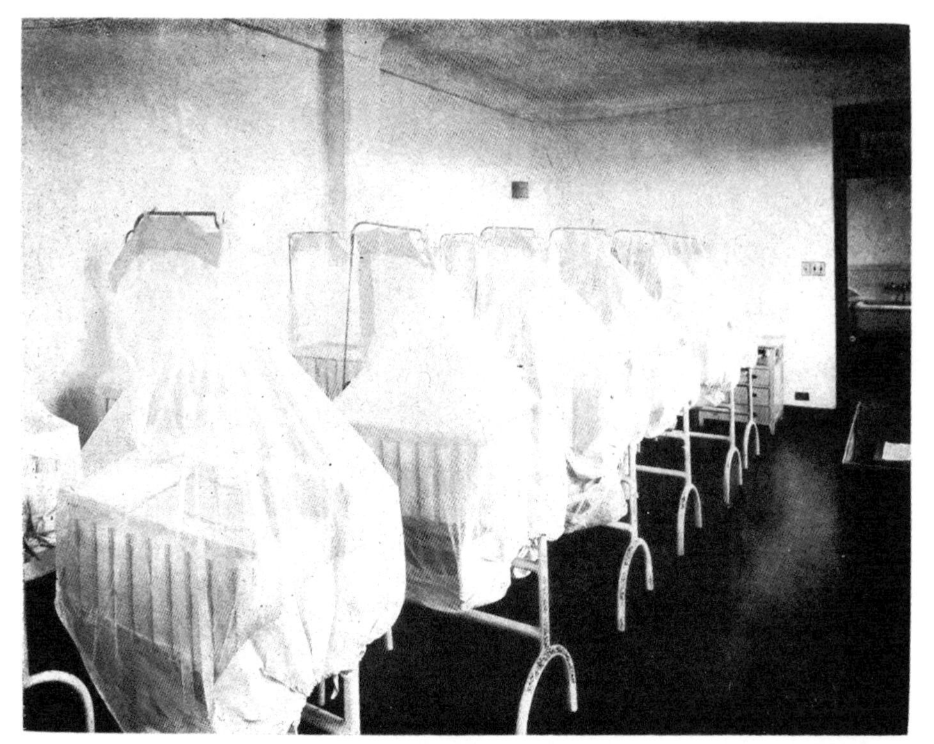

產婦醫院嬰兒室

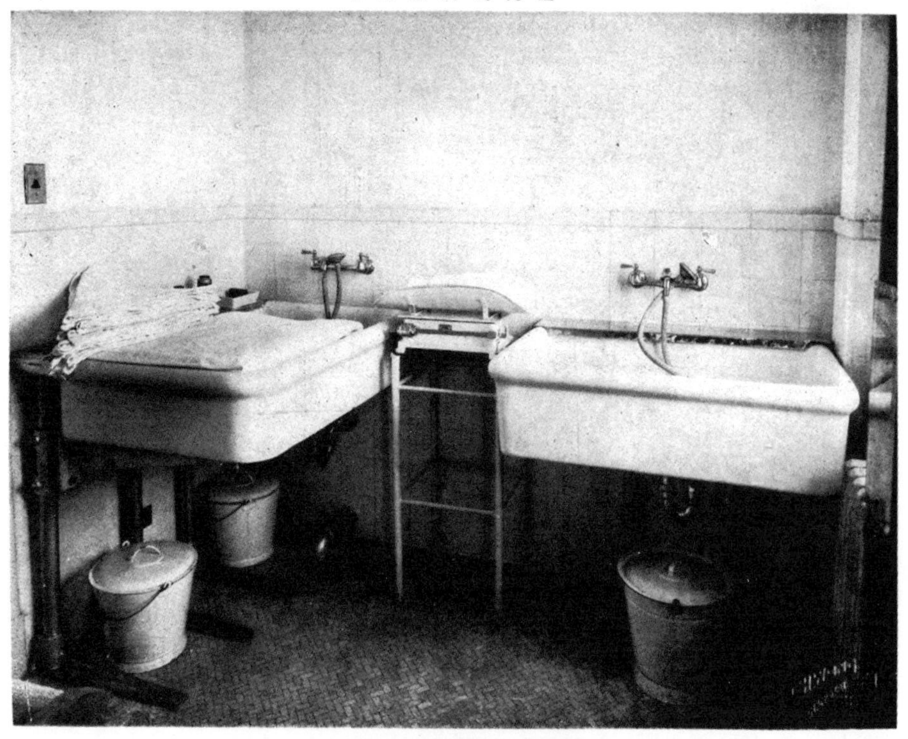

產婦醫院嬰兒浴室

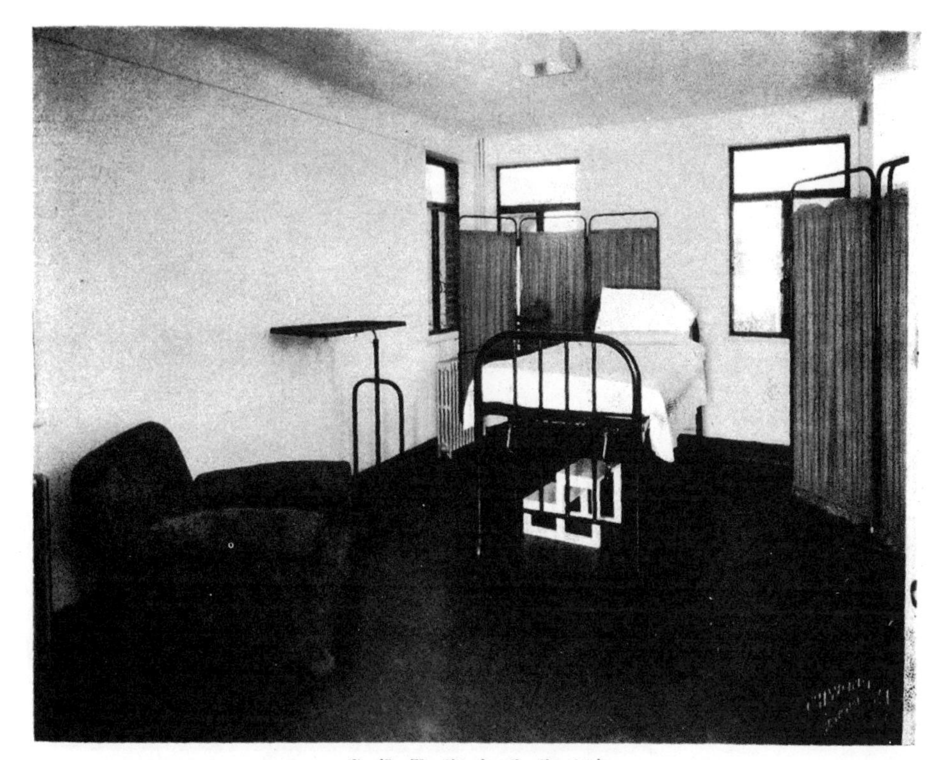

產婦醫院之臥室 (1)

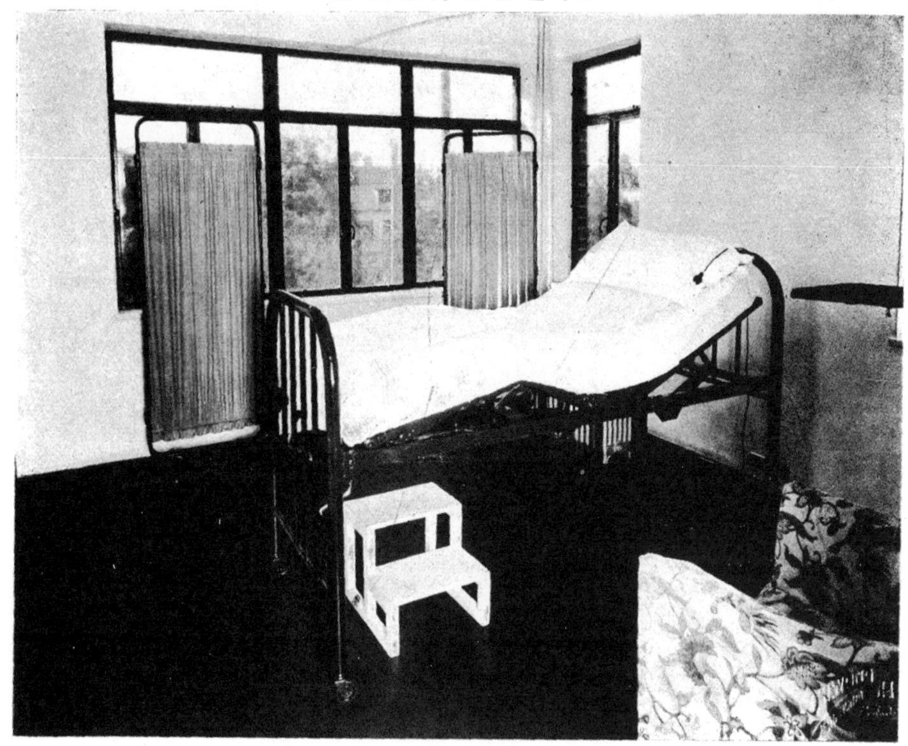

產婦醫院之臥室 (2)

產婦醫院之調餁室

產婦醫院之廚房

產婦醫院之藥劑室

CEILING
MAIN ROOF
THIRD FL.
SECOND FL.
FIRST FL.
GROUND FL.
GRADE LEV.
PRECAST STONE
REINFORCED CONCRETE CANOPY
FACE BRICK
LIGHT

NORTH ELEVATION

北立面圖

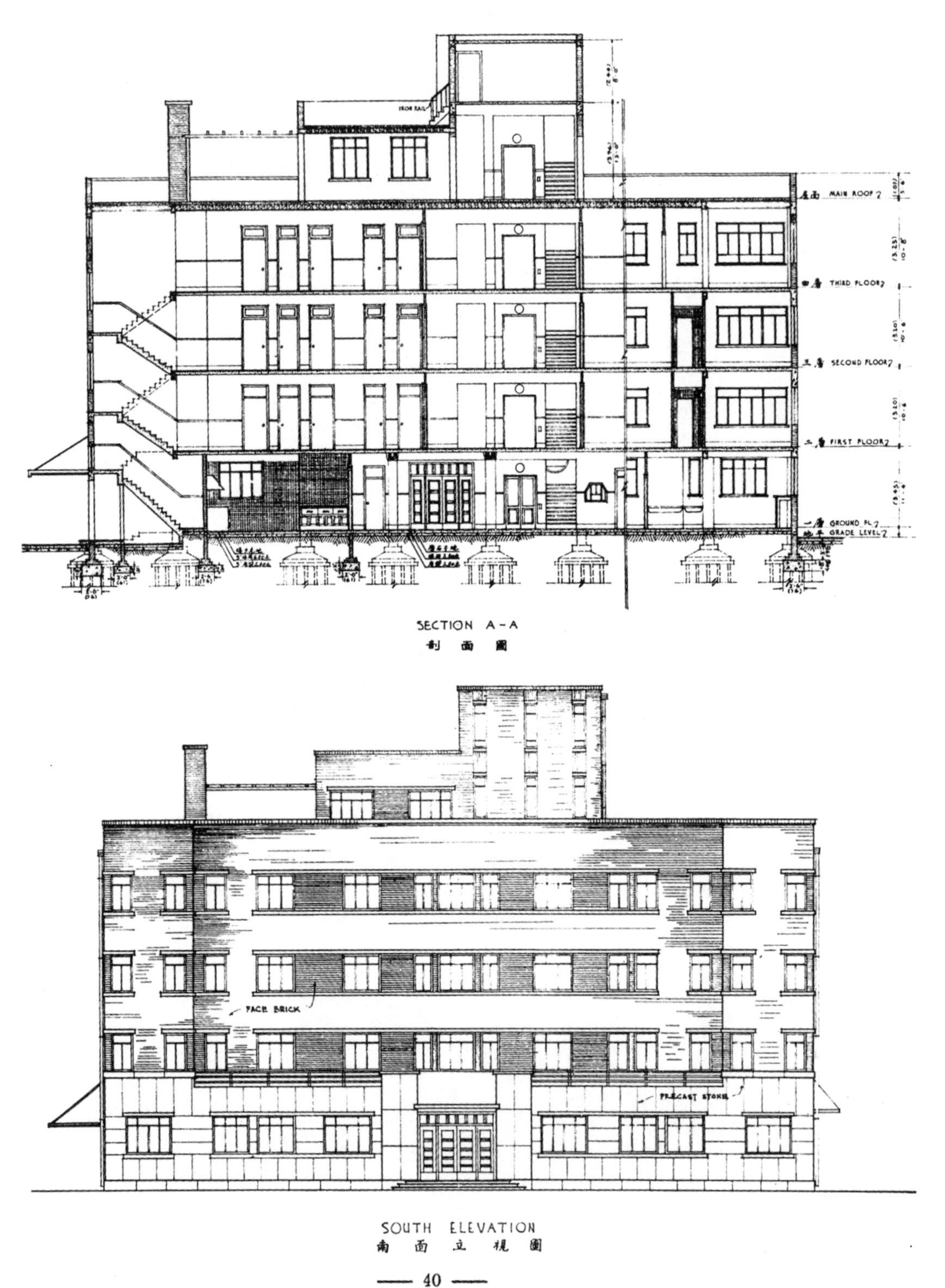

SECTION A-A
剖面圖

SOUTH ELEVATION
南面立視圖

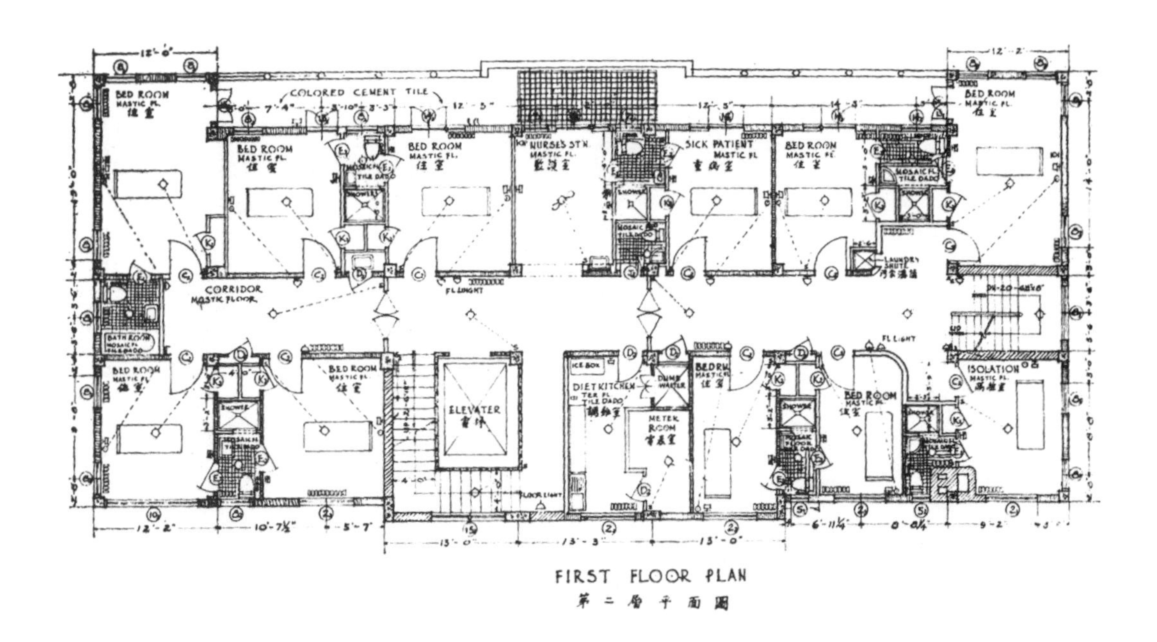

FIRST FLOOR PLAN

第二層平面圖

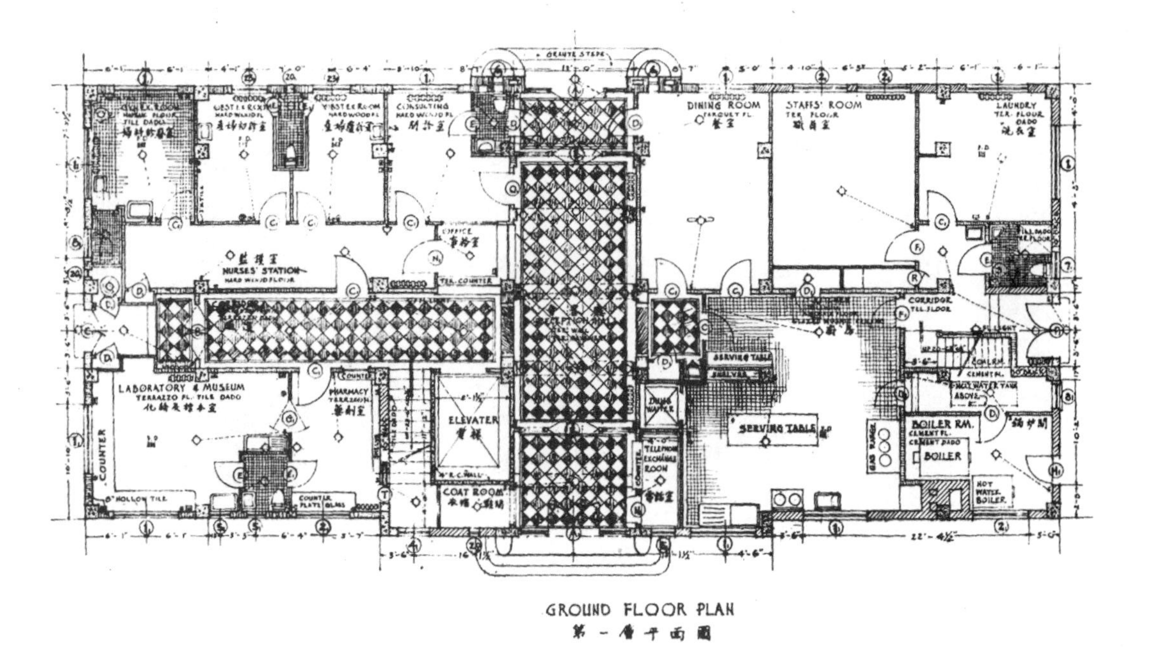

GROUND FLOOR PLAN

第一層平面圖

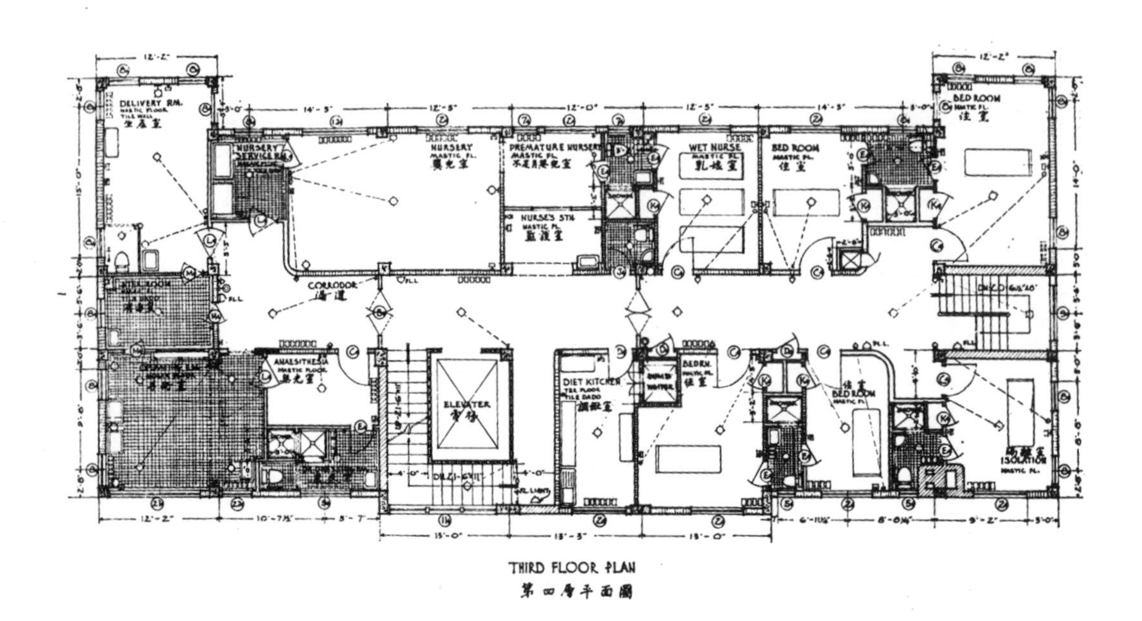

THIRD FLOOR PLAN
第四層平面圖

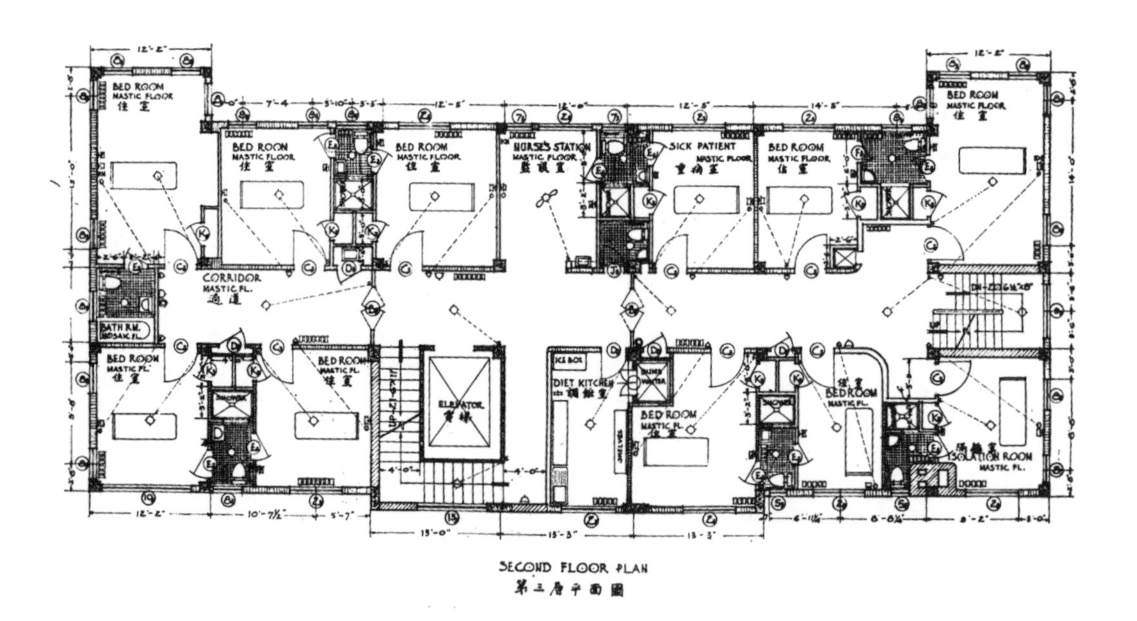

SECOND FLOOR PLAN
第三層平面圖

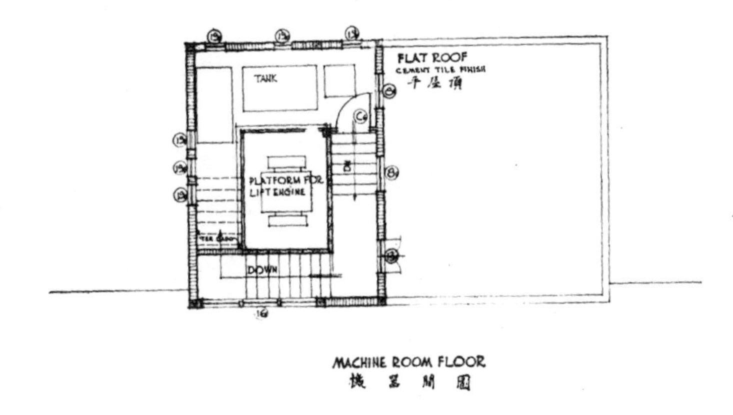

MACHINE ROOM FLOOR
機器間圖

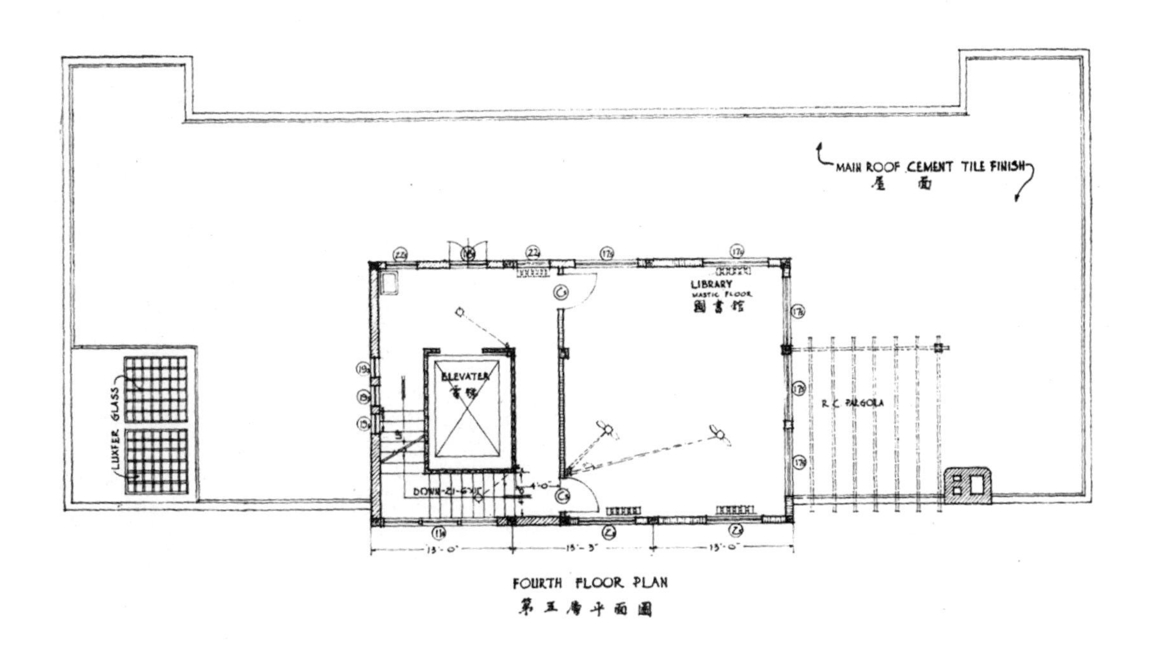

FOURTH FLOOR PLAN
第五層平面圖

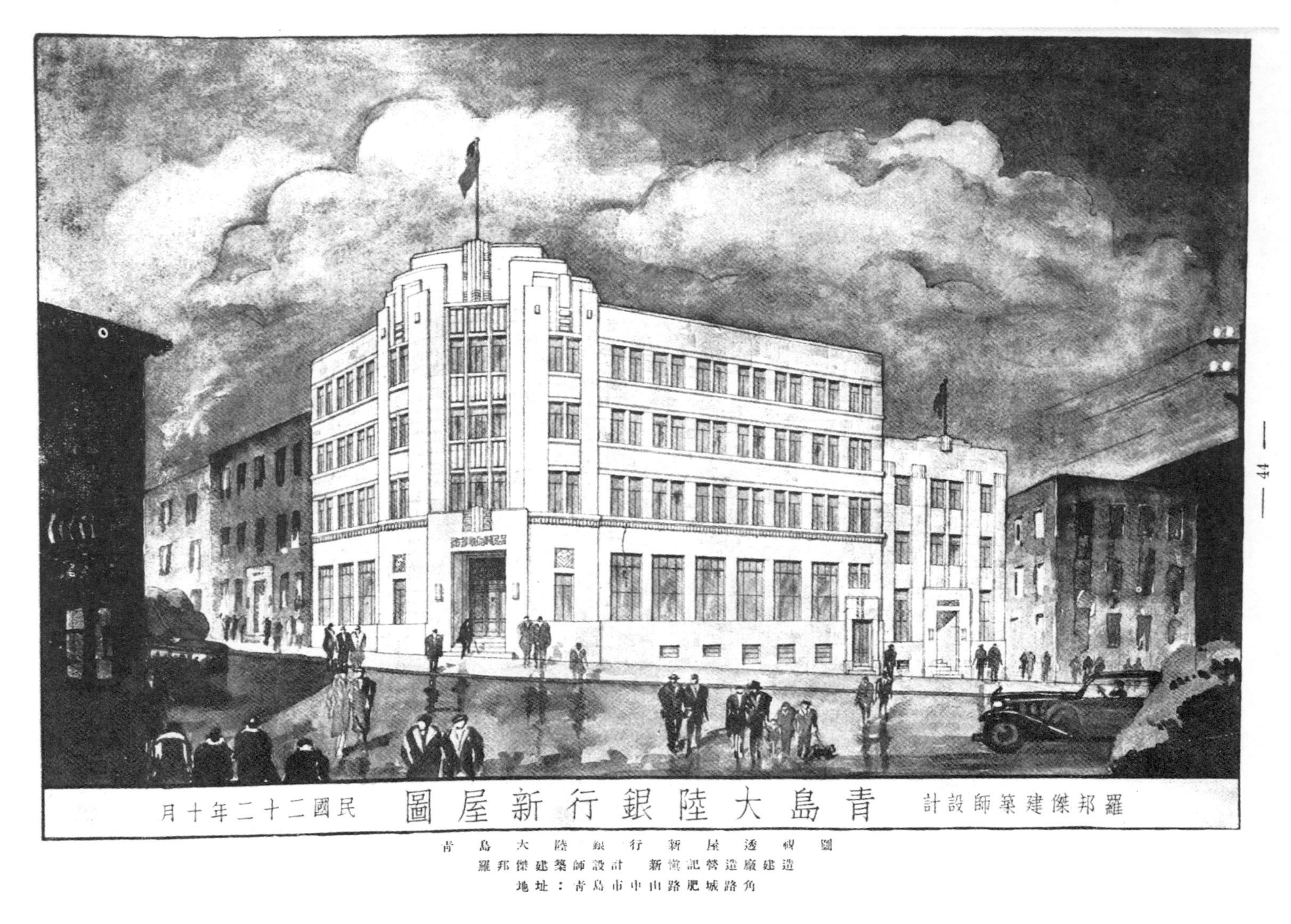

羅邦傑建築師設計　青島大陸銀行新屋圖　民國二十二年十月

青島大陸銀行新屋透視圖

羅邦傑建築師設計　新寅記營造廠建造

地址：青島市中山路肥城路角

青島大陸銀行新屋

羅邦傑建築師設計

青島市廛集中於中山路一帶，而沿路空地極少。 青市府有鑒於斯，故將中山路公園地基出售，改爲銀行區域，大陸銀行新房，佔其一隅，地點適中，而所造大廈猶爲峨巍超聳，本工程利用地勢斜度，將房屋設計分爲二部：一部大陸自用，一部出租。 大陸自用部份爲五層，出租部份爲四層，二部均有地窨；但因地勢關係，前面入地三四尺不等，後面則幾全在地平之上，故地窨光線與上部無異。 本工程全用鋼骨水泥三和土結構，地質爲大塊石層，故地基載重一項，綽有其餘。 惟因石質堅硬，挖掘弗易，石層滲水，猶增困難，故地基工程，費時較多。 外面立面均採用本地嶗山花岡石，晶紋細膩，顏色鮮明，誠青島一特產也。 內部營業廳地板亦用花岡石，惟均磨光。 門廳大門框，則用青島雲石，顏色花紋鮮明美觀，但稍不一致，因在石廠所備石料，不甚充足，難於選擇也。地窨一層，設置銀行各庫及爐子間等，其餘各層除第三層作爲出租寫字間外，餘均爲銀行自用。

本工程全部造價及各種設備等，共約十萬八元。 由新慎記營造廠承造。

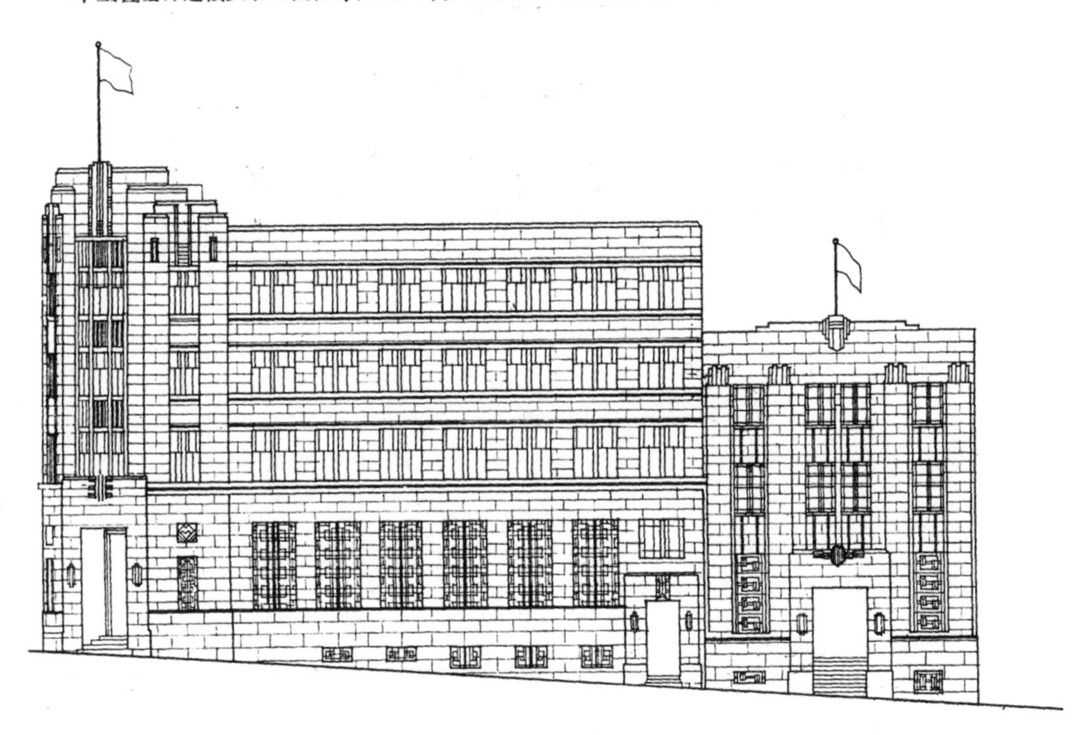

青島大陸銀行肥城路立視圖

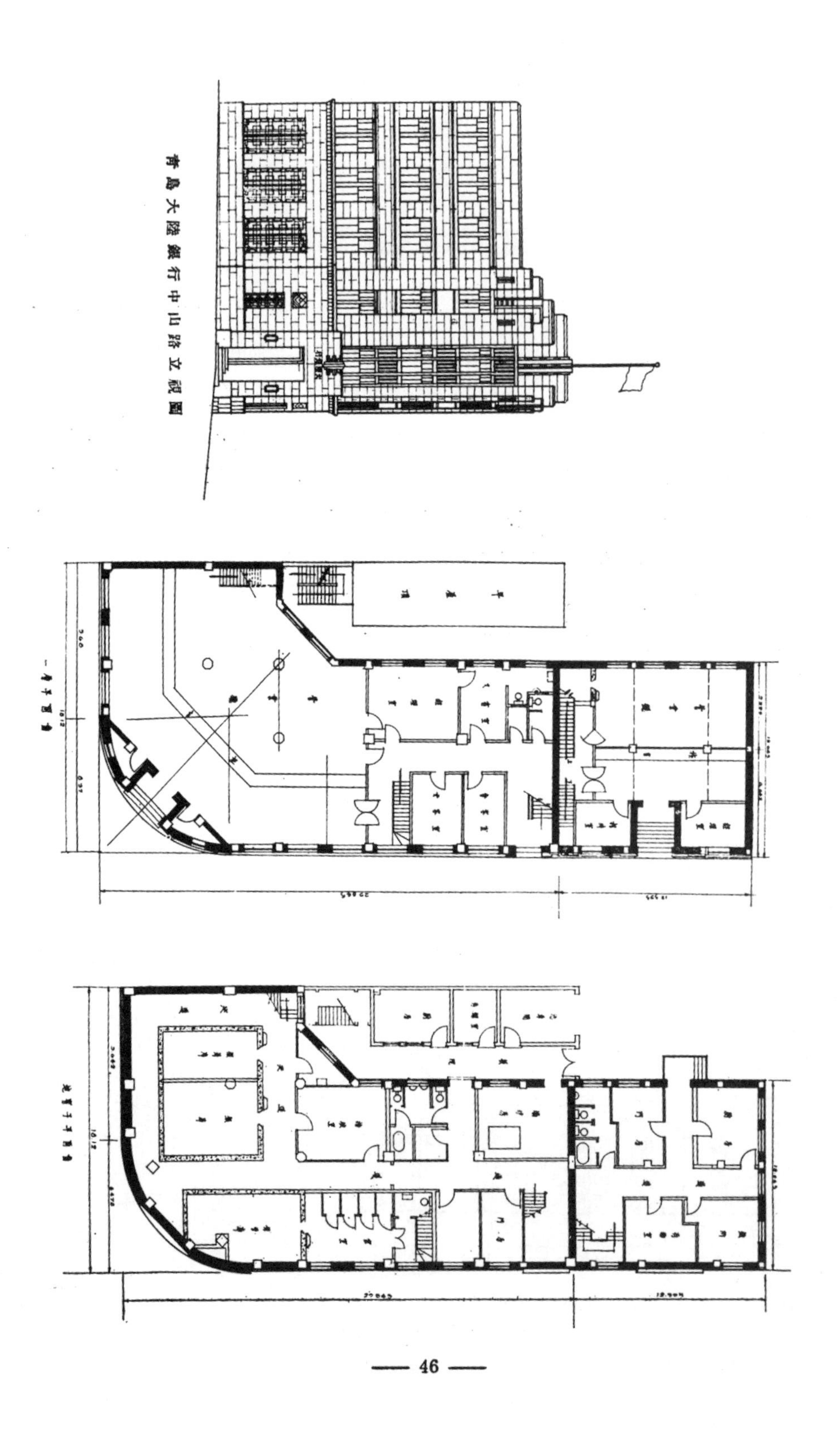
青島大陸銀行中山路立視圖

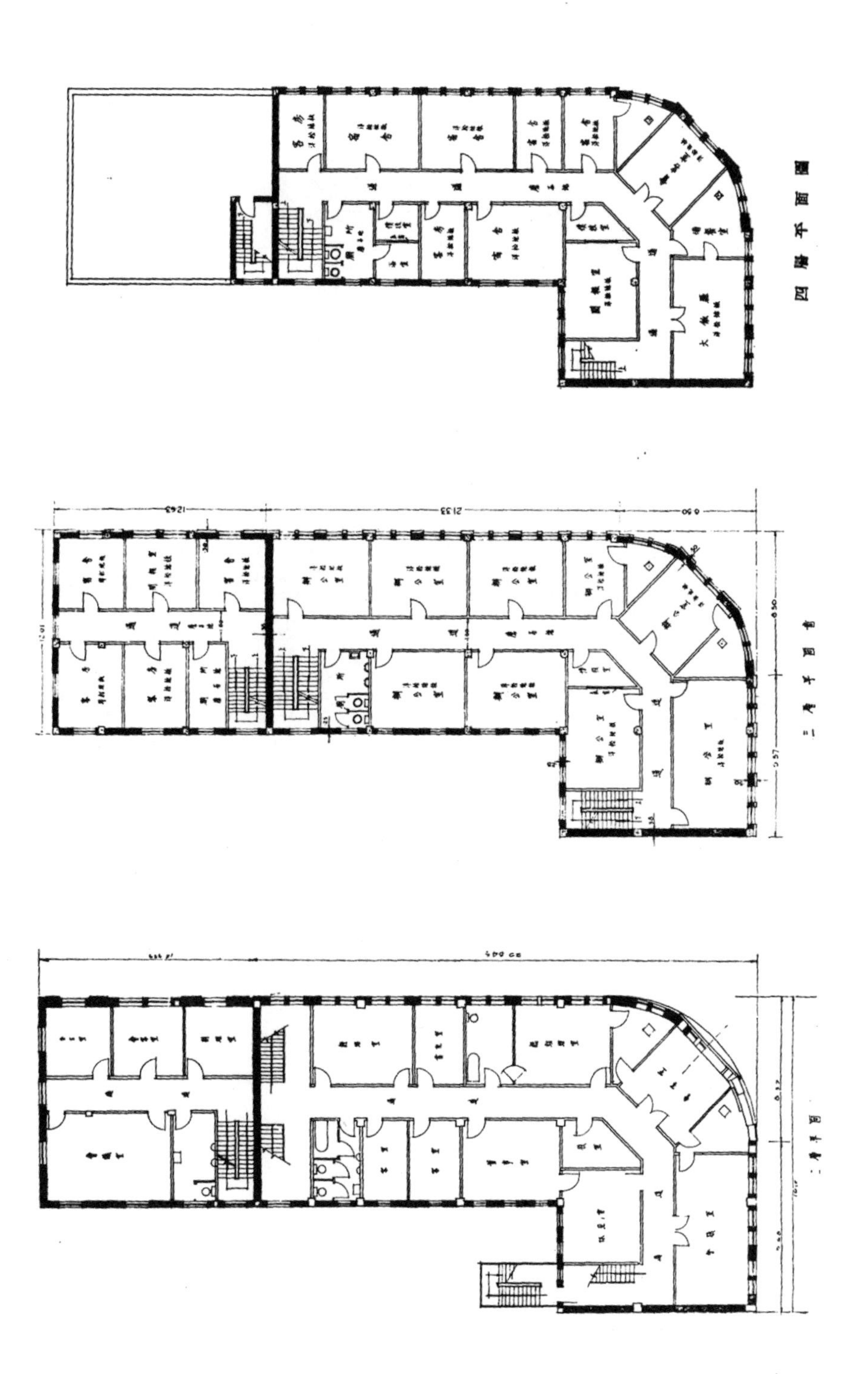
四層平面圖

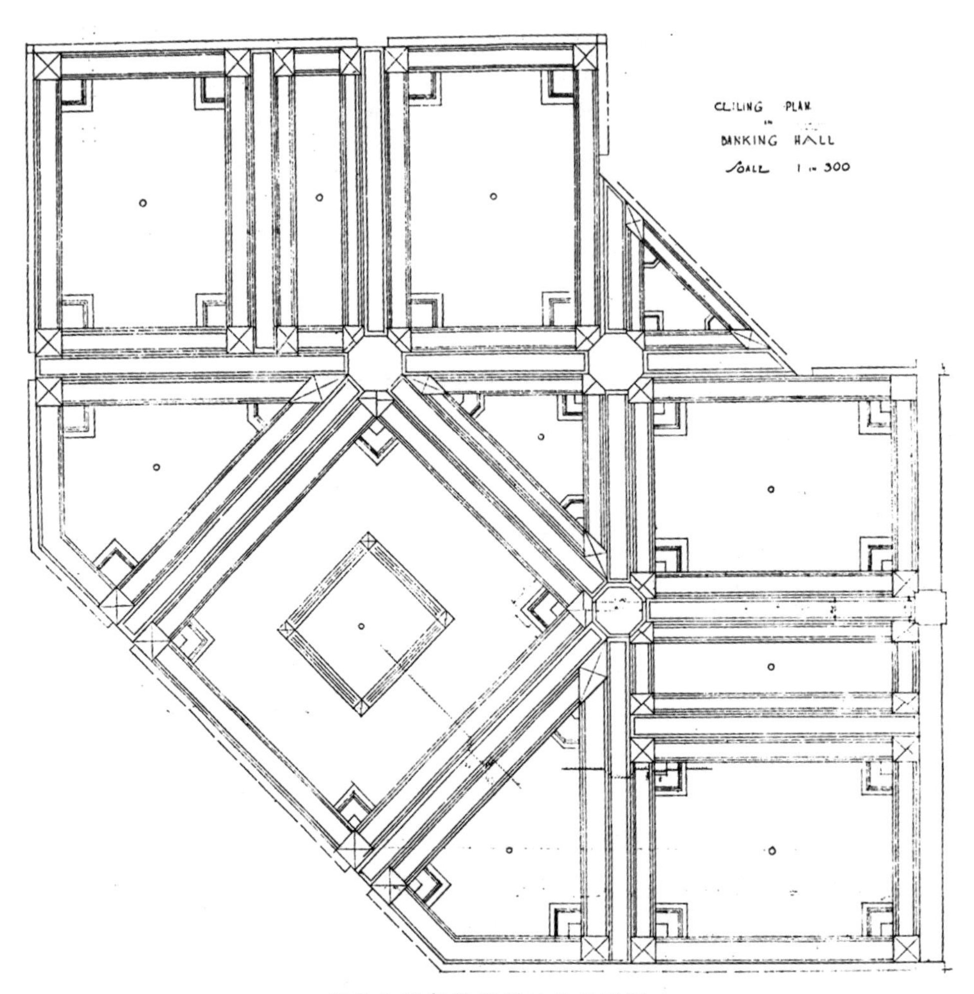

青島大陸銀行正廳平頂綫脚圖

上 青島大陸銀行營業廳內景

下 青島大陸銀行保管庫內景

宋李明仲營造法式中之取經圍法

蔡祚章

建築繪圖，無不基於數學，學者往往以爲幾何三角等，均傳自歐美，孰知我國數千百年以前已能應用，證諸李明仲營造法式中之取徑圍法而益信。惜祇傳其答數未演公式，致學者盡失所傳。九章算經李淳風註云，舊術求圓皆以周三徑一爲率，若用以求圓周之數，則周少而徑多，理非精密；蓋術從簡要，略舉大綱而言之。今依密率，以七乘二十二而一卽徑，以二十二乘徑七而一卽周。及後李明仲又以周內求徑，或以徑內求周，若用舊法，以圍三徑一，方五斜七爲據，則疏略頗多，故又將九章算徑，及約斜長等密率修正，是卽李明仲之取徑圍法也。茲將修正之條，演釋如后：

（1）圓徑七其圍二十有二　（圓徑卽直徑，圍卽圓周線。）

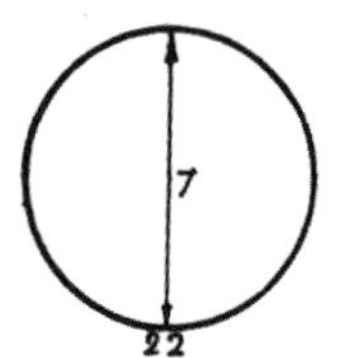

$\pi=3.1416$

〔證〕$\frac{7}{22}=3.142$

按李明仲不以一爲單位，而用經七其圍二十二者，不欲有小數而使匠工難以記憶也。

（2）方一百其斜一百四十有一　（方卽方形之邊線，斜卽對角線。）

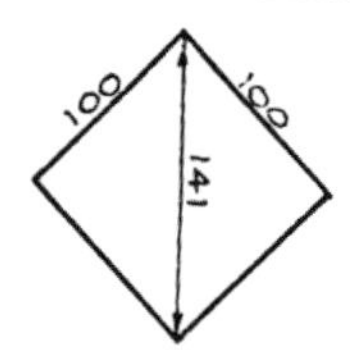

〔證〕對角線等於高自乘十底自乘開方。

$=\sqrt{100^2+100^2}=\sqrt{20.000}=141.42$

（3）八棱徑六十，每面二十有五，其斜六十有五。

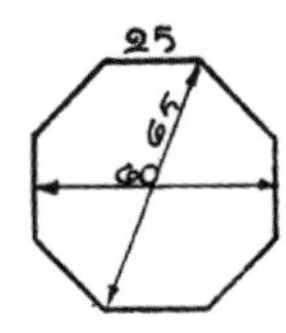

有法八邊形邊心距，邊一，心距1.2071

〔證〕$1.2071\times25=30.1775\times2=60.355$徑

$\sqrt{30^2+1.25^2}=\sqrt{900+156.25}=\sqrt{1056.25}=32.5\times2=65$斜

（4） 六棱徑八十有七，每面五十其斜一百。

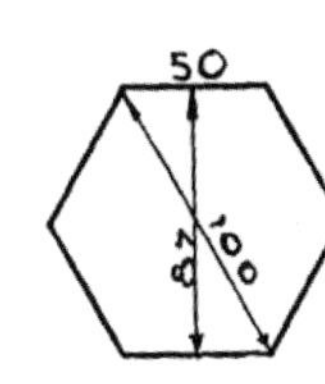

有法六角形邊心距 .866

〔證〕用比例法求之$\frac{87}{2}$邊心距

$1:.866::50:x \quad x=\frac{.866\times 50}{1}=43.3\times 2=866$徑

$\sqrt{87^2+50^2}=\sqrt{7569+2500}=\sqrt{\ [illegible]\ }=100+$斜

（5） 圓徑中取方一百中得七十有一

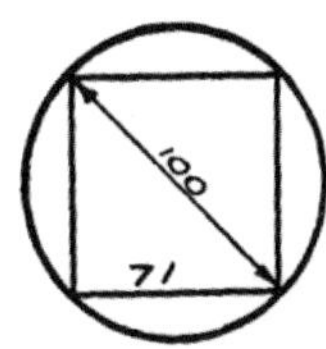

〔證〕$\sqrt{\frac{100^2}{2}}=\sqrt{5000}=70.71$

（6） 方內取圓徑一得一

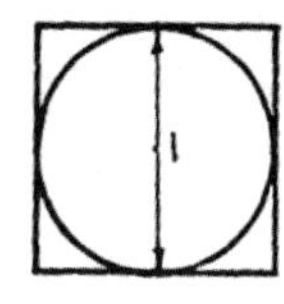

（定閱雜誌）

茲定閱貴會出版之中國建築自第……卷第……期起至第……卷第……期止計大洋……元……角……分按數匯上請將

貴雜誌按期寄下爲荷此致

中國建築雜誌發行部

……………………啓……年……月……日

地址……………………………………

（更改地址）

逕啓者前於……年……月……日在

貴社訂閱中國建築一份執有……字第……號定單原寄……………………

……………………收現因地址遷移請卽改寄……………………

……………………收爲荷此致

中國建築雜誌發行部

……………………啓……年……月……日

（查詢雜誌）

逕啓者前於……年……月……日在

貴社訂閱中國建築一份執有……字第……號定單寄……………………

……………………收查第……卷第……期尙未收到祈卽

查復爲荷此致

中國建築雜誌發行部

……………………啓……年……月……日

中　國　建　築

THE CHINESE ARCHITECT

OFFICE:

ROOM NO. 405, THE SHANGHAI BANK BUILDING,
NINGPO ROAD, SHANGHAI.

廣告價目表

廣告價目表	
底外面全頁	每期一百元
封面裏頁	每期八十元
卷首全頁	每期八十元
底裏面全頁	每期六十元
普通全頁	每期四十五元
普通半頁	每期二十五元
普通四分之一頁	每期十五元

製版費另加　彩色價目面議

連登多期　價目從廉

Advertising Rates Per Issue

Advertising Rates Per Issue	
Back cover	$100.00
Inside front cover	$ 80.00
Page before contents	$ 80.00
Inside back cover	$ 60.00
Ordinary full page	$ 45.00
Ordinary half page	$ 25.00
Ordinary quarter page	$ 15.00

All blocks, cuts, etc., to be supplied by advertisers and any special color printing will be charged for extra.

中國建築第三卷第五期

出版	中國建築師學會
編輯	中國建築雜誌社
發行人	楊錫鏐
地址	上海寧波路上海銀行大樓四百零五號
印刷者	美華書館 上海愛而近路二七八號 電話四二七二六號

中華民國二十四年十一月出版

中國建築定價

零售	每册大洋七角	
預定	半年	六册大洋四元
	全年	十二册大洋七元
郵費	國外每册加一角六分 國內預定者不加郵費	

ISTEG

"益斯得"(ISTEG)鋼之性質:—

本鋼並非混合鋼加熱鋼或高拉力鋼本鋼係用兩根軟性鋼冷絞而成。

"益斯得"(ISTEG)鋼之優點:—

1. 降伏限及安全抵抗力均可增加百分之五十。
2. 重量可省百分之三十三。
3. 冷絞時發現劣質之鋼條即行剔去。
4. 與混凝土黏着力增加百分之二十五。

如用於混凝土建築較普通鋼條省料而堅固

如須詳情請即詢問 道門朗公司 上海外灘二十六號 電話一二九八〇 電報DORMAN

廣告索引

SLOANE·BLABON

司隆百拉彭

印花油毛氈毯

此為美國名廠之出品。今歸秀登第公司獨家行銷。中國經理則為敝行。特設一部。專門為客計劃估價及鋪設。備有大宗現貨。花樣顏色。種類甚多。尺寸大小不一。司隆百拉彭印花油毛氈毯。質細堅久。終年光潔。既省費。又美觀。室內鋪用。遠勝毛織地毯。

美商 美和洋行

上海江西路二六一號

「高而富」鋼質散熱器 俗名水汀

最新式鋼板製成，散熱迅速，外表美觀，地位經濟，欲知詳情，請 駕臨接洽。

寶隆洋行啓

廣東路十七號 電話一〇四三二

外埠分行

漢口 青島 威海衛 哈爾濱 大連

LONDON ROAD, BRITISH CONCESSION
TIENTSIN, BEFORE AND AFTER
SURFACING WITH K.M.A. PAVING BRICKS

欲求街道整潔美觀惟有用

開灤路磚

價廉物美，經久耐用，平滑乾燥

A Modern City needs

K. M. A. Paving Brick

Rigidity & Flexibility

Dense, Tough, Durable, low maintenance

The Kailan Mining Administration

H. & S. BANK BUILDING,
3RD. FLOOR, 12 The Bund,
ENTRANCE FOOCHOW ROAD,
Tel. 11070 / 11078 / 11079

Direct telephone to Sales Dept. Tel. 17776

君之尊寓

欲使門窗美觀

請用

中國銅鐵工廠所出品之

國貨鋼窗門 銅窗門

有下列特點：

——空氣流暢——啓閉靈便——

——光線明媚——堅固耐用——

總辦事處

上海寧波路四十號 電話一四三九一號 電報掛號一〇一三

FAR EAST MAGAZINE.

An Illustrated Industrial, Commercial & Political Review.

PROGRAMME: 1936

Development of Shanghai and World Olympiad with China Section
Tsingtao, Shantung Province and Engineering
Nanking, Hangchow and Engineering
Motor Cars, Machinery and Engineering
Aviation, Shipping and Engineering
Chinese Industrial Development and Engineering

Subscription in China: $ 4.40 per Year (Incl. Postage)
Advertising Rates on application.

P.O. Box 1896 — 114 Peking Road, Shanghai — Tel. 10651

P.O. Box 505 — Representative in Nanking: Mr. Mak, 400 Chung Shan Road, Kulo, — Tel. 31968

P.O. Box 80 — Representative in Tientsin: Mr. W. Dorn — Tel. 32808

P.O. Box 22 — Representative in Peiping Mr. S. Y. Moo — Tel. 96 & 99 E.O.

P.O. Box 260 — Representative in Tsingtau Mr. G. Telberg — Tel. 6630

Representative in Hongkong Mr. G. H. Graye, St. George's Building — Tel. 25505

沈金記營造廠

Sung King Kee

Contractor

本廠承造鋼骨水泥房屋堆棧以及橋梁道路涵洞等項工程

事務所

上海法租界貝禘鏖路鉅興里七號

電話八三四八八號

褚掄記營造廠

廠址 上海臨平路二一號

本廠專門承造一切大小建築鋼骨水泥工程工場廠房以及碼頭橋樑等迅速經濟堅固如蒙委託無任歡迎

THU LUAN KEE

CONTRACTOR

21 LINGPING ROAD.

中華民國廿四年 月廿二日收到

中國近代建築史料匯編（第一輯）

中國建築

第二十四期

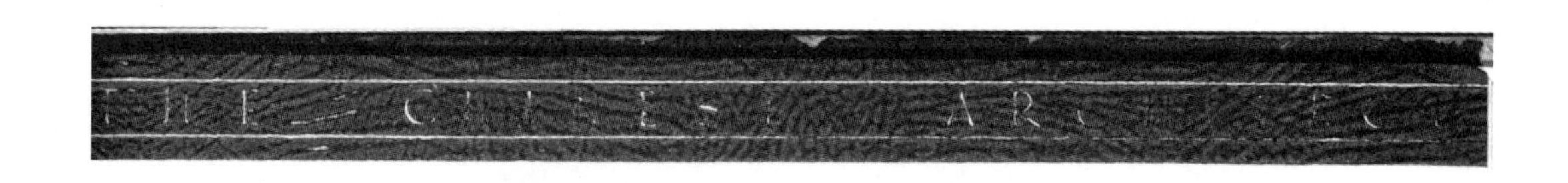

HUNG YING LIBRARY
上海
鴻英圖書館
SHANGHAI

內政部登記證警字第二九五五號
中華郵政特准掛號認爲新聞紙類

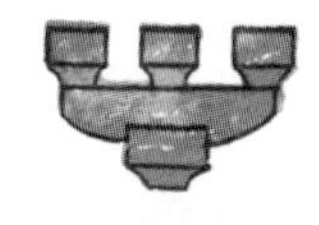

中國建築師學會出版
第二十四期
出版日期中華民國二十五年三月

第 二 十 四 期

興泰電燈公司

電話 一四二一九 一〇四四八號

上海四川路五六四號

承裝

水電

暖氣

衛生

消防

工程

製造

戲院避火鋼幕

新式五金裝飾

現代壁燈掛燈

各種招牌欄杆

開灤礦務局

地址上海外灘十二號　　電話一一〇七〇號

開灤硬磚

□此種硬磚歷久不壞□

載重底基,船塢,橋樑,及各種建築工程,採用此種硬磚,最爲相宜

K. M. A. CLINKERS.

A BRICK THAT WILL LAST FOR CENTURIES

SUITABLE FOR HEAVY FOUNDATION WORKS, DOCK BUILDING, BRIDGES, BUILDINGS & FLOORING.

RECENT TESTS

COMPRESSION STRENGTH

7715 lbs per square inch.

ABSORPTION 1.54%

THE KAILAN MINING ADMINISTRATION

H. & S. BANK BUILDING,
3RD. FLOOR, 12 THE BUND,
ENTRANCE FOOCHOW ROAD.

TELEPHONE 11070 / 11078 / 11079

DIRECT TELEPHONE TO SALES DEPT. TEL. 17776

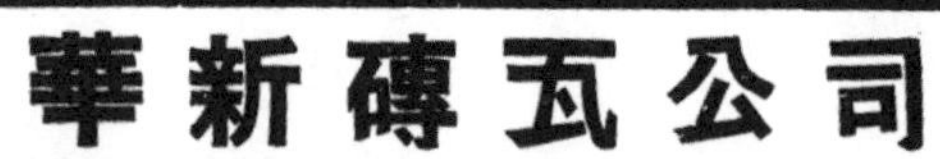

總事務所 上海牛莊路六九二號 電話九四七三五
分事務所 南京國府路一五七號 製造廠浙江嘉善千窰

備有樣本樣品價目單承索即奉
備有特別新樣見委本公司均可承製

白水泥鋪地花磚
白水泥美術牆面磚
白水泥各色勒脚磚

優點
磚面光潔
花紋清朗
顏色鮮豔
質地堅實

歡迎外埠經理

青紅色大小平瓦
青紅色中國式筒瓦
青紅色西班牙式筒瓦

優點
質地堅實
色澤鮮明
價格公道

Hwa Sing Brick & Tile Co.

General Office: 692 Newchwang Road, Shanghai. Tel. 94735
Branch Office: 157 Kuo Fu Road, Nanking. Factory: Kashan, Chekiang.

在此日新月異之時代新建築物上
欲使門窗美觀
請採用

中國銅鐵工廠所出品之

國貨鋼窗門 銅窗門

：有下列四大特點：

——空氣流暢——啓閉靈便——
——光線明媚——堅固耐用——

總辦事處

上海寧波路四十號 電話一四三九一號 電報掛號一〇一三

本社啟事一

本社出版之中國建築所載圖樣均是建築家之結晶品品固爲國爲國人所稱許所有中西房屋式樣無不精美堅固適宜經濟屢承各界函詢以前所出各期能否補購以窺全豹函復爲勞惟本刊銷數日增印刷有限致前出各期殘缺不少茲爲讀者補購便利起見將未售罄各期開列於下:——

一卷三期　一卷四期　一卷五期(以上每本五角)

二卷一期　二卷二期　二卷三期　二卷四期

二卷五期　二卷六期　二卷七期　二卷八期

二卷十期合訂本二卷十一期十二期合訂本

(以上每本七角如自二卷一起至二卷十二購全一套者可以打八折計算)

三卷一期　三卷二期　三卷三期　三卷四期

三卷五期(每本七角)

本社啟事二

上海公共租界建築房屋章程係工部局所訂祇有西文本售價甚昂本社有鑒於此特譯成中文精裝一厚册僅售洋壽元庶購買能力可以普及使未諳西文者閱此又覺便利不少也

中國建築

第二十四期

民國二十五年三月出版

目次

中國建築

民國廿五年二月　　第二十四期

卷頭弁語

本期係由中國建築師學會會員范文照建築師供給主要材料。　范建築師曾於去年六月受國民政府之委派，出席「國際市區房屋設計第十四屆聯合會議」同時並應各方之招請，視察歐西各重要都市之建築。　學識經驗，於茲益富。　歸後爲本刊撰述「歐遊感想」一文。　記載詳明，頗具卓見，有益於建築學術實非淺鮮者也。

廣東省政府，規模宏大，爲全國各省之創舉，設計業經完竣，不日卽將動工，特爲選登，以供其他各省將來欲興建新署之參考。

本刊原係每月出版一期，一年十二期。　惟因稿件徵集之不易，製版印刷之費時，衡之以往經驗，時有延期之可能。　以致出版日期與書卷期數互不相符，殊爲遺憾，茲爲名實相符起見，以後不書卷數，僅編期數。　溯自創刊號起，至今共計廿三期本期原定爲三卷六期現改爲二十四期，如此啣接編訂，益且易於統計。　至於原有定戶，仍按十二期寄奉，至期滿爲止也。

廣東省政府合署建築說明

范文照建築師計劃

本計劃以適合其需要與堅固合用。並能發揮中國故有之文化爲主旨。約分數端如下：

甲——地位與形勢

乙——建築之格式

丙——外形結構

丁——內部結構

戊——交　　通

巳——光綫與通氣

甲——地位與形勢

合署地點係擇於廣州石牌，北通中山公園，南接珠江，東達黃埔，西至東山。踞高臨下，形勢雄偉。俾將來中心區之發展，縱橫無阻，實爲建造合署最適宜之地。

全部建築，以省府大廈爲主體。雄立於省府政路之端，地本高崗，益顯莊嚴。旁列各廳，中留廣場，足供慶祝聯會之需，在平日亦可爲停車場之用。

乙——建築之格式

省府既爲行政中樞，復爲一省之表率，更以廣東爲中外關係頻繁之地，觀瞻所繫，故所建格式，頗能代表中國故有之文化。以崇國家之體制與尊嚴。當設計之時，不採取其他格式者，卽本此意也。

丙——外形結構

中國式建築之堅固與美觀固不後人。惜房間爲數有限。似不合於本合署之需。但不妨將層數加多，或各單位合併，均足以補救其弊。兹經周密之考慮，最後結果，以中部爲歇山式三層大廈，背後輔以重簷之大禮堂，左右以兩層環形翼樓佐之。更因地勢之高下，於右翼下可多做土庫一層。於外形則賓主有分，四周遠近，同一美觀，此則設計者之煞費苦心矣。

丁——內部結構

內部可統分爲三部分：(一)機要部分。(二)辦公部分。(三)公共部分。

（一）機要部分如主席堂祕書室顧問室及會議室等，均置於中部最上層，與其餘各部隔絕。 以表示其重要。更以其踞高臨下爲全署首惱，於管理上至爲便利。

（二）辦公部分之房間最多。 以其性質之異同，分配於兩翼上下各層，各室均貫以走廊，無風雨之阻。

（三）公共部分入門後之大廳爲公共部分之首腦。 其上層爲機要部分，上部左右爲圖書館與委員室。 地層兩旁爲會客廳等。 內部飾以中國古式彩色，並用玄色雲石爲柱，更表出莊嚴偉大，令人肅然起敬。 稍加適宜彩色於棟樑，以資調和。

大廳後有雄偉之扶梯，直達大禮堂。 堂內有舒適之坐位約計二千以上。 內部裝飾亦採中國古式，取其莊嚴肅靜也。 會客廳圖書室等，位於中部，可以四通八達。 辦公客室之出入均尙便利。 傳達室等，位於每層之進門處，俾使來客便於詢問。 廚房飯廳，位於東翼士庫，庶可免除雜味之侵入。 盥洗室廁所等分別男女，配置於各層之適當處所。

戊——交通

合署有省府路與廣州路縱橫於前，左有韶州路，右爲肇慶路，交通至爲便利。 外有廣場深約三百餘尺。 行人可由廣場拾級經平台而進正門，車馬可由廣場經斜坡之車道而抵大廈。 屋內備有電梯於各層之上下交通。非常便捷。 兩翼並另設扶梯，下通便門，人員出入，可不繞道正門。 對於時間，尤稱經濟。

巳——光線與通氣

本大廈內之任何房間，均開有適宜之窗牖，故光線最爲充足。 又以廣東氣候關係，平頂棚亦設計較高，故雖炎熱天氣，可免悶熱之苦。

【附言】 此廈造價共計約一百萬元。 現正在招標建築中。 茲將各種圖樣，擇尤披露，以供讀者們之先覩爲快。

中國建築師學會出版部啓事

集合團體力量發揚中國建築進步自然較易是以本會益自努力對於建築界竭盡智慮欲有所供獻茲經本會歷次修改訂定建築章程施工說明書合同及保單之格式用活體字精印問世建築界有此一定之條例自可免除勞資間無理之糾紛茲將售價列下

建築章程每份二角本會會員減半

合同連保單每份二角本會會員減半

施工說明書 甲種紙質透明備藍晒用 乙種道令紙

每本百張售洋八角會員六角購滿五本可定印名字

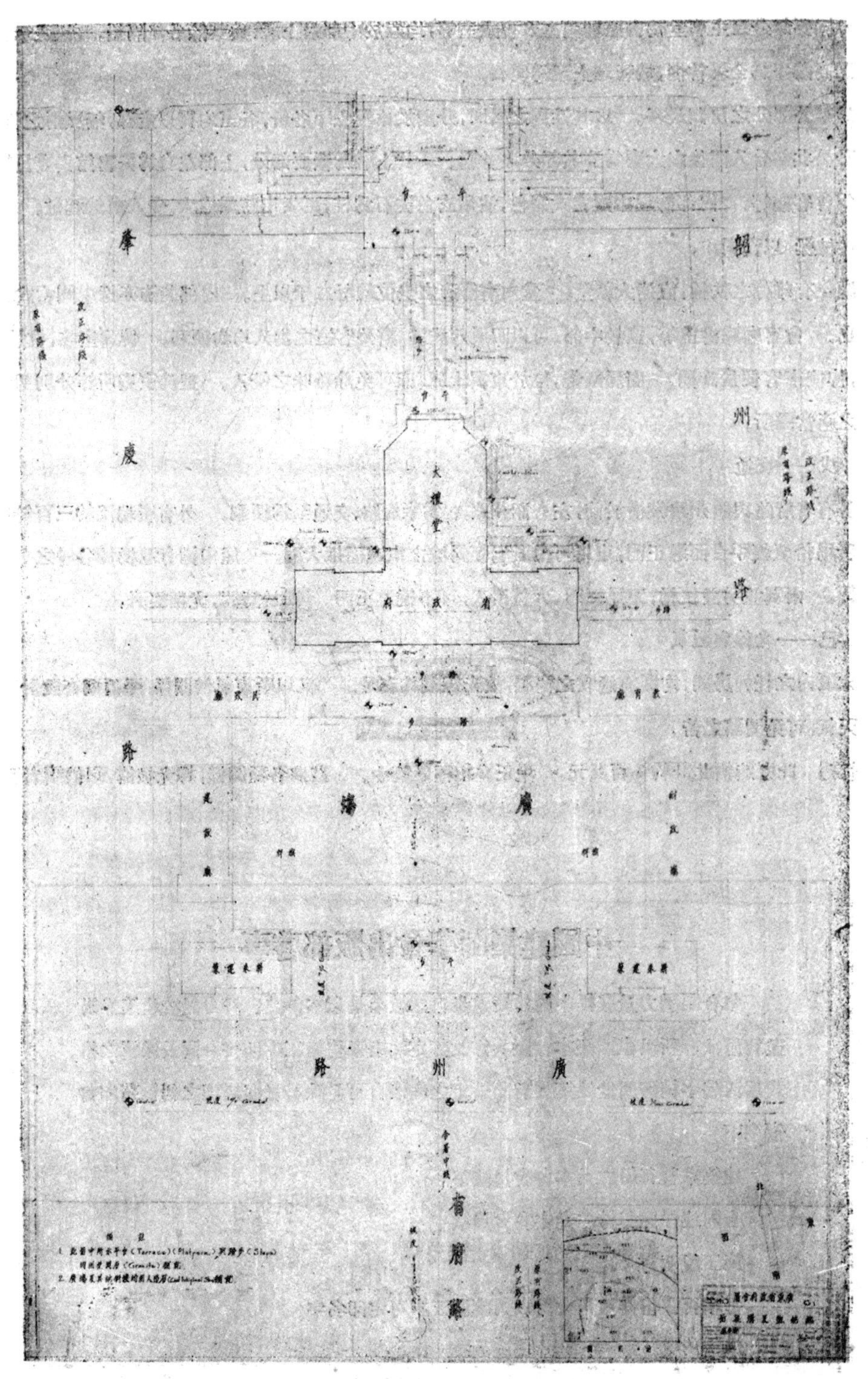

建造廣東省政府地盤圖

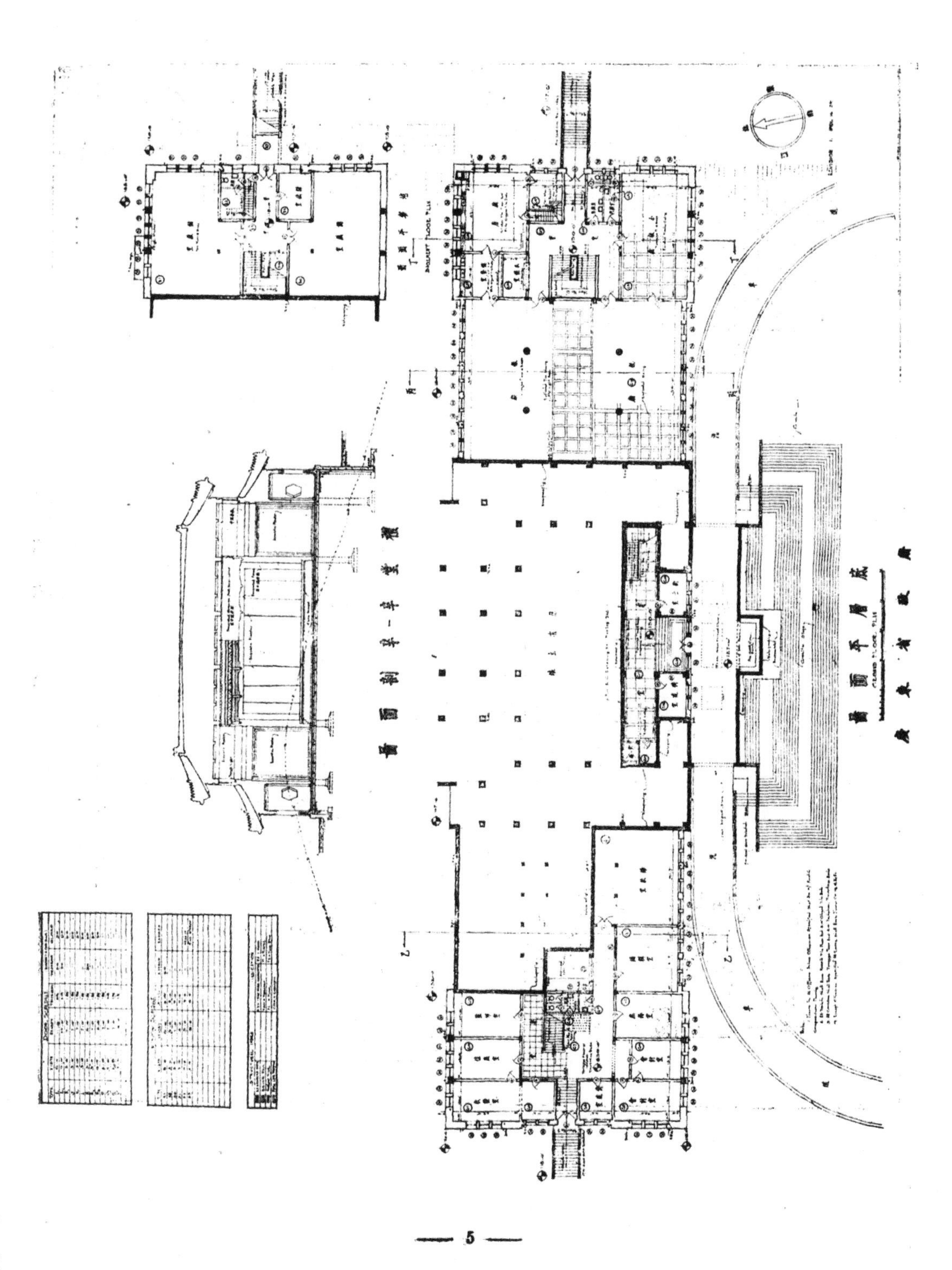

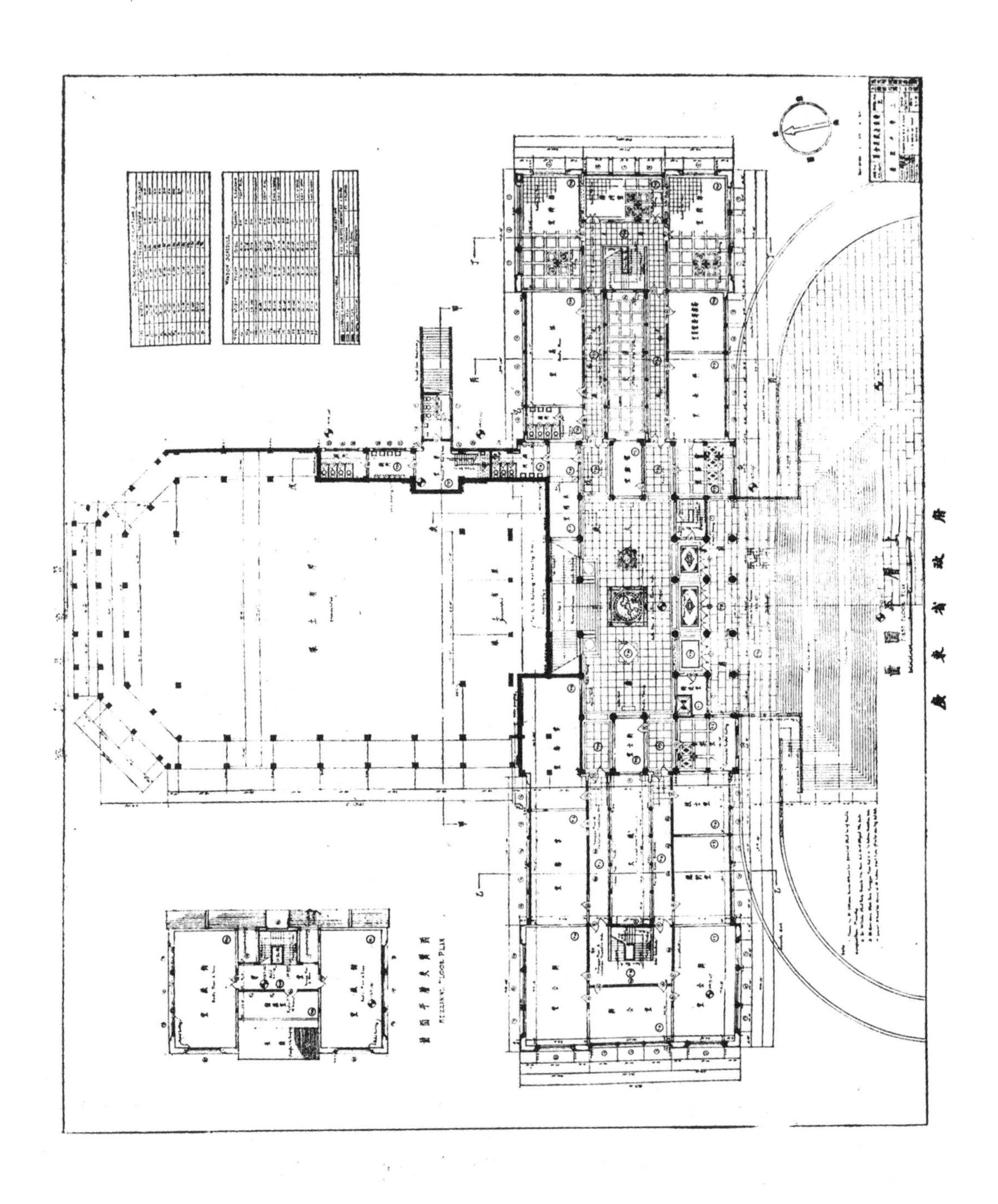

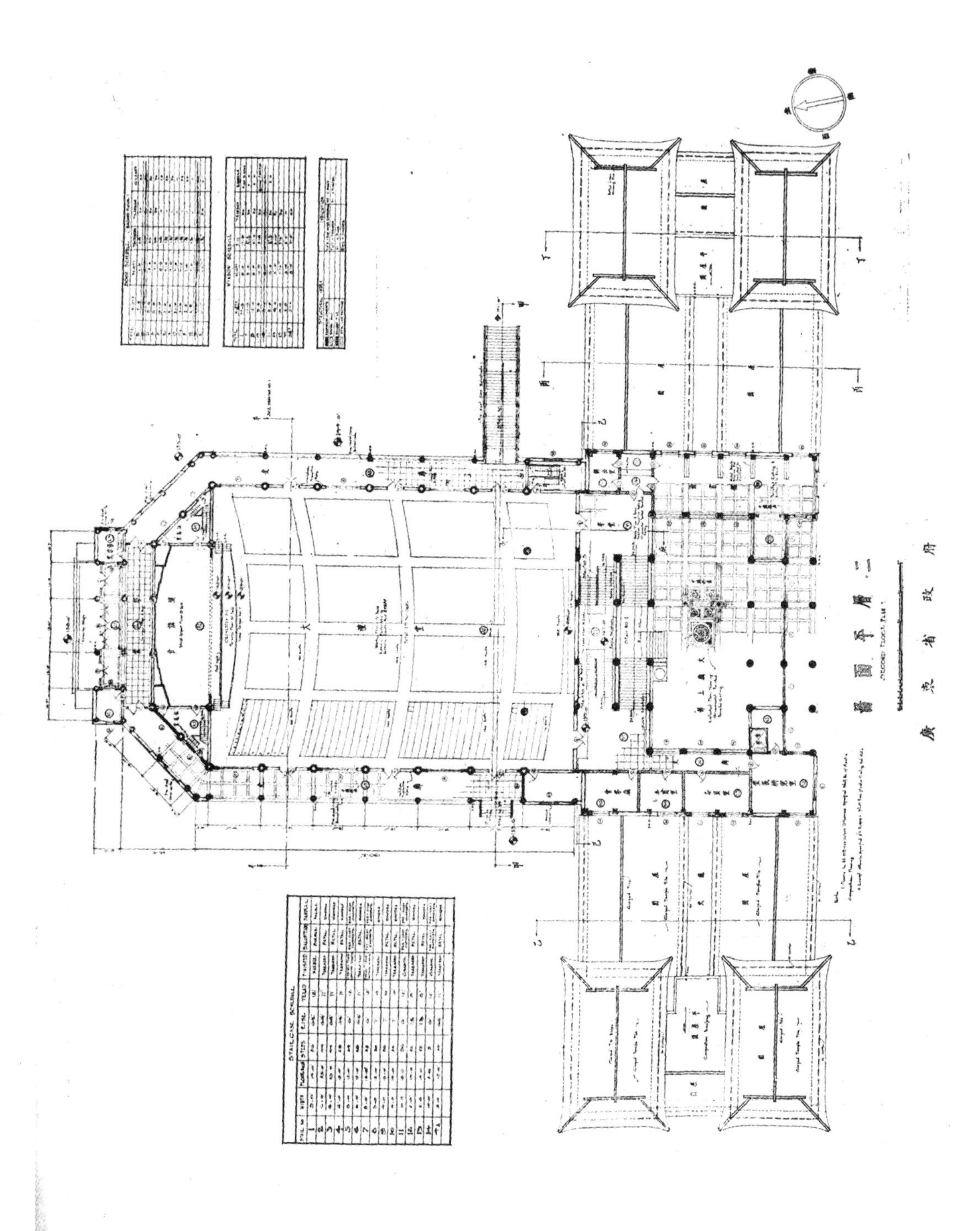
二層平面圖
SECOND FLOOR PLAN
廣東省政府

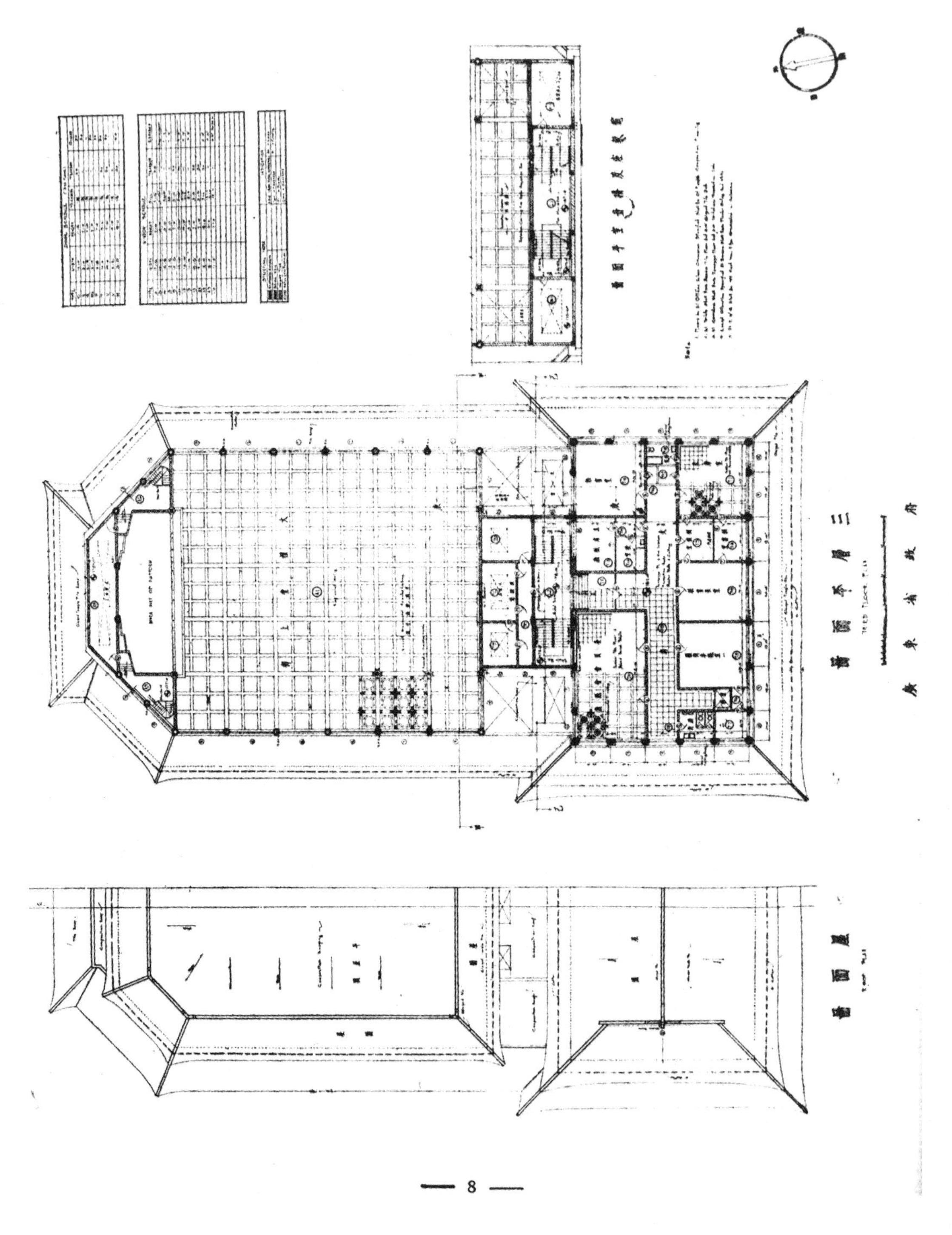

三層平面圖
廣東省政府
屋面圖

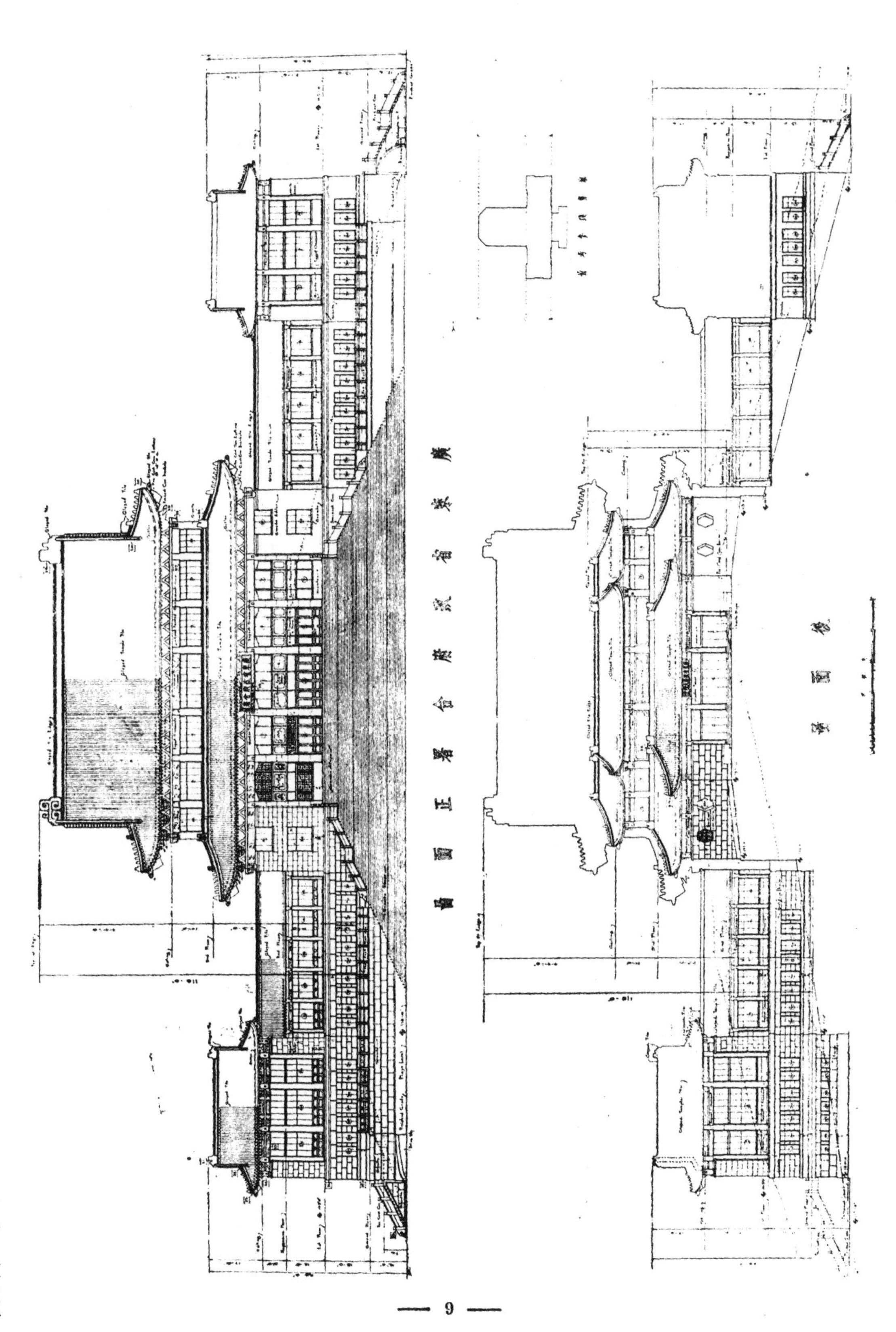
廣東省政府合署正面圖
背面圖

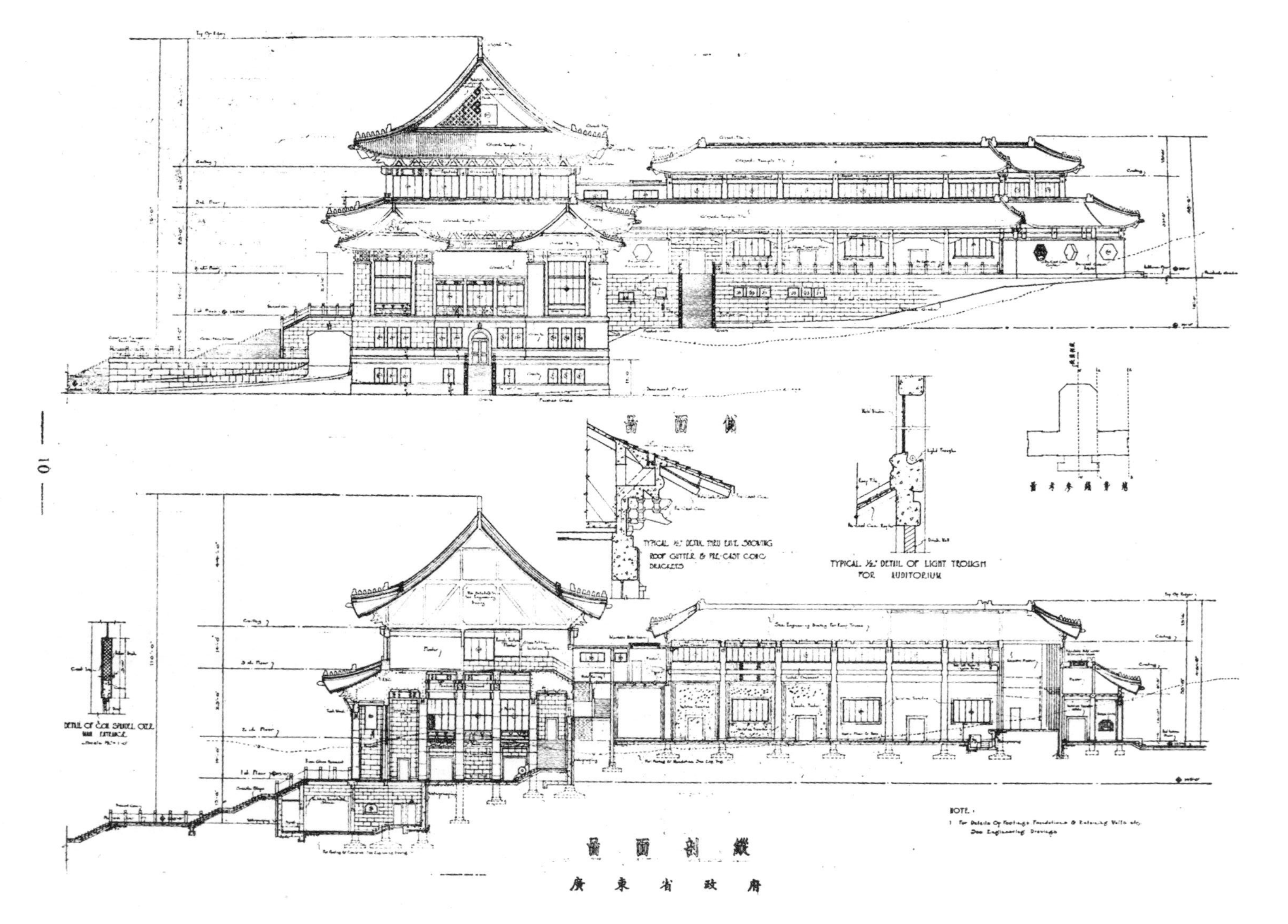
側面圖
TYPICAL 1/2" DETAIL THRU EAVE SHOWING ROOF GUTTER & PRE-CAST CONC BRACKETS
TYPICAL 1/2" DETAIL OF LIGHT TROUGH FOR AUDITORIUM
NOTE:
1. For Details Of Footings Foundations & Retaining Walls etc. See Engineering Drawings
縱剖面圖
廣東省政府

歐 遊 感 想

范 文 照

為者立前刷粉架搭管鐵圓用院議會國敦倫
范文照氏

國際市區房屋設計第十四屆聯合會議，於去年七月十六日開會於英京倫敦。吾國政府事先得英政府邀請，特派鄙人代表前往出席。因於六月十五日離滬出國，繞道日本太平洋沿岸，再由紐約換輪渡大西洋而達倫敦。當時參加會議代表共到二十餘國，男女會員眷屬達一千一百餘人。東方民族，唯吾國應邀蒞會，鄙人參與其間，獨據遠東全席。又因吾國尙屬初次被邀會議，深得各邦同人嘉慰。會場係借英國皇家建築師公會新會所，集各國建築專家於一堂，濟濟多士氣象萬端。席間分爲兩組，討論主題爲（一）郊外設計與鄉村之保存。（二）設計實施辦法。（三）平民居住重建計劃。討論時各國代表皆先備有英法德三種文字報告書，依次討論，對於倫敦最近二十五年來之市政建設發展研究尤詳。惟吾國以前歷次會議均未被邀參加。故各國代表對於吾國近年建設成績如何，多不注意。因之鄙人卽將吾國政府近年致力市政建設及發展公路成績情形，當衆演講，並出示攜帶圖案照片，始皆悅然動容。各代表之知吾國市政建設情形，殆以此次會議爲嚆矢。

在倫敦會議一星期之後，乃組旅行觀光團。先後至約克 York 哈樂根達 Hanogate 理思 Leeds 門去司打 Manchester 波兒頓 Balton 力物浦 Liverpool 別門限 Burmingham 等城，參觀各種出產品展覽及市政與平民建築圖樣模型，並至當地各平民村學校醫院博物院美術院及製造廠等重要實業區觀光，皆由當地市長招待引導。而力物浦城之力物浦大禮拜

形情拋磚頂頭用場工在人工國英

←英國未改良之平民房屋

英國已改良後之平民公寓之垃圾缸→

←英國已改良之平民公寓公共兒童遊戲場

←在英旅行郊外下車參觀平民公寓之情形

堂興工已四十年，僅成大半，尙需二十餘年，始可完成。承乏設計之建築師士葛德氏當初獲得應徵圖案首奬。進行計劃時，年方少壯現已屆策杖之年，此君可謂畢生盡瘁於斯矣。

歐戰後各國擴張工業，英國旣以工業著稱，擴張尤甚。以故工人激增，平民勞工房屋一時供不應求，當局乃於一九三〇年下令將全國各地原有不合科學衞生之腐舊平房，"Slums" 一律拆除，翻建新式公寓勞工住宅。現在總計已達一百萬間，同時並於郊外建築平民花園村式房屋，由各地政府規定居住人數。設備公共衞生娛樂體育游泳足球網球高而夫球場等等，並鼓勵工人，利用業餘時間勤治園藝，定期召集比賽成績，由當地政府頒給奬品。可見英國當局對於平民勞工生活，在在維護備至，宜其工業稱雄於世，實非僥倖致之。

旅行觀光英國各城完畢，鄙人又應歐洲中部國際建築師公會及羅馬國際建築師會議之請，前往歐洲。先後又至巴黎 Paris 比京 Bruxelles 荷京 Amsludom 漢堡 Hambury 丹麥 Denmerk 瑞典 Sweden 復至柏林 Berlin 而過可隆 Cologne 發冷霍特 Fronkfot 士都隔特 Stuttgart 敏立 Munich 捷京 Progne 再由捷京轉道哈力特 Hradec Krolove 畢奴 Bruno 次冷 Zlin 拔打司那勿 Brotaslovo 布達佩斯 Budopert 維也納 Vinua 而達羅馬 Rome 等處，途次曾在比京參觀紀念比國百年獨立展覽會，場內房屋均取最新建築式樣，取用材料以鋼鐵玻璃

倫敦特備之公共汽車車頂夏天可啓上遮風→

比京展覽會大門

比京紀念百年獨立展覽會之中心陳列各種車廂情形

比京展覽會屋頂鋼骨水泥架

←比京展覽會中之噴水池全用玻璃磚砌成

瑞京市政廳大堂內景→

←嗬囒 Van Heutsz 紀念碑

捷京展覽會之圖案→

←捷京建築師圖樣展覽會之一

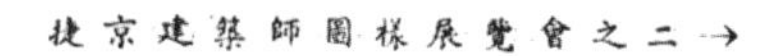

捷京建築師圖樣展覽會之二→

← 捷克搗鋼骨水泥之短節鉄管

居多，並可分析佈置，屋內陳列各種車廂建築美術實業等出品，搜羅甚富。　又在捷京參加國際建築師聯誼會，會議四天，討論主要問題爲國際建築格式之發展。　並至各重要城市參觀近年之新建築物，然後乃至羅馬參加第十三屆國際建築師會議。　此會計到各國代表五百餘人，討論問題（一）新發明建築材料及其使用效果。（二）建築師對於公共建築物及城市計劃近年所得經驗與認識。（三）公共機關明瞭利用建築師業務之利益。（四）公寓建築標準計劃。（五）地底層交通建築及保護法。（六）建築師的權利如何保護及信託監工之權。（七）對於公共建築徵求圖案辦法等等，並蒙首相莫索里尼招待各代表參觀莫索里尼醫院及新建羅馬大學等偉大建築。並用法語演講：大意謂意大利爲建築發源地，希望建築界同人對於設計新建築應毋忘保留古跡，以發揚意大利精神云云。　又意國南部有新建農村兩處，以前皆爲低濕荒地，現在均已蔚成模範小城。凡大都市中有之交通郵政商業銀行教育學校娛樂戲場等等一一設備齊全。

歐洲各國於努力建設外，又極注重體育。　故各地皆有中心體育場設備，即如羅馬之莫索里尼紀念大體育

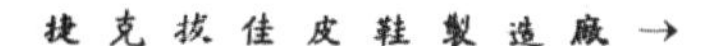

捷克拔佳皮鞋製造廠 →

羅馬新建之莫索里尼體育運動場

羅馬新建大學校舍

←法郵船「諾門地」三大煙囪之一

運動場，化費尤鉅。 場內有俱樂部並有石像二百餘尊，為各城市所敬獻者，高大有常人兩倍。 場外又有網球場，屋內又有研究拳術劍術等室設備，又有大游泳池，其參加各種體育運動人士，並不只限青年學生，凡關政府機關社會團體商賈勞工等男女老少，咸能貫澈精神研究不輟。

至於各國建築設計方向固執守古，首推英國，故雖倫敦新建最大銀行房屋，仍然新中帶舊，完全新派不含絲毫舊古風采者，在英國境內可謂絕無僅有。 且新舊參雜，不若意國全然守古，或全然維新，設計者較為適當合調，所用材料又極矯貴精美。 所惜羅馬街市，近年新闢馬路，間有緊接古跡為背景之處，似覺不甚稱配。 捷克方面新興建築，多採新法，惟用材不甚考究。 美國建築亦仍新舊並用，其對實用取材，同能兼顧研究透澈者，厥唯德國，其餘則皆帝虎魯魚，大同小異，難以盡述。

歐美人士對於富有歷史價值之名勝古跡，尤能保留不遺餘力，如城市方面拆除城垣改造馬路，仍必留其城門，以存城市痕跡。 鄉村方面翻造平民住宅花園村房屋廣充科學設備，又必留其舊有浮橋狹道，絕不使失鄉村風光，恰與城市別饒興趣。 並禁止破壞郊外景緻，即張貼廣告之微，官廳亦有嚴格限制，足見各國政府對於建築事業之重視。 蓋樹木森林一切天然景物實為建築設計之最好配置，吾儕從事於建築業者，尤不可不注意及此。

又歐遊途中，由紐約過大西洋之法郵船諾門地 Normandie 構造之精，規模之大，亦有足述者。 因該郵船為近代僅有，內部裝飾所用材料以鋼鐵玻璃居多，內廳遍置塑壁，甚有興趣。 惟燈炬光度逼人，雖佈置輝煌，究於目力有損，似覺當時設計者過於愛重裝飾，忽於獣察實際効用，未免美中不足。 而船體後部震動異常，測其所以固由發動機力量宏大，旋轉疾速所致，然其內廳空敞，不用柱頭，主要烟囪，又不直由廳內穿出，使從廳外兩旁抱圍而上，致船身中心受虛失去抵禦震動壓力，刻已開向造船廠改造，加裝柱頭，可見人類思想，雖漸進步，仍未脫離試驗面膜。 故今日之言新奇者，明日仍不免有改良淘汰之更新發現，造化無窮，觀此益信，吾輩人類其各自強不息乎。

上海貝當路集雅公寓築建說明

范文照建築師計劃

本公寓之設計如下：

(甲)位置　貝當路巡捕房東。

(乙)格式　國際式。

(丙)材料　屋架用鋼骨水泥，外部用司得克，內部按其需要而用以相當之堅固合用之材料。

(丁)用途　專供簡單家庭之需，如係單人獨居，更屬相宜，因其橱房狹小，又無僕役什雜等室，以虛佔地位，故全部公寓之設備極端簡潔，管理既易，租金又廉，誠爲滬上最新式之公寓也。

集雅公寓側面立視

(戊)造價　全部造價共計國幣伍拾四萬五千餘元。

(巳)承建　整個建築，由吳仁安營造廠承造。內部之電燈及無線電天線等設備，爲興泰電器公司承包，鋼窗爲中國銅鐵工廠承包，均係滬上包工中之有名者。故所得成績，頗受業主及住客之贊賞！

本公寓用途既如上述，故設計方面亦必使其經濟美觀堅固適用爲尙。此項設計歐美雖已採用，但於中國猶屬初創一舉。茲將重要各點分述如下：

集雅公寓之正面立視

(一)適應社會需要　滬上地價之鉅，人所共知，故於設計建築，必須審愼社會需要之程度，而所投資於造屋地產總額，與造成後所收回之租金多寡，是否合於商業原則。故欲有良好之結果，必使地位經濟而效力始宏。本公寓對於此層尤爲注意。同時因地位之狹窄，光綫空氣之調節，殊費苦心，能得目下之結果，誠非易事也。

(二)關於結構　主要房間，如臥室起居室並列於有窗之面，將餐室浴室廚室，置於靠近甬道。其理由如下：

(a)餐室　每日所用共計不過一二小時，時間至少，位於起居室之一角，不過稍向裏面而已，光綫空氣，與起居室完全相同。

集雅公寓正門進口處之一

（b）浴室　每日每人所用時間亦不過一小時而已，故用短時間之燈光，尙屬經濟。 至於室氣則採用人工通氣法，可使流通不息。

如是則光綫與空氣兩大問題，不難迎刃而解矣。

（c）廚房　淸潔衛生，係設計廚房之最要關鍵，均於進門處與浴室採用吊平頂，保使廚空內之雜氣，由此平頂之開口經過吊平頂而達總通氣管。 至於光綫則利用向起居室之高窗反射亦頗充足。

本建築內尙有反光窗之設置頗屬穎巧。 兹略述之。 緣係樓梯部份之光線不足，必須設法將陽光引入。 但若直接在外牆上開窗，適爲正門，有損美觀。故今利用外牆凸出部之頂面，裝以玻璃磚，使光綫透入，經配置之鏡面反射而達於內部，光線於以充足，外部不失美觀，爲最妥善之辦法。 特將詳圖轉載本刊，以供參考。（見二十六頁）

集雅公寓側門進口處之二

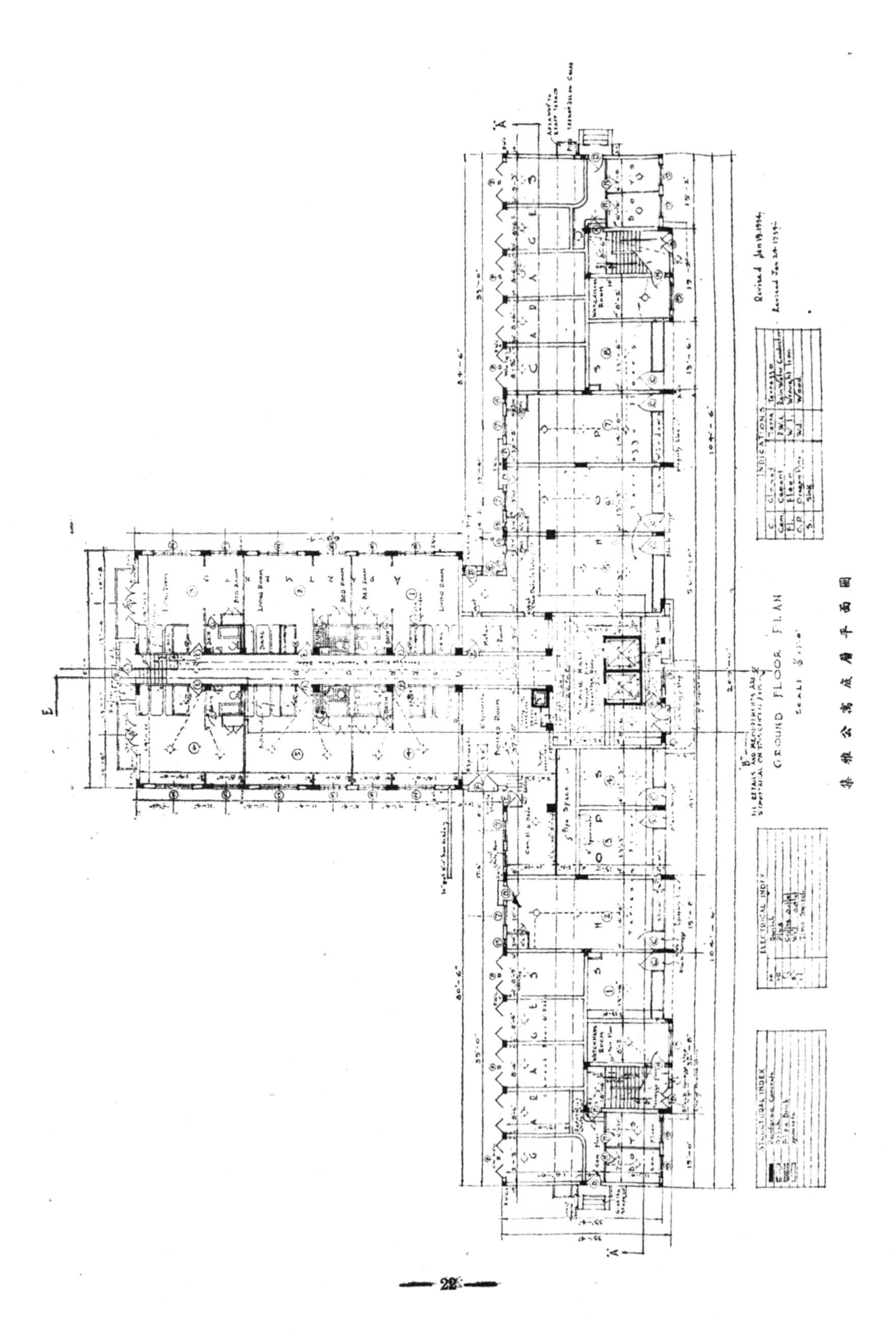
GROUND FLOOR PLAN
INDICATIONS
ELECTRICAL INDEX
STRUCTURAL INDEX
LIVING ROOM
BED ROOM
GARAGE
WATCHMAN'S ROOM
STAIR HALL

集雅公寓底層平面圖

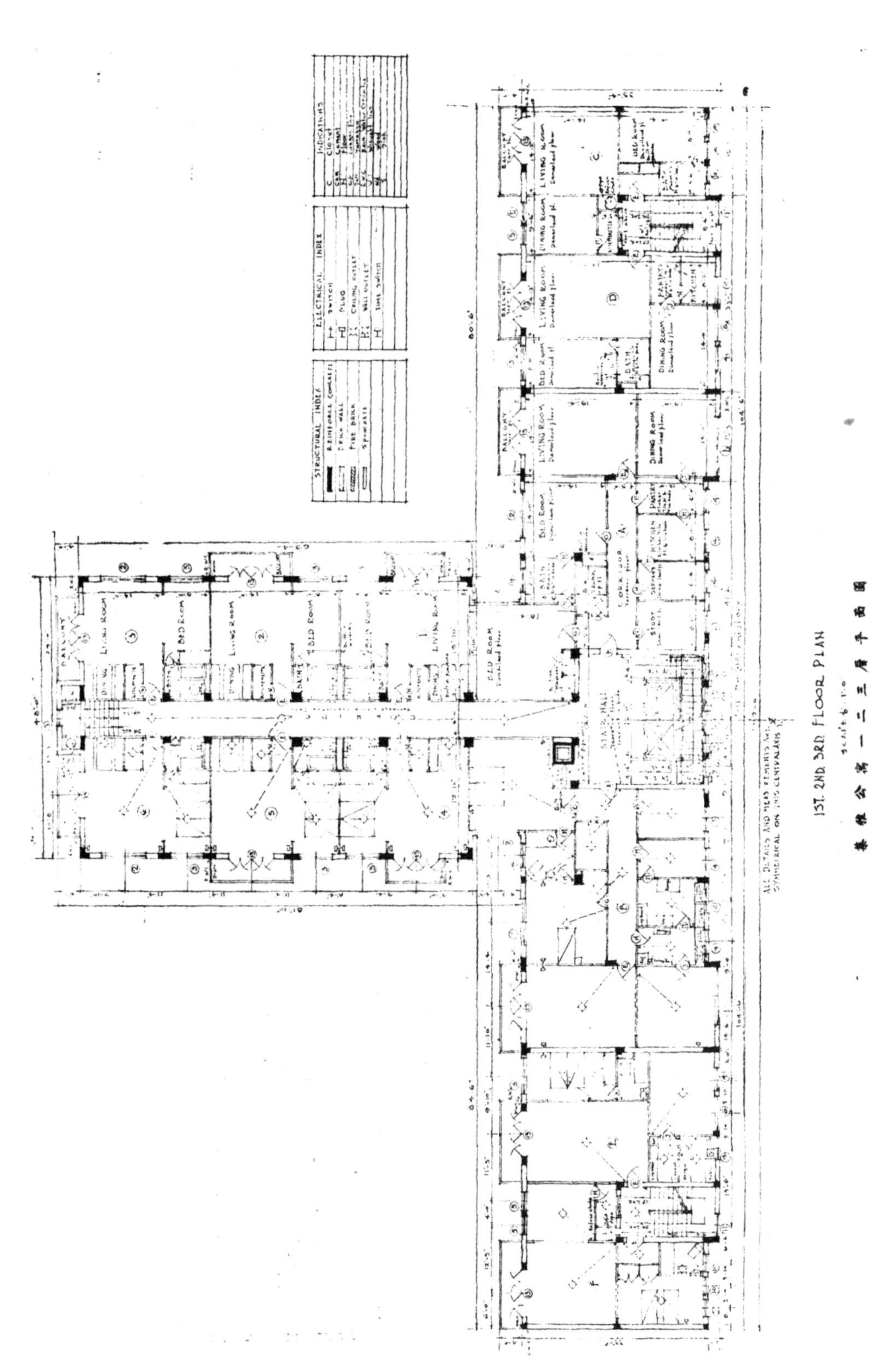
STRUCTURAL INDEX
ELECTRICAL INDEX
INDICATIONS
1ST. 2ND. 3RD. FLOOR PLAN
華懋公寓一二三層平面圖

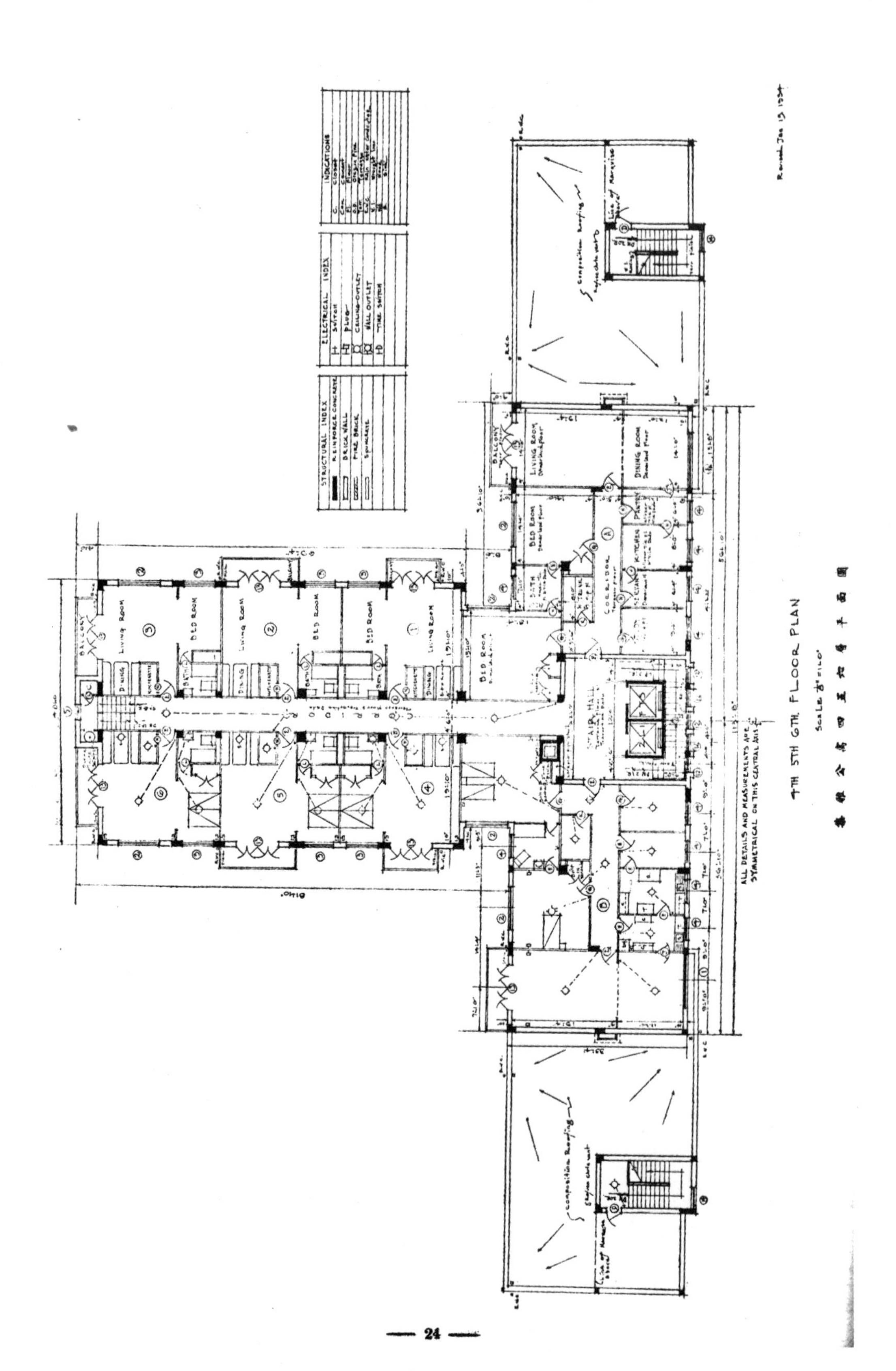

STRUCTURAL INDEX
REINFORCE CONCRETE
BRICK WALL
FIRE BRICK
ELECTRICAL INDEX
SWITCH
PLUG
CEILING OUTLET
WALL OUTLET
INDICATIONS
LIVING ROOM
BED ROOM
DINING ROOM
BALCONY
KITCHEN
CORRIDOR
STAIR HALL
composition Roofing
4TH 5TH 6TH FLOOR PLAN
ALL DETAILS AND MEASUREMENTS ARE SYMMETRICAL ON THIS CENTRAL AXIS

BALCONY
Terrazzo Finish

LIVING ROOM
Damarlaud Floor

BED ROOM
Damarlaud Floor

Curtain

1½" DETAIL AT "A"

Wd. Block

Built-in Wardrobe

Trays

Rod

Built-in Furnitures

DINING TABLE
(See Detail Later)

SEAT

SEAT

High Window (4'-0" x 2'-0")

7'-0" sill

Gas

Table

Refrigerator

KITCHENETTE

Sink

Cabinet

Suspended Ceiling above

Sliding Door

BATH ROOM
Mosaic Tile Floor
& 5'-0" Tile Dado

Pipe Space

14'-0" 8'-0" 5'-4" 4'-6" 3'-6" 7'-4" 1'-0" 5'-6" 9'-0"

REVISED PLAN OF TYPICAL SMALL APARTMENT
SCALE ½" = 1'-0"

注意
[L]号洋門由弍尺闊
改為弍尺六寸闊

FL. SLAB

Suspended Ceiling

(6"x4'-0") Open Vent

Ceiling Line

Plaster

Spring Catch

Solid Window

Screen Vent

Bottom Pivotted

Medicine Cabinet

Mirror

Tile Dado

FL. Line

SECTION THRU BATH ROOM
AT "B"-"B"

FL. SLAB

Metal Closable Louver

6"x4'-0" Vent

Suspended Ceiling

Ceiling Line

Spring Catch

Frosted Glass

Central Pivotted

Sliding Door

Plaster

Tile Dado

10'-9" 8'-10" 7'-0" 5'-0"

SECTION THRU KITCHENETTE AT "A"-"A"

OFFICE OF ROBERT FAN ARCHITECT
110 SZECHUEN ROAD SHANGHAI
DATE: SEPTEMBER 18, 1934
REVISED DATE 30-10-34
JOB No. 33131 DWG No. 10A

集雅公寓各門大樣

J.O. 33131-10A

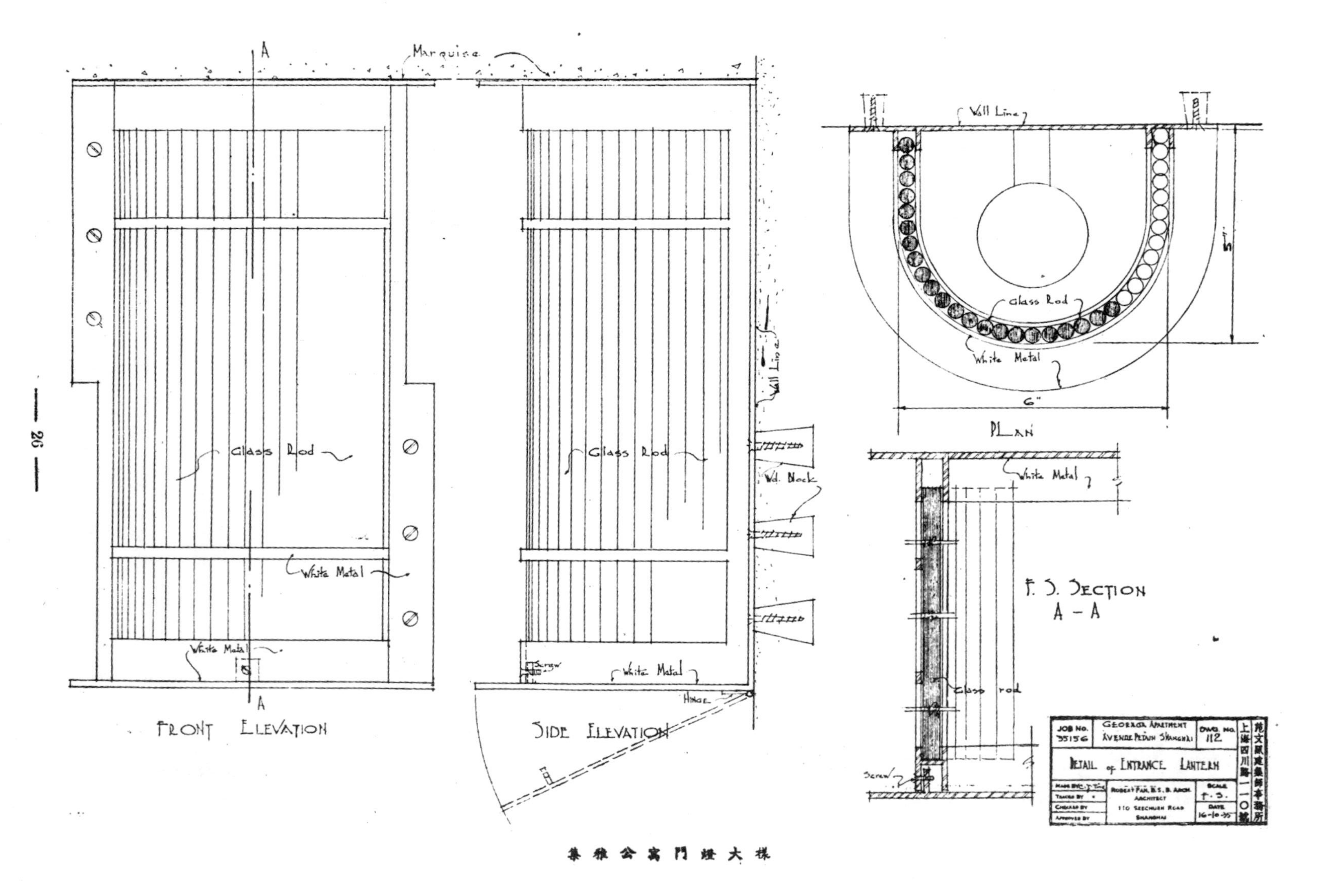
Marquise
A
Wall Line
Glass Rod
White Metal
6"
PLAN
Wd. Block
Screw
Hinge
FRONT ELEVATION
SIDE ELEVATION
F.S. SECTION
A - A
Glass rod
JOB NO. 3515G
GEORGIA APARTMENT AVENUE PETAIN SHANGHAI
DWG. NO. 112
范文照建築師事務所
上海四川路一一〇號
DETAIL of ENTRANCE LANTERN
ROBERT FAN B.S., B. ARCH. ARCHITECT 110 SZECHUEN ROAD SHANGHAI
SCALE F.S.
DATE 16-10-35

集雅公寓門燈大樣

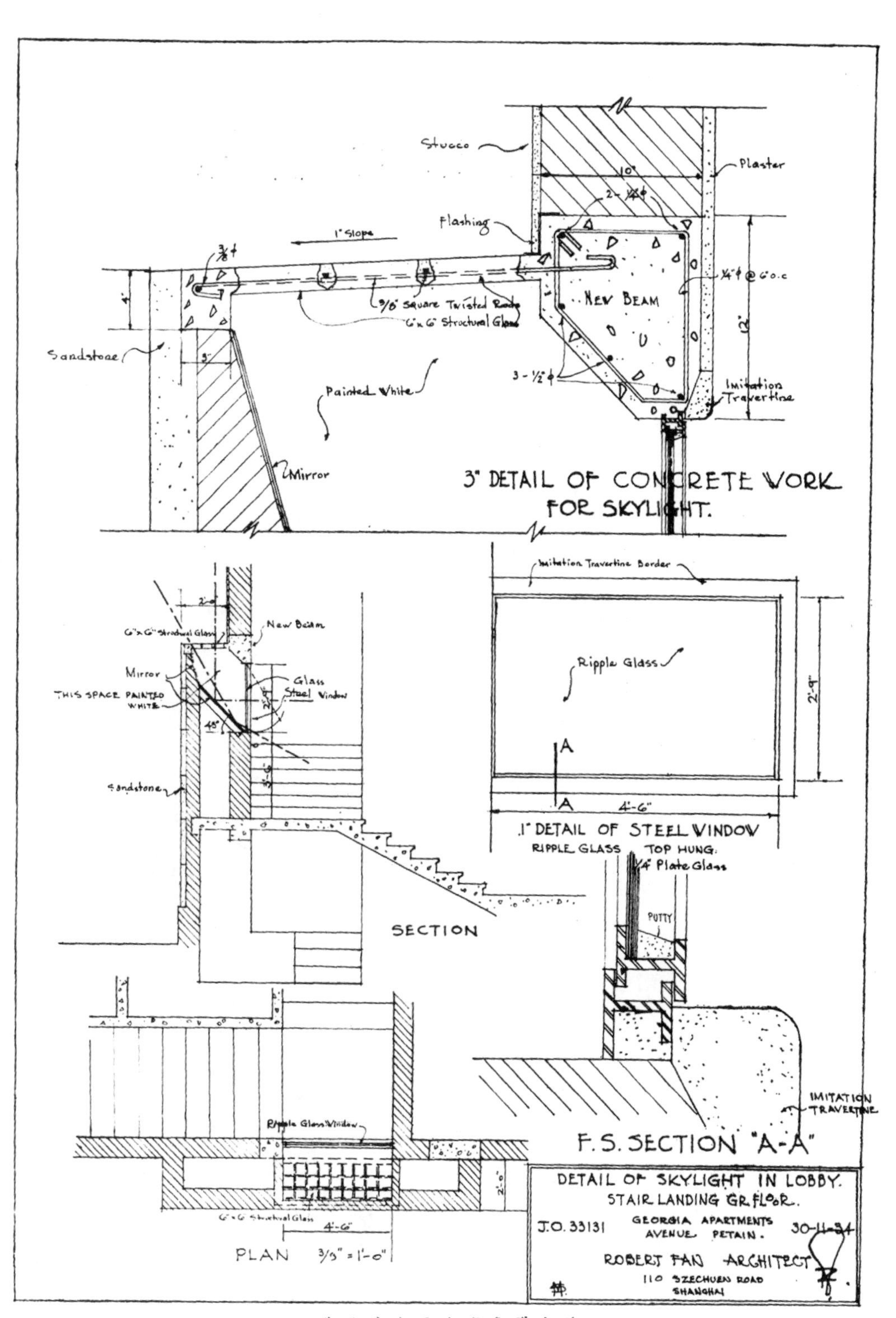
Stucco
Plaster
10"
2 - 1/4" φ
Flashing
1" Slope
3/8" φ
4"
1/4" φ @ 6" o.c.
NEW BEAM
12"
3/8" Square Twisted Rods
6" x 6" Structural Glass
Sandstone
3"
Painted White
3 - 1/2" φ
Imitation Travertine
Mirror
3" DETAIL OF CONCRETE WORK FOR SKYLIGHT.
Imitation Travertine Border
Ripple Glass
2'-9"
A
A
4'-6"
1" DETAIL OF STEEL WINDOW
RIPPLE GLASS TOP HUNG.
1/4" Plate Glass
PUTTY
New Beam
6" x 6" Structural Glass
Mirror
Glass
Steel Window
THIS SPACE PAINTED WHITE
45°
Sandstone
SECTION
IMITATION TRAVERTINE
F. S. SECTION "A-A"
Ripple Glass Window
2'-0"
6" x 6" Structural Glass
4'-6"
PLAN 3/8" = 1'-0"
DETAIL OF SKYLIGHT IN LOBBY.
STAIR LANDING GR. FLOOR.
J.O. 33131
GEORGIA APARTMENTS
AVENUE PETAIN.
ROBERT FAN ARCHITECT
110 SZECHUEN ROAD
SHANGHAI

無名英雄墓圖案

范文照建築師草擬

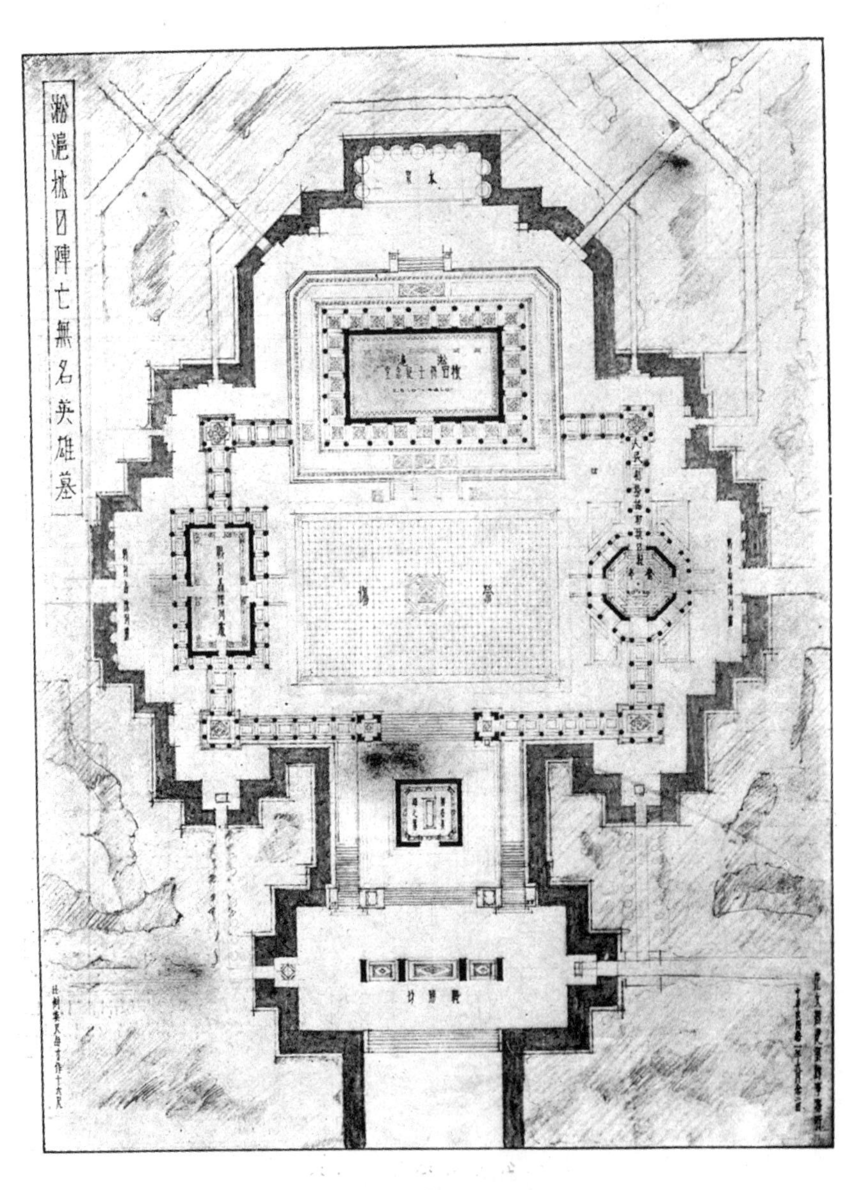

本埠廟行鎮中區，因紀念抗日英雄，建有無名英雄墓。 全部工程，厥稱雄偉。 前經登入本刊三卷三期中，係由董大酉建築師所計劃者，惟該墓籌議之初，曾由范文照建築師亦擬有草圖，壯麗嚴肅，別具風格，惜後以經濟關係未能實現。 茲覓得原草案數幀，選印本刊，以資參考。

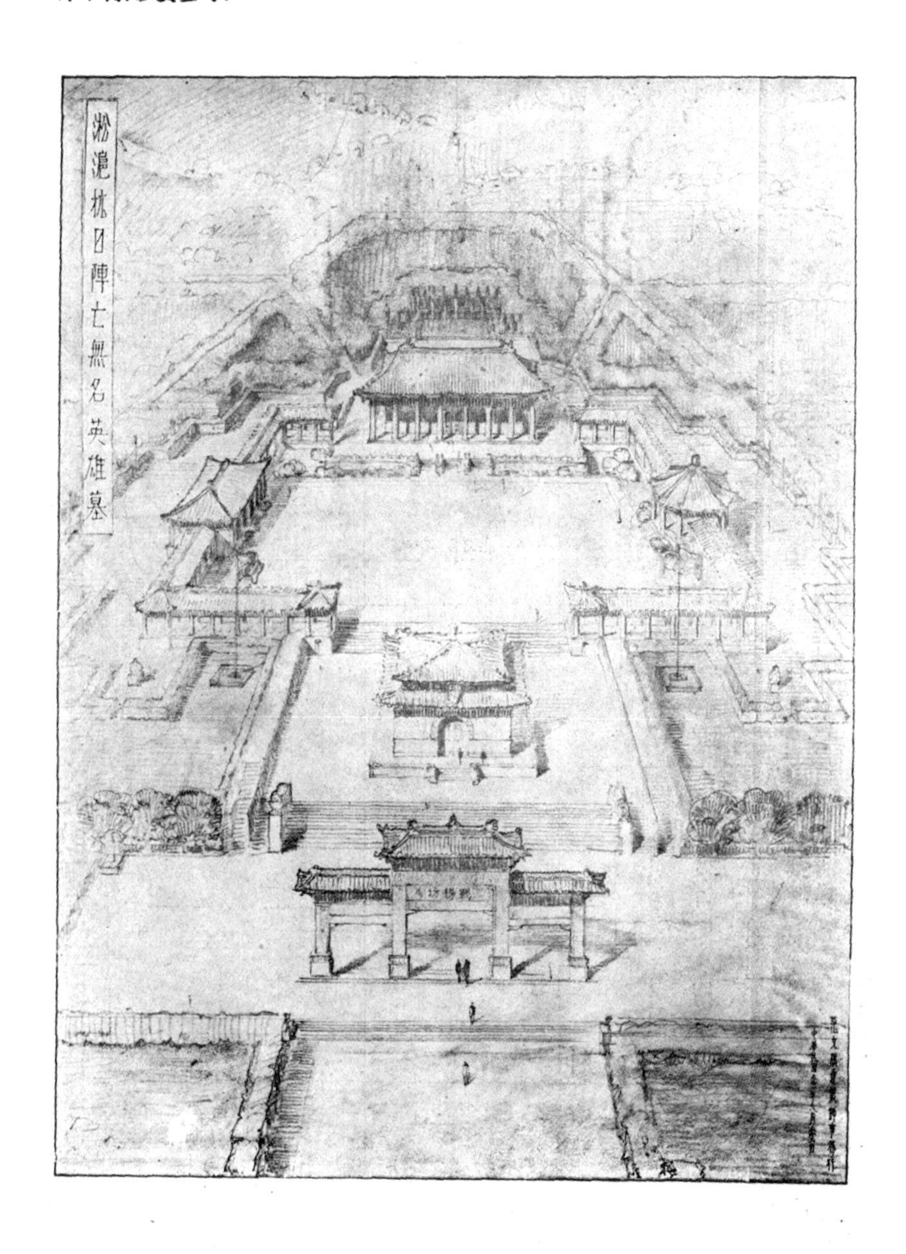

修　改　住　宅

范文照建築師計劃

該住宅位於西愛咸斯路三八三號，本爲一四方形並無格式之房屋一座。 現已改爲西班牙式，殊覺壯麗。

← 舊　跡

↓ 新　景

← 舊跡

新景 →

上海麗都大戲院之修改說明

范文照建築師計劃

因時代之進化，社會趨勢日新月異，建築一事，更其顯著。因此常有將舊有建築，改頭換面，使其合於現代化。凡建築師之頭腦新穎者，常能費極少之代價，而得精美之結果。下圖所載，即係昔日之北京大戲院，一經修改，耀然而成現代式之建築矣。

昔日之北京大戲院→

今日之麗都大戲院↓

中華痲瘋療養院建築說明

范文照建築師計劃

該院位於大場鎮，佔地八十餘畝，有療養院大禮堂工廠各一所，醫師及住宅職員二所，病房八幢，採用平房式。 因其經濟而適合實用，內部衞生設備完善周詳，全部造價僅十萬餘元。

← 正 門

胡 文 虎 紀 念 堂 →

職員住宅

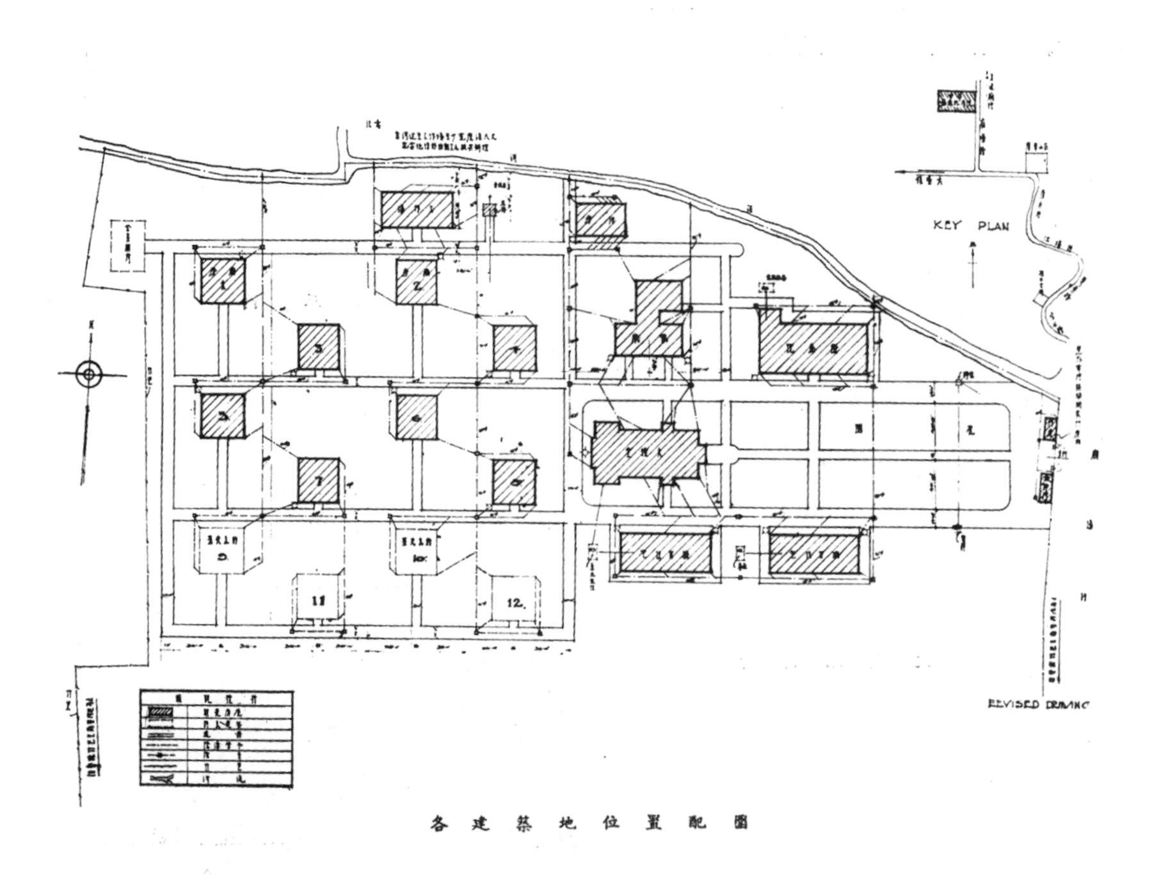

各建築地位置配圖

廣州中華書局說明

范文照建築師計劃

廣州中華書局坐落於永漢北路。屋高五層，採立體式建築。全用鋼窗，光線充足，正面鋪置泰山面磚，並裝配霓虹光管。入晚更為醒目。其下層擱樓，為營業室，櫃台悉用玻璃做成。一樓為經理辦公室圖書館經理臥室浴室等。二樓為職員宿舍浴室及文具倉。三樓全為藏書之用，並備運貨升降機一架。頂層則為水塔及平層頂花園。造價為廣州毫銀十五萬餘元。

外　觀↑

內　景→

中華書

上海西摩路市房公寓及住宅工程說明

范文照建築師計劃

市房公寓位於西摩路福煦路角，下層爲市房，上層爲公寓，其後爲三層住宅。 內部熱冷衞生工程等設置完備，選用材料，盡係上等。 牆面所用之泰山面磚，房屋堅固耐用，色澤宜人。 全部工程由[illegible]輪記營造廠承造。水電由興泰電燈公司承辦。 全部造價共計肆拾肆萬餘元。

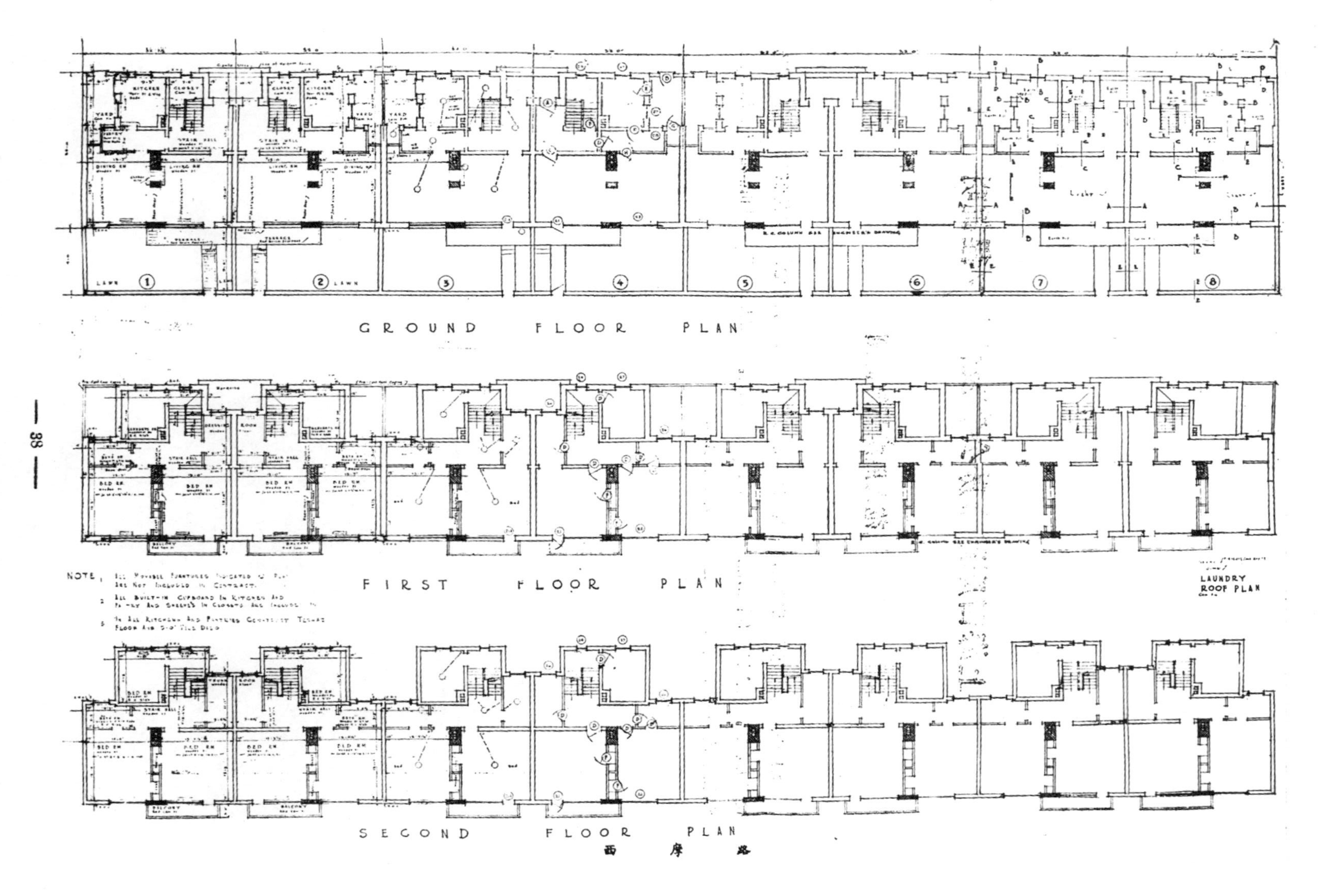
GROUND FLOOR PLAN
FIRST FLOOR PLAN
SECOND FLOOR PLAN
LAUNDRY ROOF PLAN
西摩路

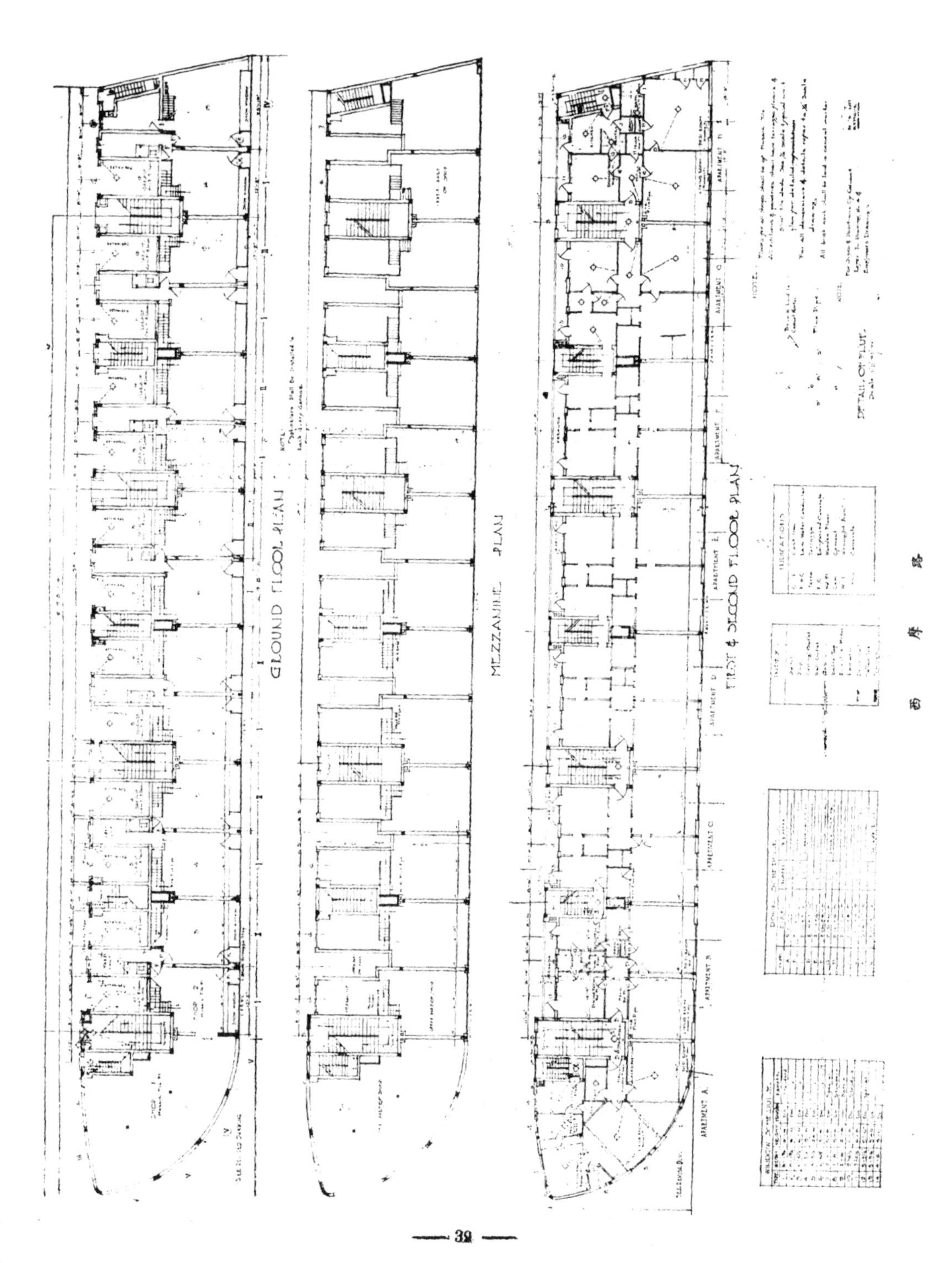
GROUND FLOOR PLAN
MEZZANINE PLAN
FIRST & SECOND FLOOR PLAN
西摩路

古神父路協發公寓及住宅

范文照建築師計劃

住宅為國際式。 外表堅固，樸實美觀，窗戶極多，光線空氣充足。 起居室前有大平台極為合用，其餘大小各間及暖氣衛生等設備，咸能齊備，頗合新時代家庭之需要。 僅以住宅而言，約佔空間四萬六千餘立方英尺、 造價為兩萬餘元， 誠經濟新穎之住宅也。

協發公寓及住宅鳥瞰圖

外觀

門景
（住宅門之一）

外景
（住宅之一）

○一八九九

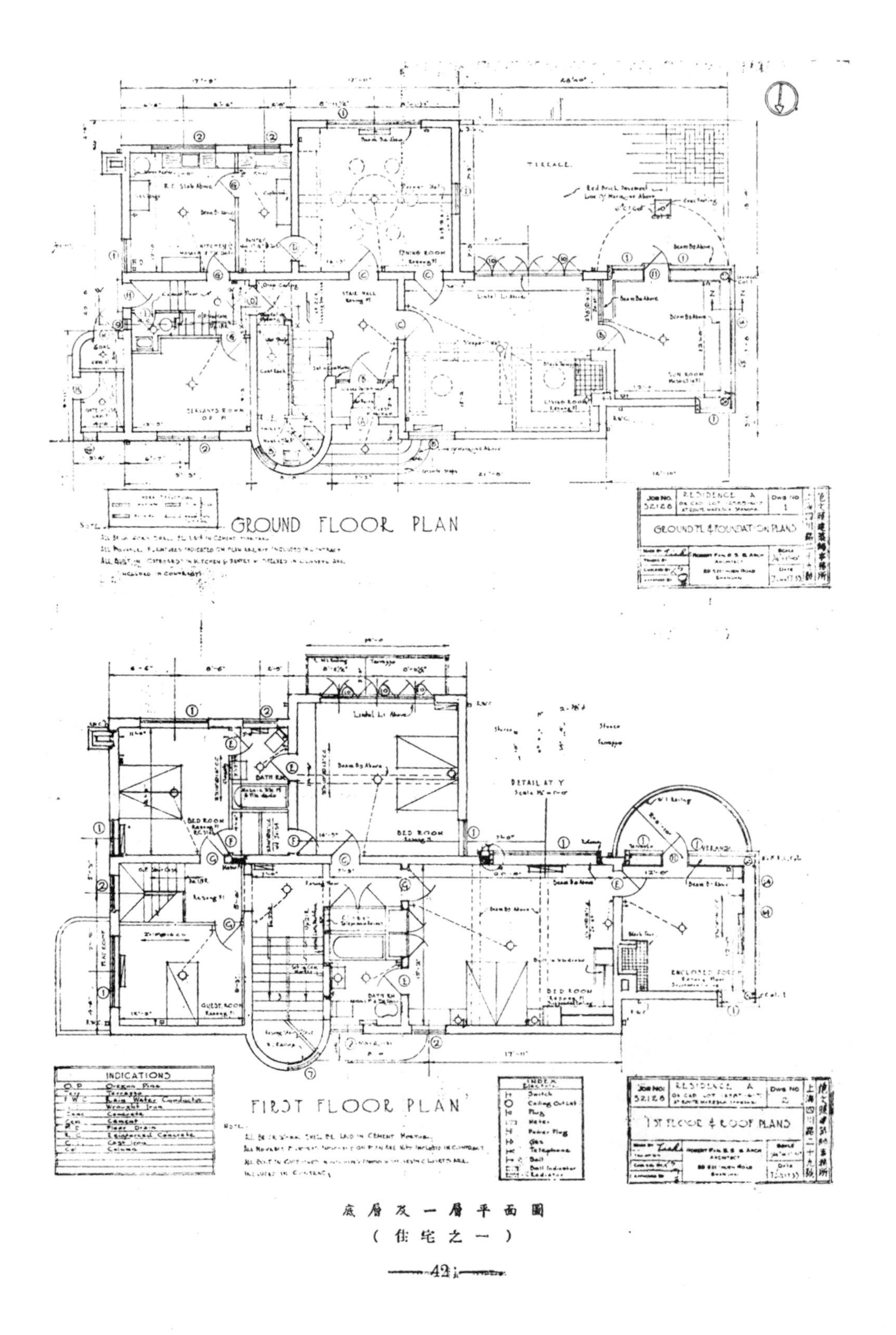

圖面平層一及底
（住宅之一）

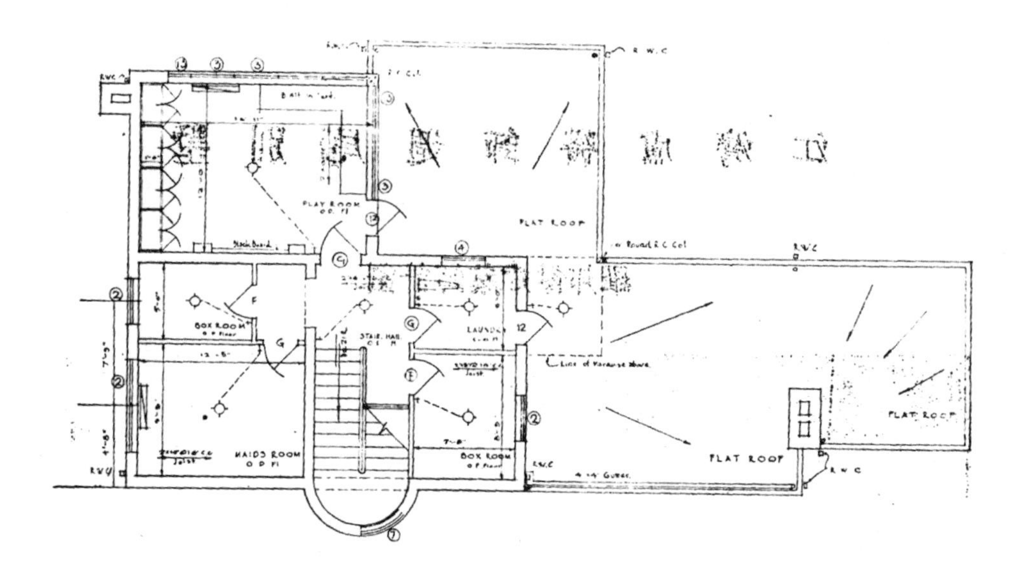

范文照建築師精研學術識見遠大近鑒於社會經濟潤枯不均致都市趨於畸形繁榮鄉村陷於窳敗狀態亟思補救因是著作最合吾國風度又具科學美術經濟諸長之西班牙式住宅圖樣數十種精印成册（32公分×24公分）發售問世每册售價二元玆爲優待本刊定戶起見可塡就贈書劵附郵票二角（本埠一角）寄至上海四川路一百十號范文照建築師事務所當即掛號奉寄惟存書無多暫以三百本爲限幸注意焉

書贈劵

定戶第　　號

姓　　名：……………………

通訊處：……………………

江灣盧醫師週尾別墅

羅邦傑建築師計劃

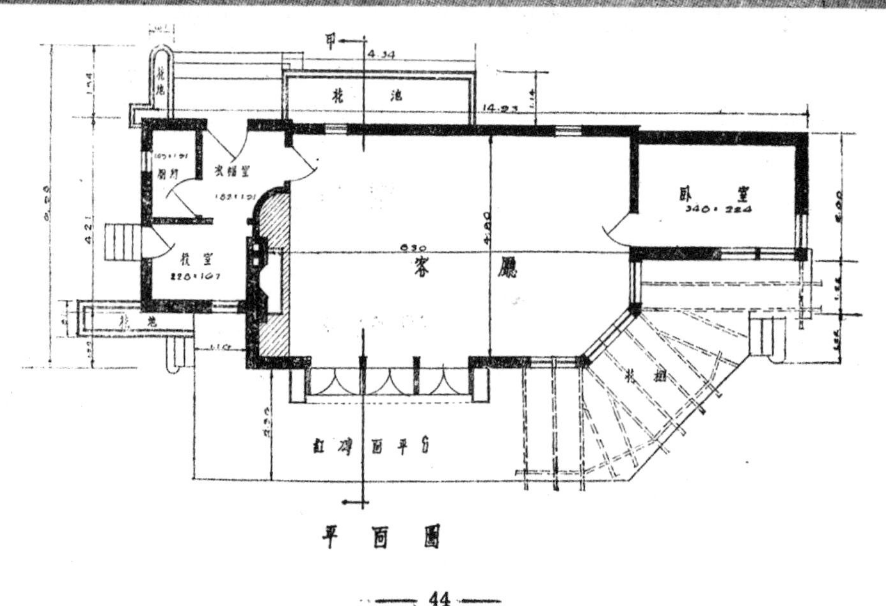

平面圖

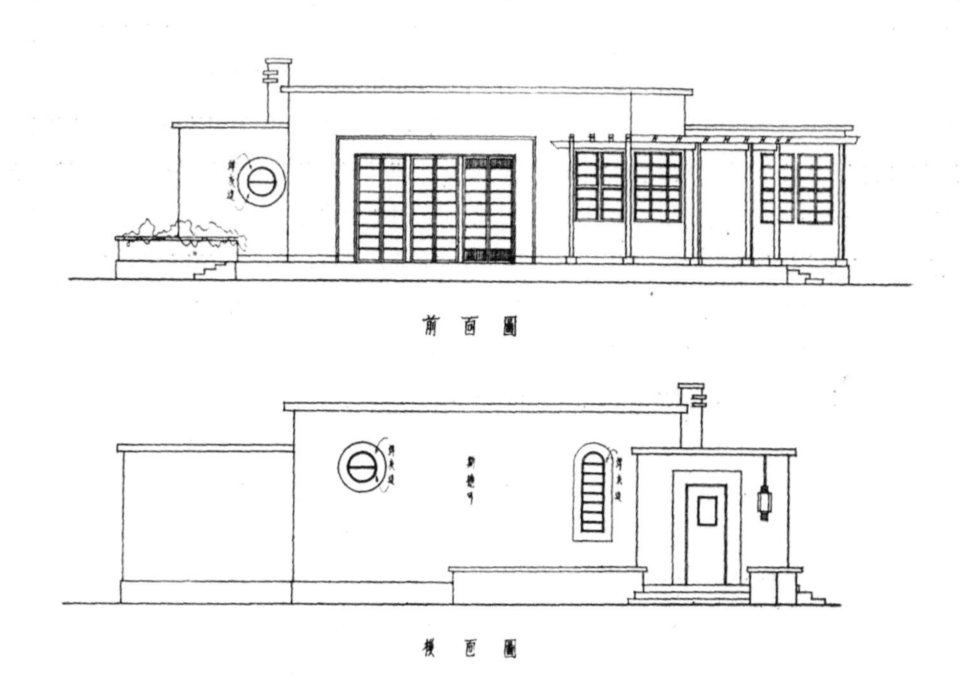

前面圖

横面圖

二十五年一月份

上海市營造概況

二十五年一月份因值廢歷新年執照件數繼續減少甚多僅核發營造執照九十三件比上月份減少五十八件即驟減三分之一有奇比上年同月約減二分之一各區中以滬南洋涇二區較多約各佔總數四分之一法華次之僅十二件閘北又次之僅九件駁斥不准者五件新屋中仍以住宅爲最多約佔總數五分之四廠房次之僅五件市房則僅二件

一月份核發修理執照七十八件雜項執照六十件拆卸執照六件比上月份修理雜項均約減四分之一拆卸相仿比上年同月修理約減四分之一雜項約減七分之四拆卸約減二分之一分區比較修理以滬南爲最多佔總數二分之一有奇閘北次之雜項以閘北爲最多佔總數三分之一有奇滬南次之拆卸則幾全屬滬南

一月份全市營造執照件數續減面積估價隨之減少甚多茲就上述之九十三件執照統計（未設有發照處各鄉區所造簡單平房概未計入）約共佔地面積一萬三千平方公尺約共估價五十五萬餘元比上月份面積減九千餘平方公尺所減幾近二分之一估價減五十二萬餘元亦約減二分之一比上年同月面積減四分之一有奇估價則減三分之二有奇即在上年全年中執照件數面積價三項亦均無如此少數營造分區比較面積以滬南爲最大幾及總數二分之一法華次之洋涇又次之閘北已退居第四位僅及滬南五分之一估價以滬南爲最多約合總數五分之二殷行次之法華又次之閘北則退至第六位與滬南相較幾成十與一之比閘北之衰落上年已見其端十二月爲尤甚本月則更形激減蓋面積僅合上月二分之一有奇估價則尚不及二分之一

一月份拆卸面面積亦驟減僅約計二千平方公尺比上月約減二分之一比上年同月減四分之三有奇拆卸房屋中以滬南區爲最多計有平房三十七間樓房十六幢

一月份大工程僅一件即閘北水電公司在閘殷路造沉澱池一座約估價八萬元

一月份審查營造圖樣九十八件修理查勘單八十四件雜項查勘單六十件拆卸查勘單六件共二百四十八件比上月份約減三分之一比上年同月幾約減二分之一營造圖樣經退改者四十三件比上月份約減二分之一有奇比上年同月幾減少四分之三改圖計四十三次平均本月份所發執照曾經改圖者幾達二分之一即每二件執照平均約須改圖一次比上月份改圖次數亦減二分之一有奇修理雜項查勘單經查訊者二十二件計二十二次比上月份均約減五分之三比上年同月約減三分之一附錄一覽表於左

一月份改圖及查訊件數次數一覽表

執照 \ 件數次數 \ 市區		閘北	滬南	洋涇	引翔	法華	其他	總計
營造	件	一一	一一	三	二	六	一〇	四三
	次	一二	一一	三	二	六	一〇	四四
修理	件	二	五	〇	一	一	〇	九
	次	二	五	〇	一	一	〇	九
雜項	件	三	三		三	四	〇	一三
	次	三	三		三	四	〇	一三

以外尙有與公用局會查法華區營造七件蒲淞區營造二件與衞生局會查蒲淞區營造一件

一月份取締事項一百七十五件比上月份略減比上年同月約增三分之一此等事件向以「工程不合」爲最多本月份尤甚幾達總數八分之七承包此種工程之營造廠經予以撤銷登記證處分者二十家內注銷六個月者一家與上月份相仿比上年同月但三分之一

一月份市有建築工程大要分誌於左

(一)市立醫院　(二)衞生事務所　全部完工一俟電氣接通後卽將呈府報請派員驗收

(三)閘北衞生事務所及公共浴室　裝做鐵門及網羅加鋪屋面油毛毡及修改零星工程等

(四)中山路平民住宅　自流井已開鑿完竣水塔亦造至塔頂澆好現正趕裝水管及粉刷塔面預料不久卽可給水

二十五年一月份各區請領執照件數統計表

分類 准否 件數 市區	營造		修理		雜項		拆卸		總計	
	准	否	准	否	准	否	准	否	准	否
閘北	九		二四	三	二二				五五	三
滬南	二三		四四	三	一九		五		九一	三
洋涇	二二		二		三				二七	
吳淞	三				一				四	
引翔	七		一		九		一		一八	
江灣	三				二				五	
塘橋	一								一	
蒲淞	五								五	
法華	一二		五		四				二一	
漕涇	一								一	
殷行	二								二	
彭浦										
眞如	一								一	
楊思										
陸行	一								一	
高行										
高橋	三	五	一						四	五
碼頭			一						一	
總計	九三	五	七八	六	六〇		六		二三七	一一

二十五年一月份新屋用途分類一覽表

房屋用途 執照件數 市區	住宅	市房	工廠	棧房	辦公室	會所	學校	醫院	教堂	戲院	浴室	其他	總計
閘北	五		二						一			一	九
滬南	一八	一	二						一			一	二三
洋涇	二一	一											二二
吳淞	三												三
引翔	七												七
江灣	三												三
塘橋	一												一
蒲淞	四		一										五
法華	八			一								三	一二
漕涇					一								一
殷行												二	二
彭浦													
眞如							一						一
楊思													
陸行	一												一
高行													
高橋	三												三
總計	七四	二	五	一	一		一		二			七	九三

二十五年一月份營造面積估價統計表

市區＼面積 估價＼房屋	平房		樓房		廠房		其他		總計	
	面積	估價	面積	估價	面積	估價	面積	估價	面積	估價
閘北	520	7460	270	12150	270	3840		100	1060	23550
滬南	1040	16 0	2770	168000	1230	24200		1600	5040	210080
洋涇	1690	25980	290	11400					1980	37380
吳淞	350	5200							350	52 .0
引翔	250	3500	670	25200					920	28700
江灣	90	1300	110	4750					200	6050
塘橋	80	1200							80	1200
蒲淞	260	3400			570	8550			8[illegible]0	11950
法華	510	7750	860	78020	250	4900	430	7100	2050	97770
漕涇			100	310					100	3100
殷行								106700		106700
彭蒲										
真如			70	2870				3100	70	5970
楊思										
陸行	60	900							60	900
高行										
高橋	100	1500	140	5000					240	6500
總計	4950	74470	5280	310490	2320	41490	430	118600	12980	54 050

（註） 面積以平方公尺計算估價以國幣計算

（定閱雜誌）

茲定閱貴會出版之中國建築自第……卷第……期起至第……卷第……期止計大洋……元……角……分按數匯上請將

貴雜誌按期寄下爲荷此致

中國建築雜誌發行部

……啓……年……月……日

地址……

（更改地址）

逕啓者前於……年……月……日在

貴社訂閱中國建築一份執有……字第……號定單原寄……

……收現因地址遷移請卽改寄……

……收爲荷此致

中國建築雜誌發行部

……啓……年……月……日

（查詢雜誌）

逕啓者前於……年……月……日在

貴社訂閱中國建築一份執有……字第……號定單寄……

……收查第……卷第……期尚未收到祈卽

查復爲荷此致

中國建築雜誌發行部

……啓……年……月……日

中國建築

THE CHINESE ARCHITECT

OFFICE:

ROOM NO. 405, THE SHANGHAI BANK BUILDING,
NINGPO ROAD, SHANGHAI.

廣告價目表

廣告價目表	
底外面全頁	每期一百元
封面裏頁	每期八十元
卷首全頁	每期八十元
底裏面全頁	每期六十元
普通全頁	每期四十五元
普通半頁	每期二十五元
普通四分之一頁	每期十五元

製版費另加　彩色價目面議
連登多期　價目從廉

Advertising Rates Per Issue

Back cover	$100.00
Inside front cover	$ 80.00
Page before contents	$ 80.00
Inside back cover	$ 60.00
Ordinary full page	$ 45.00
Ordinary half page	$ 25.00
Ordinary quarter page	$ 15.00

All blocks, cuts, etc., to be supplied by advertisers and any special color printing will be charged for extra.

中國建築第二十四期

出版	中國建築師學會
編輯	中國建築雜誌社
發行人	楊錫鏐
地址	上海寧波路上海銀行大樓四百零五號
印刷者	美華書館 上海愛而近路二七八號 電話四二七二六號

中華民國二十五年三月出版

中國建築定價

零售	每册大洋七角	
預定	半年	六册大洋四元
	全年	十二册大洋七元
郵費	國外每册加一角六分 國內預定者不加郵費	

薄式面磚
泰山磚瓦公司
地址上海南京路大陸商場五三四號 電話九四三〇五

廣告索引

上海貝當路集雅公寓
本廠最近承造工程之一
吳仁安營造廠
WOO ZUN AN
BUILDING CONTRACTOR
OFFICE: NO. 280 PEKING ROAD
TELEPHONE 12669
上海北京路二八〇号
電話一二六六九

沈金記營造廠

Sung King Kee

Contractor

本廠承造鋼骨水泥房屋堆棧以及橋梁道路涵洞等項工程

事務所

上海法租界貝禘鏖路鉅興里七號

電話　八三四八八號

褚掄記營造廠

廠址　上海臨平路二一號

本廠專門承造一切大小建築鋼骨水泥工程工場廠房以及碼頭橋樑等迅速經濟堅固如蒙委託無任歡迎

THU LUAN KEE

CONTRACTOR

21 LINGPING ROAD.

潔麗工程公司

CHINA ENGINEERING and PLUMBING Co.

110 SZECHUEN ROAD, SHANGHAI.

HEATING, PLUMBING & VENTILATING ENGINEERS & CONTRACTORS

衛生 暖氣 冷風 消防

各項工程 設計承造

最近承辦之各處工程

吳市長公館 上海
水上飯店 上海
國立上海商學院 上海
清心女子中學校 上海
崇德女子中學校 上海
大都會花園舞廳 上海

上海四川路一一〇號
電話一四四三四
電報掛號八六六九

FAR EAST MAGAZINE

An Illustrated Industrial, Commercial & Political Review.

PROGRAMME: 1936

Development of Shanghai and World Olympiad 1936 with China Section
Tsingtao, Shantung Province and Engineering
Nanking, Hangchow and Engineering
Motor Cars, Machinery and Engineering
Aviation, Shipping and Engineering
Chinese Industrial Development and Engineering

Subscription in China: $ 4.40 per Year (Incl. Postage)
Advertising Rates on application.

P.O. Box 1896	114 Peking Road Shanghai	Tel. 10661
P.O. Box 505	Representative in Nanking: Mr. Mak 400 Sun Yat Sen Avenue	Tel. 31968
P.O. Box 80	Representative in Tientsin: Mr. W. Dorn	Tel. 32808
P.O. Box 22	Representative in Peiping Mr. S. Y. Moo	Tel. 96 & 99 E.O.
P.O. Box 260	Representative in Tsingtao Mr. G. Telberg	Tel. 6630
	Representative in Hongkong Mr. G. H. Graye St. George's Building	Tel. 25505

上海市建築協會發行

『聯樑算式』出版預告

聯樑爲鋼筋混凝土工程中應用最廣之問題，計算聯樑各點之率力算式及理論，非學理深奧，手續繁冗，即掛一漏萬，及算式太簡，應用範圍太狹；遇複雜之問題，即無從援用。例如指數法之 $M=\frac{1}{8}wl^2$，$M=\frac{1}{12}wl^2$ 等等算式，只限於等勻佈重，等硬度及各節全荷重等情形之下，若事實有一不符，錯誤立現，根本不可援用矣。

本書係建築工程師胡宏堯君採用最新發明之克勞氏力率分配法，按可能範圍內之荷重組合，一一列成簡式，任何種複雜及困難之問題，無不可按式推算，即素乏基本學理之技術人員，亦不難於短期內，明瞭全書演算之法，所需推算時間，不及克勞氏原法十分之一。全書圖表居大半，多爲各西書所未見者。所有圖樣，經再三復繪，排印字體亦一再更換，故清晰異常，用八十磅上等道林紙精印，約共三百面，6″×9″大小，布面燙金裝釘，復承美國康奈爾大學土木工程碩士王季良先生精心校對，並認爲極有價值之參考書。因成本過鉅，不售預約，即將出版，實價國幣伍元，外埠酌加郵費。

『聯樑算式』目錄提要

自序
標準符號釋義
第一章　算式原理及求法
第二章　單樑算式及圖表
第三章　雙動支聯樑算式
第四章　固定支聯樑算式
第五章　雙定支聯樑算式
第六章　L等硬度等勻佈重聯樑函數表
第七章　例題
附錄　（一）——（六）

發行所：上海南京路大陸商場六二〇號
電話　九二〇〇九

MEIHUA PRESS, LIMITED
278, ELGIN ROAD, SHANGHAI
42726, TELEPHONE

美華書館

印刷股份有限公司

◁此雜誌由本館承印▷

本館精印中西書報圖畫雜誌證劵單據各種文件銀行簿册五彩石印中西名片精鋅銅模鉛字銅版鋅版鉛版花邊及鉛字器具等印刷精美出品迅速定期不誤有口皆碑蓋本館由來迄今已有八十餘年之久設備新穎經驗豐富允爲專家洵非自詡如蒙賜顧竭誠歡迎

地址　愛而近路二七八號
電話　四二七二六號

SLOANE·BLABON

司隆百拉彭

印花油毛氈毯

此爲美國名廠之出品。今歸秀登第公司獨家行銷。中國經理則爲敝行。特設一部。專門爲客計劃估價及鋪設。備有大宗現貨。花樣顏色。種類甚多。尺寸大小不一。司隆百拉彭印花油毛氈毯。質細堅久。終年光潔。既省費。又美觀。室內鋪用。遠勝毛織地毯。

美商　美和洋行
上海江西路二六一號

合豐行 總經理

上海甯波路四十七號

◁◁ 國貨天棚玻璃磚 ▷▷

承包

馬路柏油工程
屋頂油毡工程
柏油沙工程
磁磚瓷磚工程

經理

油毛毡，柏油
各色磁磚衛生
器具紙柏隔音
板各種鋼絲網

HAH FOONG & CO.
BUILDING SUPPLIES
ASPHALT ROAD & ROOFING
CONTRACTORS
47 NINGPO ROAD, SHANGHAI
TEL. 18254

註册  商標

建築上之超等材料

三寶牌石膏粉

本廠特聘留德化學專家　採購湖北應城所產上等石膏　用德國精良機械　製造成粉　品質潔白細密　具有天然結晶性　堪與舶來品並駕齊驅，極合各種建築之用

說明書化驗單樣品請向營業課函索

上海分銷處　愛多亞路中匯大樓四樓四四五號應城石膏公司辦事處　電話八三七五〇號有無線電報掛號〇七六二

製造廠　漢口宗關水廠隔壁電話三三五六五號

營業課　漢口特三區鼎安里三號應城石膏股份有限公司　電話二四五五五號有無線電報掛號二〇一九

應城石膏股份有限公司石膏物品製造廠謹啟

"Carto" 式片爐（俗名水汀）
"Arcola" 暖汽鍋爐
"Smokless" 暖汽鍋爐

本公司出品均選用最優美之國貨原料不單製造樣式美觀效力優良且擔保耐用價格低廉

承裝水汀衛生電氣通風工程

上海興華水汀衛生工程司　四川路四一六號　電話六一三六號

北平中華汽爐行　電話東局四六三八號

「高而富」鋼質散熱器（俗名水汀）

最新式鋼板製成，散熱迅速，外表美觀，地位經濟，欲知詳情，請　駕臨接洽。

寶隆洋行啓　廣東路十七號　電話一〇四三二

外埠分行　漢口　青島　威海衛　哈爾濱　大連

華新西式木器廠

北四川路八二五號

電話四一七二六號

本廠專門製造各式膠合板門採用精良材料聘請專家技師從事設計製造如荷惠顧無任歡迎倘承參觀竭誠招待若索樣本價目等當即函寄或派代表趨前接洽不悞

製造廠 周家嘴路 電話五二八二八

膠合板門

We specialize in making VENEERED DOORS of various designs.

Only the best materials and workmanship used in the productions.

Photographed designs can be seen on application.

Estimates free on request.

Pleasse write, call on us. Phone or call for our representative.

Inspection to our show-room is welcomed.

WAL SHION & COMPANY

825 North Szechuen Road. Dail 41726

琅記營業工程行

本行特立設計部耑代業主建築師及同業等設計及解決下列一切任何困難

標準暖房　適度冷氣　衛生器皿　給水設備

自流泉井　消防裝置　電氣工程　人造空氣

下列各項工程均由本行設計承裝

上海市體育場　上海市圖書館　中國航空協會　杭州中央航空學校

大橋大廈　國民政府審計部　南昌航空委員會　聖心醫院

母心醫院　中央商場　交通大學　上海中學

實業部登記技師

上海市：水管商營業執照第一號・電料商營業執照第一百號・鑿井商營業執照第一號・

南京市：首都電廠登記・自來水公司登記・實業部註册・

總行：上海天潼路二八八號・電話四〇七九一號・電報掛號二一四一號・

分行：南京・蘇州・杭州・南昌・無錫・

天源機器鑿井局

江灣水電路新市路東　電話江灣七七二二九

本局專營開鑿自流深井及探礦工程局主于子寬兼工程師昔從各國考察所得技術成績優異回國經營十餘載凡鑿本外埠各地工廠學校醫院住宅花園之大小各井皆堅固靈便水源暢潔適合衛生今擬擴充各埠鑿井探礦營業特添備最新式鑽洞機器山石平地皆能鑽成自流深井價格克己如蒙惠顧竭誠歡迎

最近各地鑿井成績之一斑

南京市政府　南京海軍部　南京交通部　天一味母廠　肇新化學廠　泰豐罐頭廠　泰康罐頭廠　瑞和磚瓦廠　順昌石粉廠　永和實業廠　中國橡膠廠　正大橡膠廠　大用橡皮廠　大達橡膠廠　永大橡皮廠　華陽染織廠　麗明染織廠　五豐染廠　美醑酒精廠　永固油漆廠　國華染廠　明光染廠　振華油漆廠　崇信紗廠　安綠棉織廠　上海印染廠　達豐染織廠

中英大藥房　新亞大酒店　新惠中旅館　中央研究院　派克牛奶房　華德牛奶場　生生牛奶場　上海市公用局　上海市衛生局　上海市工務局　大中華洋火廠　中興賽璐珞廠　海寧洋行襪廠　屈臣氏汽水廠　三友社織造廠　圓圓紡織公司　中國內衣工廠　中國實業銀行　南京上海銀行　百樂門大飯店　松江新松江社　松江省立中學　中山路平民村　南京中央無線電台　南京大同麵粉廠　廣東中山縣政府　廣東中山縣建設局

廣州長堤先施公司　廣州市自來水公司　開林公司油漆廠　中華痲瘋醫院　大華利衛生食料廠　上海英商自來水公司　實業部上海魚市場　上海海港檢疫所　上海畜植牛奶公司　永安紗廠　永安公司　新新公司　大新公司　光華大學　震旦大學　持志大學　勞働大學　同濟大學　大夏大學　復旦大學　立達學校　蝶來大廈　中實新村　大保里　公益里

探礦工程機　廣東韶關富國煤礦公司

（並代經銷中外各種鑽鑿開井探礦機器價格特別公道）

上海大美地板總事務所

The American Floor Construction Company

139 Avenue Edward VII, Tel. 85526

敝行爲擴充營業起見於廿四年五月一日起凡顧客承蒙賜造敝行之地板由應得特別利益如下列

（一）本公司承舖之地板敝行應負貳年之內修理分文不取

（二）本公司承造之地板貳年之內如有發生重做電力磨砂分文不取（惟美術打臘不在此例）

（三）本公司承造地板均用乾貨如有查出未乾過可將全部地板充公以保信用

（四）本公司承造地板限定日期如有發生誤期等情敝行愿賠償相當之罰金或每天大洋五拾元計算決不失信以資迅速可靠

（五）本公司承造地板價目特別公道貨物上等美質

地板專家 陳潤生謹啓

本公司承造各大廈樓地板工程略舉下列

（一）國華銀行大廈　北京路
（二）鹽業銀行大廈　北京路
（三）大陸銀行大廈　九江路
（四）中央衛生醫院　南京
（五）中央飛機場　杭州
（六）廣東銀行　甯波路
（七）漢彌登大廈　江西路
（八）蔣委員長住宅　賈爾業愛路
（九）四明銀行范副行長住宅　福煦路
（十）匯中飯店　南京路
（十一）寰公館　李梅路
（十二）大華跳舞廳　愛多亞路
（十三）大光明影戲院　靜安寺路
（十四）聖愛娜舞廳　斜橋路
（十五）上海總會　黃浦路
（十六）斜橋總會　靜安寺路
（十七）劉公館　青海路
（十八）百樂門舞廳　愚園路
（十九）范文照住宅　趙主教路
（二十）中國實業新村　愚園路
（二十一）基泰朱彬建築師住宅　惇信路
（二十二）新大都會舞廳　戈登路
其餘工程不克細載

總事務所　上海愛多亞路一三九號　電話八五五二六

湧利水管材料工程行

本行承辦各國暖氣及冷熱水管材料磁器浴缸面盆衛生器具等件各色俱備一切機械工程修理承各界贊許如蒙委託不勝歡迎

地址法租界麥高包祿路二十號　電話八三六七九

進大水電材料行

本行專門承辦暖氣工程冷熱水管衛生器具冷氣設備各種另件一應俱全工作人員經驗豐富如蒙賜顧無不竭誠歡迎

電話　三三一五四

地址　麥根路九〇四弄四四號

長城機製磚瓦
股份有限公司
註冊 商標
TRADE MARK
價比普通磚廉
貨品較任何機器磚高
總公司 製造廠 騰越路一四四號 電話五一一七九
事務所 牛莊路七四二號 電話九〇九八〇
出品
堅韌硬磚
輕硬空心磚
瀉水瓦片
如蒙垂詢價格及索閱貨樣請電話通知即當送奉
証明
壓力、吸水量、耐久性均經上海工部局詳細化驗負責証明成績超越一切磚瓦
優點
精確 美觀 堅固 價廉
合作五金股份有限公司出品
出品
門鎖 抽屜鎖 拉手 文具 鉸鏈
CMC
TRADE MARK
K.T.C.M.C.
L
TRADE MARK
MARCH
製造廠 江灣嘉定路合作路
總務處 上海塘山路七九六
發行所 上海牛莊路七四二
電報掛號九六〇二 電話九〇九八〇

開山磚瓦股份有限公司

出品項目

各色琉璃瓦，西班牙瓦，紅缸磚，以及火磚，釉面或無釉面，面磚釉面短磚。地磚等。所有出品，均儲大批存貨，以備各界採用，如蒙定製各色異樣，亦可照辦。

上圖係同孚路最近落成之徐公館其屋面上採用之琉璃瓦爲本廠出品之一

樣品及價目單函索卽寄

發行所 上海九江路二百十號 電話一九九二五號

廠址 宜興湯渡鎮畫溪鄉

CATHAY TILE WORKS LTD.

Office 210 Kiukiang Road
Tel 19925

Factory I-Hsing
Kiangsu

'CHROMADOR'

建築鋼鐵房架如用

「抗力邁大」鋼

可省重量

百分之三十

道門朗公司

上海外灘二十六號

電話 12980　電報 "DORMAN"

上圖係本公司承造之香港滙豐銀行大廈共用「抗力邁大」鋼二千七百九十一噸建築師公和洋行

怡鴻記營造廠

山海關路一五三弄二十七號

電話三二〇一八

本廠專門設計承造
鋼骨水泥房屋工
程經驗豐富工
作認真如蒙
委託或估
價竭誠
歡迎

同孚路宮殿式住宅

本廠最近承造之一

YEE HUNG KEE

GENERAL CONTRACTOR

Tel. 32018 Lane No. 153. Q27 Shanhai Kwan Road